普通高等教育“十二五”规划教材

金属压力加工车间设计

（第2版）

温景林　主编

北　京
冶 金 工 业 出 版 社
2022

内 容 提 要

本教材全面系统地叙述了金属材料压力加工车间设计的基本内容、设计程序、设计基本知识。重点阐述了金属材料加工车间工艺设计的原理与方法，扼要地叙述了生产劳动组织与经济概算、车间平面布置、厂房建筑设计、车间辅助设施设计以及环境保护等。并且书中列出了大量的设计参数、图表及实例。本教材内容丰富，数据翔实，文图并茂，实用性强，可使学生全面系统地掌握车间设计的基本技能，深入地掌握现代化金属材料压力加工车间的设计，培养学生独立进行车间设计的综合能力。

图书在版编目(CIP)数据

金属压力加工车间设计/温景林主编. —2 版. —北京：冶金工业出版社，2011.9（2022.1 重印）
普通高等教育“十二五”规划教材
ISBN 978-7-5024-5515-6

Ⅰ.①金…　Ⅱ.①温…　Ⅲ.①金属压力加工—车间—设计—高等学校—教材　Ⅳ.①TG308

中国版本图书馆 CIP 数据核字(2011)第 081883 号

金属压力加工车间设计（第 2 版）

出版发行	冶金工业出版社	**电　　话**	(010)64027926
地　　址	北京市东城区嵩祝院北巷 39 号	**邮　　编**	100009
网　　址	www.mip1953.com	**电子信箱**	service@mip1953.com

责任编辑　程志宏　郭冬艳　美术编辑　彭子赫　版式设计　孙跃红
责任校对　王永欣　责任印制　禹　蕊
三河市双峰印刷装订有限公司印刷
1992 年 10 月第 1 版，2011 年 9 月第 2 版，2022 年 1 月第 7 次印刷
787mm×1092mm　1/16；20 印张；481 千字；307 页
定价 42.00 元

投稿电话　(010)64027932　投稿信箱　tougao@cnmip.com.cn
营销中心电话　(010)64044283
冶金工业出版社天猫旗舰店　yjgycbs.tmall.com
（本书如有印装质量问题，本社营销中心负责退换）

第2版前言

《金属压力加工车间设计》为冶金院校统编教材,1992年10月出版,至今已重印多次,发行上万册,服务于金属材料加工相关专业师生和科学技术人员,在教学方面收到了很好效果,社会效益显著。但是随着现代冶金工业的高速发展,科学技术突飞猛进,金属加工新技术、新装备及新材料的不断涌现,原书有些内容已不能满足教学的需要,为此根据国家“十二五”教材规划,更好地为高校教学改革、人才培养服务,决定对本书进行修订再版。

本书修订基本保留原书体系,对一些章节的内容进行了修改与补充,且充实了现代轧制技术、连续挤压技术以及工艺计算等方面的内容, 以便使学生在全面系统地掌握车间设计的基本原理、基本方法和基本知识的基础上,更深入地掌握现代加工技术,培养独立进行车间设计与创新能力。

本书共分三篇14章,其内容包括:第一篇车间设计总论,讲述车间设计的目的与任务、厂址的选择、企业总平面图、设计程序、设计说明书的编制以及可行性研究的任务与作用,使学生对企业与车间设计有一个初步的了解。第二篇车间工艺设计,着重讲述生产方案、生产工艺流程、设备选择、工艺计算与金属平衡、设备负荷计算、劳动组织与经济概算、车间平面布置等,使学生掌握车间工艺设计的基本内容、原则与方法,并提供一些数据资料、图表、例题,以便于设计时参考。第三篇车间厂房与辅助设施设计,重点讲述厂房设计、电力设施、供水与排水、供热与供气以及环境保护等,使学生对此有一定的了解,能够根据工艺要求,正确地选择设计方案,并能提供合理的设计参数。

参加本书修订工作的有中南大学杨昭(编写第1章1.3节、1.4节以及第5章、第7章、第9章、第10章)、东北大学温景林(编写第1章1.1节、1.2节、1.5节、1.6节和第2章、第3章、第4章、第6章、第8章、第11章、第12章、第13章、第14章)。全书由温景林主编。

本书第1版中南大学杨如柏编写的章节,现由中南大学杨昭进行修订。在第1版编写过程中曾得到了中南大学金平安,东北大学吴庆龄、徐永昌、孝云祯,西安建筑科技大学赵松筠等各位老师的支持与帮助,本次修订又得到东北大学和中南大学许多老师和朋友的支持,在此一并表示衷心的感谢。

由于编者水平所限,书中存在的缺点和错误诚恳地欢迎读者批评指正。

第2版编者

2010年10月

第2版前言

第1版前言

《金属压力加工车间设计》一书是根据本科院校金属压力加工专业的教学计划要求编写的。本书着重讲述车间设计的基本原理、基本方法和基本知识,以使学生全面系统地掌握车间设计的基本内容,培养学生独立进行车间设计的能力。

本书共分三篇十四章,其内容包括:

第一篇总论,讲述车间设计的目的与任务、厂址的选择、企业总平面图、设计程序、设计说明书的编制以及可行性研究的任务与作用,使学生对企业与车间设计有一个初步的了解。

第二篇车间工艺设计,着重讲述生产方案、生产工艺流程、设备选择、工艺计算与金属平衡、设备负荷计算、劳动组织与经济概算、车间平面布置等,使学生掌握车间工艺设计的基本内容、原则与方法,并提供一些数据资料、图表、例题,以便于设计时参考。

第三篇厂房及车间辅助设施设计,重点讲述厂房设计、电力设施、供水与排水、供热与供气以及环境保护,使学生对此有一定的了解,能够根据工艺要求,正确地选择设计方案,并能提供合理的设计参数。

参加本书编写的有中南工业大学杨如柏(编写第1章的1.3、1.4节和5、7、9、10章)、东北工学院温景林(编写第1章的1.1、1.2、1.5、1.6节和第2、3、4、6、8、10、11、12、13、14章)。全书由温景林统稿并任主编。

本书在编写过程中得到了中南工业大学金平安,东北工学院吴庆龄、孝云祯,西安冶金建筑学院赵松筠,沈阳黄金学院徐永昌等各位老师的支持与帮助,同时还得到东北工学院金属压力加工系许多老师和朋友的支持,在此一并表示衷心的感谢。

由于编者水平所限,书中一定会存在许多的缺点和错误,因此诚恳地欢迎读者批评指正。

编　者

1991年11月

目　　录

第一篇　车间设计总论

第二篇 车间工艺设计

第一篇　车间设计总论

1　车间设计的一般概述

1.1　车间设计的目的与任务

车间设计的目的是为了建设新的企业、扩建或改建老企业。

车间设计的任务是对需建设的企业做出技术与经济的详细规划，确定出企业的生产经济状况、技术经济指标及施工的组织方法等。设计文件是编制基本建设计划和拨付投资的依据。因此，企业在建设中能否加快速度、保证质量和节约投资，在建成后能否达到最好的经济效果，设计工作起决定性作用。

要想很好地完成一个工厂和车间的设计任务，除了要学习和掌握专业基本理论外，还要深入生产实际，总结和推广科研成果，并吸收国内外先进的技术，只有这样才能做出经济上合理、技术上先进的设计。

一个完整的金属压力加工车间设计，其内容包括生产工艺、设备、土建、供水和排水、供气、供电、运输、采暖与通风等设计。它们之间是一个完整的不可分割的整体，要求各个不同的设计部门互相协作，紧密配合，其中车间工艺设计是整个车间设计的主体。工艺设计工程师是一个组织者，他的主要任务是根据上级机关确定的任务书，进行工艺设计，确定生产方案、选择设备、画出车间工艺平面布置图、确定车间劳动组织与技术经济指标等，并提出对水、电、动力、热力、通风、照明、采暖、厂房建筑等设计的要求及其所需的资料。

1.2　车间设计的依据

在进行车间设计之前，应从技术经济部门取得设计任务书，而设计任务书是有关部门根据国家计划经过充分讨论之后制定的。

设计任务书的基本内容：

(1) 车间的生产规模、生产的品种；

(2) 车间的生产方案；

(3) 建厂地址、厂区范围与资源、水文地质、原材料、燃料、动力、供水、供电以及运输等的条件与要求；

(4) 达到的经济效益和技术水平;

(5) 投资款以及劳动定员;

(6) 环境保护。

设计任务书是进行车间设计的依据。

1.3 厂址选择

正确选择建厂地址是建设一个新厂的首要问题,因为设计中许多基本的原始资料是由厂址的具体条件决定的。若没有地质、水文、气象的具体资料,土建设计就不可能进行,从而影响到设计的主体部分——工艺设计的进行。同时厂址选择不合理,会给建厂和以后带来重大损失,若地质条件不好,就会增加建厂投资,因此在设计前就应严肃认真地进行厂址选择工作。

厂址选择工作实际包括两个方面:一是建厂地区的确定,一般由上级主管部门在设计任务书中规定;二是建厂地址的选择,由设计者会同有关部门共同进行实际调查研究,提出几个初步方案进行比较,然后选取最优方案。

建厂地区选择应考虑下述要求:

(1) 必须符合国家工业布局的基本原则,充分利用各地区的丰富资源和各方面的有利条件,合理使用人力和物力,使生产出来的产品能够合理地分配,从而使所设计的厂在最少的投资条件下,获得最大的经济效果;

(2) 有足够原料、燃料、动力的来源与运输条件,要能满足生产和生活的需要;

(3) 适当靠近产品销售地区;

(4) 自然条件好,有适宜的气候环境;

(5) 能就近取得足够的建筑材料;

(6) 与其他企业协作方便;

(7) 满足国防上的要求。

建厂地址的选择,就是在指定的建厂地区内选择一块地方,它在自然和地理特点、运输条件、水电供应、布置工厂厂区及生活区等方面,都能最大限度地得到满足。具体要求如下:

(1) 厂区面积与外形满足总平面布置的要求;

(2) 工程地质和水文地质满足建厂的要求;

(3) 厂址选择适应城市的总体规划,厂址一般设在城市的水运下游,厂区与城市之间应有一定距离的防护带;从经济方面来看,厂址应靠近城市,以便充分利用城市的交通工具与线路,充分利用城市的供排水设施和动力设施,利用城市住宅和文化福利设施;

(4) 运输条件满足工厂生产要求,大型企业多采用铁路运输,因此铁路支线应该最短,中、小型企业多为汽车运输,厂址应靠近汽车运输干线;

(5) 离电源、水源最近;

(6) 在公用设施与生产方面,尽可能和有关工厂协作,并有一定的环保措施(例如三废处理),不致造成环境污染;

(7) 选择合适的居民点,作为职工生活区。

1.4　金属压力加工企业总平面图与运输

车间的相互位置上的关系即构成所谓工厂的总平面图，从总平面图可以了解企业内各车间构筑物间的生产关系、所在位置、地形和方位、运输方法与距离等问题。

1.4.1　企业的组成

金属压力加工企业是由主要生产车间及各种辅助车间组成的。主要生产车间就是指直接生产各种加工产品的车间，辅助车间是为主要生产车间服务的车间。对于现代钢铁企业来说，一般多为联合企业，其中包括炼铁、炼钢、轧钢三个主要生产部分及其辅助车间；而现代有色金属压力加工企业通常包括熔铸、加工两个主要生产部分及其辅助车间，也有的企业包括冶炼、熔铸、加工三个主要部分及辅助车间。

现代有色金属压力加工企业一般包括下列车间：

(1) 生产车间：有锭坯生产车间，板、带、箔材生产车间，管、棒、型材生产车间，线材生产车间，锻造件及模压件生产车间；

(2) 辅助车间：有动力、电修、机修、工模具、计器、残屑处理车间及中心实验室等；

(3) 其他设施：有热电站、煤气发生站、空压机站、贮存仓库、汽车库、变电所、铁路、公路等。

中、小型或专业性的金属加工厂，由于规模小，其车间设置可相应简化。

图 1-1(a)、(b)分别为钢铁联合企业及有色金属加工企业组成示意图。

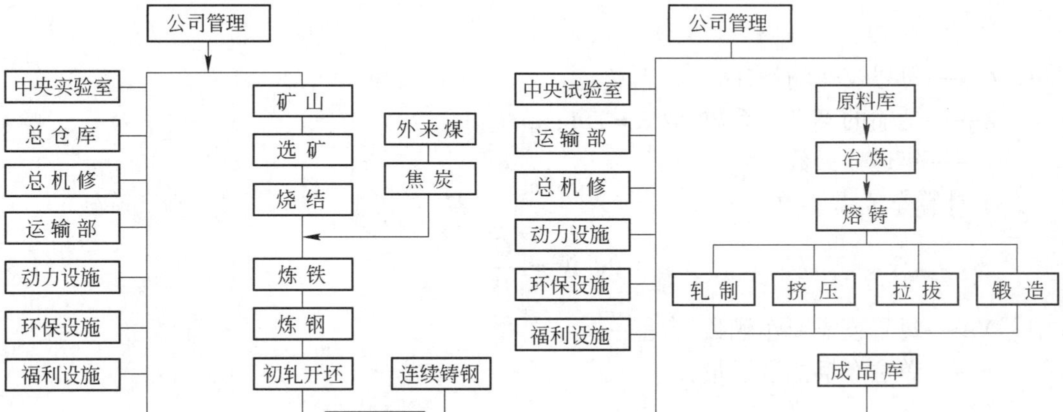

图 1-1　企业组成示意图

(a) 钢铁联合企业；(b) 有色金属加工企业

1.4.2　企业运输

企业的运输包括企业外部运输及企业内部运输。综合性的大、中型加工企业的运输量相当大，一般为年产量 3 ~4 倍。

1.4.2.1 企业外部运输

企业外部运输主要包括原材料、燃料和辅助材料的运入和成品运出。运输方式一般有水运、铁路或公路运输，采用何种运输方式，取决于工厂所在位置的地理环境、原料来源地及产品销售地的运输条件等，并对水运、铁路及公路等运输进行技术经济比较。

1.4.2.2 企业内部运输

企业内部运输主要指料场、仓库与车间之间，以及车间之间的货物运输，包括原料、燃料、辅助材料、半成品、成品、废料及废渣等。加工车间内部运输形式多样，如各种类型的辊道、起重机、运输小车与升降设备。跨内运输广泛使用的运输工具是桥式吊车、辊道及各种起重电瓶车，跨间运输一般使用窄轨电车，也有使用起重电瓶车、运输皮带或辊道的。无论是各主要生产车间之间还是车间内部的运输，都必须联系紧密，因为运输周转是否灵活可靠，直接影响到车间生产率。

1.4.2.3 车间货运量计算

加工车间货物运输量大，且种类繁多，因此正确计算货物运输量，妥善安排好运输路线，合理选择运输工具，对保证生产正常进行是十分重要的。

（1）车间一年内货运总量

$$Q_{\Sigma} = Q_1 + Q_2 \tag{1-1}$$

式中 Q_{Σ}——车间一年内货运总量，t；

Q_1——货物运入车间的量，t；

Q_2——货物运出车间的量，t。

（2）车间每昼夜运输量

$$G = \frac{K \cdot Q_{\Sigma}}{T} \tag{1-2}$$

式中 G——每昼夜运输量，t；

K——运输的不平衡系数，取 $K = 1.1$；

T——年运输天数。

（3）计算车辆需要数

$$N = \frac{G}{P} \tag{1-3}$$

式中 N——每昼夜需要车辆数，台；

P——单位车辆的装运量，t。

1.4.3 企业总平面布置图的形式

大型的钢铁联合企业比有色金属加工企业的规模大，总平面图也较复杂，下面以钢铁联合企业的总平面图为例叙述总平面图的布置形式。

1.4.3.1 纵向布置（串联布置）

如图 1-2（a）所示，这种布置适宜于地形狭长并与外界有两个接轨站的情况。当与外界只有一个接轨站的情况下，为了减少原料和成品的运输距离，编组站往往设置在炼钢和轧钢车间之间。纵向布置的优点是有利于企业今后的发展；缺点是由于厂址狭长，也带来了管线铺设增长、土方工程量增大、工厂占地面积增多以及热电站布置困难等。这种布置适用于年产300万吨以上的大型联合企业。

1.4.3.2 横向布置(并联布置)

横向布置可分两种情况,如图1-2(b)、(c)所示。横向布置的优点是车间之间布置紧凑,占地面积小,各种管线长度可以缩短,运输距离也较短;但缺点是对企业的发展有一定的限制。图1-2(b)所示情况适合厂外只有一个接轨站的中小型钢铁联合企业;图1-2(c)所示情况适合于年产300万吨以下的联合企业。

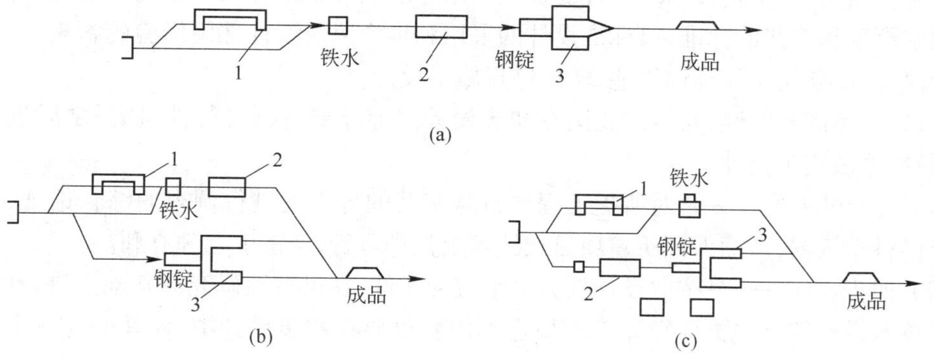

图1-2 钢铁联合企业布置示意图
(a)纵向布置;(b),(c)横向布置
1—炼铁车间;2—炼钢车间;3—轧钢车间

对有色金属加工企业来说,在总平面图中,主要是处理好熔铸车间与压力加工车间的关系,其布置形式不外乎两种情况:一是熔铸车间与压力加工车间纵向布置;二是熔铸车间与压力加工车间横向布置。可根据企业的规模与生产条件以及厂址的位置等加以确定。

1.4.4 总平面图编制原则和要求

企业内部各车间之间的布置是否合理直接影响企业的经济效益,因此在总平面图布置时应注意以下几条原则和要求:

(1) 车间和其他构筑物的布置应符合产品生产工艺流程的要求,以使材料、半成品和成品运输线最短,防止交叉的往返运输;

(2) 动力车间应尽量接近主要用户,但同时要考虑它对其他服务车间的动力供应;

(3) 工厂与外部铁路、公路、供水与排水、高压线路以及煤气管道等线铺设要合理;

(4) 考虑职工的生活、工作等方面的安全与方便,注意环境保护:

1) 考虑风向条件,对厂前区的布置要放在上风向,放射有害气体的车间宜放在下风向;

2) 按照生产性质、防火及卫生条件,将同类性质的车间及辅助设施放在同一区域;

3) 根据防火规程,在规定地点设消防站;

4) 生活福利设施应靠近生产车间;

(5) 厂区内原则上不可建筑住宅或职工宿舍。

总之,考虑总图布置时首先要满足生产操作及安全的要求,其次是节省投资,既要做到技术上的可行性,又要达到经济上的合理性,另外要考虑施工方便,同时要留有发展余地。

1.5　设计程序与设计工作的原则

1.5.1　设计程序

设计一般要经过三个设计阶段，即初步设计、技术设计与施工设计。设计阶段多少是根据设计规模的大小、工艺过程复杂程度以及利用标准设计和原有设计资料的情况而决定的。由于很多设备和工艺的标准化，标准设计的采用和推广以及设计部门经验的积累，一般倾向于两阶段设计，即初步设计详细些，然后进行施工设计。

但是，参考国外的经验，目前我国在初步设计之前还要进行可行性研究，之后进行初步设计，最后才做施工设计。

（1）可行性研究——是对所提工程项目从有关的各方面进行调查的综合论证，为拟建项目提供科学依据，从而保证所建项目在技术上先进可行，经济上合理有利。

（2）初步设计——是按照设计任务书给定的条件，在可行性研究的基础上进行的设计，目前把技术设计的有关更详细计算和规定等内容也放在初步设计中，使其变为一个扩大的初步设计。

（3）施工设计——是设计的最后阶段，根据已批准的初步设计绘制施工图，把设计内容变为施工文件和图纸，据此进行企业建设。

1.5.2　设计工作的原则

在整个设计过程中，设计工作者应遵守的基本原则：

（1）遵守国家的法律、法规，贯彻执行国家的经济建设方针与政策，提高经济效益与社会效益，为社会主义现代化建设服务；

（2）从全局出发，服从国家或地区对产品的需要；

（3）从实际出发，确定设计标准，对生产工艺、主要设备和主体工程设计要做到先进、合理、可靠，对非生产性的建设，应坚持适用、经济，在可能的条件下注意美观；

（4）注意综合利用与环境保护，以人为本，造福人民；

（5）节约能源；

（6）合理使用劳动力；

（7）节约建厂用地，应尽量利用荒地、劣地、少占耕地，总平面图的布置要紧凑合理；

（8）立足于自力更生。

1.6　车间工艺设计的任务与说明书的编制

1.6.1　车间工艺设计的主要任务

（1）技术任务。确定产品品种、规格、质量标准及年产量；确定产品的生产方案及生产工艺过程，选取主要设备并确定其必要的数量；选择与计算辅助设备；计算完成年计划产量所需要的原料、材料及动力消耗；提出动力、运输、照明、采暖、通风、供水排水等各项设计要求；计算车间所需面积，车间内主要设备与辅助设备的布置；确定厂房形式和主要尺寸，画出车间平面布置图，提出安全、环保等措施。

（2）组织任务。研究车间的生产劳动组织，确定职工人数及编制，制订劳动定额等。

（3）经济任务。计算及制订基本建设投资额、生产预算、计算单位产品成本及综合技术经济指标等内容。

1.6.2　工艺设计说明书的编制

设计说明书是将设计的任务和内容用文字和图纸的形式加以阐明的极为重要的设计文件。在可行性研究报告批准后就要进行初步设计，初步设计说明书是编制施工图、设备订货和施工准备工作以及建设项目投资的依据。

初步设计说明书具体内容如下。

1.6.2.1　总论

此部分要原则地说明以下问题：

（1）设计车间的年产量、产品的品种、规格等；

（2）原料、材料、动力、燃料来源，市场情况；

（3）本设计与同类型企业比较所具有的特点；

（4）车间的劳动组织、建设投资、经济效益与社会效益；

（5）目前建设的内容与远景发展规划；

（6）设计遗留问题及解决的意见；

（7）老厂改（扩）建时需说明现状并提出充分利用现有设备和建筑物以及挖潜革新的措施；

（8）其他需说明的问题。

1.6.2.2　生产方案

产品方案编制：

（1）计算产品选择；

（2）产品技术条件；

（3）生产方案的选择。

1.6.2.3　生产工艺过程和设备选择

（1）以计算产品为依据列出工艺流程表；

（2）选择设备的原则与依据，根据产品生产工艺要求预选设备。对此设备在工艺计算时加以验算，最后确定设备。

1.6.2.4　工艺计算与金属平衡

（1）工艺规程的制订与计算；

（2）编制生产工艺流程定额卡；

（3）金属平衡表。

1.6.2.5　设备负荷计算

（1）工作制度与年工作台时的确定；

（2）设备负荷能力的计算；

（3）编制设备负荷计算表及确定设备数量。

1.6.2.6 平面布置及内部运输

(1) 车间组成及平面布置的原则;

(2) 车间跨度、长度、总面积及轨顶标高;

(3) 内部运输;

(4) 车间仓库设施;

(5) 通风与采暖;

(6) 平面布置图。

1.6.2.7 车间电气、动力、机修设备的选择及负荷计算

(1) 车间照明系统与负荷计算;

(2) 车间动力系统与负荷计算;

(3) 年耗电量计算;

(4) 车间供电、配电系统;

(5) 车间的机修间设备选择与电负荷计算。

1.6.2.8 劳动组织

(1) 说明确定劳动定员的依据;

(2) 编制劳动定员表。

1.6.2.9 技术经济指标

(1) 投资概算;

(2) 流动资金概算;

(3) 产品成本概算;

(4) 投资回收期估算;

(5) 技术经济效果评论。

1.6.2.10 附表与附图

(1) 附表包括:

1) 压力加工车间锭坯用量表;

2) 金属平衡表;

3) 设备负荷计算表;

4) 设备一览表;

5) 劳动定员表;

6) 受电设备表;

7) 机修设备表;

8) 生产用水、蒸汽、压缩空气、煤气、重油、工具以及辅助材料消耗量表;

9) 经济核算表。

(2) 附图包括:

1) 车间工艺平面布置图;

2) 车间剖面图。

1.6.2.11 施工设计文件

工艺设计专业应该提出的施工设计文件内容如下所述。

A 向各专业提出施工设计条件

根据工艺要求向各有关专业提出施工设计任务书，作为各专业进行施工设计的依据，其内容：

(1) 供电、水、蒸汽、煤气以及压缩空气等设计任务书；

(2) 通风与采暖设计任务书；

(3) 职工定员表(供设计生活间和办公室用)；

(4) 辅助材料、耐火材料、包装箱、生产工具消耗任务书；

(5) 土建设计任务书；

(6) 试验室设计任务书。

设备的施工设计条件，应根据设备设计单位所返回的条件，再向各专业提出，提出前应对设计单位提出的设备施工条件进行审查，并根据车间的工艺平面配置图，填写单体设备或机列的坐标尺寸。

B 提出设备表

设备表的格式与初步设计相同。

C 绘制施工条件图和施工图

(1) 施工条件图。将初步设计的平面图加以修改，绘制成施工设计条件图，图中应标明车间跨度、柱距、长度、宽度以及厂房内所有设备与设施的位置、方向、外形尺寸等；

(2) 施工图。根据土建、设备专业的返回条件，绘制出车间厂房建筑及构造的平面、剖面与立面图、图中应标明车间内设备与设施的准确位置、外形尺寸以及厂房相互间的尺寸关系。

练 习 题

1-1 车间设计的目的、任务、内容是什么？

1-2 厂址选择需满足哪些主要条件？

1-3 总平面图编制的原则与要求是什么？总平面图布置的形式有几种？

1-4 车间设计的原则及程序是什么？

2 可行性研究

2.1 可行性研究的重要性

2.1.1 什么是可行性研究

可行性研究是一门运用多种科学成果保证实现工程建设最佳经济效果的综合性科学。目前,搞工程建设,无论工程规模大小,也不论是新建工程或扩建工程,都要事先做可行性研究。可行性研究已经成为工程建设中一个首要的、必不可少的环节。

2.1.2 可行性研究的任务

可行性研究的任务就是对为什么建设这个项目、资源情况如何、市场条件怎样、厂址选在哪里为好、规模多大为宜、采用什么工艺技术、需要哪些外部条件、预计投资效果如何、成功的把握多大等,进行调查研究和综合论证,做出明确的结论,为投资决策提供依据。由此可见,可行性研究在整个工程项目建设中所占的地位是极为重要的。可行性研究做得认真细致,结论就能正确地反映客观实际,那么,据此所决定建设的工程项目,不但可以在项目实施过程中避免由于考虑不周而出现重大方案变动或返工的情况,以保护工程建设的可靠性,而且更重要的是可以保证项目建设投产后能达到预期的经济效果。如果可行性研究不准确,或者未做可行性研究,就难以保证建设项目的可靠性,而且在建成投产后,也难以实现预期的经济效果。例如,如果在项目建设之前对资源情况调查研究不够,工厂建成投产后就可能出现原料供应不足的问题,难以维持正常生产。又例如,如果对市场情况缺乏研究,对产品的需要情况没有科学的预测,工厂建成投产后就可能发生产品滞销或产品价格下降的问题,难以实现预期的销售收入。其他如厂址选择不合理,规模定得不恰当,采用的工艺技术已经失去竞争能力等等,无论哪一方面出了问题都会使花了大量投资建设起来的工厂难以维持正常生产,无法得到预期的经济效果,甚至造成投资的浪费。由此可见,可行性研究确实是工程项目建设中一个极重要、决定投资命运的环节。

2.1.3 可行性研究的作用

可行性研究是搞好建设项目的基础和科学依据,是取得最好经济效益的重要手段。因此,可行性研究具有以下作用:

(1) 作为确定建设项目、编制初步设计的基础。

(2) 作为向银行贷款筹集资金的依据。

(3) 作为有关部门互相签订协议、合同和互相承担责任、建立协作关系的依据。

(4) 作为向当地政府申请建设执照的依据。

(5) 作为安排科研和设备试制的依据。

2.2 可行性研究的内容与步骤

2.2.1 可行性研究的内容

（1）市场销售的研究。研究拟建项目所生产的产品有没有销路，是否有利可图，从而拟定项目的发展方向、建设规模和产品方案。

（2）原料和工艺技术的研究。研究拟建项目采用什么原料与工艺技术及设备，才能保证建成投产后技术上的先进性。在采用新技术的研究中，还应考虑哪些环节可以采用已掌握的成熟技术，哪些环节要从外国引进技术，购买专利是否合适，如何掌握引进技术等。

（3）工程条件的研究。包括对资源储量、各种原料的来源、厂址气象、水文地质、工程地质、交通条件、水电动力、建筑材料、协作区域的合理半径、文化生活设施以及三废处理等的综合技术经济比较分析。

（4）对劳动力的来源和费用、人员培训、项目实施计划的研究，确定合理的建设进度和工厂组织机构。

（5）资金和成本的研究。包括工程项目建设投资和成本分析、资金筹集等。

（6）经济效果研究。对工程项目进行综合分析评价，从静态的投资回收率、返本期及动态的净现值与贴现现金流通利润率和不确定分析等方面进行评价。

以上六个方面的内容，一般都是不可少的，但是对不同的项目，可有所侧重。

2.2.2 可行性研究的步骤

（1）调查研究、收集资料。一个工业项目的设想，有时直接来自市场研究的结果，有时则起源于某一自然资源的发现和开发，但即使是后者，仍旧要把市场研究放在可行性研究的首要位置。因为自然资源是一个有利条件，但如果市场对于利用这种资源所生产的产品没有需求，项目仍旧不能成立。因此，在工业项目的可行性研究中，对产品的需求和市场的分析是一项不可少的内容，对项目可行与否起着决定性的作用。

对收集的情报资料要写出调查报告，其内容包括：现状与展望；生产工艺；生产厂的产量、品种、规格、厂址、销售量；价格与销售额；产品进出口；国内外市场；参考文献等。

（2）对收集的资料进行分析研究提出方案。市场调查人员要对情报资料进行解释，包括统计数据的分析和预测，如何使用修正系数，如何判断等等。通过对资料的分析，一般可以得到一些修正因素，把这些修正因素加到原来的预测中去，预测值就更可靠一些。获得的大部分资料主要用来判断各种因素对预测的影响。要求分析与判断必须是客观的，不能受任何部门的影响。在对资料分析研究预测的基础上提出方案。

（3）方案比选。提出几个可行方案，列述其利弊，进行比较，推荐一个认为最佳的方案，也可以由决策者决定。

（4）编制可行性研究报告。对于一个大型的基本建设项目，国外把可行性研究分为三个阶段：机会研究、初步可行性研究以及最终可行性研究。机会研究和初步可行性研究是为是否下决心进行工程项目建设提供科学依据，而最终可行性研究则是为如何进行工程项目建设提供科学依据，可行性研究虽然分三个阶段，但不是绝对的，主要看有关工程项目建设诸问题是否已经明确，把握性怎么样。如果把握性很大，那就可直接进行最终可行性研究，不必进行机会研究和初步可行性研究；如果有的项目经过机会研究或初步可行性研究认为有把握，可以直接作出决策，不必再做最终可行性研究。国内对工程项目进行的可行性研究，一般是把是否下决心进行工程项目建设和如何建设所提供的科学依据融为一体，而进行可行性研究时不分三个阶段。

2.3 可行性研究报告的内容

2.3.1 研究（产学研）项目可行性报告内容

2.3.1.1 项目背景（结合产业发展撰写）

（1）项目的目的及意义。

（2）国内外技术发展现状与趋势。

（3）项目的产业化前景分析。

2.3.1.2 项目研究开发内容、方法、技术路线

（1）主要研究内容。

（2）拟解决的关键技术。

（3）拟采用的方法、技术路线以及工艺流程。

（4）项目的特色和创新突破点。

（5）项目完成后预期实现的技术、经济指标及社会和经济效益，对产业的带动和提升作用。

2.3.1.3 项目的组织实施和运行机制

（1）管理架构。

（2）合作单位间的任务分工。

（3）运行机制。

（4）技术推广模式与保障措施。

2.3.1.4 项目实施的计划进度

（1）项目的启动与完成时间。

（2）项目内容及各阶段任务。

（3）完成项目应采取的措施。

（4）项目验收形式。

2.3.1.5 产学研合作优势分析

（1）承担单位概况。

（2）本项目现有的研究工作基础：

1）已取得的阶段性成果；

2）现有科研装备条件；

3）合作单位之间以往合作情况；

4）合作单位之间存在的优势互补（或强强联合）情况分析；

5）项目参加人员信息表。

2.3.1.6 以往承担项目完成情况及主要成果

(1) 承担国家省部级有关课题完成情况。

(2) 科技成果转化情况。

(3) 项目获奖及已发表的与本课题研究有关的主要论文、专著情况。

(4) 与项目相关的专利或版权情况列表。

2.3.1.7 资金筹措和使用(资金筹措及配套由企业负责,经费分配最后再讨论)

(1) 经费的筹措。

(2) 经费的配套。

(3) 经费的分配。

2.3.1.8 相关附件列表(协议最后再签)

(1) 项目总合作协议。

(2) 各子课题合作协议。

(3) 自筹资金承诺函。

(4) 政府配套资金承诺函。

(5) 查新检索证明。

(6) 事业单位法人证书、组织机构代码。

(7) 企业单位营业执照、组织机构代码、资产负债表、损益表。

2.3.2 建设项目的可行性报告内容

2.3.2.1 总说明

(1) 项目名称。

(2) 主办单位。

(3) 负责可行性研究工作的主要技术负责人与经济负责人。

(4) 项目建议书的审批文件。

2.3.2.2 承办企业的基本情况与条件

(1) 企业的基本情况(人员、固定资产、经济效益等)。

(2) 完成项目内容所具备的条件(研究人员配备、研究基础、仪器设备等)。

2.3.2.3 生产规划

(1) 产品方案与产品用途。

(2) 国内市场情况调查、研究与预测。

(3) 国际市场情况调查、研究与预测。

2.3.2.4 物料供应规划

(1) 对原材料、半成品、辅助材料、维修材料、动力与公用设施的要求(包括品种规格、质量、数量上的要求)、来源、价格以及可供量的调查研究。

(2) 物料选用的几个可供选择方案的比较与论证,选择的理由。

(3) 分年的物料供应量规划,其中包括进口的物料。

2.3.2.5 厂址选择

(1) 自然、经济、社会、交通运输等条件的概述,几个可供选择方案的比较与论证,选定的理由。

（2）厂的总平面布置图与位置图，几个可供选择方案的比较与论证，选定的理由。

2.3.2.6　技术与设备

（1）技术选定。几个可供选择方案的比较与论证，选定的理由；技术的来源国别与厂商；技术转让费用的估算。

（2）设备选定。主要生产设备与辅助设备的名称、型号、规格、数量，几个可供选择方案的比较与论证，选定的理由，设备购置与交付方案；进口设备的来源；设备费用的估算。

2.3.2.7　土建工程内容与工作量

（1）厂房建筑工程及工作量。

（2）相关配套设施工程建设与工作量。

2.3.2.8　人员培训计划

（1）培训对象：专业技术人员、管理人员及工人等。

（2）培训内容与时间。

（3）拟采取的措施。

2.3.2.9　项目实施计划与进度的要求

（1）询价、谈判、签订合同的进度。

（2）工程进度。

（3）调试与试生产进度。

（4）正式投产年月。

（5）施工力量的安排与施工组织规划。

2.3.2.10　建设资金

（1）投资，包括投资估算、资金来源。

（2）流动资金。

2.3.2.11　经济分析

（1）成本测算。

（2）盈利测算。该项目投产后，测算达到设计产量时的年销售收入、销售成本、销售利税与销售利润。

（3）简单收益率测算。该项目侧重从企业角度计算投资效果，计算静态投资利润率和资金利润率：

$$投资利润率=\frac{利润}{基本建设投资}$$

$$资金利润率=\frac{利润}{基本建设投资+流动资金}$$

（4）投资偿还期测算。

（5）内部收益率。内部收益率就是求出寿命期内资金流入与资金流出总额相等，而净现值等于零时的贴现率。

（6）不确定性分析：

1）盈亏平衡分析，盈亏平衡分析是确定该项目投产后的盈亏平衡点，即保本点。假定生产费用与销售收入都是产量的线性函数，由此作出项目的盈亏平衡分析图，确定盈亏平衡点，即投产后亏损与获利的分界点。

2）敏感性分析，敏感性分析是测定变化因素对投资效果（内部收益率）的影响，用以评价项目的风险程度，从而为决策者提供依据。

2.3.2.12 经济效果评价

确定项目达到设计产量时，年获利润，以利润偿还资金，测算投资偿还期，经济效果评述。

2.3.2.13 另附图

（1）主要生产车间位置图。

（2）车间工艺平面布置图。

可行性研究应该得出明确的结论，可以推荐一个认为最佳方案，也可以提出几个方案，列出其利弊，由决策者决定。当然，也可以是“不可行”的结论。

2.3.2.14 附件

作为一个完整的可行性研究报告，还必须附有下列附件。

（1）请外国专家计划。

（2）出国培训计划。

（3）国内外资金的分年、分用途用款计划。

（4）国家外汇管理总局对于外汇资金来源和安排的审核意见书。

（5）利用外资贷款或补偿贸易项目的本息偿还或补偿计划。

（6）财政部或省、市财政局对国内资金来源和安排的审核意见书。

（7）厂址选择报告。

（8）有关主管部门对主要原材料、电力、燃料等供应来源落实情况与可供量的意见书。

（9）有关机械制造部门对进口设备的审核意见书和对设备的国内外移交、合作制造意见书。

（10）有关外国厂商的基本情况资料。

（11）与外国厂商技术交流及非正式探询价格的有关资料。

（12）预审报告。

练 习 题

2-1 什么是可行性研究？

2-2 可行性研究的任务与作用是什么？

2-3 可行性研究的内容是什么？

2-4 如何进行可行性研究？

第二篇 车间工艺设计

3 产品生产方案选择

3.1 产品方案的编制

3.1.1 什么是产品方案

产品方案是指所设计的工厂或车间拟生产的产品名称、品牌、规格、状态及年计划产量。产品方案一般是在设计任务书中加以规定的，或者由设计者深入实际调查研究提出的方案，然后经主管部门批准确定，产品方案是进行车间设计的主要依据，根据产品方案可以选择设备和确定生产工艺。

3.1.2 编制产品方案的原则

(1) 国民经济发展对产品的要求。根据国民经济各部门对产品数量、质量和品种等方面的需要情况，既考虑当前的急需，又要考虑将来发展的需要。为此，设计者必须进行产品的社会调查。

(2) 产品的平衡。考虑全国各地生产的布局和配套加以平衡。

(3) 建厂地区的条件、生产资源、自然条件、投资等的可能性。

总之，在进行产品方案编制时，要以上述三点为依据，全面考虑，三者不可偏废。

对于各类产品的分类、编组、牌号、化学成分、品种、规格尺寸及公差、交货状态、生产技术条件、力学性能要求、验收规程、试验及包装方法等，均按标准规定。若没有标准，可由生产单位与用户共同订立协议解决。

3.1.3 计算产品的选择

车间拟生产的产品品种、规格及状态组合起来可能有数十种、数百种以上。但是，在设计中不可能对每种合金的每一个品种、规格及状态都进行详细的工艺计算。为了减少设计工作量，加快进度，同时又不影响整个设计质量，可以将各类产品进行分类编组，从中选择典型产品作为计算产品。

如何选择计算产品如下所述。

(1) 有代表性。将所有的各类产品进行分类编组，从每组中找出一至几种产量较大，产品品种、规格、状态、工艺特点等具有代表性的产品。因此，可以从拟生产的所有合金品种中选出十几种或几十种有代表性的产品。这些计算产品对车间总体来说，在合金、品种、规格、状态、产量和工艺特点等方面有代表性。

（2）通过所有的工序。指所选的所有计算产品要通过各工序，但不是说每一种计算产品都通过各工序，而是对所有计算产品综合来看的。若从拟生产的所有产品中应有某工序，而计算产品不通过此工序，在此情况下，就要重新选计算产品。还应指出所选典型产品的产量之和为总产量。

（3）所选的计算产品要与实际相接近。

（4）计算产品要留一定的调整余量。

根据计算产品进行工艺计算、选择设备、确定工艺、确定车间人力与物力的消耗及技术经济指标等所获得的结果，应该与按所有品种进行设计和投产后的实际相一致或相接近。因此，编制产品方案、确定计算产品及其产量分配乃是工艺设计中的主导。

例如在产品方案中每一组规格范围的产品中选择一个代表产品进行计算，如 ϕ(15～55)mm×(0.8～3.0)mm×(6000～8000)mm 的黄铜管，其代表产品可选择 ϕ25mm×1.0mm×6000mm 的 Hsn70-1 产品，不一定选中间规格的产品。

产品方案与计算产品确定之后，应按产品名称、合金牌号、状态、规格范围、产量等列成表，如表 3-1。有时只列产品方案，而计算产品则另列。

表 3-1　产品方案与计算产品表

序号	制品名称	合金牌号	状态	品种规格范围	产品年产量	计算产品				
						合金牌号	计算产品规格	状态	技术条件	备注
	1	2	3	4	5	6	7	8	9	10
1										
2										
⋮										

列举几个产品方案与计算产品设计实例，加以说明。表 3-2 为某钛材生产车间产品方案与计算产品表。表 3-3 为某冷连轧钢板车间产品方案与计算产品。表 3-4 为某合金线材生产车间产品方案与计算产品表。

表 3-2　某钛材生产车间产品方案与计算产品表

序号	制品名称	合金牌号	状态	品种规格范围 /mm×mm×mm	产品年产量/t	计算产品				
						合金牌号	计算产品规格 /mm×mm×mm	状态	技术条件	备注
1	钛带	TA1-3	M、Y	(0.8～2.0)×(300～600)×L	150	TA1	1.5×600×L	Y	原 YB763—70	
2	钛板	TA0-3	M、Y	(0.8～2.5)×(600～1000)×(1000～2000)	50	T0	2.0×1000×2000	M	原 YB762—70	
				(3.0～5.0)×(600～1000)×(1000～2000)	70	T2	4.0×1000×2000	y		
				(5.5～10)×(600～1000)×(1000～2000)	60	T1	8.0×1000×1500	m		
				(11～20)×(600～1000)×1000	200	T3	15×600×1000	热轧状态		

续表 3-2

序号	制品名称	合金牌号	状态	品种规格范围/mm×mm×mm	产品年产量/t	计算产品				
						合金牌号	计算产品规格/mm×mm×mm	状态	技术条件	备注
3	钛合金板	TA7、TC1-4	M、YJ热轧状态	(0.8～2.5)×(600～1000)×(1000～2000)	50	TA7	1.51×1000×2000	Y	原 YB762—70	
				(3.0～5.0)×(600～1000)×(1000～2000)	50	TC4	4.0×1000×1500	M		
				(5.0～10)×(600～1000)×(1000～2000)	20	TC3	8.0×1000×1000	Y		
				(10～20)×(600～1000)×(1000～2000)	30	TC2	15×1000×2100	热轧状态		
4	合计				500					

表 3-3 某冷连轧钢板车间产品方案与计算产品

产品名称	产品规格/mm×mm×mm		产量/万吨	所占比例/%
	厚×宽×长	计算产品		
普通及深冲用低碳钢板	(0.2～0.3)×(600～1500)×(1000～6000)	0.25×1000×4000	52.5	52.5
普通及深冲用低碳钢带	(0.2～0.3)×(600～1500)×卷长	0.25×1500×卷长	22.5	22.5
镀锌钢板	(0.25～0.55)×(700～1500)×(1000～6000)	0.4×700×6000	13.5	13.5
镀锌钢带	(0.25～0.55)×(700～1500)×卷长	0.4×1500×卷长	1.5	1.5
镀锡钢板	(0.15～0.55)×(520～1050)×(400～1000)	0.35×1050×1000	9.0	9.0
镀锡钢带	(0.15～0.55)×(520～1050)×卷长	0.2×1050×卷长	1.0	1.0
合 计			100	

表 3-4 某线材生产车间产品方案与计算产品表

序号	制品名称	合金牌号	状态	品种规格范围/mm	产品年产量/t	计算产品				
						合金牌号	计算产品规格/mm	状态	技术条件	备注
1	纯镍线	N6	Y	ϕ0.5～1.5	100	N6	ϕ1.0	Y	Q/SH. J02.12—94	
		HN6	Y	ϕ0.5～1.5	100	HN6	ϕ1.0	Y	Q/SH. J02.01—94	
2	火花塞电极材料	NCr5-3-1.8	Y2	ϕ2.0～3.0	80	NCr5-3-1.8	ϕ2.0	Y2	Q/SH. J02.06—94	
		NMn4-1	Y2	ϕ2.0～3.0	120	NMn4-1	ϕ2.5	Y2		
3	镍合金线	Cr20Ni80r	M	ϕ1.0～8.0	200	Cr20Ni80r	ϕ4.0	M	GB/T1234—1995	
4	铜及其合金线	DQCr0.5	Y2	ϕ2.0～3.0	100	DQCr0.5	ϕ2.5	Y2	GB/T3125—1994	
		BZr15-20	Y2	ϕ1.5～3.0	200	BZr15-20	ϕ2.0	Y2		
5	线缆用线芯	TU1-2	Y2	ϕ0.37～1.0	100	TU1-2	ϕ0.5	Y2	GB119—82	
6	合计				1000					

产品方案是车间今后组织生产的依据，因为产品方案不但规定了车间的类型，同时也规定了车间生产品种的方向。一旦考虑决定，不宜轻易变更，否则就无法组织生产。

3.1.4 产品标准与技术要求

人们把对产品的牌号、规格、表面质量以及组织性能等方面的要求统称为产品的技术要求。因为产品的使用条件不同，用户对产品的技术要求也是不同的。生产者根据产品的技术要求组织生产，那么生产的产品能否满足技术要求，要看企业的技术水平。

产品技术要求可从以下四个方面考虑。

(1) 尺寸精度高。尺寸精度是指可能达到的尺寸偏差的大小，它不仅影响到使用性能以及后步工序加工，而且对节约金属影响也很大，故在生产中一般都应力争高精度。根据产品有的要求负公差，也有的要求正公差，所谓负公差轧制，是在负公差范围内的轧制产品，可节省大量金属，还能使金属结构的重量减轻，但有些轧材(如工具钢)在使用时还需要经过加工处理，因此常要求正公差交货。

(2) 板带材板型好。板带材板型要平坦，无浪形瓢曲，对普通中厚板，其每米长度上的瓢曲度要小于15mm，优质板小于1mm，对普通薄板原则上小于20mm。因此对板带材的板型要求是比较严的。但是由于板带钢既宽且薄，对不均匀变形的敏感性又特别大，所以要保持良好的板型很不容易。板带越薄，其不均匀变形的敏感性越大，保持良好板型的困难也就越大。显然，板型的不良与变形的不均有直接关系，而变形的不均又往往导致厚度的不均，因此板型的好坏往往与厚度精度有直接的关系。

(3) 表面质量高。加工成形的产品表面皆不得有气泡、结疤、刮伤、折叠、裂纹、夹杂及压入氧化铁皮等，因为这些缺陷不仅损坏产品的外观，而且往往影响性能，也是容易发生破裂和腐蚀的部位，从而影响产品的应用。

(4) 性能要好。要求主要性能包括力学性能(强度、塑性、韧性、硬度等)、工艺性能(轧、挤、拉、压、弯、扭、冲、焊等)及一些特殊物理化学性能(磁性、耐酸、耐碱、耐腐蚀性能)；还有要求具有较好的综合性能，即除了要有良好的工艺性能，甚至除了一定的强度、塑性、屈强比(σ_s/σ_b)以外，还要求保证良好的焊接性能、常温或低温的冲击韧性、组织的晶粒度和均匀性等；也还有特殊用途的材料要求特殊的高温性能、超低温性能等。

国家有关部门根据产品使用上的技术要求和生产部门可能达到的技术水平，制定了产品标准。按照制定的权限与使用范围的不同，产品标准可以分为国家标准(GB)、黑色冶金标准(YB)、企业标准(QB)等。产品标准一般包括以下内容：

(1) 规格标准，规定产品的牌号、形状、尺寸及表面质量，并且附有供使用参考的有关参数等；

(2) 性能标准，规定产品的化学成分、力学性能、热处理性能、晶粒度、抗腐蚀性、工艺性能及其他特殊性能要求等；

(3) 试验标准，规定做试验时的取样部位、试样形状和尺寸、试验条件以及试验方法等；

(4) 交货标准，规定产品交货、验收时的包装、标志方法及部位等。

产品标准的高低，反映了企业生产的技术水平的高低以及科学管理的状况。

3.2 生产方案的选择

所谓生产方案是指为完成设计任务中所规定的产品生产任务而采取的生产方法。根据设计规模、产品质量及技术经济指标的要求，考虑当时当地的具体条件，找出合理的生产方案。

3.2.1 生产方案选择的依据

生产方案的选择与设备的选择密切相关，二者应同时加以考虑，确定生产方案时主要考虑以下几点：

（1）金属与合金的品种、规格、状态及质量要求，品种和规格不同，所采用的生产方案就不同，那么设计的车间就有很大差别，例如板带材生产车间和管、棒、型材生产车间就有根本的差别；若产品质量要求不同就是同一种合金品种与规格也可以采用不同的生产方案；

（2）年产量的大小，产量不仅决定工艺过程的特点，同时也对设备选择、铸锭尺寸、产品规格有着直接的影响，例如，对于板材生产来说，产量不大时，可采用单机架生产；而产量大时，可采用连轧生产；

（3）投资、建设速度、机械化与自动化程度、劳动条件、工人与管理人员的数量以及将来的发展。

主要考虑经济效果，采用哪种方案合理，适合建厂原则，在设计时可比照一个厂，特别是比较成熟的工艺。

3.2.2　钢材生产方案

板带钢按规格一般可分三大类：4 ~ 60mm 以上者为中厚板（其中 4 ~ 20mm 者为中板、20 ~ 60mm 者为厚板、60mm 以上者为特厚板）；0.2 ~ 0.4mm 者为薄板；0.2mm 以下者为极薄带材或箔材。目前，箔材可达到 0.001mm，板带钢常用的规格范围可参看表 3-5。

表 3-5　板带钢常用规格范围

钢板种类	板带钢常用规格
热轧厚板	
造船钢板/mm × mm	(4 ~ 60) × (1500 ~ 2000)，其中 4 ~ 32mm 使用最多
锅炉钢板（包括火箱板）/mm × mm	(8 ~ 46) × (1500 ~ 2000)，其中 8 ~ 32mm 使用最多
桥梁钢板/mm × mm	(8 ~ 60) × (1500 ~ 2000)，其中 8 ~ 20mm 使用最多
运输工具骨架钢板/mm × mm	(8 ~ 40) × (1500 ~ 2000)，其中 8 ~ 25mm 使用最多
焊管坯/mm × mm	(4 ~ 36) × (600 ~ 1300)，定尺坯长 5600 ~ 7500mm，钢卷长 50 ~ 300m，钢卷重 0.2 ~ 1.4t
装甲板	按订货规定
容器钢板/mm × mm	(4 ~ 60) × (1600 ~ 2000)，其中 4 ~ 25mm 使用最多
特殊用途钢板	按订货规定
热轧及冷轧薄板（包括薄带钢）	
汽车钢板/mm × mm × mm	(0.9 ~ 4) × (600 ~ 1500) × (1200 ~ 2800)，成卷供货
镀锡板/mm × mm × mm	(0.22 ~ 0.55) × (355 ~ 512) × (513 ~ 712)
硅钢片/mm × mm × mm	(0.1 ~ 0.5) × (600 ~ 1000) × (1200 ~ 2000)
酸洗板/mm × mm × mm	(0.25 ~ 2.0) × (510 ~ 1000) × (710 ~ 2000)
屋面板/mm × mm × mm	(0.4 ~ 1.5) × (710 ~ 1000) × (1420 ~ 2000)
一般用途薄板/mm × mm × mm	(1.0 ~ 3.0) × (600 ~ 1000) × (1200 ~ 2000)
焊管坯/mm × mm	(0.15 ~ 4) × (30 ~ 600)，定尺坯长 5600 ~ 7500mm，钢卷重 0.2 ~ 1.4t
其他用途板材	按订货规定

3.2.2.1　板带钢生产

A　中厚板生产

中厚板广泛应用于机械、船舶、石化、建筑、国防等行业，是国民经济发展不可缺少的重要钢材品种。随着国内钢铁市场对中厚板材需求量的不断增长，对产品的尺寸、精度以及性能提出了更高的要求，应大力推动中厚板控轧控冷技术在生产中的应用。

中厚板的生产方式分为：单机架轧制、双机架轧制以及连轧。

a 单机架轧制

单机架轧制在当前中厚板生产中仍然占据一席之地，采用二辊可逆式、三辊劳特式、四辊可逆式或万能式轧机。现代以四辊可逆轧机用得最多，它集中了二辊和三辊轧机的特点，既降低了轧制力，又大大增强了轧机刚性。因此，这种轧机适合于轧制各种尺寸规格的中厚板，尤其宽度较大、精度和板形要求较严的中厚板。1891 年美国率先建成了世界第一架四辊可逆式厚板轧机，20 世纪上半叶，世界主要发达国家建造的中厚板轧机多为 3810 ~ 5230mm 的四辊可逆式轧机，到 20 世纪 60 年代以后，中厚板轧机以 4700mm 以上特宽单机架轧机为主，70 年代开始，宽厚板轧机又以 5500mm 为典型代表。

从轧机结构上看，3500mm 以上中厚板轧机已逐渐成为国内轧机的主流，如国内大型钢铁企业已建成了 4300 ~ 5500mm 的宽厚板现代化轧机，并对原有中厚板轧机进行了改造，大大提高了我国中厚板轧机的装备和技术水平。

b 双机架轧制

中厚板双机架式轧制把粗轧和精轧两个阶段的不同任务和要求分到两个机架上完成，通常的第一架为粗轧机，粗轧的主要任务是整形、展宽和延伸；其后为精轧机，精轧则是延伸和质量控制，包括厚度、板形、性能及表面质量的控制，后者主要取决于精轧辊面的精度和硬度。中厚板双机架式轧制主要优点：不仅轧机产量高，而且无论是表面质量、尺寸精度或板形也都比较好；延长了轧辊使用寿命，减少换辊次数等。

粗轧机可采用二辊可逆式、四辊可逆式，而精轧机一般用四辊可逆式。双机架式是以二辊粗轧机和四辊精轧机的顺列布置较多，而日本和欧洲大多采用四辊粗轧机和四辊精轧机组合，其优点是粗、精轧道次分配较合理，产量高，质量好；粗、精轧机可单独生产，较灵活，而粗轧机的辊径大，结构较笨重而复杂。

中厚板轧后精整包括矫直、冷却、画线、剪切、检查及清理缺陷乃至热处理和酸碱洗等。现代化车间所有精整工序多是布置在金属流程线上，由辊道及移送机进行转运，机械化自动化程度日益提高。中厚板双机架式轧制生产线设备配置，参见图 3-1。

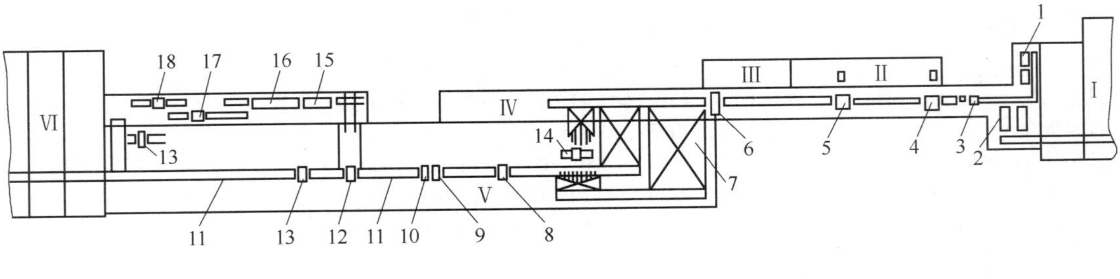

图 3-1 某公司厚板双机架式轧制生产线配置示意图

Ⅰ—板坯场；Ⅱ—主电室；Ⅲ—轧辊间；Ⅳ—轧钢跨；Ⅴ—精整跨；Ⅵ—成品库；

1—室状炉；2—连续式炉；3—高压水除鳞；4—粗轧机；5—精轧机；6—矫直机；

7—冷床；8—切头剪；9—双边剪；10—纵剪；11—堆垛机；12—端剪；13—超声探伤；

14—压力矫直机；15—淬火机；16—热处理炉；17—涂装机；18—喷砂机

c 半连轧与全连轧

半连轧与全连轧式是采用多机架布置，生产宽带钢的效率高，现在连轧机组成卷生产的带钢厚度已可达 25mm 以上，可以说几乎所有的中板或三分之二的中厚板都可以在连轧机上生产，但是用连轧机生产中厚板一般宽度不能太大，而且使用本来可以轧制更薄产品的轧机来生产较厚的中板，这是不太合理的。为了适应不同产品的工艺要求，连轧机生产最好实行产品专业化。而对于较厚的中板，轧制中用不着抢温保温，在一般单、双机架可逆式轧机轧制就可满足质量要求，就不必采用连轧机生产。有关半连轧、全连轧、3/4 连续式轧机的布置形式可参见下节热带连轧。

B　热轧薄板带钢生产

热轧薄板带钢生产有：热连轧法、叠轧法、炉卷轧制法等。

a　热连轧法

热连轧法不仅能够高产，而且可以达到优质和低成本的要求，因而在当前轧钢生产方法中占据了主流和统治地位。其缺点是投资大。

热带轧制分除鳞、粗轧与精轧阶段，粗轧阶段采用立辊对宽度进行压缩，调节板坯宽度和提高除鳞效果。板坯除鳞以后，接着进入二辊轧机轧制，随着板坯厚度的减薄和温度的下降，变形抗力增大，而板型及厚度精度要求也逐渐提高，故须采用强大的四辊轧机进行压下，才能保证足够的压下量和较好的板型。为了使钢板的侧边平整和控制宽度精确，在每架四辊粗轧机前面，一般皆设置小立辊进行轧边。粗轧机组的组成形式及特征各不相同，有全连续式、半连续式和 3/4 连续式三大类，如图 3-2 所示。

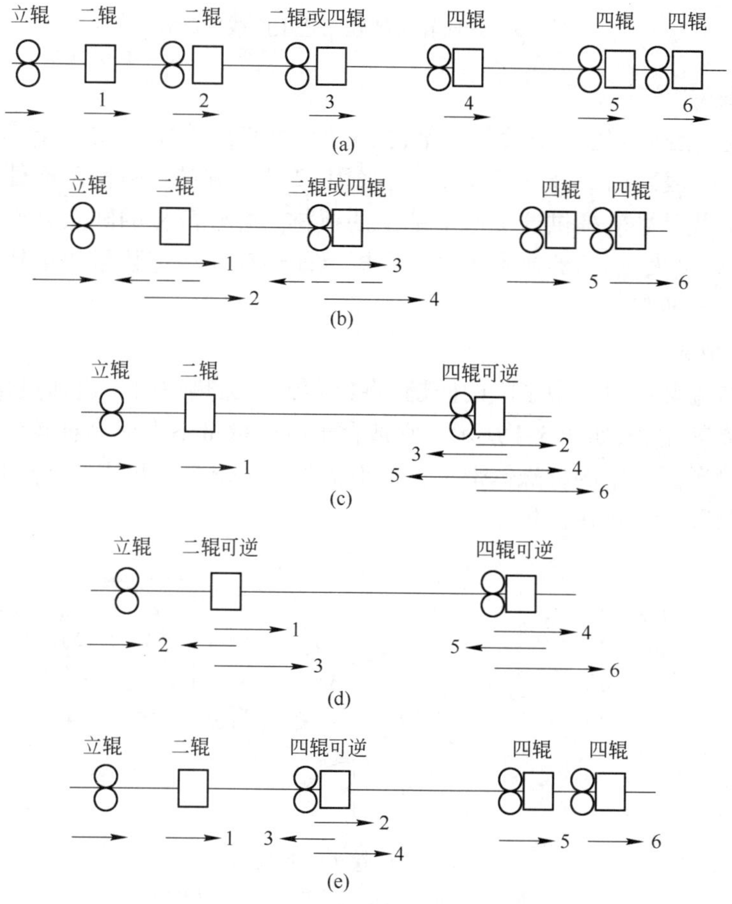

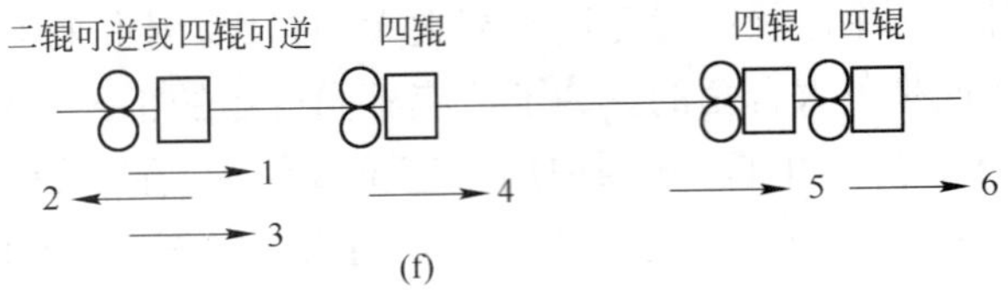

图 3-2　粗轧机组的组成形式及特征

(a)连续式;(b)空载返回连续式;(c),(d)半连续式;(e),(f)3/4 连续式

粗轧机组轧出的带坯,经辊道输送到精轧机组进行精轧,现代热带连轧机的精轧机组一般都是由 6 ~8 架轧机组成,还留出第八架、第九架的位置,增加精轧机架数可使精轧来料加厚,提高产量和轧制速度,如图 3-3 所示。随着电气控制技术的进步,出现了升速轧制、层流冷却等新工艺,采取了低速穿带,然后与卷取机同步升速进行高速轧制的办法,使轧制速度大幅度提高。

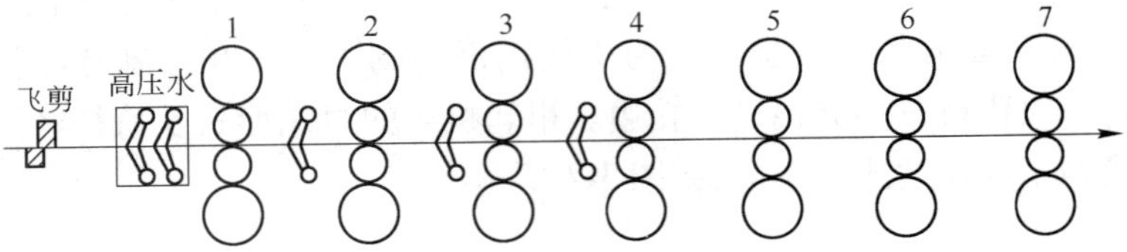

图 3-3　热连轧带精轧工艺生产线的配置

b　叠轧薄板生产

这是一种老方法,其优点是设备简单,投资少,生产灵活性大,能生产厚度规格范围在 0.28 ~1.2mm。一般采用 2 ~8 片叠轧,也有采用 12 片叠轧的。目前除冷轧外,一般再无其他轧制方法可以代替叠轧提供这一厚度范围的板材。叠轧薄板的缺点是产量、质量与成材率均很低,劳动强度大,产品的成本也高。我国目前还存在一定数量的叠轧板车间,但也逐渐被冷轧薄板生产所代替。

c　炉卷轧制法

为了防止成卷轧制过程中温降的问题,将板卷置于加热炉内一边加热保温一边轧制的方法称之为炉卷轧制法,如图 3-4 所示。它适合于生产批量不大而品种较多的产品,更适合于生产加工温度范围较窄的特殊钢带。在中小企业采用较多。此法的缺点是产品质量比较差,并且各项消耗较大,操作比较复杂。

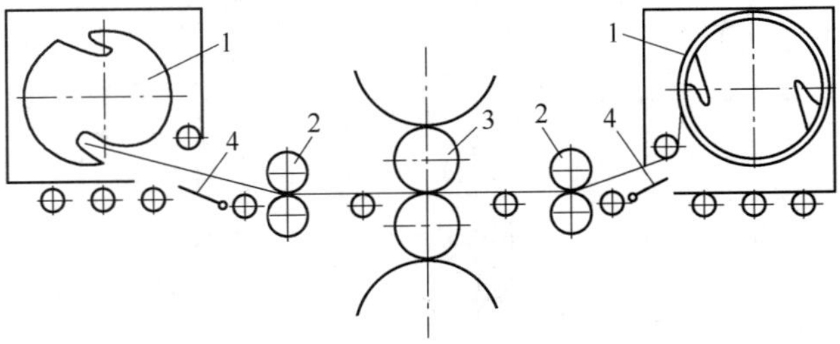

图 3-4　炉卷法轧制技术

1—卷取机;2—拉辊;3—工作辊;4—升降导板

炉卷轧机组合形式主要为二机架式,也有三机架式及复合式的。三机架式包括辊式粗轧机和万能粗轧机各一架,炉卷精轧机一架。由于轧制流程线太长,轧件温度降落大,往往难以保证精轧所需温度,给工艺操作带来很大的困难。二机架式的即除四辊式炉卷轧机外,前面只有一台二辊式或二辊万能式粗轧机,个别也有用三辊式或四辊万能式的。车间除生产板卷以外,还设有中厚板加工线可生产中厚板,这种轧机可称为复合式炉卷轧机,由于轧制流程长,精轧温度和板型难以保证。

随着轧制技术的发展,利用现代轧制的弯辊、移辊技术、自动控制技术、高精度检测技术等对炉卷轧机进行了改造。例如美国开发 TSP 工艺,利用电炉炼钢,连铸中等厚度为 125mm 的板坯经一台炉卷轧机组成连铸连轧生产线,年产 40 万 ~ 200 万吨 1.5 ~ 20mm 的带钢。

d 薄板带坯连铸-连轧及连续铸轧

薄板带坯是指厚度在 40 ~ 70mm 可直接进入热连轧精轧机组轧制的板坯。精轧机组轧制的板坯,一般认为薄板坯厚度以 10 ~ 60mm 为佳,这样可以保证质量和一定的产量,便于炼钢、连铸与轧钢生产能力的均衡匹配。直接进入精轧机组轧成不同规格的板带,为中小型企业提供了成卷生产板带钢的方法和途径。

薄板坯连铸连轧工艺自 1989 年在美国纽柯厂和 1992 年在意大利阿维迪厂投产以来,引起全世界钢铁界的关注,发展势头迅猛,这是因为薄板坯连铸连轧与传统的板坯连铸连轧相比具有如下优点:

(1) 工艺简便、设备少、生产线短,薄板坯连铸连轧省去了加热和粗轧工序,生产线一般仅 200m,降低了单位造价,缩短了建设工期;

(2) 生产周期短,从冶炼钢水到热轧板卷输出,仅需 1.5h,从而节约了流动资金,降低了生产成本;

(3) 节约能源,提高成材率,由于实现了连铸连轧,薄板坯连铸连轧可直接节能标准煤 66kg/t,间接节能标准煤 145kg/t,成材率提高 11% ~ 13%。

国内对薄板坯连铸连轧技术也特别重视,不仅引进多套设备,而且进行重点研究开发,可以预计全球 50% 左右的热轧卷板将由薄板坯连铸连轧机组来生产。近些年来,比较成功的薄板坯连铸-连轧工艺有以下几种。

CSP 工艺

施罗曼-西马克公司开发的 CSP 工艺(Compact Strip Production),也称为紧凑式热带生产工艺,其典型工艺生产线如图 3-5 所示。CSP 工艺的特点是工艺流程短、生产简便稳定、产品质量好、市场竞争力强等;CSP 工艺流程一般为电炉(AC 或 DC)→钢包精炼炉精炼→薄板坯连铸→均热(保温)→热连轧机轧制→层流冷却→地下卷取。

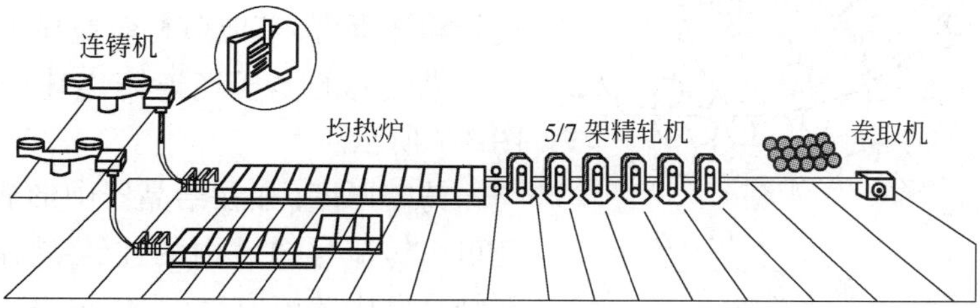

图 3-5 CSP 典型工艺生产线

薄板坯从连铸机拉出时厚度为 50mm，剪切后的长度为 160m。板坯经均热炉加热、保温，再经由高压水除鳞后，通过 4 ~6 架精轧机轧成 1 ~1. 25mm 厚的热轧带卷，冷却后成卷，卷重约 20t。从钢水的冶炼到成品离线仅需 1. 5h。CSP 热轧带卷的质量不断提高，次品率降低，大大低于传统生产线的成本。CSP 工艺采用了许多关键技术，从而保证了自身特点的实现。具体技术包括：使用漏斗形结晶器、严格控制钢水质量、提高纯净度及开发应用了一系列板形控制新技术等，使薄板坯连铸连轧生产线在生产薄规格的产品方面更优于传统工艺。

ISP 工艺

ISP 工艺（Inline Strip Production）薄板坯连铸连轧工艺的主要特点不仅在于采用直弧式结晶器，而且还在于连铸的同时可进行连续铸轧减薄，包括液芯压缩和软芯固态无头轧制。

ISP 工艺即在线热带钢生产工艺，其典型工艺布置如图 3-6 所示。德马克公司早期开发的薄板坯连铸机，使用传统的平行板形结晶器，浇出 60mm 左右的铸坯，为此需将浸入式水口做成薄板状，壁厚仅有 10mm。为了与精轧机配合，还开发了液芯铸轧技术。铸坯在二冷段经液芯压下由 60mm 减至 40mm，在全凝固状态下经 3 机架粗轧机轧成 15 ~25mm，然后经克日莫那炉（Cremona）卷取、开卷，送至 4 机架精轧机轧为 3mm 或更薄的热带，经层流冷却后卷取。后来由于薄片形水口寿命低、铸坯表面质量不好等问题，已将结晶器改进为橄榄球形，其上口宽边最大厚度为 60mm +（25 ×2）mm，此形状至出口处仍保留 1. 5mm ×2mm 的小鼓肚。薄片形水口壁厚增至 20mm，寿命得到提高。结晶器内保护渣使用状况也得以改善，铸坯质量得到提高。

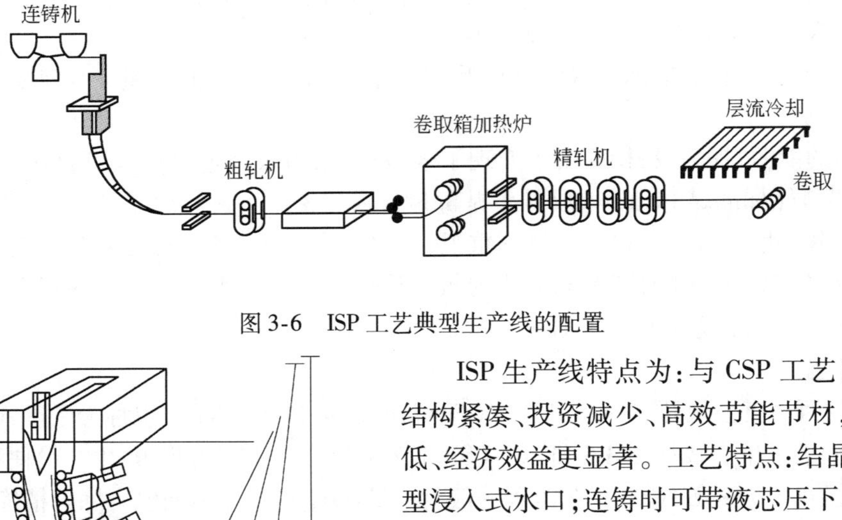

图 3-6　ISP 工艺典型生产线的配置

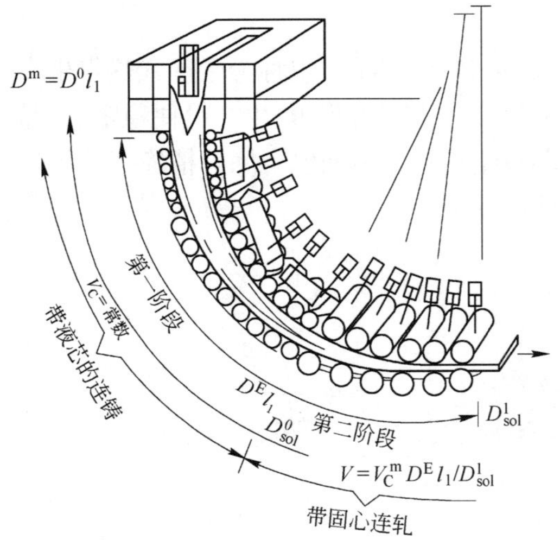

图 3-7　带液芯的薄板坯连铸连轧（铸轧）

ISP 生产线特点为：与 CSP 工艺比较，设备结构紧凑、投资减少、高效节能节材，生产成本低、经济效益更显著。工艺特点：结晶器设有新型浸入式水口；连铸时可带液芯压下、全固态和半固态压缩，可获得更薄的板坯，直接进行热卷取；设有新型 Gremona 式热卷取箱，利用热板卷进行输送保温，节能节材效益显著。

带液芯的薄板坯连铸连轧（连续铸轧），如图 3-7 所示。

铸流厚度（如在结晶器中形成的厚度）的减薄可由铸流导向区内的连铸-轧制工艺来进行，在结晶器中铸流厚度为 60mm 时，连铸机出口最小厚度可达 15mm，减薄可分两个阶段进行：

第一阶段，在结晶器出口至液芯端之间，带液芯的连铸轧制阶段，从一对辊到下一对辊进行减薄的程度较小，以便进行控制，在液芯区的总变形量最大可达20%；

第二阶段，在板坯心部完全凝固后即开始连轧，也称带固心连轧阶段，经3架四辊轧机连轧，最大变形量可达70%～80%，在进轧机之前板坯经边部感应补热及除鳞。

根据连铸-轧制工艺的改变，薄板坯在连铸机出口处的厚度为15mm到60～70mm。

FTSR薄板坯连铸连轧工艺

FTSR(Flexible Thin Slab Rolling)薄板坯连铸连轧工艺与传统厚板坯连轧工艺在连铸过程、加热制度、轧制过程及板带传输速度等方面有明显差异，并且在设备构成布置上与CSP工艺也有不同，如图3-8所示。

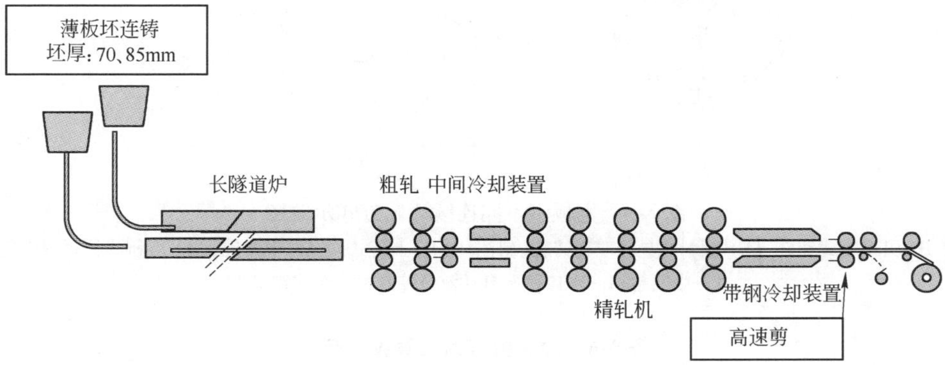

图3-8　FTSR工艺生产线配置示意图

FTSR采用2架粗轧+5架精轧的方式，此方式有利于通过中间冷却系统控制精轧温度；FTSR机组坯料较厚，一般为70、85、90mm，有利于提高产品的力学性能和产量；FTSR工艺可生产包括包晶钢在内的六大系列钢种。FTSR工艺技术的开发是在CSP技术的基础之上，有后来居上之势。

薄钢带连续铸轧工艺

钢带直接铸轧(DSC)工艺是接近成品形状的连铸和半固态轧制成形的综合过程，属于近终形短流程加工技术。图3-9为各种薄板坯连续铸轧方式示意图。

薄板坯连续铸轧主要技术关键在于：钢水的净化技术；钢水浇注熔池液面的控制技术；铸轧工艺参数的控制技术；侧封技术；铸轧辊材质、凸度和板形控制技术；铸轧半固态加工技术。

钢带直接铸轧技术不仅是为了简化工艺、缩短流程、提高效益，而且可大大提高材料的组织性能，使晶粒和析出物变细的效果比急冷效果还要大，比常规工艺产品细一倍以上，因此对提高材料性能很有利，可创造出新机能材料。

C　冷轧板带钢生产

冷轧板带钢的代表性产品有金属镀层薄板、深冲钢板、电工用硅钢板与不锈钢板等，冷轧带钢和薄板一般厚度为0.1～3.0mm，宽度为100～2000mm，还有极薄带和宽带，均以热轧板带钢为原料，经冷轧成材。由于冷轧板带钢的产品规格繁多、尺寸精度高、表面质量好、力学性能及工艺性能优异，因此，广泛应用于机械制造、汽车制造、机车车辆、建筑结构、航空航天、轻工食品、电子仪表及家用电器等工业部门，如表3-6所示。现代工业对冷轧板带钢的

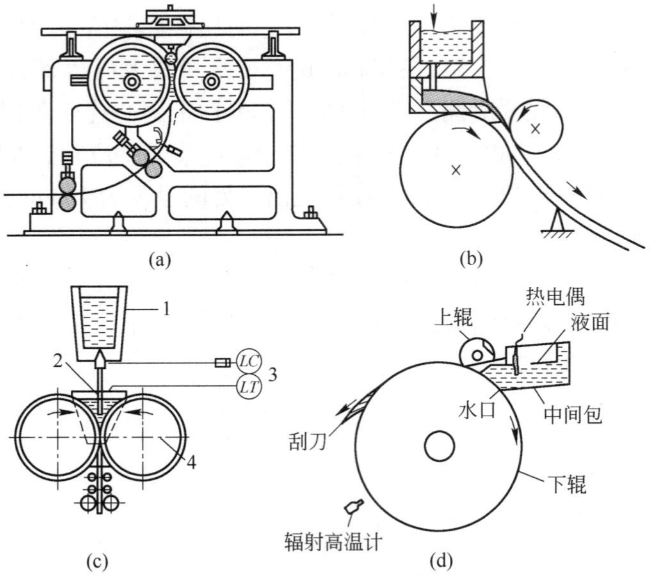

图 3-9 钢板带不同连续铸轧方式示意图

(a) H. 贝塞麦式铸轧;(b) 倾斜式异径双辊铸轧(斜注);(c) 上铸式同径双辊铸轧;(d) 下铸式异径双辊铸轧
1—中间包;2—水口;3—自动液位控制;4—辊式结晶器

表 3-6 冷轧板带钢与薄板的产品

产　　品	厚度/mm	宽度/mm	主 要 用 途
冷轧带卷或薄板（汽车板、搪瓷板、各种冷冲板等）	0.15~3	750~2000	汽车外壳、电冰箱、洗衣机、家具、建筑结构、冷弯型钢和各种容器
镀锌板	0.25~2.5	1000~1500	屋面板、容器、包装箱、油桶
镀锡薄板	0.10~0.55	508~1100	罐头、玩具、包装箱和容器
电工薄板(硅钢片、低碳电工钢板)	0.3~1.0	750~1000	各种变压器、电机
有机涂层薄板（彩色有机涂层板和塑料涂层板）	0.2~0.55	1000~1500	车辆、建筑装饰、家具、仪器外壳、电冰箱、洗衣机
不锈钢板	0.15~3	750~1500	餐具、家具及车辆、建筑装饰
其他(低合金结构钢等钢板)	0.5~3	750~1500	各种结构件、容器、焊管原料

质量要求愈来愈高,对品种规格要求愈来愈广泛,对产量要求愈来愈大,因而冷轧板带钢的生产增长很快。其生产方式有单机架轧制及多机连轧等。

a　单机冷轧

此法生产灵活性大,设备投资少,建厂快,但生产能力较低,适用于产品品种规格多而批量小,或者合金钢产品比例较大的生产情况,适宜于中小型企业。厚度较小的特殊钢及合金钢产品经常在多辊式轧机上生产。单机冷轧板带钢一般采用二辊、四辊、六辊、十二辊、二十辊、三十辊、三十六辊及异步轧机进行轧制,另外为了更好地控制冷轧薄带钢的板形,出现了新型 HC 轧机、带移动辊套的轧机(SSM)、工作辊横移的 CVC 轧机和 UPC 轧机、UC 轧机、Z 型轧机以及自动补偿(SC)支持辊轧机等。

目前单机轧制较多,不过有些多辊轧机已开始实现连轧。

b　连轧

连轧的生产效率高，它承担着薄板带钢的主要生产任务，最适合产品较为单一而批量又大的生产。冷连轧机组的机座与可逆式冷轧机座基本相同，多为四辊式，机座数为2~6台，配置为连续式。

例如，5机架四辊轧机所组成的冷连轧机组生产线，如图3-10所示，入口处有剥带机、钢卷运送小车、预开卷装置和开卷机等主要设备完成轧机上料。出口端有卷取机、皮带助卷器及运送小车完成轧后的出料。为实现自动控制和计算机控制，在机组上装有3台同位素测厚仪、5套张力测量装置、5套光栅式位移传感器、5套测速发电机和光电脉冲发生器，共有17台计算机用于机组的自动控制。

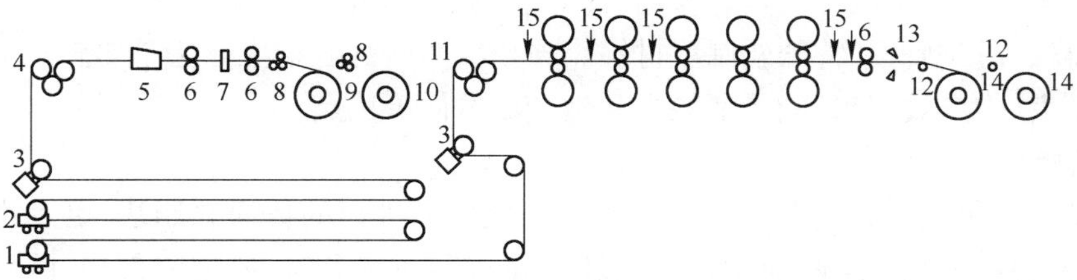

图3-10　5机架全连续冷轧带钢生产线配置示意图

1,2—活套小车；3—焊缝检测器；4—活套入口勒导装置；5—焊接机；6—夹送辊；7—剪断机；8—三辊矫；9,10—开卷机；11—机组入口勒导装置；12—导向辊；13—分切剪断机；14—卷取机；15—X射线测厚仪

3.2.2.2　型钢生产

大、中型型材和复杂断面型材的品种、规格繁多，广泛应用于机械制造、工业和民用建筑、公路和铁路桥梁、汽车、拖拉机、铁路车辆制造、造船业、矿山支护、海洋工程和输电工程建设等部门。从材料本身的使用特征来划分，型材可以分成钢结构用材、交通运输用材和机械工程用材等几大类。在钢结构用材中主要是H型钢(工字钢)、角钢和槽钢；交通运输用材中主要是重轨。复杂断面型材又称异型断面型材，它们的生产具有如下特点：品种规格多、断面形状差异大、断面形状复杂、轧机结构和轧机布置形式多种多样。

型材按使用部门分类有铁路用型材(钢轨、鱼尾板、道岔用轨、车轮、轮箍)、汽车用型材、造船用型材(L型钢、球扁钢、Z字钢、船用窗框钢)、结构和建筑用型材(H型钢、工字钢、槽钢、角钢、吊车钢轨、窗框和门框用材、钢板侧等)、矿山用钢(U型钢、T型钢、槽帮钢、矿用工字钢、刮板钢)、机械制造用异型材等，型材的断面形状、尺寸范围及用途如表3-7所示。

表3-7　部分型材的断面形状、尺寸范围及用途

品　种	尺寸范围	用　途
H型钢	高度×宽度，宽边：500mm×500mm，中边900mm×300mm，窄边600mm×200mm	土木建筑、矿山支护、桥梁、车辆、机械工程
钢板桩	有效宽度：U型为500mm，Z型为400mm，直线型为500mm	港口、堤坝、工程围堰
钢　轨	单重：重轨为30~78kg/m，轻轨为5~30kg/m，起重机轨为120kg/m	铁路、起重机
工字钢	高度×宽度：100mm×68mm~630mm×180mm	土木建筑、矿山支护、桥梁、车辆、机械工程
槽　钢	高度×宽度：50mm×37mm~400mm×104mm	土木建筑、矿山支护、桥梁、车辆、机械工程

续表 3-7

品 种	尺寸范围	用 途
角 钢	高度×宽度:等边,20mm×20mm~200mm×200mm,不等边,25mm×16mm~200mm×125mm	土木建筑、铁塔、桥梁、车辆、船舰
矿用钢	工字钢、槽帮钢	支护、矿山运输
T 型钢	高度×宽度:150mm×40mm~300mm×150mm	土木建筑、铁塔、桥梁、车辆、船舰
球扁钢	宽度×厚度:180mm×9mm~250mm×12mm	船 舰
钢轨附件	单重:6~60kg/m	钢轨垫板、接头夹板
异型材		车辆、机械工程、窗框等

型钢的生产方法可以分成热轧型材、冷弯型材、冷轧型材、冷拔型材、挤压型材、锻压型材、热弯型材、焊接型材和特殊轧制型材等。现今生产型材的主要方法是热轧。因为热轧具有生产规模大、生产效率高、能量消耗少和生产成本低等优点。

A 轧制方法

(1) 普通轧制法。它是在一般二辊或三辊轧机上进行的普通轧制法,可生产一般简单断面、异型断面和纵轧周期断面型钢。当轧制异型断面产品时,要用闭口槽,因此轧槽各部分存在明显的辊径差,使变形不均匀,成品内部产生较大的残余应力,影响轧材质量。但这种方法比较简单。

(2) 多辊轧制法。孔型由三个以上轧辊轧槽所组成,从而减少了闭口槽的不利影响,辊径差亦减少,可轧出凸缘内外侧平行的经济断面型钢,轧件凸缘高度可以增加,还可以轧异型断面产品。此法轧制精度高,轧辊磨损、能量消耗、轧件残余应力均减少。

(3) 热弯轧法。首先将坯料轧成扁带或接近成品断面的形状,然后在后继孔型中趁热弯曲成型。可在一般轧机或顺列水平-立式轧机上生产,并可轧制一般方法得不到的弯折断面型钢。

(4) 热轧-纵剖法。将较难轧的非对称断面产品先设计成对称断面,或将小断面产品设计成并联形式的大断面产品,以提高轧机生产能力,然后在轧机上或冷却后用圆盘剪进行纵剖,可得到两个型材。

(5) 热轧-冷拔(轧)法。这种方法可生产高精度型材,其产品力学性能和表面质量均高于一般热轧型材。其方法为:先热轧成型,并留有冷加工余量,然后经酸洗、碱洗、水洗、涂润滑剂、冷拔(轧)成材。

B 挤压方法

采用挤压法可生产轧制法不能生产的异型钢材,但挤压法的生产率比轧制法低,适合小批量、多品种的型材生产。

C 冷弯方法

利用带坯冷弯成各种复杂断面型材,生产的效率高,性能及表面质量好,特别适合生产薄壁型材。

D 典型产品特殊生产方法

a H 型钢和工字钢

H 型钢生产方法有焊接和轧制两种方法,焊接 H 型钢是将厚度合适的带钢裁成合适的宽度,在连续式焊接机组上将边部和腰部焊接在一起。焊接 H 型钢有金属消耗大、生产的经济效益低、不易保证产品性能均匀等缺点。因此，H 型钢生产以轧制为主。H 型钢和普通工字钢在轧制上的主要区别是，工字钢可以在两辊孔型中轧制，而 H 型钢则需要在万能孔型中轧制。使用万能孔型轧制，H 型钢的腰部在上下水平辊之间进行轧制，边部则在水平辊侧面和立辊之间同时轧制成形。由于仅有万能孔型尚不能对边端施加压下，这样就需要在万能机架后设置轧边端机，俗称轧边机，以便加工边端并控制边宽。在实际轧制生产中，可以将万能轧机和轧边端机组成一组可逆连轧机，使轧件往复轧制若干次，或者是将轧制和普通工字钢机架万能轧机和 1 ~2 架轧边端机组成一组连轧机组，每道次施加相应的压下量，将坯料轧成所需规格形状和尺寸的产品，如图 3-11 所示。

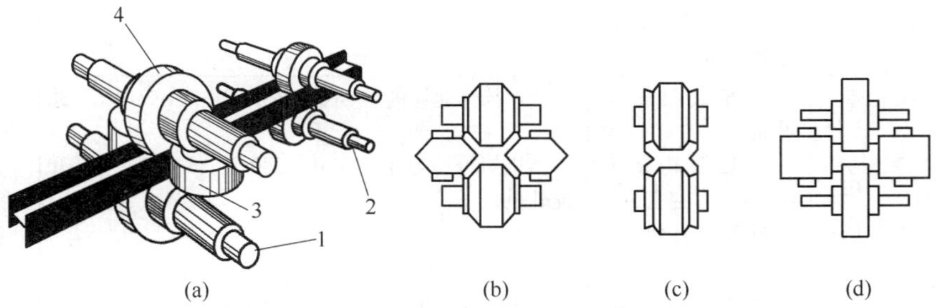

图 3-11　用万能轧机轧制 H 型钢

(a)万能-轧边端可逆连轧；(b)万能粗轧孔；(c)轧边端孔；(d)万能成品孔

1—水平辊；2—轧边端辊；3—立辊；4—水平辊

b　钢轨

钢轨按重量分常用的规格有 9kg/m、12kg/m、15kg/m、22kg/m、24kg/m、30kg/m、38kg/m、43kg/m、50kg/m、60kg/m、75kg/m 等，通常 30kg/m 以下为轻轨，以上为重轨。由于高速铁路的发展对钢轨强度、韧性、耐磨性、尺寸精度及平直度等提出了更高的要求，重轨生产工艺比一般型钢更复杂，要求轧后冷却、矫直、轨端加工、热处理及探伤等。重轨生产方法有两辊孔型法与万能孔型法，两辊孔型法是在一般二辊或三辊轧机上采用箱形-帽形-轨形孔型进行轧制；万能孔型法是采用万能轧机轧制。

c　经济断面型材

经济断面型材是指断面形状类似于普通型材，而断面各部分的金属分布更加合理，使用时的经济效益高于普通型材的型材。在经济断面型材中，重点发展的品种有轻型薄壁型材和专用经济断面型材。专用经济断面型材有铁路钢轨垫板、鱼尾板、道岔用轨、车轮、轮箍、汽车轮辋、轮胎挡圈和锁圈、造船用 L 型钢、球扁钢、Z 字钢、船用窗框钢、U 型钢、帽形钢及叶片钢等。开发经济断面型材，提高金属利用率，具有重要社会效益和经济效益。

3.2.2.3　钢管生产

钢管主要生产方法有热轧、热挤压、焊管和冷加工 4 大类。

(1) 热轧。热轧无缝管生产过程是将实心管坯（或钢锭）穿孔并轧成具有要求的形状、尺寸和性能的钢管，热轧无缝管的生产方法是以机组中轧管机类型来分类的，目前常用的热轧无缝管生产方法如表 3-8 所示。

(2) 热挤压。采用圆锭坯，在压力穿孔机上穿孔或钻孔后压力穿孔机扩孔，然后进行热挤压。可以得到比轧制管更薄，质量更好的管材，也可以生产异型管材。

表 3-8　常用的热轧无缝管生产方法

生产方法	原料（管坯）	主要变形工序及所采用的设备		产品范围			
		穿孔	轧管	外径 D/mm①	壁厚 δ/mm	D/δ	轧后最大长度/m
自动式轧管机组	圆轧坯	二辊式斜轧穿孔机	自动式轧管机	φ12.7～660.4	2～60	6～48	10～16
	连铸方坯	推轧穿孔和斜轧延伸机		φ65～406②	5.5～40.5		
皮尔格轧管机组	圆锭	二辊式斜轧穿孔机	皮尔格轧管机	φ50～1000	2.25～170	4～40	16～28
	方锭或多角形锭	压力穿孔机和斜轧延伸机					
	连铸方坯	推轧穿孔机和斜轧延伸机					
连续式轧管机组	圆轧坯	二辊式斜轧穿孔机	长芯棒连轧管机	φ16～168.3	1.75～25.4	6～30	20～33
	圆连铸坯	三辊斜轧穿孔机、狄舍尔穿孔机	多机架可控芯棒连轧机	φ48～340	3～25	7～30	
	连铸方坯	推轧穿孔机、斜轧延伸机					
三辊轧管机组	圆轧坯	二辊斜轧穿孔机或三辊斜轧穿孔机	三辊式轧管机	φ21～240	2～45	4～12（～50）	8～10
狄舍尔轧管机组	圆轧坯	二辊式斜轧穿孔机	狄舍尔轧管机	φ51～108（φ39～203）	2～8	4～35	15

① 各机组 φ50mm 以下的管是通过减径机或张力减径机生产的。
② 自动式轧管机组正常最大外径为 φ426mm，φ660.4mm 的管是扩径生产的。

（3）焊管。焊管的生产过程是将管坯（即板带材）用各种成形方法弯卷成要求的横断面形状，然后用不同的焊接方法将焊缝焊合而获得钢管的过程。成形与焊接是它的基本工序，焊管生产方法是按这两个工序的特点来分类的，如表 3-9 所示。

表 3-9　常用的焊管方法

生产方法		坯料	基本工序		产品范围		
			成形	焊接	外径 D/mm	壁厚 δ/mm	D/δ
炉焊	链式炉焊机组	短钢带	坯料加热后，在链式炉焊机上用碗模成形和焊接		φ10～89	2～10	5～28
	连续炉焊机组	钢带卷	坯料加热后，在连续成形-焊接机上成形并焊接		φ10～114	1.9～8.6	5～28
电焊	直缝连续电焊机组	钢带卷	连续辊式成形机成形或排辊成形	高频电阻焊、感应焊、氩弧焊	φ5～660（φ400～1219）	0.5～1.5（6.4～22.2）	～100
	UOE 直缝电焊机组	钢板	压力机（直缝）成形	高电弧焊、闪光焊或高频电阻焊	φ406～1625	6.0～40.0	～80
	螺旋电焊机组	钢带卷	螺旋成形器成形	电弧焊、高频电阻焊	φ89～3660	0.1～25.4	～100

（4）冷加工。钢管冷加工方法有冷轧、冷拔和冷旋压三种，冷加工是钢管的二次加工，产品力学性能好，表面质量高。

3.2.2.4　线材生产

线材是热轧材中断面最小的一种，按钢种可分为软线、硬线和合金线材；按用途可分为热轧状态直接使用和需经二次冷加工的两种；按线的断面形状分为：圆线、方线、六角线、扇形线及异型线。

线材的生产方式有：横列式、半连续式以及连续式轧制法，目前中小厂仍采用横列式及半连续式轧制法生产线材,现代化的大企业采用连续式轧制法生产线材。

3.2.3 有色金属产品的生产方案

3.2.3.1 锭坯生产

有色金属加工企业板带箔材及管棒型材等的生产车间,都需要熔炼与铸锭车间提供锭坯,锭坯生产有如下生产方法:

(1) 古老简单的生铁模和水冷模铸造法;

(2) 近代传统的静模铸造中的半连续、连续铸造;

(3) 现代近终形连铸新技术,主要包括双辊连续铸轧、连续铸挤法、动模铸造、无模铸造以及静模铸造中的立式法、上引法、浸渍法和带坯、线坯的水平连铸新方法。

A 锭模铸锭

锭模铸锭是一种古老的锭坯生产方法,其特点是:模具制造容易,设备费用少,铸锭操作比较简单;有的可以利用铸锭本身的余热直接进行热加工,省去了洗面和加热工序;各向异性小,深冲性能好;但铸锭质量差,成材率低,劳动条件差。

锭模铸锭历史悠久,生产方法多种多样,通常是金属模铸锭、水冷模铸锭等。如小铝厂使用对开铸铁立模和水冷立模铸锭、小铜厂多使用对开铸铁立模铸锭。

B 半连续铸锭

半连续铸锭全称为立式半连续直接水冷铸锭,简称DC铸锭。牵引机构带动底座上的凝固壳一起以一定的速度连续地向下移动,当已凝固成铸锭的部分脱离开结晶器时,立即受到来自结晶器下缘处的二次冷却水的直接冷却,锭坯的凝固层也随之连续地向中心区域推进,并完全凝固结晶(如图3-12所示)。金属熔体连续不断地流入结晶器,铸锭也连续不断地在结晶器中形成,待铸锭长度达到规定尺寸后,停止铸造卸下铸锭,铸造机底座回到原始位置,即完成一个铸次。

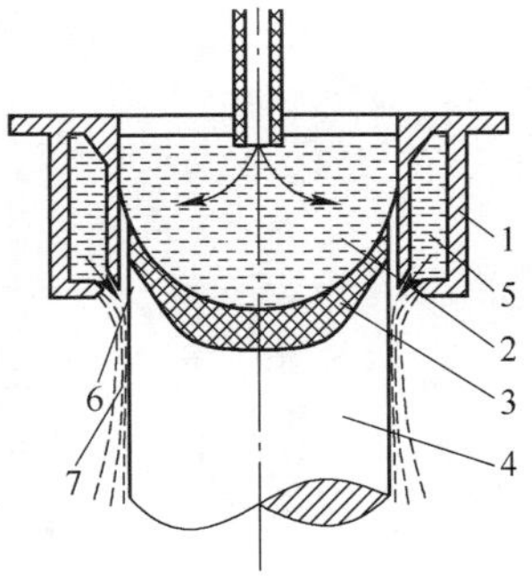

图3-12 直接水冷半连续铸锭方式示意图

1—结晶器;2—液穴;3—过渡带(两相区);4—铸锭;5—一次冷却;6—凝固壳;7—二次冷却

半连续铸锭的工艺特点:

(1) 铸锭过程中浇注系统与结晶器间的合理配置,减少金属熔体的飞溅和扰动,防止了氧化膜和夹杂等有害物质的混入;

(2) 可连续、稳定地将金属熔体注入结晶器中,因此可以采用较低的浇注温度进行铸造,可减少熔炼过程熔体过热,这有利于消除铸锭的气孔和疏松缺陷;

(3) 以水为冷却介质,熔体凝固结晶是在极强的过冷条件下完成的,铸锭结晶组织致密,又因为结晶始终保持顺序结晶,具有明显的方向性,这有利于消除缩孔和缩管缺陷;

(4) 铸锭长度较长,可根据加工车间工艺要求进行合理切断,这可减少切头切尾损失;

(5) 同铁模铸锭相比,机械化程度高、劳动条件好,与炉外连续净化装置及在线细化装置,可组成一条机械化、自动化铸锭生产线。

另外,近年来在普通半连续铸造的基础上,还出现了热顶铸锭和电磁铸锭等,其铸锭质量好,减少了铸锭的偏析、粗晶层及裂纹。同时,由于新技术不断涌现,又出现了新型水平热顶铸造、气压热顶铸造及气滑热顶铸造等。

C 连续铸锭

连续铸锭与半连续铸锭成形原理相同,所不同的主要是连续铸锭有在线同步锯切或剪断装置。目前,有水平连续铸锭与立式连续铸锭,可供板带材及管棒线材生产。

a 水平连续铸锭

水平连续铸锭又称卧式连续铸锭或横向连续铸锭,如图 3-13 所示。水平连续铸锭的结晶器相对于保温炉或中间包是固定不动的,相当于水平式的热顶铸造,工艺轴线水平配置,铸锭拉出方向与地面平行。此法是 20 世纪 60 年代开发的,目前世界已有许多国家用其生产棒坯、管坯、型坯、线坯和带坯。与 DC 铸锭相比水平连续铸锭有如下特点:

(1) 铸造过程可完全连续,工艺流程短,节能,生产效率高;

(2) 结晶器短,浇注系统封闭,液流平稳,避免氧化渣和气体的混入,铸锭主要靠直接水冷,表面偏析少;

(3) 减少切头、切尾,提高铸锭成材率;

(4) 可适当降低浇注温度、提高铸造速度,提高了生产效率;

(5) 设备简单,投资省,易于实现机械化和自动化;

(6) 可生产最小规格的铸坯。

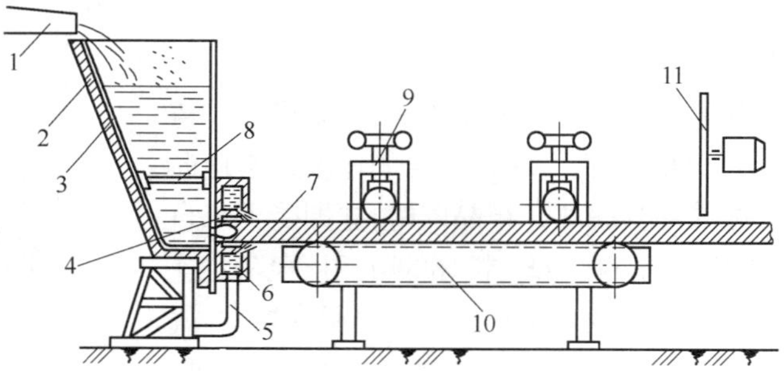

图 3-13 铝合金水平连续铸锭方式示意图

1—流槽;2—中间包;3—耐火材料;4—喇叭碗;5—供水管;6—结晶器;
7—铸坯;8—过滤片;9—游动压辊;10—链带牵引机;11—同步锯

b 立式连续铸造技术

小型立式连续铸造同时铸造两根为 ϕ100mm 黄铜等小断面圆铸锭,铸造速度范围在 4 ~ 20mm/s。立式连续铸造机由铸锭拖动装置、结晶器及冷却水装置、飞锯装置等几部分组成。铸锭拖动采用对称布置的引锭辊牵引方式,按照规定的尺寸将铸锭锯切成一定的长度。若需要较短的锭坯,可在下线后进行二次锯切。

现代化大型立式连续铸造技术,可铸造大断面圆铸锭,如图 3-14 所示。大型立式连续铸造,需要有相应容量及生产率的熔炼炉组与之配套。铸造机的机架通常为坚固的钢结构,铸造机可以建在地上,也可以建在地下或者半地下,该铸造机由结晶器平台、振动装置、铸锭拖动(牵引)装置、锯切装置、铸锭接收和倾翻装置、输送装置和铸锭引拉程序、浇注炉的流量控制、结晶器内金属液面控制及冷却水系统等组成。

c 线坯水平连续拉铸

炉内熔体直接通过炉壁上的模子沿水平方向连续拉出铸造线坯的过程称为线坯的水平连续拉铸。该法可不用结晶器,拉模放在炉壁一侧,安放多少拉模就可拉铸多少根线坯。其原理是利用液态金属的表面张力。当引线钎子插入拉铸模孔时，钎子头接触的液体金属受到激冷而凝结在钎子头上，并随钎子水平地拉出模孔外，模孔内的熔体在本身静压力和表面张力作用下，依靠其表面氧化膜及凝壳的冷凝收缩作用，沿着模孔被连续地拉出来，而后在喷水的冷却作用下凝固，经牵引辊到达卷取机上成卷，如图 3-15 所示。实现稳定连续拉铸的条件是，模口处熔体液柱所受到的表面张力合力与液柱所受到的金属静压力互相平衡。

线坯水平拉铸生产，工序少，设备简单，占地面积小，投入资金少，生产周期短，操作方便，可同时拉铸多根线坯。该法主要适用于小厂纯铝及结晶温度范围窄的合金大批量生产。

d 上铸法

20 世纪 60 年代末，芬兰奥托昆普（Outokumpu）公司在波里铜加工厂开发了上铸（Upcast）法，也称为上引法，用于生产含氧量低的无氧光亮铜线坯。生产线由加料机、熔化炉、保温炉、上引机、卷取机等组成。

上铸法铜线坯的生产过程如图 3-16 所示。精选的电解铜由真空吸盘加料机逐块地加入感应炉内进行熔化，用木炭覆盖，熔融铜液经密封流槽流入保温炉，再由隔板的下部进入铸造室，铸造室液面用鳞片石墨保护。上引支架放置在铸造室上方，上下可以移动，结晶器及水套就固定在支架上。石墨结晶器放入铸造室的铜液中，再把引锭杆插入石墨结晶器内，引锭杆由夹辊驱动，当引锭杆下降到与铜液接触时，立即向上引拉，并以间断的拉、停动作向上拉铜线坯，铜线坯经冷却水套的冷却拉出时温度已降低到 100℃ 以下，表面不会再氧化，保持光亮的表面，通过引锭

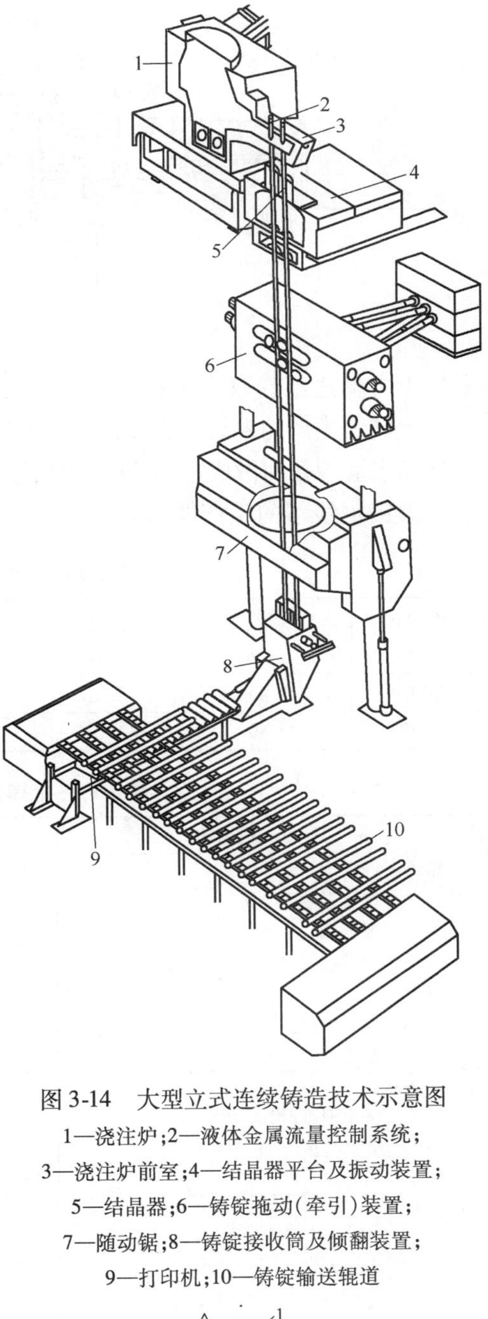

图 3-14 大型立式连续铸造技术示意图

1—浇注炉；2—液体金属流量控制系统；3—浇注炉前室；4—结晶器平台及振动装置；5—结晶器；6—铸锭拖动（牵引）装置；7—随动锯；8—铸锭接收筒及倾翻装置；9—打印机；10—铸锭输送辊道

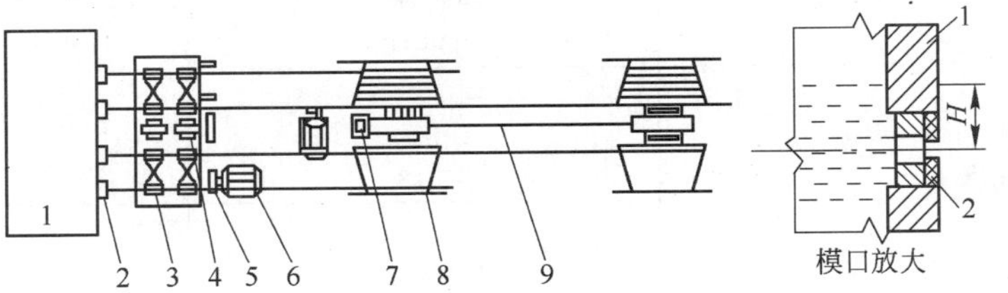

图 3-15 铝线坯水平拉铸生产方式示意图

1—熔炉；2—拉铸模；3—牵引压辊；4—传动系统；5—手闸柄；6—动力电机；7—传动系统；8—收线轮；9—传动轴

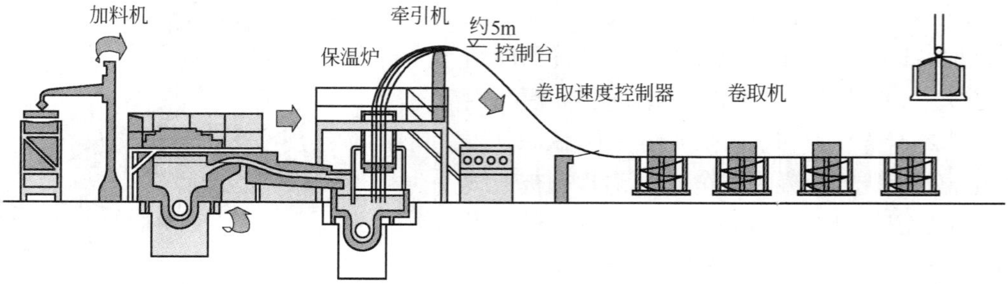

图 3-16 上铸法铜线坯生产方式示意图

机的上方输送给卷取机成卷。

上铸法生产的铜线坯直径，最小为 ϕ8mm，最大为 ϕ30mm，同时可上引 4 ~ 24 根。若将结晶器和水套的截面做成矩形，则可引出矩形截面的锭坯，例如 12mm × 60mm 铜母线的坯料。

上铸铜线坯的生产能力如表 3-10 所示，上铸法铜线坯生产主要工艺参数列于表 3-11。

表 3-10 上铸铜线坯生产线的生产能力

铜线坯 /mm	单坯质量 /kg · m^{-1}	拉速 /m · min^{-1}	每头的产能			总产能/t · a^{-1}		
			kg/min	kg/h	t/a	8 头	12 头	16 头
ϕ14. 4	1. 45	1. 2	1. 74	104. 4	730. 8	5850	8770	11700
ϕ20	2. 80	1. 0	2. 80	168. 0	1176. 0	9400	14100	18800

表 3-11 上铸法铜线坯生产主要工艺参数

工序及参数名称	参数范围	备注
熔炼：		
熔化温度/℃	1180	
覆盖剂	木炭	要求干燥纯净
覆盖层厚度/mm	100 ~ 150	
保温：		
保温温度/℃	1150	
覆盖剂	木炭	要求干燥纯净
铸造室：		
铜水温度/℃	1150	
波动范围/mm	100 ~ 120	
覆盖剂	鳞片状石墨	要求干燥纯净
结晶器：		
材质	高纯石墨	
尺寸/mm	5 × 120	（壁厚 × 长）
涂层材料	热解石墨	
涂层厚度/μm	30 ~ 60	
水套：		
水流量/L · min^{-1}	30	
允许温升/℃	7 ~ 8	
上引：		
速度/m · min^{-1}	0. 5 ~ 2. 0	
方式	拉—停—拉—停	
频率/Hz	100 ~ 200	
行程/mm	5 ~ 10	
上引能力与保温炉、熔化炉容量比例	1 : 1. 6 : 4. 8	

e　轮带式连铸法

采用轮带式连铸方式可生产带坯与型线坯，轮带式连铸机系列的主要设备是轮带式连铸机，还配有轧机、牵引机、剪切机及卷取机等，以实现金属熔体连续加工成形。此法主要应用于生产铜、铝线坯以及宽度较窄的带坯（≤500mm）。轮带式连铸生产方式如图3-17所示。

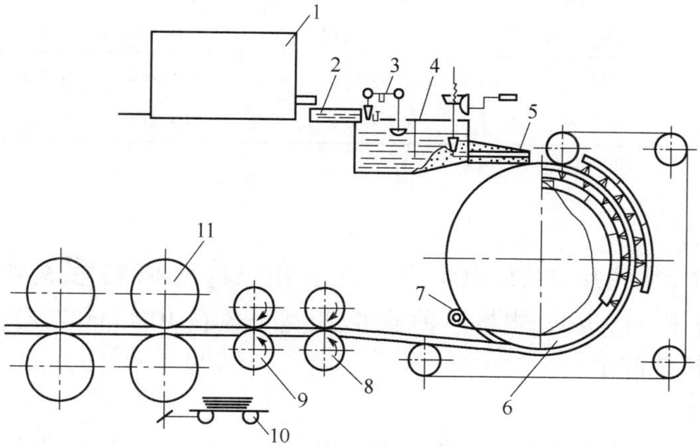

图3-17　轮带式连铸生产方式示意图

1—熔炼炉；2—流槽；3—浮漂；4—前箱；5—供料嘴；6—轮带式连铸机；7—刮坯器；8—牵引机；9—辊式飞剪；10—堆料小车；11—轧机

3.2.3.2　板带箔材的生产

A　产品的品种及规格

板、带、箔材产品一般是以厚度来划分的，其划分范围如表3-12所示。

表3-12　常用板带箔材产品规格划分范围

金属及合金名称	品　种	规格范围		
		厚度/mm	宽度/mm	长度/mm
铝及铝合金	薄　板	0.3～4.0	500～2500	2000～10000
	厚　板	5～80	500～2500	2000～10000
	特厚板	>80	500～2500	2000～10000
	箔　材	0.005～0.2	5～1000	成卷
镁及镁合金	薄　板	0.5～5	500～1000	2000～3000
	中　板	6～21	500～1000	2000～3000
	厚　板	22～70	500～1000	2000～3000
铜及铜合金	热轧板	4～25	～3000	～6000
	冷轧板	0.2～15	～2500	～6000
	带　材	0.06～2.0	～600	成卷
	箔　材	0.05以下	～200	成卷
钼及钼合金	热轧板	0.8～4.0	45～400	300～600
	冷轧板	0.1～1.0	45～900	100～3000
	带　材	0.1～0.5	180～230	1000～4000
	箔　材	0.01～0.09	30～200	>500

续表 3-12

金属及合金名称	品 种	规格范围		
		厚度/mm	宽度/mm	长度/mm
钛及钛合金	薄 板	0.3~4.0	≤1000	1000~3000
	厚 板	4.0~40	600~1600	1000~3000
	带 材	0.1~1.0	100~350	≥500
	箔 材	0.002~0.08	50~200	250~500
锆及锆合金	热轧板	4.0~10	≤1000	1000~3000
	冷轧板	0.2~4.0	≤1000	1000~3000

B 生产方案

a 块式轧制法

块式轧制法指单张块片方式轧制生产，一般采用二辊式或四辊式轧机进行块式轧制法生产板材。此法适用于产量低、规格品种较多、板宽一般在1000mm左右，并且也适于中厚板、超宽板等的单机轧制生产。

b 带式轧制法

近代的板、带、箔材的大批生产主要采用二辊或四辊可逆式轧机、多机架连轧机进行成卷的轧制，多机架串列式连续热轧机列，机列前面1~2台可逆式热粗轧机，可反复轧制几道次；后面有3~5台串列热精轧机组，经一个道次轧制成所需要的厚度，最后卷成带卷。如图3-18所示。一般热轧带坯最薄为2.0~3.0mm。

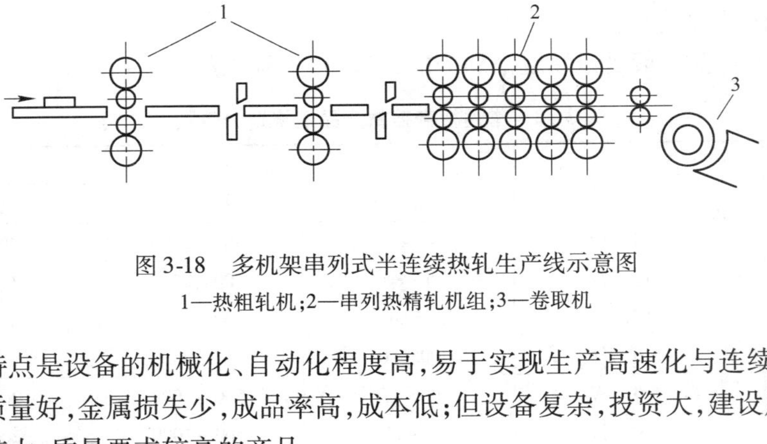

图3-18 多机架串列式半连续热轧生产线示意图

1—热粗轧机；2—串列热精轧机组；3—卷取机

此法的特点是设备的机械化、自动化程度高，易于实现生产高速化与连续化，劳动强度小；产量高，质量好，金属损失少，成品率高，成本低；但设备复杂，投资大，建设周期长。此法适用于产量较大，质量要求较高的产品。

采用带式轧制法生产板带材是最广泛的一种方法，至于箔材生产是以带材作坯料进一步轧制而成。近年来许多国家还采用了行星轧机、摆式轧机、多辊轧机等生产带材、箔材。而为了控制板形，20世纪70年代初相继开发了各种新型轧机与新技术，其辊系结构、辊形及调节方式各有特色，主要采用移辊技术与对辊交叉技术，这些新型轧机主要有：HC轧机、CVC轧机、UPC轧机、PC轧机、FFC轧机等。在中厚板生产中，为了提高成材率，开发了平面形状控制法。为了提高产品精度，开发了极薄带异步轧制技术。

c 热挤压法

某些重有色金属采用圆铸锭，通过挤压机生产带材，产品的质量好。适合于产量不大、品种少的带材生产。

d　连续铸轧法

连续铸轧(Continous Castrolling)是铸造与轧制融为一体的先进技术,液态金属要在两个轧辊的辊缝间完成凝固和轧制两个过程,而且是在很短的区域(铸轧区),且很短的时间(2~3s)完成的,属短流程。铝带坯双辊式连续铸轧法有下注式、倾斜式、水平式,如图3-19所示。目前可生产铝带坯厚度为6~8mm,直接供给冷轧机和铝箔轧机,实现薄带和铝箔生产。此法废料损失少,成品率高;生产工序少,周期短,生产效率高。

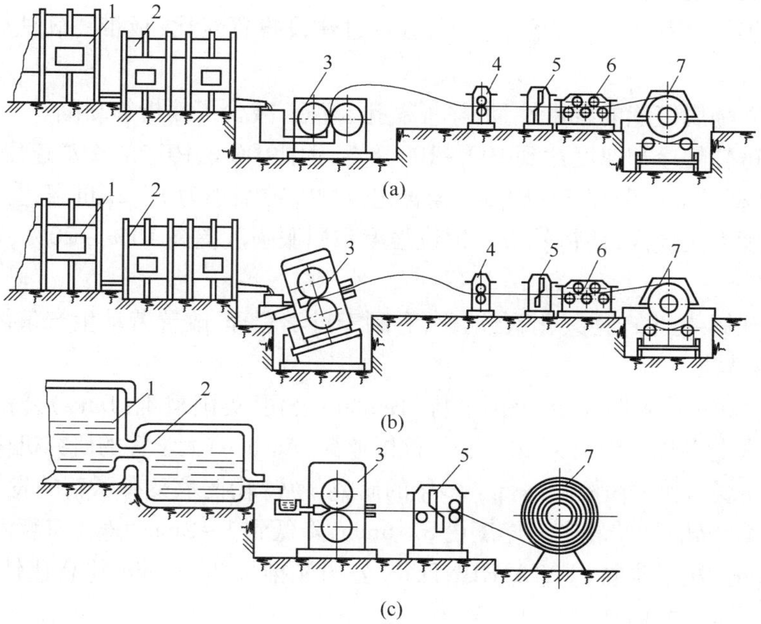

图3-19　铝带坯双辊铸轧生产方式示意图

(a) 下注式;(b) 倾斜式;(c) 水平式

1—熔炼炉;2—静置炉;3—铸轧机;4—牵引机;5—剪切机;6—矫直机;7—卷取机

由于水平式和倾斜式双辊铸轧机在操作、调试与检修上都比下注式具有明显的优点,因此生产厂家都选择倾斜式或水平式双辊铸轧机。

目前世界各国竞相研制高速铸轧机。高速铸轧机需要大轧制力才能保证产品质量,而大轧制压力要求增大铸轧辊直径。英国戴维公司与牛津大学合作,对铸轧机进行重大改革,研制成功新一代四辊高速薄带铸轧机。这台ϕ550mm/900mm×2400mm铸轧机安装在格兰奇欧洲铝箔公司的卢森堡工厂,其铸轧带宽1800mm,最薄铸轧厚度1mm,最大铸轧速度15m/min,最大卷重12t。可生产1000、8000系及3004、5182合金。这台铸轧机还配有带式助卷器及套筒循环系统。

美国田纳西州亨廷顿的Norandal公司与法塔亨特工程公司合作,开发高速铸轧机。1992年秋开始实验,1993年春铸轧出1mm厚带坯,铸轧速度为7.6~23m/min。1994年10月,Noradal公司购买一台生产1mm厚铸轧带的法塔亨特高速铸轧机,这台高速铸轧机宽为2184mm,可生产宽为2134mm的铸轧带,铸轧卷直径可达2133mm,重达19t。

我国涿神有色金属加工专用设备有限公司与中南大学等协作研究薄铝带坯高速铸轧技术，也取得了很好的成果。2001 年共同研制出 ϕ1050mm×1600mm 水平双驱动超薄快速铸轧机。

现代冶金工业，正朝着短流程、节能型、连续化、自动化、高质量方向发展。板带坯的连续铸轧生产正好符合这一发展方向，归纳起来连续铸轧有以下一些特点：

（1）液态金属一次成坯或成材，简化了生产过程，节省大量设备投资和能源消耗；

（2）省去了铸锭铣面，减少了热轧后切头切尾，成材率提高了约 15%～20%；

（3）设备简单集中，投资少，占地面积小，建设速度快，生产成本低，苏联曾对铸轧法和模铸热轧法在年产 2 万～4 万吨的条件下，进行过建设投资对比，板带铸轧法仅是模铸热轧法投资的 16.7%；

（4）提高了金属组织的致密性，消除了缩孔、疏松，减少了偏析等缺陷；

（5）连续铸轧的冷却速度达到 100～1000K/s，远比 DC 法铸造的冷却速度（2～3K/s）高得多，因此铸轧板枝晶间距仅 5～10μm，金属化合物颗粒细小为 1～2μm，溶质元素在固溶体中的过饱和程度大大提高，使铸轧板的抗拉强度和屈服强度提高 10%～20%，再结晶温度提高几十到 100℃；

（6）可实现铸-轧生产连续化、自动化，有利于科学管理，改善劳动生产条件。

e 高速铸轧法

从 20 世纪 80 年代末期开始，美国亨特（Hunter）公司、英国戴维（Davy）公司、法国普基铝业（Pechiny）公司与英国牛津（Oxford）大学、德国亚深（Aachen）大学等的研究机构合作，对连续铸轧的金属凝固规律和过程控制进行了多年的研究，使铸轧技术又有了新的发展。相继推出薄带坯高速连续铸轧机，铸轧带坯厚度由 8～6mm，降低到 1～2mm，铸轧速度由 1～3m/min，提高到 15m/min。法塔亨特（FATA HUNTER）公司又推出 38m/min 的高速铸轧机，使连续铸轧技术进入了一个新时代。

高速铸轧法的主要特点是：

（1）铸轧区内冷却速度可达 10000～100000K/s，金属可以快速凝固，所以带坯的结晶组织更细，共晶体和枝晶间距也更加细小，合金元素（如 Mn、Fe 等）在固溶体中含量也会大大增加，使带坯的性能更好；

（2）铸轧带坯的厚度为 0.5～2mm，使后续加工的轧制道次更为减少，同时铸轧速度大幅度提高，使生产效率成倍提高；

（3）铸轧的合金品种增多，突破凝固范围超过 40℃的合金不能用铸轧法生产的限制，现在 1×××系～3×××系的合金可以用高速铸轧法生产，例如 5182 合金就是传统的铸轧法不能生产的合金，现在高速铸轧机可以生产。

高速铸轧新技术是在传统铸轧技术的基础上，采用了许多先进的新技术构成的。这些技术主要体现在以下几方面：

（1）高精度液面控制技术，采用高灵敏度的位置传感器测量前箱液面的变化，通过发出的液面位置信号，经处理传给执行机构控制流口的塞棒，达到控制熔体流量精度的目的；

（2）新型的铸嘴系统，利用三维热水力学模型及 FIDAP 软件来设计堵块的大小、形状、位置及铸嘴腔形状来保证金属液流的速度和温度尽可能均匀；

（3）高强度机架和辊系设计，戴维公司的 Fastcast 铸轧机采用了四辊机型，轧辊的辊套和辊芯，长期使用可能产生松动，在新型高速铸轧机的设计中，趋向于采用较厚的辊套和较大的过盈量，以避免松动；但辊套厚度增加，增大了热阻，因此，新型高速铸轧机均采用了高效能的铸轧辊外部喷雾冷却系统来增大冷却强度；

（4）铸轧辊的冷却及控制，普基铝业公司采用一种新型水冷系统，在铸轧过程中使进、出水孔的位置可以互换，该系统用一台 PLC 计算机控制，通过调整进、出水孔互换频率和时间来控制辊形。

另外，相关技术还有铸轧机配有液压辊缝控制系统、在线切边机、高速剪及薄带助卷器等。

3.2.3.3 管棒型线材生产

A 产品的品种及规格

a 铝及铝合金

目前，国内外生产的铝合金型棒材品种规格有几万种，型材壁厚最薄已达 0.6mm。挤压法生产的铝合金管材，最大直径可达 500mm 以上；而用旋压法则可轧出直径为 1000mm 以上的薄壁管，管材的最小壁厚可达 0.1 ~ 0.2mm；采用自动化生产线或盘管拉拔，可生产长达 1000m 以上铝合金管材。常用铝及铝合金管材规格范围如表 3-13 所示。

表 3-13 铝及铝合金管材规格范围

名称	合金牌号	规格范围	
		外径/mm	壁厚/mm
铝及铝合金薄壁管	1060、1050、5A02、5A03、5A05、5A06、3A21、6A02、2A11、2A12	6 ~ 120	0.5 ~ 5.0
铝及铝合金厚壁管	1035、1100、5A02、5A03、5A05、3A21、6A02、2A11、2A12	25 ~ 185	5.0 ~ 32.5

b 铜及铜合金

铜及铜合金管棒材的规格范围如表 3-14 与表 3-15 所示。

表 3-14 铜及铜合金棒材品种规格范围

标准名称	挤制品/mm	拉制品/mm	标准名称	挤制品/mm	拉制品/mm
硅青铜棒	30 ~ 100	5 ~ 40	无氧铜棒	14 ~ 120	5 ~ 60
铜 棒	14 ~ 120	5 ~ 80	复杂黄铜棒	10 ~ 120	
黄铜棒	10 ~ 100	5 ~ 80	铍青铜棒	20 ~ 120	5 ~ 40
铝青铜棒	6 ~ 160	5 ~ 40	镉青铜棒	20 ~ 160	5 ~ 60
锡青铜棒	40 ~ 150	5 ~ 40	锌白铜棒	25 ~ 120	5 ~ 40
镉 棒	41 ~ 70	14 ~ 40	镍及镍合金棒	5 ~ 120	6 ~ 45

表 3-15 铜及铜合金管材品种规格范围

名称	挤制品		拉制品		名称	挤制品		拉制品	
	外径/mm	壁厚/mm	外径/mm	壁厚/mm		外径/mm	壁厚/mm	外径/mm	壁厚/mm
铜 管	30 ~ 300	5 ~ 30	3 ~ 360	0.5 ~ 10	锌白铜管			5 ~ 70	0.2 ~ 3.0
黄铜管	21 ~ 280	1.5 ~ 42.5	3 ~ 200	0.5 ~ 10	船舶用白铜管			6 ~ 40	0.5 ~ 5.0
挤制青铜管	20 ~ 250	2.5 ~ 50			矩形波导管			(204 ~ 292) × (102 ~ 146)	1 ~ 3.0
毛细管			0.5 ~ 3	0.1 ~ 0.5	铝黄铜管			10 ~ 38	0.5 ~ 3.5
航空散热器管			1.2 ~ 5	0.00 ~ 0.35	黄铜薄壁管			3.5 ~ 30	0.15 ~ 0.75

续表 3-15

名　称	挤制品		拉制品		名　称	挤制品		拉制品	
	外径/mm	壁厚/mm	外径/mm	壁厚/mm		外径/mm	壁厚/mm	外径/mm	壁厚/mm
散热扁管			(6～22)×(19～22)	0.2～0.7	专用白铜管			10～20.5	1.0～1.25
压力表管			3.5～20	0.15～1.5	拉杆天线管			2.8～11	0.25

c　稀有金属

目前，工业生产的稀有金属管材有挤压管材、轧制管材、旋压管材及拉拔管材，棒材有挤压棒材和拉拔棒材。管棒材品种规格如表 3-16 所示。

表 3-16　稀有金属管棒材品种规格范围

名　称	合金牌号	挤制品		拉制品		旋压制品		粉末制品		轧制品	
		外径/mm	壁厚/mm	外径/mm	壁厚/mm	外径/mm	壁厚/mm	外径/mm	壁厚/mm	外径/mm	壁厚/mm
钛及钛合金	TA1、TA2、TA3、TC1、TC10	8～120		3～120	0.3～4					3～120	0.3～4
钨	W1、W2	30～50				12～33	0.5～1.5	20～200	3～20		
钼及钼合金	M01、M02、M0-0.5Ti	24～65		5～50	0.3～3	35～100	0.25～1.5	15～200	3～50	8～21	0.5～1.5

B　生产方案

a　挤压法

挤压法适合生产厚壁、复杂断面与变断面的管棒型材以及线坯生产，此法生产周期短，成品率高，设备少。

b　挤压-拉拔法

挤压-拉拔法适合生产大口径薄壁的管材以及棒线材，此法的特点是投资不高、产品质量好，表面的精度高。

目前，国外铜合金管材生产采用大铸锭无氧化挤压长管，在挤压机列上成盘，或者经过多线高速轧管机冷轧后成盘，随后经游动芯头盘管拉拔，在连续拉拔、矫直、抛光、探伤、切断机上完成最终成品工序，对需要进行退火的制品则采用保护性气体光亮退火。这种方法生产的效率高，产品的质量好。

c　挤压-冷轧-拉拔

挤压-冷轧-拉拔适合于生产薄壁的中、小管以及棒线材，其特点是生产品种多，质量好；冷轧变形量大，工序少，生产周期短；但设备复杂，机械化程度高；投资大。适于大、中型工厂，采用此法较广泛。

d　斜轧穿孔-或经冷轧-拉拔

斜轧穿孔-或经冷轧-拉拔适合中等直径、塑性较好的金属管材生产，此法特点是产量高、几何废料损失少，设备投资不高，生产品种少，管坯内外表面缺陷较多。

e　焊接-拉拔

焊接-拉拔适合生产较大直径管材，如水道管及热交换器管等，它是以带材作坯料经成形、焊接、拉拔而成所需要的管材。此法生产效率高，成本低，但管材有焊缝，内表面质量较差。

f　连铸连轧法

将熔炉中的液态金属，经过连续铸造的线坯直接轧制成线材，这种方法生产效率高，适合大批量、品种少的合金线生产，产品表面质量不如挤压产品。一般铜和铝合金线材适合用此法。

g　连续拉铸法

将熔炉中的液态金属通过结晶器连续拉出线坯，并不断地卷绕在卷线机上。这种方法具有设备小、结构简单、操作容易、投资少等优点，但缺点是生产效率低，产品质量较差。

h　粉末-压型-烧结-旋锻法

该法适合于钨、钼、钽、铌等高熔点金属线坯生产。

i　离心铸造法

对于不能热加工的金属及合金，则采用离心铸造成圆锭，经冷轧成薄片后用剪切机切成矩形断面的线坯。

j　连续挤压法（Conform）

1971 年英国原子能管理局（The United Kingdom Atomic Energy Authority）Derek Green 首次提出 Conform 连续挤压法（Continuous Extrusion Forming），此法是以铝杆料或颗粒料为原料，由连续挤压机的旋转挤压轮带动，金属进入挤压型腔，在挤压型腔摩擦力作用下，建立挤压力，并且金属坯料的温度升高，金属达到屈服极限，将金属挤出模孔成形，如图 3-20 所示。

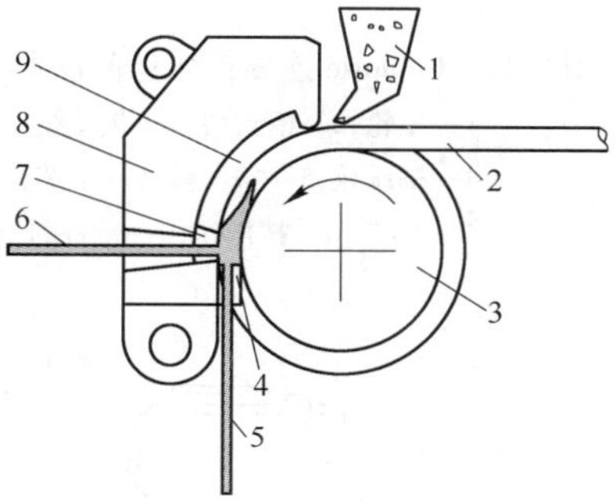

图 3-20　连续挤压技术示意图

1—粒料；2—棒料；3—挤压轮；4—挡料块；5，6—制品；7—挤压模；8—挤压靴；9—槽封块

连续挤压生产线主要由连续挤压机和辅助设备构成，辅助设备安装在挤压机的前后，辅助设备的多少和复杂程度取决于产品的技术要求，此生产线可以生产管材、实心和空心型材、线材及包覆材等。

连续挤压有径向挤压和切向挤压，也可以是任意角度挤压。Conform 连续挤压过程不用润滑，这样由摩擦力产生的高压和高温（相对于有色金属，压力可达 1050MPa，温度可达 500℃），同样可以使颗粒状料成形。

Conform 技术有许多优点，可使挤压过程连续，投资少，占地少，工序简单，原材料利用率高，能耗低，能挤压多种金属等。Conform 连续挤压法由于其结构合理，迅速得到发展。近 20 年来出现了单轮单槽、单轮双槽、双轮单槽和连续铸挤等多种结构形式的工业用 Conform 连续挤压机，铝、铜等有色金属的连续挤压工艺日臻成熟，已广泛应用于铝及铝合金中小管材、型材和双金属导体及电缆包覆等生产。我国有色金属加工行业非常重视这一新技术，先后引进了十几条 Conform 生产线，国内也研究并生产了连续挤压机，建立了生产线。图 3-21 为连续挤压生产线示意图。

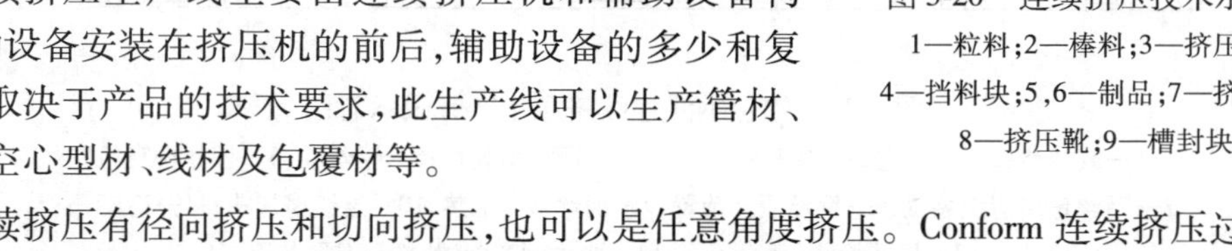

图 3-21　Conform 连续挤压生产方式示意图

1—放线架；2—坯料卷；3—坯料矫直机；4—坯料清刷装置；5—连续挤压机；6—冷却槽；7—导线装置；8—张力调节装置；9—卷取装置

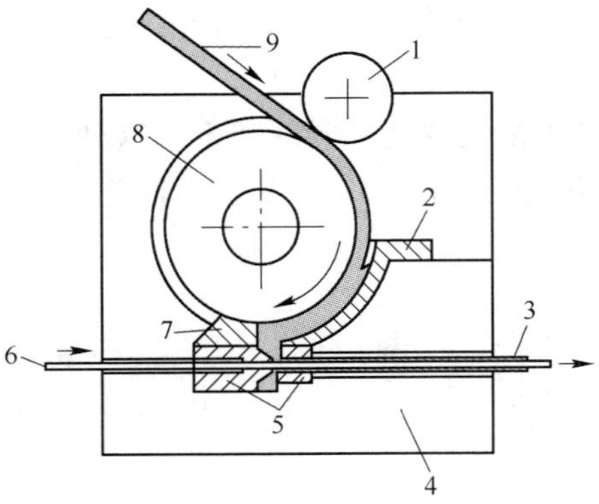

图 3-22 Conform 连续挤压包覆技术示意图
1—压轮;2—槽封块;3—包覆线;
4—挤压靴;5—挤压模;6—钢芯;
7—堵头;8—挤压轮;9—铝杆料

连续挤压包覆技术原理如图 3-22 所示,该法是利用连续挤压原理实现双金属复合,钢芯穿过挤压模及挤压靴的进料口。挤压靴上安有防止金属泄漏的槽封块,槽封块与旋转的挤压轮进料槽组成一个动态的挤压型腔,铝杆坯由挤压轮的进料槽通过摩擦力进入挤压腔,挤压力由复合料与挤压轮之间的摩擦形成,复合料进入模腔后与芯线复合,从而形成铝包钢线。

铝包钢是单轮 Conform 挤压机的典型产品。连续挤压包覆复合法是目前生产复合线材最具有潜力的加工方法,该方法还可以实现铝包覆电缆、铝包覆光纤、铜包覆钢线等生产。图 3-23 为铝包钢线连续挤压生产方式示意图。

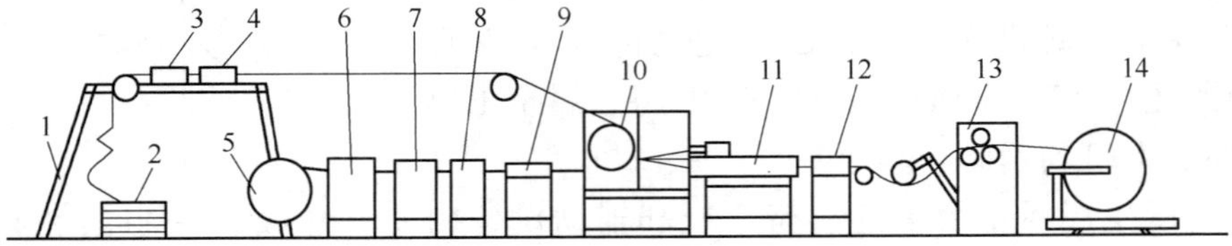

图 3-23 铝包钢线连续挤压生产方式示意图
1—放线架;2—铝杆卷;3—铝杆矫直机;4—铝杆清刷装置;5—钢丝卷;6—钢丝矫直机;
7—钢丝超声清洗装置;8—钢丝喷丸装置;9—钢丝感应加热;10—连续挤压机;11—冷却槽;
12—尺寸检测、超声探伤;13—张力调节装置;14—卷取装置

k 连续铸挤(Castex)法

连续铸挤技术(Castex)是连续挤压技术(Conform)的进一步发展。在 Conform 连续挤压的基础上,经过大量的实验研究,英国霍尔顿(Holton)公司对连续挤压机进行了改进,采用液态金属作坯料直接进入主机的铸挤轮与固定靴块形成挤压型腔,液态金属在型腔内进行结晶与变形,然后被挤出模孔成材,形成铸造与挤压为一体的新型的挤压技术。英国霍尔顿(Holton)公司已生产多台连续铸挤机。

连续铸挤技术同常规生产同类产品的塑性加工方法相比较,具有如下优点:

(1) 可连续生产很长的产品;

(2) 节约能源约 40%,成品率高达 90%,降低成本约 30% 以上;

(3) 产品精度高,表面光洁平整;

(4) 可以实现液-固复合材料的生产;

(5) 模具容易更换,安装维修方便的特点;

(6) 设备结构紧凑,占地面积小,投资小;

(7) 环境污染小。

1986 年我国将 Conform 连续挤压技术列为“七五”攻关项目,Castex 连续铸挤是其中研究课题之一。Castex 连续铸挤技术的研究是冶金工业发展的前沿课题,属短流程、高效节能、高效益的新技术，东北大学承担该项目的研究任务，1990 年研制成功。在此基础上，东北大学将研究成果转化为生产力，在国内建立了连续铸挤生产线。

连续铸挤机由熔化炉、保温炉、流量控制装置与导流管、主机、冷却槽、卷取机等组成。如图 3-24 所示。

铝包钢线 Castex 连续铸挤包覆法如图 3-25 所示，该法与 Conform 连续挤压包覆法是类似的，但此时槽轮与靴需要内部冷却，并通过冷却介质的流速和分布来控制金属的冷却强度，从而控制金属液的凝固过程。Castex 连续复合成形技术生产包覆材料已得到应用。

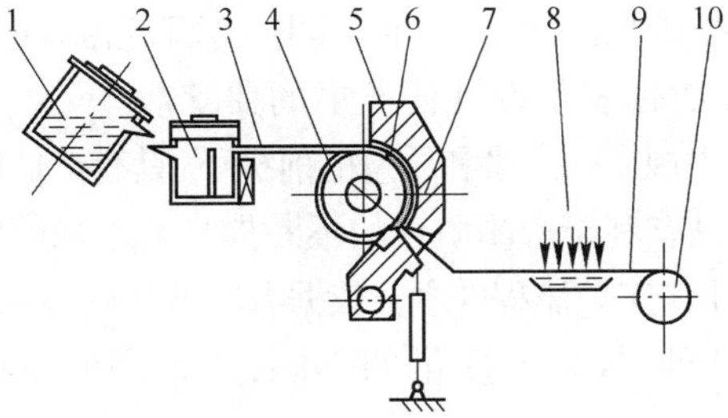

图 3-24　Castex 连续铸挤生产线示意图

1—熔炼炉；2—中间包；3—流槽；
4—铸挤轮；5—铸挤靴；6—槽封块；7—挤压模；
8—冷却水槽；9—线；10—卷取机

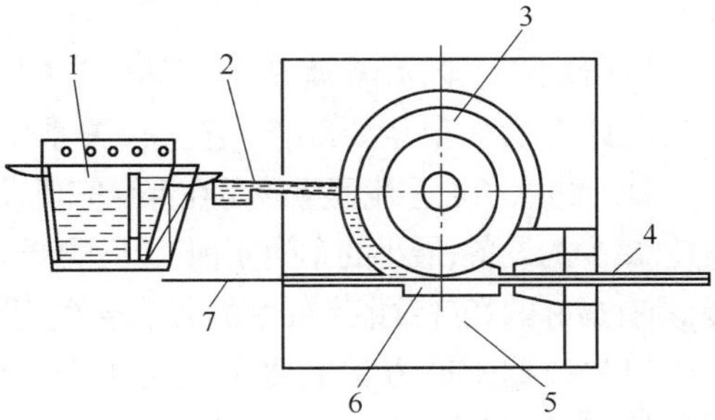

图 3-25　Castex 连续铸挤法生产复合线示意图

1—液态金属保温炉（电磁泵）；2—流槽；
3—挤压轮；4—复合线；5—挤压靴；
6—模具；7—钢丝

连续铸挤包覆技术的优点：

（1）可以连续铸挤复合成形多种复合线；

（2）加工工艺流程短，节约能源，降低成本，减少原料到成品的加工工序，由金属熔体或半固态熔浆直接加工成成品；

（3）连续铸挤包覆成形性能好，应用范围较宽；

（4）连续铸挤成形是一项柔性加工技术，通过改变模具结构就可以开发新产品；

（5）连续铸挤机在生产上较为灵活，适用于电缆企业、有色金属深加工企业的应用。

总之，管棒型材生产向机械化、连续化、自动化、高效率及高质量的方向发展。近年来，连续挤压与连续铸挤技术的发展，给管棒型线材的生产开辟了一条新途径。

练　习　题

3-1　什么是产品方案？如何编制？

3-2　什么是典型产品？如何选择？

3-3　试编制年产 50 万吨冷轧板带钢生产车间的产品方案。

3-4　试编制年产 1.5 万吨铜及铜合金管棒型材生产车间的产品方案。

3-5　产品标准分几类？产品标准的内容是什么？

3-6　生产方案选择的依据是什么？

3-7　板带钢、型钢及钢管生产方案各有几种？有什么特点？

3-8　有色金属生产方案包括锭坯生产、板带生产及管棒型线材的生产方案各有几种，并叙述其特点。

3-9　分别说明钢材和有色金属各种产品的最先进的生产方案是什么。

4 生产工艺流程

4.1 制订生产工艺流程的主要依据

所谓生产工艺流程就是把产品生产的工序按次序排列起来。确定车间生产工艺流程是工艺设计中的一项重要工作,它直接关系到整个设计能否满足设计任务书的要求。

合理的生产工艺流程应该是在保证完成设计任务书中规定的产量和质量的前提下,具有最低的消耗、最少的设备、最小的车间面积、最低的产品成本,并且有利于产品质量的不断提高和未来的发展,具有最好的经济效果和较好的劳动条件。因此,制订生产工艺流程的主要依据有以下几点:

(1) 依据生产方案的要求。由于产品的产量、品种、规格及质量的不同,所采用的生产方案就不同,那么主要工序就有很大的差别,因此,生产方案是编制生产工艺流程的依据;

(2) 依据产品的质量要求。为了满足产品技术条件要求,就要有相应的工序给以保证,因此,满足产品标准的要求是设计生产工艺流程的基础;

(3) 依据车间生产率的要求。由于车间的生产规模不同,所要求的工艺过程复杂程度也不同,在生产同一产品情况下,生产规模越大的车间,其工艺过程也越复杂,因此,设计时生产率要求是设计工艺过程的出发点。

4.2 钢材生产工艺流程

4.2.1 生产工艺流程的基本组成

金属压力加工产品的工艺流程有共同性,大致可归纳为几个主要工序:即铸锭与坯料的准备、加热、轧制、轧制后冷却、热处理、精整等。

根据产品生产工艺流程的不同,一般可以将钢材生产工艺过程归纳为三种基本形式,即普碳钢、合金钢、冷加工生产工艺流程。

A 普碳钢生产工艺流程

如图 4-1 所示,它一般可分为四个基本类型:

(1) 连铸坯的生产系统工艺流程,其特点是不需要大的开坯机,无论是板钢或型钢一般多一次加热轧出成品,工艺先进,已得到广泛的应用;

(2) 铸锭的大型生产系统工艺流程,其特点是需大型的初轧机,钢锭重量大,一般采用热锭作业及二次或三次加热轧制的方式;

(3) 铸锭的中型生产系统工艺流程,其特点是一般用 ϕ650 ~ 900mm 二辊或三辊开坯机,通常采用冷锭作业及二次加热的轧制方式,锭重一般在 1 ~ 4t,可以生产碳素钢及合金钢钢材;

(4) 铸锭的小型生产系统工艺流程,其特点是通常在中、小轧机上用冷小钢锭经一次加热,直接轧制成材。

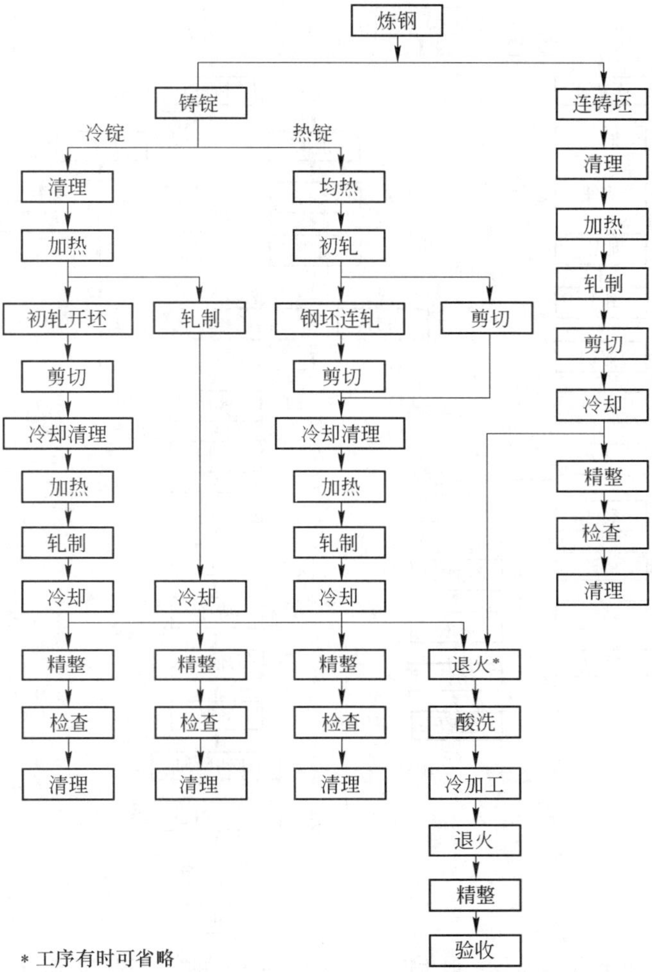

图 4-1 碳素钢和低合金钢的一般生产工艺过程

B 合金钢的生产工艺流程

如图 4-2 所示,合金钢的生产工艺流程较复杂,在工序上比碳钢增加了铸坯退火、轧制后的退火、酸洗等工序。也有在开坯时采用锻造代替轧制。

C 钢材的冷加工生产工艺流程

冷加工生产工艺流程如图 4-3 所示,它包括冷轧和冷拔,其特点是必须有加工前的酸洗和加工后的退火相配合,以组成冷加工生产线。

4.2.2 加工工序及工艺参数的确定

轧钢工艺流程的各个工序及其工艺参数的确定,在轧钢工艺学中已学过,下面着重讨论一下各个工序的工艺参数以及设计的一般原则。

4.2.2.1 坯料选择

目前,轧钢生产用的坯料有连铸坯、钢锭、初轧坯三种,其特点如表 4-1 所示。

A 连铸坯的选择

连铸坯与初轧坯生产工艺相比较,主要有下面几个优点:

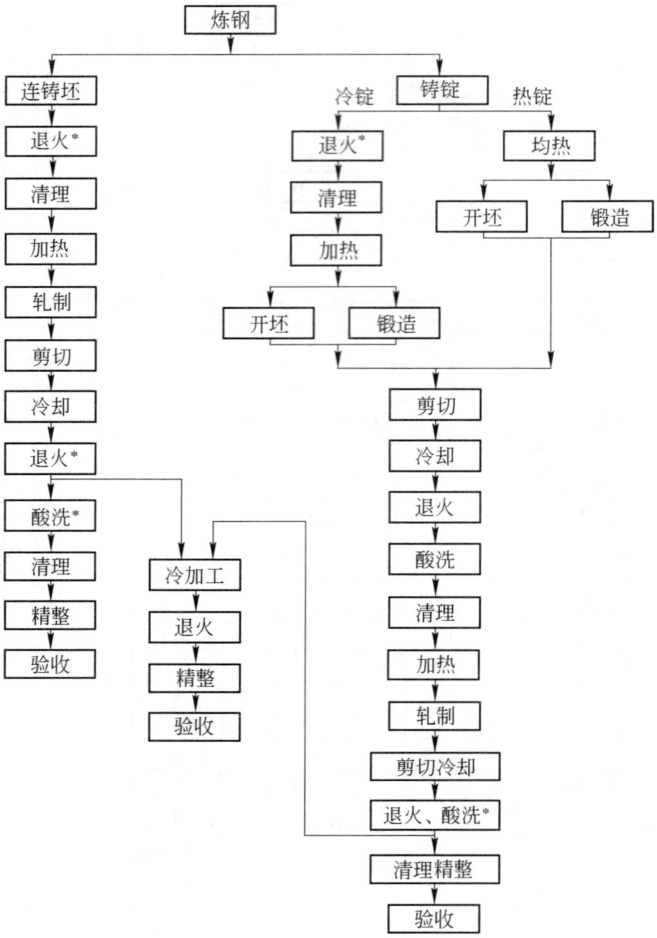

图 4-2 合金钢一般生产工艺流程(带＊号的工序视需要而定)

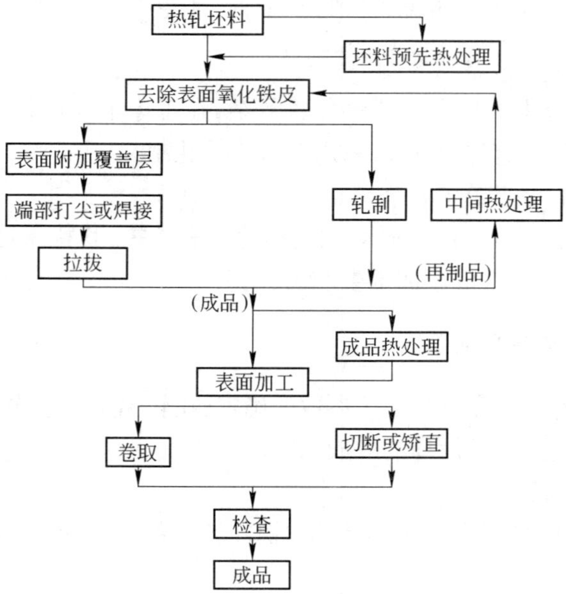

图 4-3 钢材冷加工生产工艺流程

表 4-1 轧钢生产用的坯料比较

坯料种类	优 点	缺 点	适 用 条 件
钢 锭	不用初轧开坯，可直接轧制成材	金属消耗大，成材率低，中间不能进行清理，表面质量差，压缩比小，产量低	无初轧开坯的中小型钢铁企业及特殊用途轧机
钢 坯	可用大锭坯，压缩比大。可以中间进行清理，故钢材质量高，轧机产量大。钢种不受限制。成材率比用锭高	需要初轧开坯，使工艺和设备复杂。能耗和产品成本提高，比用连铸坯金属消耗大得多。成材率低	大型钢铁联合企业及生产品种较多的各种车间
连铸坯	金属消耗少，成材率可提高6%～12%。不用铸锭，不用初轧，大大简化生产过程，可节省能耗，可降低产品成本。生产规模可大可小，能节约投资，节约劳动力并可改善劳动条件	目前主要用于镇静钢，钢种受到一定限制。另外，连铸坯规格较少，不适应多品种小批量生产的要求，连铸工艺要求较严，否则钢坯质量得不到保证	适合于大、中、小多类钢铁企业，生产品种较少，批量较大的情况，适合于压缩比要求不特别严格的产品

（1）金属收得率提高10%左右；

（2）每1t钢大致可节约热能586MJ；

（3）降低产品成本可达10%。

坯料的种类、尺寸、重量的选择不仅要考虑对产品产量和质量的影响，而且要综合考虑生产技术经济指标及生产的条件。表4-2与表4-3为国内部分通用设计的铸坯尺寸和国内外连铸坯尺寸比较。

表 4-2 国内部分通用设计的连铸钢坯尺寸

序 号	轧 机 名 称	坯料断面尺寸/mm × mm	坯料长度/mm
1	650 × 3 中型轧机	140 × 260, 150 × 150, 180 × 180	2800～3000
2	500 × 2/350 × 5 中小型轧机	100 × 100～180 × 180	1400
3	400 × 2/300 × 5 小型轧机	≤140 × 140	1300
4	2300 劳特式中板轧机	(120～180) × (1000～1700)	1050～1550

表 4-3 国内外连铸钢坯尺寸比较

断面形状		国内尺寸/mm(× mm)	国外尺寸/mm(× mm)
方形坯	最小尺寸	60 × 60	50 × 50
	最大尺寸	250 × 250	450 × 450
圆形坯	最小尺寸	ϕ76	ϕ40
	最大尺寸	ϕ200	ϕ450
矩形坯	最小尺寸	50 × 210	50 × 108
	最大尺寸	300 × 210	305 × 220
异形坯	椭圆形	ϕ180 × 210	ϕ120 × 240
	工字形	38kg/m 轨用坯	350 × 760
	中空圆形	ϕ152/46	ϕ450/100

B 钢锭的选择

钢锭选择的内容主要是种类、形状、尺寸以及重量等。

a 钢锭种类

钢锭可分为沸腾钢锭、镇静钢锭和半镇静钢锭三种。钢锭选择的原则如下：

(1) 沸腾钢锭成本低,金属消耗低,表皮致密,内部性能柔软,适合于浇铸低碳钢,因此,一般含碳量小于 0.27% 者均浇铸沸腾钢锭,用于轧制各类钢板及一些结构用型钢;

(2) 镇静钢锭因有保温帽,切损大,消耗高,但钢的质量好,故优质碳素钢,低合金高强度钢、合金钢采用镇静钢锭;

(3) 半镇静钢锭介于沸腾钢锭和镇静钢锭二者之间,因此种钢锭的浇注技术不易掌握,难于控制,所以应用受到一定限制。

综上所述,由于沸腾钢锭浇注技术难度大,半镇静钢锭难于控制,所以采用镇静钢锭较多。

b　钢锭断面形状的选择

常见的钢锭形状有方形、长方形、圆形、多角形等,选择哪种断面形状的钢锭与加工方法以及成品形状有关。方形断面铸锭分平边、凹边、凸边和波浪边四种。

长方形铸锭根据锭的宽厚比可分两类:宽厚比不大于 1.25,可作型钢和少数板坯用料,轧制型钢常用长方形锭,其宽度与厚度差,一般为两个道次的压下量;宽厚比大于 1.25,可视为扁钢,主要用于轧制钢板,常用钢锭最大宽度比轧制的成品板宽应大 6% ~10%,以保证较少的立轧道次,其宽厚比一般为 1.5 ~2。

圆形断面钢锭其直径一般不宜大于 500mm,圆锭主要用于挤压与锻造。

多角形钢锭主要用于锻成圆形断面。多边形钢锭每一边通常都是做成向内凹进的,为了防止锭角部的开裂枝状结晶在接合处发生严重偏析,因此,对锭的圆角半径有一定的要求。

$$r = \frac{D}{2.5n} \tag{4-1}$$

式中　r——多边形钢锭圆角半径;

D——钢锭断面外接圆直径;

n——多边形的边数。

c　钢锭的高宽比

钢锭的高宽比对钢锭的质量有一定的影响,因此,对高宽比有一定的要求。

钢锭的高宽比用下式表示:

$$Z = \frac{H_0}{D} \tag{4-2}$$

式中　Z——钢锭高宽比;

H_0——钢锭高度;

D——钢锭的平均断面(本体高度 1/2 处)边长,其计算方法如表 4-4 所示。

表 4-4　钢锭平均断面边长

钢锭的形状	D 值计算	说　明
方形锭	a	a 为钢锭边长
长方形锭	$\sqrt{ab}$	a、b 分别为二边长
圆形锭	$0.886(2R)$	R 为半径
六边形锭	$0.93a$	a 为两对边间的距离
八边形锭	$0.91a$	a 为两对边间的距离

目前采用的 H_0/D 值列于表 4-5 中。

表 4-5 钢锭 H_0/D 的值

钢锭类别和重量/t		一般数值(H_0/D)	我国现行数值(H_0/D)
沸腾钢锭	0.1~0.3	5~6	6~13
	<1	5	5~6
	1~5	4	3~5
	5~10	2.5~3.5	2.5~3.5
	>10		2~2.5
镇静钢锭	<1	3.5~4	3.5~5
	1~5	3.0~3.5	2.5~3.5
	5~8	2.5~3.0	2.5~3.0
	8~15	2.0~2.5	2~2.8
	>15	1.5~2.0	1.5~2.0

d 锭的锥度

锥度指锭身一侧的斜度

$$i = \frac{A - a}{2H_0} \times 100\% \tag{4-3}$$

式中 A——锭大头平均边长,mm;

a——锭小头平均边长,mm;

H_0——铸锭高度,mm。

沸腾钢锭的锥度主要考虑脱模,i 一般为 0.8% ~1.2%;镇静钢锭的锥度主要考虑铸锭质量,i 一般为 2.5% ~3.0%;而耐热钢、不锈钢以及对铸锭缺陷敏感的钢种铸锭的锥度 i 为 3% ~5%。

C 初轧坯

轧钢常用的初轧坯断面形状有:方形、矩形、圆形、扁形和异型断面等,初轧坯的选择主要与产品的形状有密切关系。决定坯料断面尺寸除考虑坯料在轧制过程中有足够的变形量,满足成品的质量要求外,还要考虑辊的强度和轧制咬入条件的限制。主要初轧坯的种类、形状、尺寸和用途,如表 4-6 所示。

表 4-6 初轧坯的种类、形状、尺寸及用途

名 称	形 状	断面尺寸/mm	用 途
板 坯	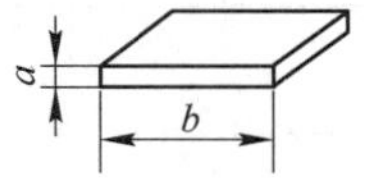	$a>45, b/a>2$	轧制板材
大方坯	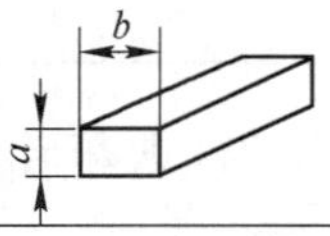	$a, b>130$ 或 $a \times b>16900$	轧制大、中型型钢
小方坯	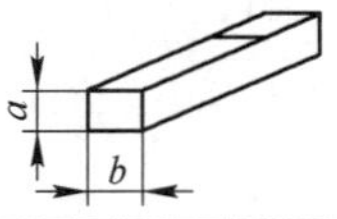	$a, b \leqslant 130$ 或 $a \times b \leqslant 16900$	轧制小型型钢和线材

续表 4-6

名　称	形　状	断面尺寸/mm	用　途
异形坯	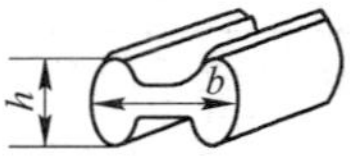		轧制大型异形钢
圆管坯	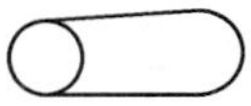		生产管材

坯料的长度和重量的决定在一定条件下主要受轧机最后一道允许的轧制时间长短和定尺倍数的限制，而且还要受到设备具体条件的限制。

管坯的选择要与轧机类别相适应。根据无缝钢管的尺寸、用途和生产方法的不同，管坯可分以下几种：

(1) 圆形和方形的轧制管坯；

(2) 圆形和方形的连铸管坯；

(3) 锻造管坯；

(4) 离心铸造空心管坯；

(5) 圆形钢锭。

表 4-7 为部分钢管轧机使用管坯的情况。

表 4-7　部分钢管轧机使用管坯的情况

机组名称	管坯种类和尺寸/mm × mm	产品品种和尺寸($D \times s \times L$)/mm × mm × mm	产量/$t \cdot a^{-1}$
140mm 自动轧管机组	轧坯、锻坯： $\phi(90 \sim 160) \times (800 \sim 3600)$	锅炉管、石油管、不锈管等： $\phi(38 \sim 159) \times (3.5 \sim 45) \times 12500$	120000
400mm 自动轧管机组	轧坯、锻坯： $\phi(150 \sim 350) \times (1200 \sim 5500)$	普通管、锅炉管、石油管等： $\phi(159 \sim 426) \times (45 \sim 60) \times 12500$	300000
400mm 自动轧管机 PPm 穿孔	连铸方坯： $(180 \sim 340) \times (2500 \sim 5200)$	一般管、结构管、石油管等： $\phi(152.4 \sim 426) \times (5.5 \sim 40.5) \times 18000$	400000
133mm 顶管机组	方轧坯： $(110 \sim 160) \times (350 \sim 630)$	一般管、锅炉管、地质管等： $\phi(32 \sim 133) \times (3.5 \sim 7.5)$	35000
140mm 连轧管机组	连铸圆坯、轧坯： $\phi(140 \sim 180) \times 4500$	一般管、锅炉管、石油管等： $\phi(21 \sim 140) \times (2.3 \sim 20) \times (4000 \sim 12000)$	400000
30 ~ 120mm 连轧管机组	圆轧坯： $\phi(140 \sim 150) \times (1320 \sim 3200)$	碳钢、合结钢、合金钢等： $\phi(29 \sim 102) \times (1.75 \sim 8)$	430000
21.3 ~ 168mm 连轧管机组	轧坯，直径：110，175，207 长：1500 ~ 3500	碳钢、合结钢、中合金钢等： $\phi(21.3 \sim 168) \times (2.5 \sim 15.9)$	240000
216mm 皮尔格轧管机组	钢锭，边长：285，312，340 长：1100，1300，1350		40t/h
318mm 皮尔格轧管机组	方锭，平均对角线： 365，400，440，470，500		25t/h

管坯长度的计算一般采用式(4-4)，其计算结果为管坯剪断后的长度。

$$L = \frac{4(l + l_1)(d - s)s}{D^2 K} \tag{4-4}$$

式中　L——管坯长度，mm；

l——成品管长度,mm;

l_1——管切头长度,mm;

d——成品管直径,mm;

s——管壁厚,mm;

D——管坯直径,mm;

K——烧损系数,一般可取0.97~0.995。

4.2.2.2 坯料的预处理

坯料预处理的内容包括表面缺陷的清理、表面氧化铁皮的清理和坯料的预先热处理等。

A 表面缺陷清理

铸坯表面会存在各种缺陷,需在加工前加以清理,否则要影响产品的质量。清理表面常用的方法有:火焰清理、风铲清理、砂轮清理和机床清理等。根据钢种、缺陷的性质与状态、产品质量的要求不同,而采取的清理方法也不同。一般碳素钢及部分合金钢的局部处理采用人工火焰清理;碳钢和部分合金钢的大面积剥皮采用机械火焰清理;碳钢及部分不能用火焰清理的钢的局部清理采用风铲清理;合金钢及高硬度的高级合金钢采用砂轮清理;高级合金钢的全面剥皮采用机床清理。各种清理方法费用比较,砂轮清理费用是风铲清理的3倍,而机床与火焰清理费用仅是风铲清理的1/2。

B 表面氧化铁皮清理

清理表面氧化铁皮的方法有机械法和化学法。机械清理法的金属损失少,不污染环境,但表面清理不够彻底,如喷砂、弯折;化学清理法表面清理彻底,质量好,但劳动条件差,污染环境。化学清理主要采用酸洗和碱洗。

C 坯料预先热处理

坯料预先热处理主要用于轧制高级合金钢生产,而普碳钢没有预先热处理的必要。坯料预先热处理的作用主要是:消除内应力,防止开裂;成分均匀,消除某些合金钢粗大树枝状结晶组织;防止白点产生等。

4.2.2.3 坯料加热

加热设备和工艺制度选择的好坏对提高车间的生产能力和改善产品质量有极大的影响,在设计过程中必须给予充分的重视。

坯料加热设计主要是确定加热温度、加热速度、加热时间、燃料选择、炉型结构及辅助设备选择,这里主要介绍加热制度与燃料选择。

A 加热温度

加热温度选择主要是确保在加工时金属有足够的塑性。根据合金相图、塑性图及再结晶图即所谓“三图”定温的原则确定加热温度。为了防止过烧,加热最高温度应低固相线100~150℃。加热温度选择也可根据现场实际数据。表4-8为部分钢的加热温度和过烧温度。

表4-8 部分钢的加热温度与过烧温度

钢 种	加热温度/℃	过烧温度/℃	钢 种	加热温度/℃	过烧温度/℃
1.5%C碳素钢	1050	1140	硅锰弹簧钢	1250	1350
1.1%C碳素钢	1080	1180	3%Ni镍钢	1250	1370
0.9%C碳素钢	1120	1220	8%镍铬钢	1250	1370

续表 4-8

钢　种	加热温度/℃	过烧温度/℃	钢　种	加热温度/℃	过烧温度/℃
0.7%C 碳素钢	1180	1280	5%渗碳镍钢	1270	1450
0.5%C 碳素钢	1250	1350	铬钒钢	1250	1350
0.2%C 碳素钢	1320	1470	高速钢	1280	1380
0.1%C 碳素钢	1350	1490	奥氏体镍铬钢	1300	1420

B　加热速度

加热速度指在单位时间内钢的温度变化。加热速度应根据某温度范围内金属的塑性和导热性来确定。一般坯料加热可分为两个阶段，第一是低温带加热阶段，这个阶段由于金属导热性和塑性较差，容易造成金属内外层温差过大而导致热应力过大，很容易造成裂纹缺陷，特别是合金钢塑性和导热性更差，此时要慢速加热。但一般的碳钢和低合金钢在低温导热性和塑性较好，就没有必要采取过低的速度。另外有些钢种加热到相变温度时将产生很大的组织应力，因此在该温度中要进行一段保温。第二是指高温带加热阶段，即当金属加热到 700～800℃以后，这时金属的导热性和塑性显著提高，可采取快速加热。如图 4-4 所示，坯料由装炉到出炉所采取的加热速度基本可分为两类，即变速加热和不变速加热。

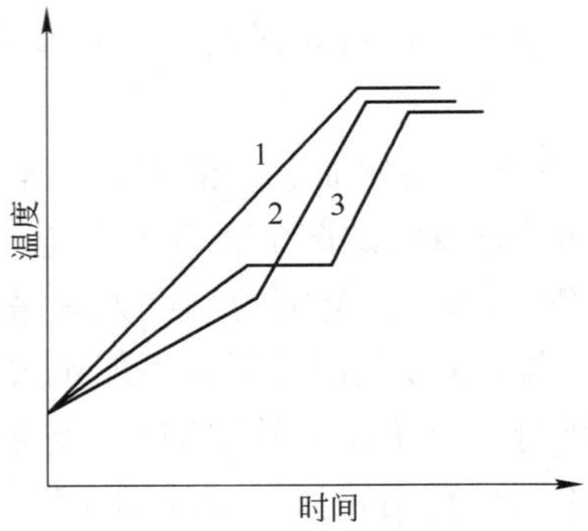

图 4-4　加热速度示意图

1—加热速度不变；
2—低温带和高温带不同的加热速度；
3—考虑有相变时的不同加热速度

C　加热时间

加热时间指金属装炉后加热到加工要求温度所需要的时间。加热时间的确定主要根据经验公式或者现场的实践经验，常用的经验公式有以下几种。

（1）连续式加热炉：

$$T = K_1 D \tag{4-5}$$

式中　T——加热时间，h；

D——锭坯厚度或锭直径，cm；

K_1——修正系数，主要考虑钢的化学成分及其他因素的影响，表 4-9 为各种钢的修正系数。

表 4-9　各种钢的修正系数

钢　种	K_1值
碳　钢	0.10～0.15
合金结构钢	0.15～0.20
高合金结构钢	0.20～0.30
高合金工具钢	0.30～0.40

（2）均热炉：

$$T = K_j D \tag{4-6}$$

式中 T——加热时间,h;

K_j——系数,当加热一般钢锭时为 0.6 ~ 0.7,加热软钢时为 0.5 ~ 0.6。

(3)室状炉:

$$T = \phi K_c D\sqrt{D} \tag{4-7}$$

式中 T——钢由室温加热到 1200℃所需时间,h;

K_c——随钢种变化的系数,其值列于表 4-10;

ϕ——钢加热时各种因素影响系数,见表 4-11;

D——钢的厚度或直径,m。

表 4-10 钢种系数 K_c 值

钢 种	加热的温度范围/℃	K_c 值
铁和软钢	0 ~ 1200	10
合金钢	0 ~ 1200	20
铁和软钢	0 ~ 850	5
合金钢	0 ~ 850	13.3
铁和软钢	850 ~ 1200	5
合金钢	850 ~ 1200	6.7

表 4-11 决定系数 ϕ 的图表

钢料布置	ϕ 值	钢料布置	ϕ 值
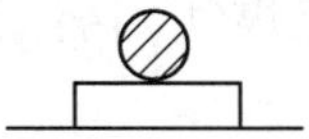	1	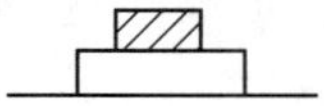	1
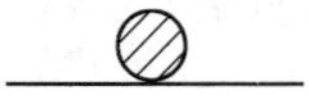	1		1.4
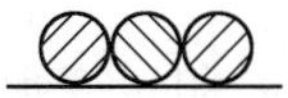	2	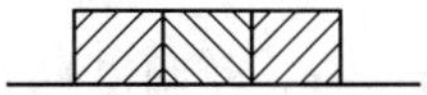	4
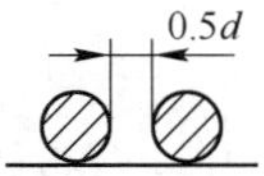	1.4	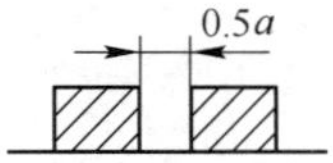	2.2
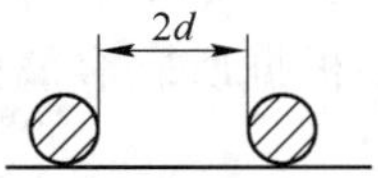	1.3	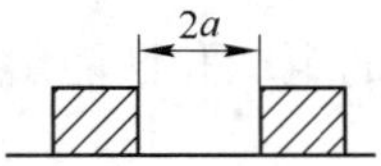	1.6

表 4-12 为不同钢种、不同厚度钢坯的加热时间。设计时通过经验公式计算,也可参考此表确定加热时间。

表 4-12 不同钢坯厚度的加热时间

顺序	各段炉温/℃			钢的加热温度/℃	不同钢坯厚度的加热时间/h							代表钢种
	炉尾	加热段	均热段		100mm	130 ~ 140mm	150mm	180mm	200mm	250mm	300mm	
1	800	1220	1200	1150	1.5	2.5	2.5 ~ 3	2.8 ~ 3	3 ~ 3.5	4	5	10 ~ 50 钢、40Cr
2	800	1185	1165	1120	1.5 ~ 1.8	2.5 ~ 2.6	2.5 ~ 3	2.7 ~ 3	3 ~ 3.5	4 ~ 4.5	5 ~ 6	50 ~ 70 钢、55Cr

续表 4-12

顺序	各段炉温/℃			钢的加热温度/℃	不同钢坯厚度的加热时间/h							代表钢种
	炉尾	加热段	均热段		100mm	130~140mm	150mm	180mm	200mm	250mm	300mm	
3	600~700	1220	1200	1160	1.5~1.7	2.5~2.6	2.5~3	2.7~3	3~3.5	4~4.5	6~6.5	75~88 钢、T7A、T8A
4	800	1220	1200	1170	1.5~1.8	2.5~3	2.7~3	3~3.5	3.5~3.7	4.3~4.5	5.5~6	T9A、T10、T12
5	800	1230	1210	1170	1.3~1.4	2.5~3	2.7~3	3.2~3.5	3.5~4	4.3~4.5	5.5~6	18CrNiWA、GCr6、GCr15
6	600	1200	1240	1150	1.3~1.4	2~2.2	3	3	3~3.5	3.7~4	5	1Cr18Ni9、1Cr18Ni9Ti
7	800	1255	1220	1190	1.4~1.5	2.3~2.5	2.8~3	3~3.5	3.3~3.5	4~4.3	5.2~5.5	CrSi、CrSi5
8	800	1270	1225	1190	2~2.5	2.5~3	3~3.5	3.5~3.7	4~4.5	5~5.5	7~7.5	
9		1340	1300	1260	1.2~1.4	1.7~2	2~2.2	2~2.5	2.3~2.7	3~3.5	4~4.5	

钢料装炉的温度高低对加热时间的长短有很大影响。钢料入炉温度愈高，允许的加热时间愈短，炉子产量也愈高，不同钢种装炉温度不同，加热时间亦不同，根据经验确定。

D 燃料选择

加热炉燃料有固体、液体和气体燃料，燃料选择主要根据供应何种燃料。一般在冶金联合企业中用高炉煤气或焦炉煤气，有天然煤气供应的地区也可采用天然煤气，中小型企业多采用固体燃料或发生炉煤气。

加热炉采用液体燃料如重油、柴油等比较理想，但价格比较高。设计者根据具体情况，综合分析后加以选择。

4.2.2.4 轧制

轧制是工艺设计的核心，轧制设计在于确定合理的工艺参数，主要是制定变形程度、轧制速度以及轧制温度。

A 变形程度

设计时确定变形程度主要是制定总的变形量和道次变形量，进行工具设计（孔型、辊型）。总变形量对金属的组织和性能影响很大，因此，总变形量设计要根据所轧金属的特点及技术条件要求确定。

道次变形量的确定主要考虑金属的塑性、设备能力、咬入条件以及工具形状等。一般地说，道次变形量的分配主要考虑金属的组织及咬入条件。开始道次变形量可取小些，中间道次为了充分利用金属的塑性可加大道次变形量，最后的道次变形量考虑到要获得细晶和精确的尺寸可取小些。

总之，变形程度的确定要考虑多种因素，同时要根据实践经验，正确地确定变形程度。

B 轧制速度

轧制速度是根据轧机生产率、轧机结构、轧制品种、轧机机械化和自动化程度以及轧制工艺过程本身性质确定。在设备条件与工艺条件允许的情况下，尽量提高轧制速度，从而提高生产率。表 4-13 为国内外各类轧机使用的速度范围。

表 4-13　各类轧机轧制速度

序号	轧机种类	轧机型式及布置特点	轧辊直径/mm	轧制速度/m·s^{-1}
1	初轧机	二辊可逆式 万能板坯	750～1350 1150～1270	2～7 ～6
2	钢坯轧机	二辊可逆式/三辊横列式 三辊横列式 钢坯连轧	500～850 500～650 420～850	3～4 2.5～4 4～5
3	轨梁轧机及大型轧机	万能式钢梁 横列式轨梁 跟踪式大型	850～1350 650～950 550～750	3～5 3.5～7 6～7
4	中、小型轧机	横列式中型 连续式中型 横列式小型 半连续式小型 连续式小型	400～650 400～650 250～350 250～350 250～350	2.5～4.5 7～12 2.5～9 5～15 7～24
5	线材轧机	横列式 半连续式 连续式	180～280 150～300 150	3～9 8～30 15～100
6	钢板轧机	厚板轧机 中厚板轧机 三辊劳特式中板 周期式迭轧薄板	4200～5600(辊身) 2500～3600(辊身) 1800～2450(辊身) 750～1200(辊身)	4～7.5 5～7 2.5～4.4 ～1.5
7	热轧宽带钢轧机	可逆式炉卷 四辊连续式 四辊半连续式	1200～1700(辊身) 1200～2300(辊身) 1200～2000(辊身)	～8.5 15～30.8 9～19
8	冷轧宽带钢轧机	四辊可逆式 四辊连续式 多辊式	1200～2300(辊身) 1200～2200(辊身) 1150～1400(辊身)	6～20 25～41.7 ～15
9	无缝钢管轧机	自动式轧管机组 连续式轧管机组 周期式轧管	76～400 102～168 216～426	2～5.5 3.9～6 0.9～3
10	焊管轧机	直缝电焊 螺旋焊 连续焊	32～1625 650～2540 12～114	0.16～2 0.05～0.083 0.83～20
11	焊管坯、窄带钢轧机	横列式 跟踪式 半连续式 连续式	250～380 280～380 250～400 350～450	3～5 3～5 3～9 7～21

C　轧制温度

轧制温度指轧件的开轧温度和终轧温度。通常在设计和生产过程中，开轧温度根据钢料的出炉温度以保证必需的终轧温度为依据；而终轧温度主要考虑确保产品的组织与性能及质量。

D 轧制力

轧制力是确定轧制工艺参数之一，轧制力是决定轧制设备和动力的原始数据，在工艺设计时必须进行计算，确定轧制力的方法有计算法和实测法。

4.2.2.5 钢材冷却与精整

A 冷却

热轧后的钢材温度有 800～900℃，冷却到常温，钢材有相变和再结晶的过程，有时发生弯曲。因此，热轧后的钢材需要控制冷却速度和冷却温度制度。

对普通钢材可以采取较大的冷却速度，用空冷和水冷；对高碳钢、高铬钢和高速钢等很容易产生冷却裂纹，可以采用缓冷；对轴承钢为使金属组织细化，可以采用喷水、喷雾和吹风强冷。对有些钢如钢轨，为防止产生白点也要采用缓冷的方法，在设计时应根据钢种的不同特点，采用不同的控制冷却的方法。

B 精整

精整是工艺过程最后一个工序，根据产品的不同，所采取的方式就有所区别，主要包括矫直、剪切、酸洗、热处理、表面镀层以及机加工等。

4.2.3 典型生产工艺流程

4.2.3.1 初轧板坯生产工艺流程

某厂的初轧板坯生产工艺流程如图 4-5 所示。

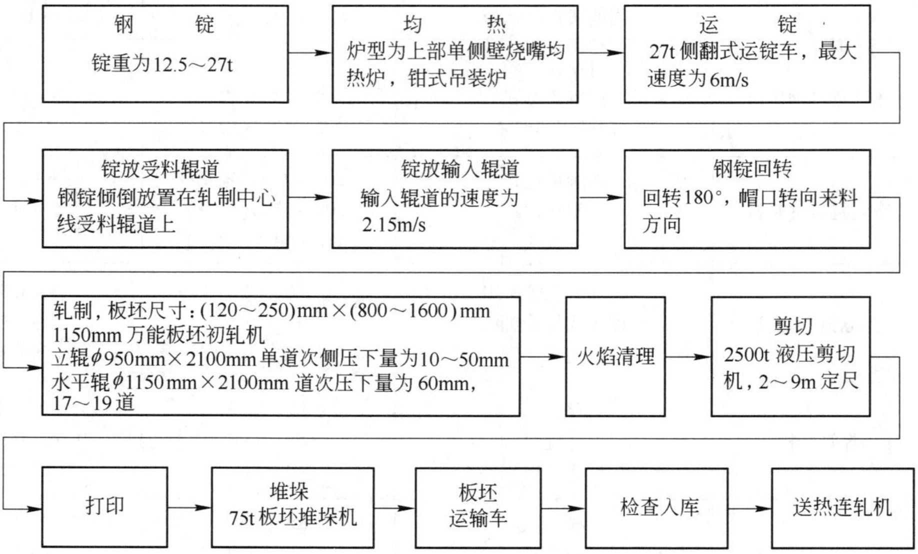

图 4-5 初轧坯生产工艺流程

4.2.3.2 热带钢连轧生产工艺流程

热带钢连轧生产工艺流程，如图 4-6 所示。

4.2.3.3 冷轧板带钢生产工艺流程

具有代表性的冷轧板带钢产品是：金属镀层薄板、深冲钢板、电工用硅钢与不锈钢板等。冷轧薄板生产工艺流程如图 4-7 所示。

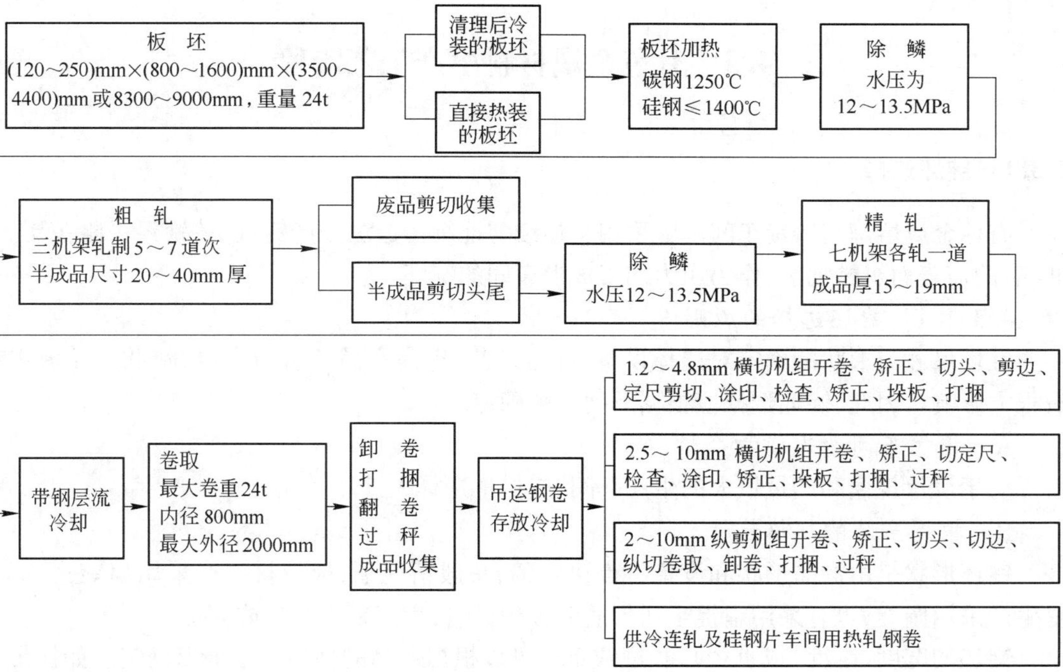

图 4-6 热带钢连轧生产工艺流程

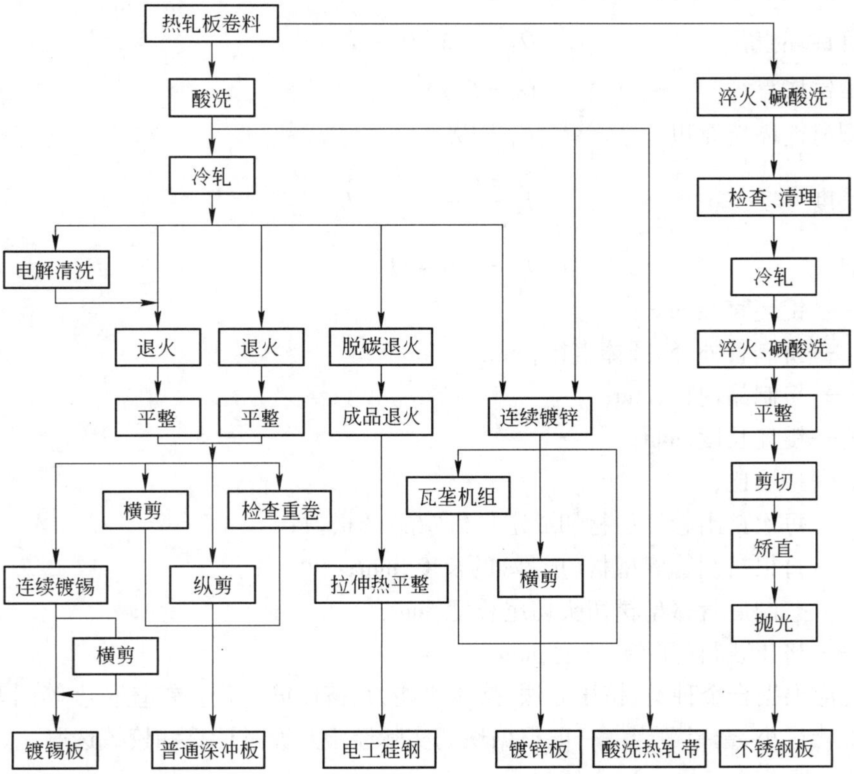

图 4-7 冷轧薄钢板生产工艺流程

4.3 有色金属材料生产工艺流程

4.3.1 锭坯选择

有色金属熔炼与铸锭车间广泛采用半连续与连续铸造法生产铸锭，铸锭经去除头尾、切断，有的需表面机械加工，作为压力加工成形车间的锭坯。

4.3.1.1 锭坯选择的原则

锭坯尺寸与形状的确定对选择设备、确定工艺、提高产品产量与质量、降低产品成本都有很大影响。因此，锭坯选择应根据下列原则确定。

A 根据车间的规模和产量

对于设计规模和产量较大的生产车间，应尽量选择大锭坯。

B 根据产品的规格尺寸

锭坯形状是由产品形状和设备特点决定的，一般情况下，板带材生产采用扁锭；管棒型材生产采用圆锭，也有采用扁锭生产带筋壁板的；线材生产采用圆锭或方锭。

锭坯的宽度、厚度（或直径）、长度或重量可以根据产品的规格尺寸加以确定。如板带材轧制，应根据成品宽度加上切边损失量确定热轧前锭坯的宽度。

对于管棒型材而言，挤压坯料由熔铸车间供给，而冷轧和拉拔坯料由挤压供给，挤制管棒型材坯料的直径、断面积和长度由下式确定：

挤制管锭坯直径 $D_0 = \sqrt{\lambda(D^2 - d^2)}$

挤制棒锭坯直径 $D_0 = D\sqrt{\lambda}$

挤制型材锭坯断面积 $F_0 = F\lambda$

锭坯长度 $L_0 = \dfrac{n \cdot l + l_1}{\lambda} + L_1$

或者取 $L_0 = 1.5 \sim 3D_0$

式中 D_0——锭坯直径，mm；
D——挤制管外径、圆棒直径，mm；
d——挤制品内径，mm；
L_0——锭坯长度，mm；
λ——挤压比；
n——每次挤出管棒型材切成定尺（成品）的根数；
l——每根挤制管棒型材（成品）的长度，mm；
l_1——挤制后管棒型材切头切尾长度，mm；
L_1——挤压残料（压余）长度，mm。

挤压比应根据合金种类、挤压方法、挤压机能力、挤压筒内径及锭坯长度等因素确定，不能过大也不能过小，选择适当。一般根据现场实际经验并通过计算和校核选取。

C 根据设备能力

锭坯的最大规格尺寸应取决于设备能力。例如扁锭坯的最大厚度、宽度、长度及重量取决于轧机轧辊的最大抬高度、轧机的强度与刚度、电机能力、最小终轧厚度、前后辊道长度以及其他各种设备的承受能力等。

对于挤压机来说，锭坯的尺寸应与挤压机的能力、挤压筒的规格及选定的挤压比协调一致。设计或生产中通常根据合金的工艺性能、挤压方法和设备能力等选挤压比，再根据制品的断面积与模孔数，确定挤压筒内径与断面积，然后考虑锭坯直径要小于挤压筒内径，即留一定的间隙值，最后确定锭坯的直径。一般利用卧式挤压机，在挤压铝及铝合金管棒型材时，间隙值为 3 ~ 8mm；在挤压铜及铜合金管棒型材时，间隙值为 5 ~ 10mm。

D　根据制品的性能确定锭坯厚度或直径

为保证产品的力学性能与内部组织的质量要求，锭坯应留有足够的变形程度，确定锭坯最小限制尺寸。如一次挤压比应不小于 5。

E　根据金属及合金的工艺性质

由于各种金属及合金的加工性能不同，那么所选择的锭坯大小也不同。如铝、铜等合金通常采用大锭，而对一些难加工的金属采用小锭。为了解决好咬入以及热轧时裂边、折边把扁锭的窄面侧边做成圆弧形。

F　根据铸造条件

目前采用的铸造方法有：水平模、立模、半连续及连续铸锭。应视不同的铸造条件选择，使用最广泛的是半连续与连续铸造法。由于铸造速度与铸锭愈薄愈难于铸造的操作技术水平，限制了铸锭的宽厚比，其宽厚比一般在 4 ~ 7。

4.3.1.2　锭坯尺寸与形状

锭坯尺寸和形状的确定必须综合分析、全面考虑。在设计中通常是根据每个加工车间生产的产品、设备能力来选择锭坯的尺寸、形状、数量，向熔铸车间提出供锭任务书。表 4-14 与表 4-15 为铝及铝合金常用锭坯的规格。

表 4-14　铝及铝合金型棒材正向挤压时常用锭坯规格

挤压机		挤压筒尺寸		锭坯尺寸			挤压残料
吨位/kN	结构形式	直径/mm	长度/mm	直径/mm	长度/mm	断面积/cm^2	长度/mm
5300	卧式水压	80	400	75	300	44.1	20
7500	卧式水压	85	555	82	320	52.6	20
		90	555	92	320	66.3	20
12000	卧式水压	1150	715	112	400	98.3	25
		1300	715	124	400	120.6	25
16300	带穿孔卧式油压	140	740	134	500	142	35
		170	740	162	600	206	40
		200	740	190	600	288.2	40
20000	卧式水压	150	815	142	500	158	35
		170	815	162	600	206	40
		200	815	192	600	288.2	40
50000	卧式水压	300	1200	290	900	660	65
		360	1200	350	900	960	65
		420	1200	405	900	1289	85
		500	1200	485	1000	1840	85
35000	卧式水压	220	1000	212	200	352	20
		280	1000	270	200	572	40 ~ 50
		370	1000	360	700	1015	40 ~ 50

表 4-15 铝及铝合金板带材半连续铸锭及锭坯的规格

合 金	板成品宽/mm	铸锭规格 /mm × mm × mm	锯切后锭坯		热轧机规格/mm × mm
			长度/mm	块数	
纯铝 3A21	1000 1200 1500 1200 1500	275 × 1040 × 1300 275 × 1040 × 1780 275 × 1040 × 2300 275 × 1240 × 1300 275 × 1240 × 1780		1 1 1 1 1	ϕ700/1250 × 2000 四辊可逆式热轧机(带立辊轧制)
2A06、2A07、2A11、2A12、2A16、2A10、5A03	1000 1200 1500	200 × 1400 × 5520 200 × 1400 × 5240 200 × 1400 × 4860	1060 1260 1560	5 4 3	ϕ700/1250 × 2000 四辊可逆式热轧机(带立辊轧制)
7A04、7A09	1000 1200 1500	300 × 1200 × 4440 300 × 1200 × 5240 300 × 1200 × 4860	1060 1260 1560	4 4 3	ϕ700/1250 × 2000 四辊可逆式热轧机(带立辊轧制)
5A05、5A06、5A07	1000 1200 1500	200 × 1400 × 5620 200 × 1400 × 5320 200 × 1400 × 4920	1080 1280 1580	5 4 3	ϕ700/1250 × 2000 四辊可逆式热轧机(带立辊轧制)
5A02、3A21	1200 1500 2000	300 × (1200 ~ 1540) × (1500 ~ 2340)		1	ϕ750/1400 × 2800 四辊可逆式热轧机、带立辊轧制
2A11、2A12、2A16	1500 ~ 2500	300 × 1500 × 5520	1260 ~ 1660 2260 ~ 2460 1860 ~ 2060	3 2 2	ϕ750/1400 × 2800 四辊可逆式热轧机、带立辊轧制
5A03、5A05、5A06	1500 ~ 2000	300 × 1500 × 5520	1880 ~ 2080 1350 ~ 1750	2 3	ϕ750/1400 × 2800 四辊可逆式热轧机、带立辊轧制
7A04、7A09	2000	300 × 1200 × 5240	1880 ~ 2080	2	ϕ750/1400 × 2800 四辊可逆式热轧机、带立辊轧制

表 4-16 为 15000kN、25000kN、35000kN 挤压机挤制铜及铜合金管锭坯的规格。铜及铜合金的品种为：紫铜、H62、H96、HPb59-1、HPb63-0.1、HFe59-1-1、HSn62-1、HA159-3-2、HA166-3-2、HMn57-3-1、HM58-2、QA19-2、QA19-4、QA110-3-1.5、QA110-4-4。

表 4-16 铜及铜合金挤制管圆锭坯规格

制品规格/mm × mm	锭坯规格/mm × mm	挤压比	制品规格/mm × mm	锭坯规格/mm × mm	挤压比
35 × 2.5	145 × 150	66.4	14.4 × 7	295 × 300	19
40 × 2.5	145 × 200	56.7	40 × 7.5	145 × 250	22.5
45 × 2.5	145 × 200	49.8	66 × 8	195 × 300	20.2
51 × 3	145 × 250	35.7	146 × 8	295 × 400	16.6
56 × 3	145 × 300	31.5	63 × 9	195 × 350	19.5
71 × 3	195 × 200	43.8	110 × 7.5	245 × 400	17.4
86 × 3	195 × 250	33.7	275 × 7.5	410 × 300	13.6
27 × 3.5	145 × 150	67	40 × 8	145 × 200	21.4

续表 4-16

制品规格/mm × mm	锭坯规格/mm × mm	挤压比	制品规格/mm × mm	锭坯规格/mm × mm	挤压比
82 ×3. 5	195 ×250	31. 3	61 ×8	195 ×300	22. 4
26 ×4	145 ×150	63	144 ×12	360 ×400	19. 25
30 ×4	145 ×150	53	244 ×12	410 ×500	8. 7
98 ×4	195 ×300	21. 2	50 ×12. 5	195 ×250	21
103 ×4	245 ×250	33. 9	65 ×12. 5	245 ×400	23. 2
27 ×4. 5	145 ×150	54. 7	156 ×13	360 ×400	13. 8
59 ×4. 5	145 ×300	20. 4	122 ×13. 5	295 ×500	20. 1
85 ×5	195 ×300	21. 4	280 ×10	410 ×400	10. 1
90 ×5	245 ×250	33	47 ×10. 5	195 ×250	25. 2
95 ×5	245 ×300	30. 7	175 ×12. 5	360 ×500	14. 1
68 ×4	195 ×200	35. 5	215 ×12. 5	360 ×600	9. 95
73 ×5	195 ×250	32. 4	150 ×40	360 ×600	7. 5
96 ×5. 5	245 ×300	27. 7	180 ×40	410 ×600	7. 4
32 ×6	145 ×150	35. 5	200 ×50	410 ×600	5. 55
36 ×6	145 ×200	30. 4	125 ×42. 5	360 ×500	9. 65
38 ×6	145 ×250	28. 5	140 ×42. 5	360 ×600	8. 1
42 ×6	145 ×300	25	195 ×42. 5	410 ×600	6. 3
(83 ~98) ×6. 5	245 ×300	28. 6 ~23. 3	216 ×43	410 ×600	5. 35
100 ×5	245 ×300	28. 7			

铜及铜合金板带材生产采用的锭坯规格:中小型工厂的锭坯规格一般为(20 ~80)mm ×(110 ~400)mm ×(300 ~800)mm;大型工厂的锭坯规格一般为(80 ~200)mm ×(500 ~1060)mm ×(900 ~1500)mm,现代大型工厂采用锭坯的长度增加到2000 ~4800mm。表4-17为铜及铜合金轧制板带材常用的半连续锭坯规格。生产锡磷青铜、特殊黄铜以及其他不宜进行热轧的铜合金方面普遍采用水平连铸工艺,铸造厚度为15 ~16mm,宽度为700mm 的扁锭坯,宽厚比达50 : 1,用这种方法生产某些合金完全可以避免热轧生产工艺问题,大大提高了生产成品率。

表 4-17 生产铜及铜合金板带材采用半连续锭坯的规格

品　种	锭坯规格(厚 × 宽 × 长)/mm × mm × mm
T2	75 ×340 × l、180 ×640 × l、180 ×1300 × l
H62、H68、H90	60 ×200 × l、75 ×340 × l、130 ×1060 × l、180 ×640 × l
HSn62-1、HPb59-1	75 ×340 × l、130 ×1060 × l、180 ×640 × l
HA177-2	75 ×340 × l、130 ×1060 × l
HMn58-2	130 ×1060 × l、180 ×640 × l
QMn5	75 ×340 × l、140 ×640 × l
QSn6. 5-0. 1	40 ×440 × l、140 ×640 × l
QA17、QA19-2	60 ×200 × l、75 ×340 × l、140 ×640 × l、150 ×330 × l
B19	75 ×340 × l、140 ×640 × l

4. 3. 1. 3 锭坯的质量

锭坯质量是生产优质板带箔材与管棒型材产品的基础,因为铸造缺陷常常是产生各种各样废品的主要原因,有的内部缺陷大多在加工过程中才被暴露,导致恶化产品质量及降低成品率。通常对锭坯的质量要求如下所述。

(1) 锭坯的化学成分及宏观组织应符合标准的规定。

(2) 尺寸及偏差应满足工艺要求。

(3) 锭坯表面光洁、无缺陷,通常对锭坯要进行铣面、刨面或车面。

对铜及铜合金板带材生产用的扁锭,有时除上、下面铣削外,侧面也要求铣削。铣面后的表面粗糙度达到 $\overset{12.5}{\bigtriangledown}$。每面铣削深度根据具体情况决定,一般为 2.5 ~5mm。锭坯表面不需要铣面者,对局部的表面缺陷,必须进行修理。对铜及铜合金管棒型材生产用的圆锭,也要消除表面缺陷,有的锭坯要车皮或修理。

对铝及铝合金板带材生产用扁锭来说,纯铝锭一般不铣面;铝合金(2A06、2A11、2A12、2A16、7A04、7A09、2A14、5A02、5A03、5A06、3A21 等)高纯铝、铝箔坯料、高表面质量要求的铝材等锭坯要进行铣面。有些铝合金(5A03、5A05、5A06、3A21、7A04、7A09、7A10 等)锭坯需铣侧边。每面铣削量为:硬铝合金、高镁系合金不少于 6mm;高锌系合金不少于 7mm;软合金不少于 3mm。对铝及铝合金管棒型材生产用圆锭有车皮或不车皮的两种,纯铝锭一般不车皮;对用途重要、表面质量要求较高的硬铝合金锭要车皮;对一般用途,表面质量要求不高的合金锭不要车皮。

(4)铸坯内部应没有缩孔、气孔、夹杂、偏析及裂纹等缺陷,少量的内部缺陷可进行金相检验确定轻重程度。

4.3.2 板带箔材生产工艺流程

4.3.2.1 铝及铝合金板带材

A 一般生产工艺流程

铝及铝合金板带材生产工艺流程如图 4-8 所示,下面对主要工序作简要说明。

a 蚀洗

蚀洗是为了消除铣面与锯切后锭坯表面上的乳浊液、油污、残留铣屑及表面擦伤等缺陷。2A06、2A07、2A11、2A12、2A16 等合金的铣面锭坯、纯铝锭坯以及包铝板都需蚀洗;对含有 Mg、Mn、Si、Zn 元素较多的超硬铝和高镁防锈铝的锭坯不宜蚀洗,但需擦净表面。

蚀洗工艺:碱洗→冷水洗→酸洗(中和)→冷水洗→热水洗。

b 包铝

为提高合金制品的抗蚀性能和加工工艺性能,在锭坯表面包上一定厚度的包铝板,经热轧后与基体焊合在一起。单面包铝层厚度是制品总厚度的 2.5% ~10%(一般取 4%)。如果单纯为改善加工工艺性能而进行的包铝称工艺包铝;如果技术条件要求为提高抗蚀性而进行的包铝称技术包铝。

包铝板的长度通常为锭坯长度的 75% 左右,宽度比锭坯宽度大 120 ~140mm。侧面包铝可改善板带轧制时的边部的质量,减少裂纹。侧面包铝板的厚度一般为 8 ~10mm。

对于 7A04、7A09、7A10 等铝合金可采用 1070A 作包铝板,其他合金可采用 1060 作包铝板,侧面可采用 1050A 作包铝板。

c 加热

锭坯加热温度根据合金选定,表 4-18 是在四辊可逆轧机上热轧铝及铝合金时锭坯的加热温度。

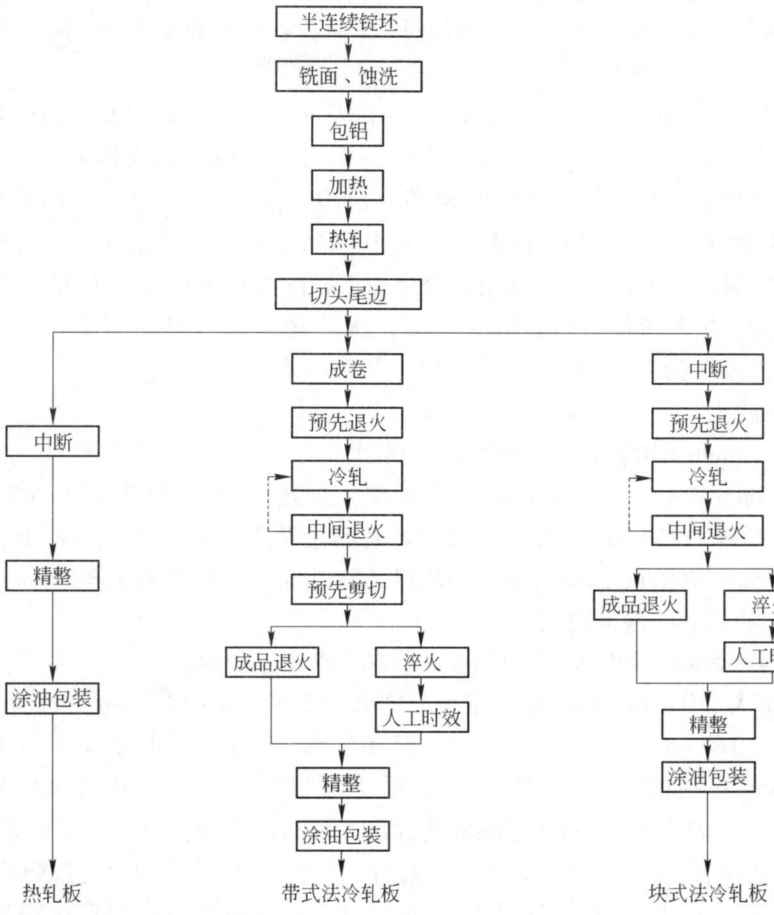

图4-8　铝合金板带材生产工艺流程图

表4-18　铝及铝合金锭坯的加热温度

合　金	1035	5A02	5A03	5A05	5A06	3A21	2A11、2A12、2A16	6A02	7A04
温度/℃	350～450	480～510	470～500	450～480	430～470	440～480	390～430	410～500	370～410

d　热轧

块式法生产板材采用二辊或三辊轧机，热轧后的板厚为4～6mm；带式法生产板带材采用单机架热轧，轧后带坯的厚度为6～8mm；双机架热轧后带坯的厚度为2.5～5mm，半连续热轧后带坯的厚度为3～6mm。

e　冷轧

铝加工厂广泛采用带式法生产，所用轧机有单机架带卷取装置的可逆冷轧机和多机架半连续冷轧机。对2A11、2A12、7A04、5A05等合金的热轧卷需退火后冷轧。

f　精整

采用带式法生产的带卷，除成卷供应外需在矫直前剪切成板材，剪切可在退火或冷作硬化状态下进行。卷材边部裂纹、锯齿等缺陷需剪掉。板材精整矫直采用滚平压光、多辊矫直和拉伸矫直。滚平压光时板材的变形量不超过2%。板材矫直的变形量一般为2%~3%。

g 热处理

铝合金材料采用的热处理方式有退火、淬火以及时效等。工业生产中常用铝合金铸锭均匀化退火,温度一般为440~620℃,保温时间是4~24h。坯料退火指第一次冷变形前的退火,常用铝合金加工材的坯料退火温度为370~470℃,保温时间为1~3h;常用铝合金加工材中间退火温度为315~500℃,保温时间为1~3h;常用铝合金加工材成品退火温度为260~490℃,保温时间为1.5~5h。常用铝合金加工材的淬火加热温度为458~540℃,保温时间为9~210min,淬火转移时间为15~40s,淬火冷却速度为50~170℃/s,水温为10~15℃,人工时效的温度为125~190℃,时效时间为3~16h。

B 典型产品生产工艺流程

(1) 1035Y0.5mm×1000mm×2000mm板材生产工艺流程:

供锭坯(275mm×1040mm×1780mm)→蚀洗→加热(加热温度为350~450℃,时间为4~6h)→热轧(ϕ700/1250mm×2000mm四重可逆热轧机,轧后坯料厚h_1=8mm,15道次)冷轧(ϕ500/1250mm×1700mm四重可逆式冷轧机,经6道次,轧后板厚h_1=0.5mm)→预矫直剪切→精整剪切→检查→涂油包装。

(2) 2A12CZ0.5mm×1200mm×3000mm板材生产工艺流程:

供锭(经500℃,10~14h均热后的锭坯200mm×1260mm×1400mm)→铣面(每面铣削量为7.5mm,h_1=185mm)→包铝(蚀洗后的锭坯包铝,包铝板尺寸为(10.7~11.2)mm×1360mm×1080mm)→加热(连续加热炉,加热温度为440~460℃,加热时间为4~5h)→热轧(ϕ700/1250mm×2000mm四重可逆热轧机,经15道次,轧后的板坯厚h_1=6mm)→切头、尾、边→成卷→坯料退火(空气循环井式炉,退火温度为450℃,5h)→冷轧(ϕ500/1250mm×1700mm四重可逆冷轧机,经6道次轧制后,坯料h_1=1.8mm)→中间退火→冷轧(ϕ500/1250mm×1700mm四重可逆冷轧机,经4道次轧制,h_1=0.5mm)→预剪成板→淬火(在盐浴炉中加热,温度为490~500℃,15min;在水槽中淬火)→矫直→剪切→检查→涂油包装。

(3) 7A04CS1.0mm×1200mm×2000mm板材生产工艺流程:

供锭(经均匀化退火后的锭坯300mm×1260mm×1200mm)→铣边铣面(h_1=270mm)→包铝(h_1=302mm)→加热(连续加热炉,加热温度:370~410℃;时间:4.5~6h)→热轧(轧后的厚度h_1=7mm)→坯料退火→冷轧(轧后的厚度h_1=1.7mm,6道次)→中间退火→冷轧(轧后的厚度h_1=1.0mm,2道次)→预剪成板→淬火→矫直→剪切→人工时效(135℃,16h)→检查→涂油包装。

4.3.2.2 铜及铜合金板带材

A 一般生产工艺流程

铜及铜合金板带材生产工艺流程,如图4-9所示。下面对主要工序作简要说明。

a 热轧

常用铜及铜合金热轧前锭坯的加热温度范围如表4-19所示。锭坯的加热时间包括升温和保温时间,须与加热温度、合金成分综合考虑。生产中加热时间一般用经验公式估算,可参照式(4-5),在该式中的D可视为铜及铜合金锭坯的厚度;K_1可根据不同的金属取值,紫铜为0.1~0.15,H62为0.13~0.23,复杂黄铜及青铜为0.15~0.27。

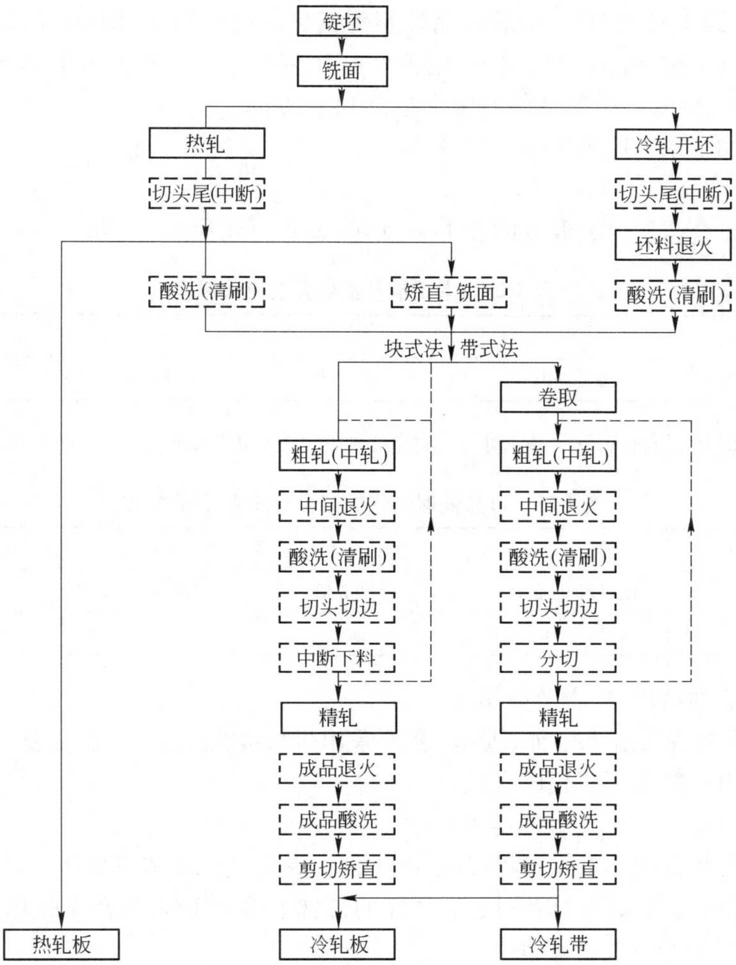

图4-9　铜及铜合金板带材一般生产工艺流程

表4-19　常用铜及铜合金锭坯的加热温度

合　金	加热温度/℃	终轧温度/℃
T2～T4、TUP、H96、HSn90-1、H80、Hni65-5、H70、H68、H62	800～870	650～460
HP59-1、HSn62-1、H59、HA167-2.5、HA166-6-3-2、HMn57-3-1、HFe59-1-1、QA15、QA17、QA119-2、QSn4-3	700～860	600～450
QSn6.5-0.1、QSi3-1、QMn5、QCd1.0、QCr0.5、QBe2、QBe2.5	640～860	650～450

热轧时的冷却与润滑一般采用乳液。

热轧后坯料的表面铣削有利于提高产品的质量。根据热轧后表面缺陷轻重程度，单面铣削量为0.2～0.5mm。

热轧的总加工率一般为90%～95%。

b　冷轧

铜及铜合金冷轧大多采用热轧供坯，将厚度4～12mm的热轧坯，经冷轧至2～6mm称之为粗轧，随后继续压薄为中轧，最后成品轧制为精轧。可轧制0.001mm的薄材。通常对不易进行热轧的合金锭坯而采用冷轧开坯，冷轧开坯后的厚度一般为3.5～6mm，而现代的铜加工厂采用水平连铸带坯，带坯的厚度一般为14～16mm。

冷轧的总加工率一般为30%～90%。

c 热处理

常用铜及铜合金的退火温度如表4-20所示，退火时间为1.5～4h。

表4-20 常用铜及铜合金的退火温度

板材厚度/mm	>5	1～5	0.1～1	<0.5
退火温度/℃	560～750	520～720	450～700	380～680

可热处理强化的铜合金淬火-回火（时效）制度如表4-21所示。

表4-21 可热处理强化的铜合金淬火-回火制度

淬 火			回 火	
加热温度/℃	保温时间/min	冷却介质	回火温度/℃	保温时间/min
780～1000	15～60	水	300～450	120～180

d 酸洗、表面清理、矫直及剪切

酸洗液采用硫酸或硝酸加水配制。表面采用机械或人工清理，质量要求高的产品要压光或抛光。矫直一般采用多辊矫直机。

e 带卷焊接

带卷焊接是将几个小卷带材焊接成一个大卷，提高生产率和成品率。厚度为2mm以下的紫铜、黄铜带材大多采用电极焊接，比较厚的带材采用氩弧焊、等离子弧焊。

B 典型产品生产工艺流程

（1）T2M 0.5mm×175mm带材生产工艺流程：

锭坯（180mm×620mm×1000mm）→加热（连续式加热炉；加热温度为800～870℃；加热时间为3h）→热轧（二辊ϕ850mm×1500mm热轧机，轧后坯料的厚度h_1=12mm）→铣面（双面铣床；单面铣削量为0.25mm；h_1=11.5mm）→粗轧（二辊ϕ600mm×1000mm冷轧机，h_1=5.5mm）→中轧（四辊ϕ400/1000mm×1000mm冷轧机，h_1=1.7mm）→中间退火（罩式退火炉；退火温度为520℃；退火时间为1.5h）→精轧（四辊ϕ150/250mm×800mm冷轧机，h_1=0.5mm）→剪切→矫直（剪切矫直机列）→成品退火（罩式炉；退火温度为520℃；退火时间为1.5h）→检查、包装、入库。

（2）H65M 0.35×305mm带材生产工艺流程：

锭坯（半连续锭坯170mm×1050mm×4800mm）→加热（步进式煤气加热炉，加热温度为850℃，加热时间为3～4h）→热轧（ϕ850mm×1500mm二辊热轧机，h_1=13mm）→铣面（双面双侧铣削机，单面铣削量为0.3mm，侧面铣削量为3～6mm，h_1=11.4mm）→冷轧（四辊ϕ450/1150mm×1250mm可逆冷轧机或三机架连轧机，h_1=1.2～1.5mm）→退火（罩式光亮退火炉，退火温度为580～640℃，退火时间为1.5h）→精轧（四辊ϕ260/700mm×750mm可逆冷轧机，h_1=0.6mm）→退火（气垫式退火炉）→精轧（同上精轧机，h_1=0.35mm）→剪切（剪切机列）→检查、包装。

（3）QSn6.5-0.1Y 0.25mm×200mm 带材生产工艺流程：

水平连铸坯（水平连铸机，14～16mm×650mm 成卷带坯）→铣面（双面铣床，单面铣削量为 0.3mm，侧面铣削量为 5mm）→均匀化退火（罩式退火炉，退火温度为 620～650℃，退火时间为 7～8h）→冷轧（四辊 ϕ450/1150mm×1250mm 可逆冷轧机，h_1=1.5mm）→退火（罩式退火炉，退火温度为 510～560℃，退火时间为 2h）→精轧（四辊 ϕ260/700mm×750mm 可逆冷轧机，h_1=0.55mm）→退火（气垫式退火炉）→精轧（四辊 ϕ260/700mm×750mm 可逆冷轧机，h_1=0.25mm）→剪切（剪切机列）→检查、包装、入库。

4.3.2.3 铝箔生产工艺流程

A 一般生产工艺流程

铝箔的生产工艺流程如图 4-10 所示，下面对主要工序作简要说明。

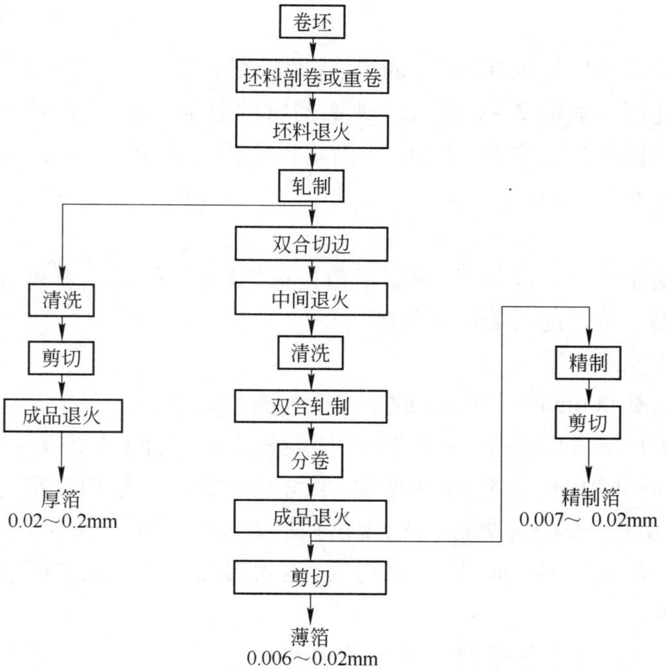

图 4-10 铝箔产品生产工艺流程图

a 坯料

铝箔的坯料主要是半连续锭坯热轧-冷轧带卷以及铸轧-冷轧带卷，其厚度通常为 0.35～0.8mm，前者提供的带坯质量高，后者提供的带坯成本较低。带坯生产工艺流程短，节能效果好，质量虽然不如前者，但一般铝箔也能满足要求。通常坯料的最大允许宽度为轧辊辊身的 0.8～0.9 倍。

b 重卷-剪切

一般高速铝箔轧机的坯料在轧制前要重卷，目的是把带卷坯卷在卷筒上，便于生产，同时进行剪边。

c 退火

铝箔坯料在轧制前需要进行退火，其工艺如表 4-22 所示。铝箔软制品退火工艺如

表4-23所示。

表4-22 铝箔坯料退火工艺

合 金	高纯铝	工业纯铝	LF21	LF2	LY11、LY12
退火温度/℃	300~340	380~440	420~460	360~400	380~420
退火时间/h	1	1	1	1	1

表4-23 铝箔成品退火工艺

合 金	LG3~LG5	L1~L6		LF21	LF2	LY11、LY12
成品厚度/mm	0.05~0.12	0.007~0.016	0.017~0.2	0.03~0.2	0.03~0.2	0.03~0.2
退火温度/℃	280~320	340~380	400~440	400~440	340~380	340~380
退火时间/h	6	8	8	6	6	6

d 轧制

铝箔的厚度最薄可以轧到0.0025mm，采用的轧制方法有：无辊缝轧制、预加压力轧制以及叠轧。铝箔的轧制一般取2~6道次。纯铝箔材的总加工率可达99%，铝合金箔材则在90%以内。最大的道次加工率为65.5%。铝箔采用高速轧制，一般在1200m/min左右，最后一道次不宜超过600m/min。

e 精制

铝箔的精制属于铝箔二次加工，精制铝箔是对铝箔进行裱纸、着色、压花、涂蜡、覆塑等进一步加工以提高包装性能及美丽的外观。

B 典型产品生产工艺流程

工业用纯铝箔0.006mm×286mm的生产工艺流程如下：

坯料（厚度为0.5mm的卷坯）→重卷（在重卷机上进行，同时切边）→退火（退火温度为380~440℃，退火时间为1h）→轧制（5道次，平均道次加工率为50%左右，轧后带卷厚h_1=0.012mm）→双合切边→退火（恢复退火，温度控制在140~180℃）→清洗→双合精轧（h_1=0.012mm）→分卷（h_1=0.006mm）→成品退火（退火温度为340~380℃，时间为8h）→剪切→验收→包装入库。

4.3.2.4 钛及钛合金板带材生产工艺流程

A 一般生产工艺流程

钛及其合金板带材一般生产工艺流程如图4-11所示。下面对主要工序作简要说明。

a 坯料

目前所采用的板坯分为两类：一类是粉末冶金烧结板坯；另一类是真空熔炼制取的铸锭经挤压、锻造、轧制等加工的板坯，坯料规格：(40~220)mm×(300~600)mm×(350~1000)mm。

b 热轧

钛及钛合金板坯加热制度如表4-24所示。

初轧道次加工率一般控制在25%~30%范围内，在中间轧制阶段随轧件变薄可增加道次加工率，可减少不均匀变形程度，但必须考虑合金的塑性。轧制终了阶段为了控制尺寸和板形，其道次加工率不宜过大。为了提高生产率和保证所要求的终轧温度，采用高速轧制。咬入速度为0.63m/s，稳定轧制速度为1.26~3.14m/s。

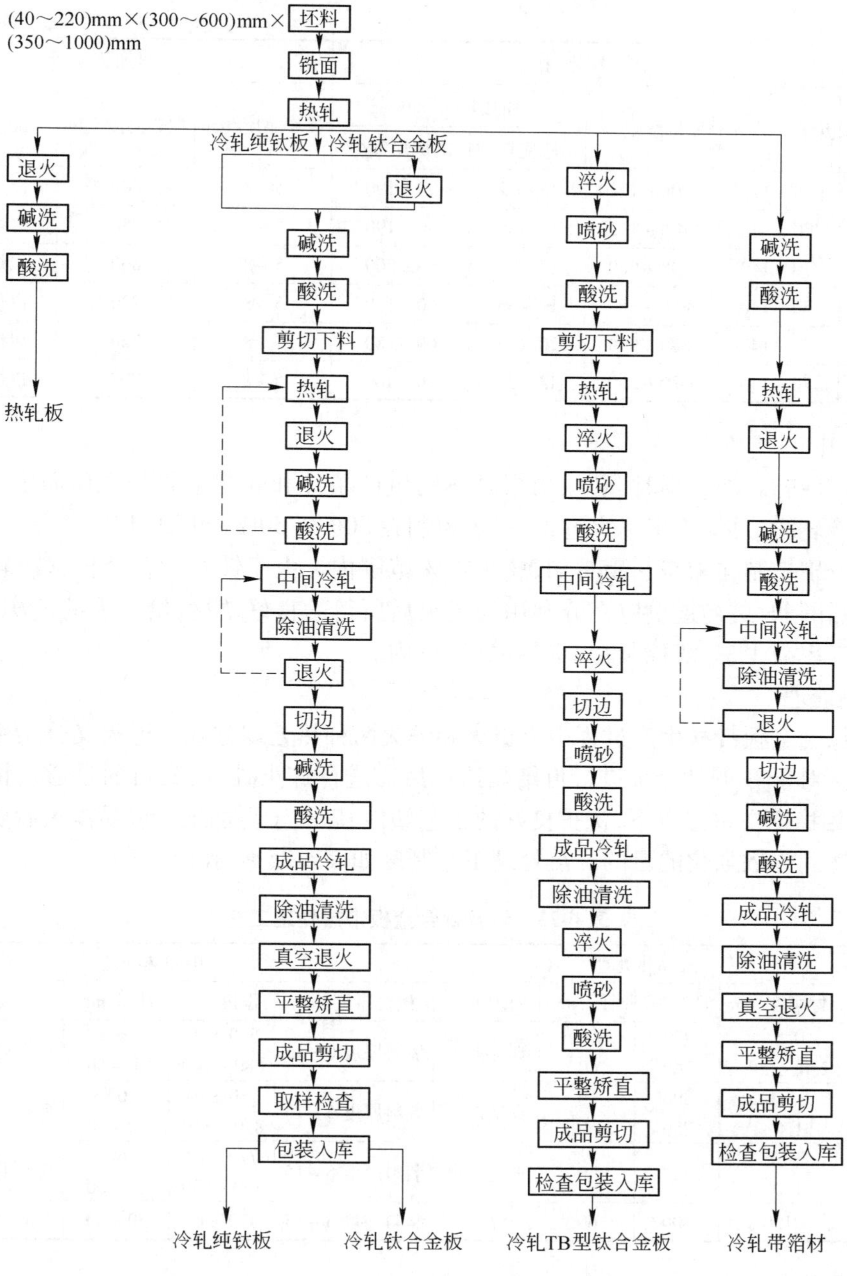

图 4-11 钛及钛合金板带材生产工艺流程

表 4-24 钛及钛合金板坯加热制度

牌号	初次加热制度				再加热制度		
	板坯厚度/mm	加热温度/℃	加热时间/min		板坯厚度/mm	加热温度/mm	加热时间/min
			感应炉	电炉煤气炉			
TA0	40～80	740～760	8～14	45～100	5～8	650	以烧透为标准
TA1、TA2	40～140	840～880	8～32	45～190	5～8	700	以烧透为标准
TA3	200	840～880	8～32	230～240			
TA5	70～140	940～960	13～32	90～190	5～8	800	以烧透为标准

续表 4-24

牌　号	初次加热制度				再加热制度		
	板坯厚度/mm	加热温度/℃	加热时间/min		板坯厚度/mm	加热温度/mm	加热时间/min
			感应炉	电炉煤气炉			
TA6	70 ~ 140	1000 ~ 1020	13 ~ 32	90 ~ 190	5 ~ 8	800	以烧透为标准
TA7	70 ~ 140	1100 ~ 1120	13 ~ 35	90 ~ 190	5 ~ 8	850	以烧透为标准
TB2	70 ~ 140	940 ~ 960	13 ~ 35	90 ~ 200	5 ~ 8	800	以烧透为标准
TC1	50 ~ 140	850 ~ 880	10 ~ 35	60 ~ 180	5 ~ 8	720	以烧透为标准
TC2	50 ~ 140	880 ~ 900	10 ~ 35	60 ~ 180	5 ~ 8	720	以烧透为标准
TC7	70 ~ 140	930 ~ 950	13 ~ 35	90 ~ 180	5 ~ 8	800	以烧透为标准

c　冷轧

在确定冷轧总加工率时,必须根据具体的生产条件和轧制金属的性质而定。TA3、TC1 合金板材冷轧时,总加工率不宜过大,一般控制在 30% ~ 50% 。TC3、TA7 合金板材冷轧时,总加工率分别控制在 15% ~ 25%、10% ~ 20% 范围内。由于钛及钛合金板材冷轧时加工硬化快,所以轧制时最初道次应充分利用经退火后所得的良好塑性,给予大的道次加工率,而后道次加工率减少,一般控制在 1% ~ 8% 范围内。

d　热处理

钛及钛合金板带材生产过程中有退火和淬火两种热处理方式。退火又分为中间退火和成品退火。对于 β 型钛合金进行再结晶退火后需进行淬火处理,其目的是通过快速冷却使亚稳定 β 相稳定在室温以下,保护良好的工艺塑性,以利于再加工。成品淬火后要进行时效处理使之达到弥散强化的目的。热处理工艺制度如表 4-25 所示。

表 4-25　钛及钛合金板带热处理工艺

牌　号	成品热处理				中间热处理			
	板材厚度/mm	温度/℃	时间/min	处理方式	板材厚度/mm	温度/℃	时间/min	处理方式
TA1、TA2 TA3	0.5 2.0 ~ 1.0	720 760	60 60	真空退火	装料厚度 6 ~ 15	660 ± 10 680 ~ 740	60 40 ~ 60	真空退火、氧化退火
TA6、TA7	2.5 ~ 1.5 1.0	890 850	60 60	真空退火	装料厚度 6 ~ 15	780 ± 10 820 ~ 860	60 40 ~ 60	真空退火、氧化退火
TC3	2.5 ~ 1.5 1.0	780	60	真空退火	装料厚度 6 ~ 15	770 ± 10 790 ~ 830	60 40 ~ 60	真空退火、氧化退火
TB2	<1.0	800	60	淬火	装料厚度 6 ~ 15	820 ± 10	50 ~ 60	水淬

B　典型产品生产工艺流程

TC3M 1.0mm × 600mm × 2000mm 板材生产工艺流程:

坯料(74mm × 320mm × 450mm)→热轧(加热温度 920℃;轧后板坯厚度 h_1 = 6.0mm)→退火(退火温度 800℃;保温时间 60min;空冷)→碱、酸洗、修磨(碱液配比为 95% NaOH + 5% $NaNO_3$;温度 480 ~ 500℃;时间 15 ~ 20min)→剪切下料→热轧(箱式电炉加热温度 800℃,h_1 = 4.2mm)→碱酸洗→热轧(加热温度 800℃;h_1 = 3.0mm)→退火(退火温度 800℃;时间 60min)→碱酸洗→冷轧(h_1 = 2.4mm)→除油清理→退火(真空退火;退火温度 780℃;时间 60min)→二至四次冷轧(轧制道次中间除油清理及真空退火,三次轧后切边;h_1 = 1.2mm)→除油清理→退火→成品冷轧(h_1 = 1.0mm)→除油清理→退火→检查→剪切

（1.0mm×600mm×2000mm）→入库。

4.3.3 管棒型材生产工艺流程

4.3.3.1 铝及铝合金管棒型材

A 一般生产工艺流程

铝及铝合金管棒型材生产工艺流程如图4-12、图4-13所示。下面对主要工序作简要的说明。

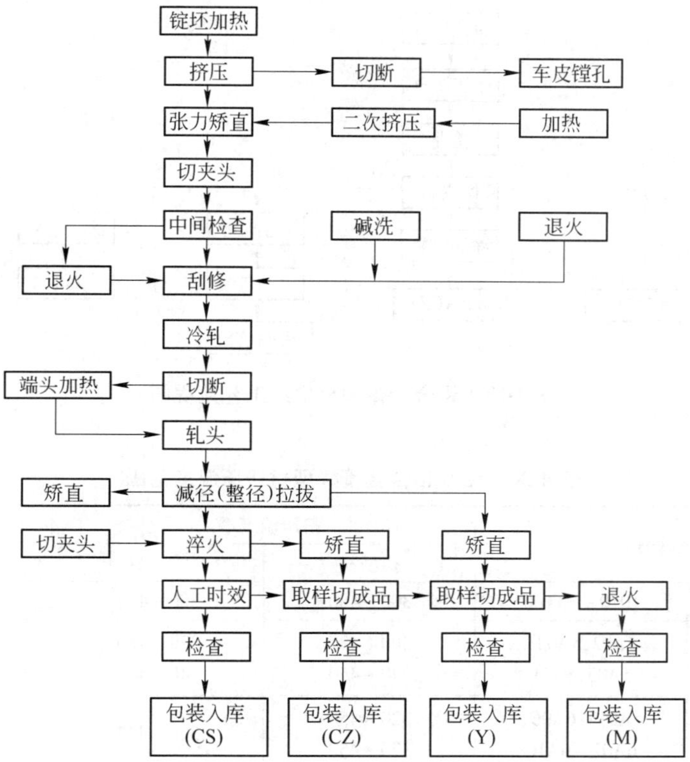

图4-12 铝合金管材生产工艺流程图

a 挤压

根据挤压铝及铝合金制品的要求，合理地选择挤压比、挤压温度与挤压速度等。通常挤压比 $\lambda \geq 8$，挤压筒内径与锭坯间的关系一般用充填系数表示，通常为1.06～1.15。

挤压温度是重要的工艺参数，选择时应考虑使被挤压的金属具有较低的变形抗力和较高的塑性，注意铝合金挤压时变形区内热效应，当变形区内金属温度超过其最高许可的临界温度时，则金属进入热脆状态而开始形成裂纹。

铝合金的临界温度常在很窄的范围内波动，其值为：6A02合金为520～530℃、2A12合金为485～495℃、7A04合金为470～480℃、2A11合金约为520℃。因此，为了防止产生挤压裂纹，常使挤压温度范围比其临界温度约低50～100℃。表4-26为无润滑正向挤压时铝及铝合金管棒型材的挤压温度范围。

挤压速度对挤压机生产效率影响很大，在正向无润滑条件下，挤压速度的选择原则是，在保证制品尺寸性能合格、不产生裂纹和设备能力允许的情况下，尽量采用较高速度，按照

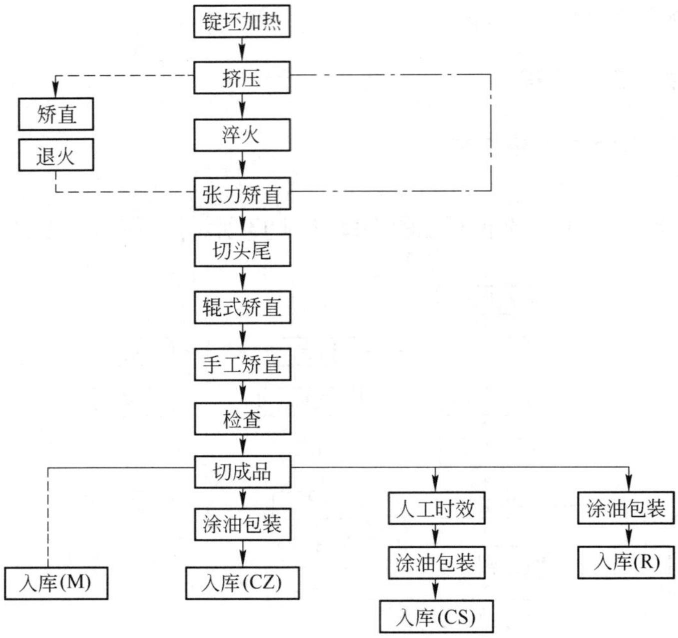

图 4-13　铝合金棒型材生产工艺流程图

表 4-26　铝及铝合金管棒型材挤压温度范围

合金及牌号		挤压温度/℃		挤压筒温度/℃
		棒型材	管　材	
纯　铝	1070A ~ 1100	300 ~ 480	300 ~ 450	320 ~ 450
防锈铝	5A02,5A03, 5A05,5A11	300 ~ 480 340 ~ 450	320 ~ 450 340 ~ 440	320 ~ 450
锻　铝	6A01 ~ 6A06, 6A07 ~ 6A10	320 ~ 450 370 ~ 450	300 ~ 450	320 ~ 450
硬　铝	2A02,2A06, 2A16,2A17, 2A11/2A12	440 ~ 460 440 ~ 460 320 ~ 450	340 ~ 440	320 ~ 450
超硬铝	7A04,7A09	320 ~ 450	360 ~ 440	320 ~ 450

许可流动速度的大小,可把铝及铝合金分为三种情况:纯铝的流出速度一般可不限,3A21 合金许可流出速度可达 120m/min;5A02、6A02 合金许可流出速度不大于 15m/min;5A06、7A04、2A12 合金许可流出速度不大于 5m/min。

b　冷轧

目前常用的冷轧铝合金管生产法有二辊式、多辊式及横向多辊旋压等。周期二辊式的特点是道次加工率大,延伸系数可达 8 ~ 10,用于生产 30m 以上的长管。多辊式轧制的特点是可轧制壁厚比较薄的管材,管材壁厚与直径比可达 1/100 ~ 1/250,减径量、道次加工率与送料量较二辊式的小。如中小型的多辊式冷轧管机,其毛坯外径比成品管外径大 2 ~ 2.5mm;道次减壁量为 0.5mm 左右;延伸系数一般在 2 ~ 3.5 范围内。多辊横向旋压轧制特点是可轧制大规格和厚度薄而长的管子,在同一台轧机上能生产的管子规格范围较大,减径量小，生产率低，变换规格时须成套更换工具。

管子冷轧前的坯料要进行矫直、切头、碱洗、退火、外表面修理、内表面吹擦以及涂油润滑等。

c 拉拔

管材拉拔前必须对管坯进行切断、退火、打头、外表面修理和内表面润滑等处理。切断后的管坯有一端头必须保持圆形，以便能顺利装入芯头。带芯头拉拔的管坯，除纯铝外，所有铝合金都必须进行退火，空拉时要根据具体情况确定。对未经退火的硬合金坯料打头前必须加热，加热温度为220～420℃，加热时间为20～40min。直径在30mm以下的管子最好采用辗头，直径较大的管子在气锤上打头。

为了获得一定尺寸、形状、力学性能和表面质量的优良制品，要根据成品的要求确定拉拔道次及各道次所需模孔形状、尺寸。

B 典型工艺流程

(1) 5A02ϕ15mm×0.5mm管材生产工艺流程：

锭坯(ϕ270mm×106mm×750mm)→加热→挤压(挤压温度为320～450℃，金属流出速度为6～10m/min，挤后管为ϕ98.5mm×37.75mm)→锯切→车皮和镗孔(ϕ97.5mm×37.25mm×260mm)→加热→二次挤压(ϕ24mm×2mm)→张力矫直→切头尾清除毛刺→吹除锯末→蚀洗→中间检查→退火(退火温度为470℃，退火时间为1.5h)→刮皮、修理→冷轧(LG30冷轧管机，轧后管子尺寸为ϕ16mm×0.49mm)→辗头→减径拉拔(拉拔后管子尺寸为ϕ15mm×0.5mm)→矫直→切成品→清理→检查→包装→入库。

(2) 建筑铝型材生产工艺流程：

成品：6063合金，T5状态，断面积$S=0.4\sim10cm^2$。

生产工艺流程：锭坯(ϕ174mm×400mm或ϕ155mm×336mm)→加热(工频感应加热炉，锭坯加热温度为320～500℃)→挤压(16000kN挤压机，产品的断面积$S=0.4\sim10cm^2$，金属流出速度为10～20m/min)→淬火(利用挤压余热风冷或水冷淬火)→矫直(500kN张力矫直机，型材矫直变形量2%～3%)→切定尺→人工时效(时效炉，人工时效温度为180～200℃，保温时间1.5～2.5h)→检验→包装入库。

4.3.3.2 铜及铜合金管棒型材生产工艺流程

A 一般生产工艺流程

铜及铜合金管棒型材生产工艺流程如图4-14所示。下面对主要工序作简要的说明。

a 挤压

铜合金中硬的如铍青铜、锌白铜系合金等通常都用润滑挤压，使用锥形模，其他合金大多采用无润滑脱皮挤压，使用平模，为了防止挤压制品氧化而采用水封挤压。常用铜及铜合金的挤压温度为650～900℃，合理挤压速度应在保证制品质量的前提下综合考虑。当挤压比在40以下，正向挤压时金属流出速度为0.15～2m/s。

b 冷轧

由热挤压、斜轧热穿孔或卧式连铸等方法供坯，生产管材。目前较常用的冷轧管生产方法有二辊式、多辊式等。

二辊式冷轧铜及铜合金的道次延伸系数可达8～12，表面精度高，长度可超过30m，为提高生产率可采用三线高速冷轧管机。

多辊式冷轧适合于铜合金中的小直径薄壁管材生产，轧后管材尺寸精确、内外表面光洁。

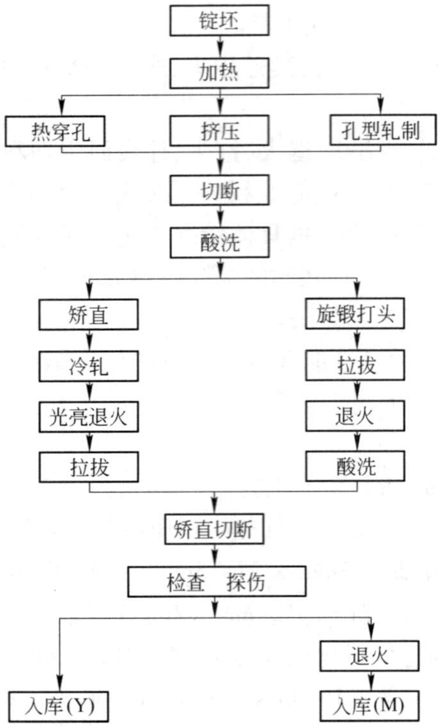

图 4-14　铜及铜合金管棒材生产工艺流程

此法要求选择好坯料，轧制时采用的送料量、工作机架行程次数要根据金属的性质、成品尺寸及延伸系数而定。

c　拉拔

目前铜及铜合金管棒型材生产大多采用短芯头拉拔、减径拉拔及游动芯头拉拔。短芯头拉管的道次延伸系数一般为 1. 10 ~ 1. 80；空拉管的延伸系数为 1. 2 ~ 1. 5；游动芯头拉管的延伸系数为 1. 8 ~ 2. 0。

d　热处理的酸洗

铜及铜合金管棒型材生产中间退火温度为 400 ~ 800℃；成品退火温度为 380 ~ 750℃；消除内应力退火温度为 180 ~ 380℃；淬火温度一般应略低于合金的共晶温度。

酸洗温度一般为 50 ~ 60℃，酸液中硫酸的含量低于 6%。

B　典型生产工艺流程

(1) HSn70-1Y2 ϕ25mm × 1mm 管材生产工艺：

锭坯(ϕ245mm × 425mm)→加热→挤压(31500kN 挤压机，挤压温度为 650 ~ 750℃，挤压后圆棒的直径为 ϕ97. 5mm)→矫直(压力矫直机或辊式矫直机)→锯切(圆盘锯，锯切成 ϕ97. 5mm × 200mm 的小锭坯)→加热→二次挤压(6000kN 挤压机，挤后管的尺寸为 ϕ37mm × 3. 5mm)→锯切→酸洗→矫直→中间修理→冷轧(LG30 轧管机，轧后管尺寸 ϕ27mm × 1. 2mm)→中断→退火→酸洗→辗头→拉拔(链式拉拔机，拉拔后成品管尺寸为 ϕ25mm × 1mm)→切头尾→成品退火(退火温度为 430℃)→酸洗→矫直→检查→包装入库。

(2) 直径小于 30mm 紫铜管生产工艺：

锭坯(ϕ245mm × 500mm)→加热→热挤压(31500kN 挤压机，挤压后管为 ϕ72mm ×

6mm)→中断→矫直→酸洗→中间检查→冷轧(轧管机,轧后管的尺寸为 ϕ34mm×2mm,延伸系数为6.2)→卷卷(管子卷成直径 ϕ1500mm×1800mm 的盘卷)→拉拔(游动芯头,卷筒直径为1500mm 的立式盘管拉拔机,拉后管的最小直径小于10mm)→精整(在精整机列上进行矫直、锯切成定尺)→检查→包装入库。

(3) TP2ϕ267mm×5.0mm 铜质水(气)管生产工艺:

锭坯(ϕ260mm×600mm)→加热(800~900℃)→穿孔(KPϕ100mm 穿孔机,穿孔后管为 ϕ255mm×9.0mm)→酸洗(硫酸+热水)→打头→拉拔(650kN 拉拔机,拉后管的尺寸为 ϕ245mm×8.2mm)→退火、酸洗(辊底式退火炉,酸洗)→拉拔(650kN 拉拔机,拉后管的尺寸为 ϕ235mm×7.2mm)→刨皮→退火、酸洗→扩径拉拔(管的尺寸 ϕ256mm×6.2mm)→退火、酸洗→扩径拉拔(管的尺寸为 ϕ282mm×6.2mm)→拉拔(650kN 拉拔机,拉后管的尺寸为 ϕ275mm×5.6mm)→拉拔(650kN 拉拔机,拉后管的尺寸为 ϕ275mm×5.6mm)→矫直、锯切、精整检查(GB/T18033,管的尺寸为 ϕ267mm×5.0mm×定尺 mm)→压力检验(水压或气压≥3.6MPa)→包装入库。

4.3.3.3 稀有金属管棒材生产工艺流程

A 一般生产工艺流程

目前,稀有金属管材生产工艺流程如图4-15所示。

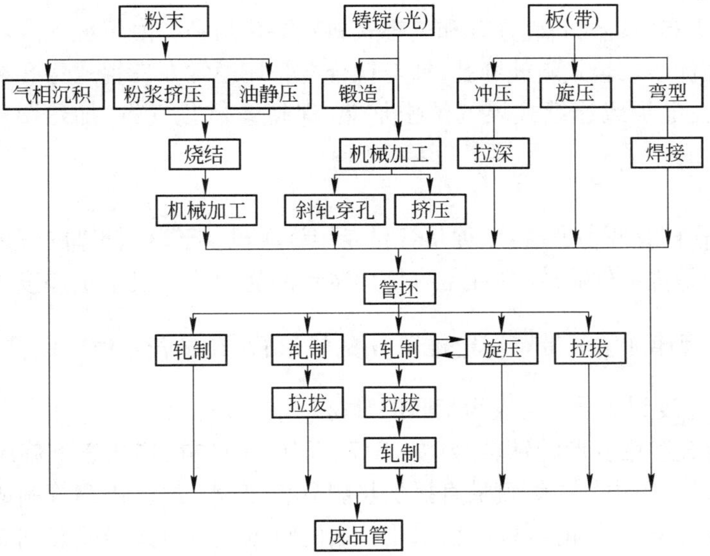

图4-15 稀有金属管材生产工艺流程

由图4-15可知,管坯制备方法主要有挤压、斜轧穿孔、粉末冶金、旋压和板带材焊接。成品管材的生产方法主要有轧制、拉拔与旋压。

棒材主要生产方法有挤压、挤压-拉拔。下面对生产工艺流程中的主要工序作简要叙述。

a 挤压

稀有金属挤压要求挤压温度高、挤压速度快,以防温降过快,缩短高温锭坯与模具的接触时间。在加热和挤压过程中金属易被气体污染,应采用适当的保护措施。有些钛、锆及其合金,因其变形热效应较大、导热性较差,在挤压变形时要特别注意防止出现过热现象。

锭坯加热的保护方法有包套加热、涂层加热、盐浴加热、玻璃熔体加热及常规加热等。

锭坯加热温度如表 4-27 所示。

表 4-27 稀有金属挤压锭坯的加热制度

合金牌号	加热温度/℃	保温时间/min	锭坯类型	加热设备	备注
TA1、TA2、TA3	750～900 650～800	25～30	光坯 铜包套	工频感应电炉	挤管、棒材
TC1、TC2	630～700 750～800	25～30	铜包套 光坯	工频感应电炉	挤管、棒材
TC3、TC4	920～950	3～5	光坯(ϕ50～1200mm)	中频感应电炉	挤棒材
W	1500～1650 1550～1650	60～90 3～5	光坯(ϕ100mm)	氢气钼丝炉 氢气保护中频电炉	挤管、棒材 挤棒材
Mo	1400～1600 1200～1600	60～90 4～5	光坯(ϕ100mm)	氢气钼丝炉 氢气保护中频电炉	挤管、棒材
Ta	1100～1150	50～80 20～30	光坯玻璃涂层 (ϕ220mm)	电阻炉 工频感应电炉	挤管、棒材
Nb	1000～1100	20～30	光坯玻璃涂层 (ϕ220mm)	工频感应电炉	挤管、棒材

对于稀有金属,通常都采用高速挤压。钨、钼、钽和铌等难熔金属一般都采用现有设备的最高速度(150～300mm/s);钛、锆及其合金一般采用中等速度进行挤压(50～120mm/s)。

b 斜轧穿孔

斜轧穿孔方法有二辊式斜轧穿孔和三辊式斜轧穿孔两种。由于三辊式斜轧穿孔在变形条件、质量方面都优于二辊式斜轧穿孔,钛与钛合金管坯通常在三辊式穿孔机上生产。钛及钛合金棒坯通常在电炉或连续式煤气炉中加热,保持微氧化气氛,加热温度一般在 900～1000℃范围内。

c 旋压

用旋压生产管材有两种方法:一种是管材专用旋压机,把管壁较厚的管坯加工成管壁较薄的管材;另一种是锥形件旋压,即在带有仿形装置的通用旋压机上把厚度为 t_0 的板片遵守 $t=t_0\sin\dfrac{\alpha_s}{2}$ 的正弦规律加工成带有一定锥角 α_s 的锥形管,经过若干道次使锥角逐渐减小,然后用“普通旋压”过渡到 $\alpha_s=0$ 而成为带底的管材。

钨、钼及其合金和难变形的钛合金(如 TA7、TC10 等)要在热状态下旋压。加热方式及热源有:乙炔加氧气,用中号火焰喷嘴直接加热制品表面;水煤气,用钢管制成的喷嘴直接加热制品表面;氢气火焰加压缩空气助燃,采用特制的喷枪直接将火焰喷射到制品表面。加热温度如表 4-28 所示。

表 4-28 管材旋压加热温度

合金牌号	加热温度/℃		备注
	开坯、中间	成品	
W	90～1100	600～700	开坯时取上限
Mo	700～900	400～500	
TA7、TC10	～500	～450	

道次变薄率要选择适当,实际生产中所采用的道次变薄率如表 4-29 所示。

d 轧管

管材轧制是生产稀有金属精密、薄壁管材的主要方法,常用的管材轧制方法有:二辊冷

表 4-29 旋压管形件时的道次变薄率

合金牌号	旋压条件	道次变薄率/%			两次退火间的总变薄率/%
		开坯	中间	成品	
Mo	用旋压轮热状态下旋压 用滚珠热状态下旋压	12~25 ~10	25~35 10~25	~10 8~10	烧结钼坯可达80%熔炼、挤压坯中间可不退火
W	用旋压轮热状态下旋压 用滚珠热状态下旋压	20~25 11~23	20~25 15~35	20~25 13~27	~78
TA1、TA2、TA3、Zr、Zr-2	用旋压轮冷状态下旋压 用滚珠冷状态下旋压	30~40 20~25	30~40 20~25	30~40 20~25	~80 60~75
TA2、TA3	焊接管用旋压轮冷状态下旋压	30以下	35以下	35以下	~50

轧与温轧、多辊冷轧与温轧。

钽、铌、钛、锆、铪及其合金管材的中间产品轧制和成品管材轧制大多采用多辊冷轧。TA1、TA2、TA3、TC1、Ta、Nb、Ta-3Nb、Ta-30Nb的中间产品和成品轧制采用二辊式冷轧法:纯钛管生产大多采用二辊温轧;钨、钼及其合金、钛合金管材的中间产品和成品的轧制采用多辊温轧。

e 拉拔

稀有金属与模具材料有着比较大的亲和力,在拉拔过程中,在一定的温度、压力条件下被拉金属很容易同模具相粘结。因此,在拉拔前都要使坯料表面覆盖一层特殊的物质,如氟磷酸盐、氧化物或其他金属的包皮,然后在其上面施用普通的润滑剂。为了使拉拔过程中覆盖层不因正压力过大而被破坏,因此在拉拔配模时均采用比较小的道次加工率,其拉拔速度也要低。某些稀有金属拉拔时的延伸系数如表4-30所示。

表 4-30 拉拔时道次延伸系数和两次退火间的总延伸系数

合金牌号	品种	道次延伸系数	两次退火间的延伸系数	备注
Zr、Zr-2、TA1、TA2、TA3	管材 棒材	1.12~1.33 1.20~1.42	1.45~1.65 1.6~2.2	空拉 带铜皮拉拔
Ta、Nb、Ta-3Nb	管材 棒材	1.12~1.45 1.2~1.50	4~10	空拉或长芯杆拉拔
Mo	管材	1.10~1.17	1.4~1.67	750~850℃空拉拔

B 典型产品生产工艺流程

(1) TA3M ϕ20mm×1.0mm管材生产工艺流程:

锭坯→加热(加热温度为950~980℃)→锻压→打定心孔→车皮(ϕ76mm)→加热→热斜轧穿孔(穿孔后尺寸为ϕ80~82mm×9.5mm)→切头尾→喷砂→碱洗→磨内表面→修理外表面→退火(退火温度为700℃)→人工检查→冷轧(ϕ65mm×6mm)→除油→酸洗→退火→修理→冷轧(ϕ36mm×3mm)→切断除油→酸洗→退火→冷轧(ϕ20mm×1mm)→除油→酸洗→退火(真空退火,退火温度为650~680℃,保温时间为45~60min)→取样→矫直→水压试验→检查(尺寸测量、无损探伤、人工检查)→切定尺→包装→入库。

(2) Nb1M ϕ16mm×0.18mm管材生产工艺流程:

锭坯(ϕ48mm×2.6mm×48mm)→车皮(ϕ46mm×1.6mm)→表面清洗→干燥→真空退火(退火温度为800~850℃)→表面氧化处理→拉拔(ϕ32mm×1.6mm)→表面清洗→干

燥→表面氧化处理→拉拔(ϕ28.6mm×1.6mm)→切头→表面清洗→酸洗→冷水洗→干燥→真空退火→表面氧化处理→拉拔(ϕ19.3mm×1.6mm)→切头→旋压(ϕ16mm×0.18mm,旋压3次)→切底→表面清洗→酸洗→冷水冲洗→干燥→真空退火(退火温度为1050~1100℃,保温时间为50min)→检查→包装→入库。

4.3.3.4 连续挤压与连续铸挤产品工艺流程

A Conform连续挤压产品工艺流程

连续挤压是以杆料或颗粒料为坯料,坯料进入旋转的挤压轮与槽封块构成的型腔,坯料与型腔壁产生摩擦力,摩擦力的大小取决于接触压力、接触面积及摩擦系数。在摩擦力的作用下,挡料块处产生足够大的压力,使金属发生塑性变形,挤出模孔。挤压过程将维持到坯料的长度小于临界咬合长度时为止,因为此时摩擦力不足以维持挤压过程的继续进行。

a 工艺特点

Conform连续挤压工艺在单轮单槽连续挤压的基础上,又出现了几种新型连续挤压工艺,如单轮双槽式连续挤压、双轮单槽式连续挤压、包覆材单轮单槽连续挤压,如图4-16所示。连续挤压机同常规挤压机比较具有许多特点,如图4-17所示。

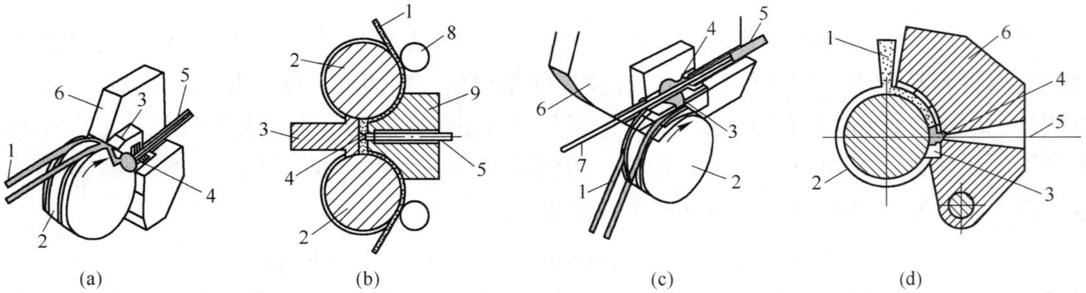

图4-16 Conform连续挤压工艺示意图

(a)杆料单轮双槽;(b)杆料双轮单槽;(c)杆料包覆钢丝连续挤压机;(d)单轮单槽颗粒或杆料连续挤压机

1—坯料(杆料与颗粒料);2—挤压轮;3—挡料块;4—挤压模;5—制品;6—挤压靴;7—钢丝;8—压轮;9—槽封块

Conform挤压
- 连续加工
  - 缩短非生产周期
  - 生产长尺度产品
- 挤压加工——高断面收缩率、缩短工艺、占地面积小
- 利用摩擦力
  - 挤压能耗小
  - 发热
    - 生产空心产品
    - 用粉末状原料直接加工
    - 容易焊合
    - 后热处理工艺简单
  - 无润滑——获得清洁产品
- 结构简单
  - 模具更换容易——适合多品种生产
  - 运转、保养、检修容易简单

图4-17 连续挤压机同常规挤压机比较所具有的特点

b 工艺流程

图4-18为冷凝铝管与铜扁线生产工艺流程,图4-19为包覆材生产工艺流程。

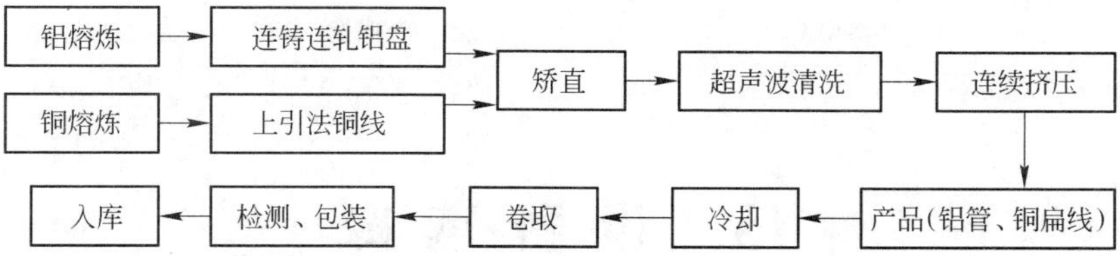

图 4-18 冷凝铝管与铜扁线生产工艺流程

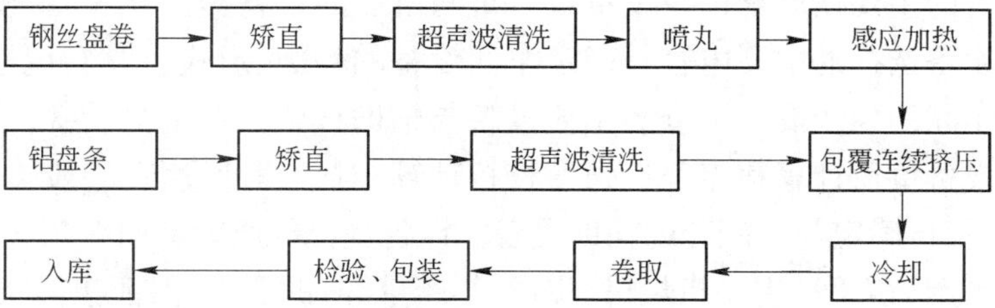

图 4-19 铝包钢丝连续挤压工艺流程

B Castex 连续铸挤产品生产工艺

Castex 连续铸挤机启动后,挤压轮旋转,液态金属被导入挤压轮的沟槽与槽封块形成的挤压型腔中,在挤压轮槽与坯料之间摩擦作用下使料充满挤压型腔,液态金属在挤压型腔中发生动态结晶-变形过程,在凝固靴工作段内基本是动态结晶过程,在挤压靴工作段内基本是挤压变形过程,在凝固靴工作段出料口和挤压靴工作段的入料口附近是半固态挤压过程。因此,可将连续铸挤分为动态结晶—半固态挤压—挤压塑性变形三个阶段,可以通过控制工艺参数完全实现合金的半固态挤压成形,金属的组织由铸态组织逐渐变为细小的变形组织。

连续铸挤设备生产的产品范围基本与连续挤压设备相同,可以生产各种形式管、棒、型及线材,它与连续挤压技术比较具有投资少、成材率高、节能效果更显著的特点。连续铸挤生产铝材工艺流程,如图 4-20 所示。

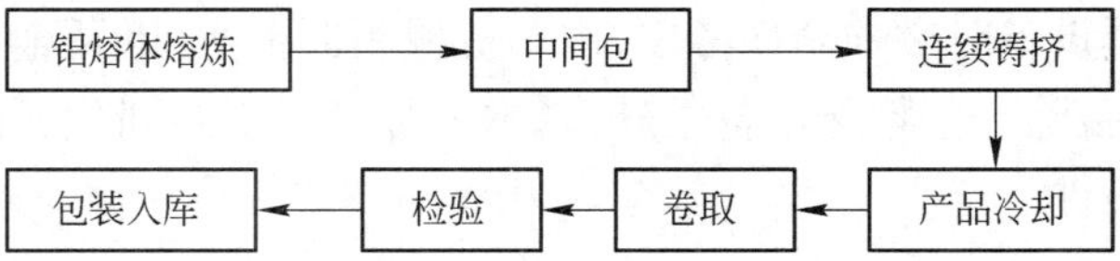

图 4-20 连续铸挤生产工艺流程

连续挤压机与连续铸挤机也可以生产包覆材,如生产铝包钢丝、铝包电缆以及铝包光纤等复合材。

练 习 题

4-1 试确定 GCr15 的 $\phi 5 \sim 15$mm 圆钢生产工艺流程。

4-2 试确定 16Mn 钢板的生产工艺流程。

4-3 试确定 6063 合金建筑铝型材的生产工艺流程。

4-4 试确定 H62M 0.5mm × 200mm 薄带材生产工艺流程。

4-5 根据什么原则确定生产工艺流程?

5　设备选择

工艺设计者的主要任务是选择设备或对车间所需的设备提出要求,由机械制造专业人员进行设计。设备选择的主要内容是确定车间设备的种类、形式、结构、规格、数量及能力。金属压力加工车间的生产设备可分为主要设备与辅助设备。对主要设备,应在预选的基础上进行必要的设备负荷计算和零部件强度校核计算;对于辅助设备,一般不进行验算,可在主要设备确定后,再确定与之配套的辅助设备。设备选择的原则有如下几项。

(1) 要满足产品方案(主要指规格、质量、年产量等)的要求,保证获得高质量的产品。

(2) 要满足生产方案及生产工艺流程的要求。每种生产方案都要求与之相适应的设备,例如采用带式法生产宽而薄的铝及铝合金板材时,就必须选择四辊可逆式带卷筒的单机或连轧机,以及相应的辅助设备。

生产工艺流程中的每一个工序必须按该工序的工艺要求选择设备,例如,钢锭的加热工序要选用大于1200℃的高温炉;铜及铜合金铸锭的加热工序要选择中温炉(600 ~ 900℃);而铝及其合金铸锭的加热工序要选择低温炉;对于易氧化的金属,在退火时还需采用带保护性气氛(或真空退火、快速退火)的炉子,以防氧化。

(3) 要注意设备的先进性和经济上的合理性。在可能条件下,尽可能选用机械化、自动化程度高的先进设备,以利于提高生产效率和设备利用系数。此外还要注意选择标准设备,力求投资少,而有较好的技术经济指标。

(4) 要考虑设备之间的合理配置与平衡。设备选择时要注意主要设备之间以及主要设备与辅助设备之间的合理配置与平衡。

工艺设计者选择设备时必须全面考虑,由于机械制造工业,以及金属压力加工技术的不断发展,压力加工设备除一些特殊设备之外,基本上都已趋于系列化、标准化,为设计者选择设备提供了方便的条件。

5.1　主要设备选择

5.1.1　熔铸设备选择

熔铸车间应根据加工车间对铸锭形状、尺寸、重量及质量的要求提供合格的铸锭。铸锭质量应符合下列要求:(1)外形尺寸合格;(2)化学成分均匀,符合标准规定;(3)组织均匀致密,晶粒细小;(4)无气孔、疏松、裂纹和夹渣等缺陷。根据合金品种特点、产量大小及现有实际条件选择熔炼炉。

铝合金熔炼用得较普遍的有火焰反射炉、竖炉、电阻加热炉和感应加热炉,火焰反射炉及竖炉用作熔炼,最后精炼除气和铸锭前的静置炉(又称子炉)则多采用电阻加热炉或感应加热炉。铜合金熔炼多采用感应炉和反射炉，以工频感应炉最普遍，低频、中频、高频感应电炉也可采用。中间合金的熔炼多采用感应电炉或坩埚炉。

火焰反射炉的优点是：熔炼速度快（因火焰直接对炉料加热）、成本低（因热源成本相对于电能要低）、投资少（因设备简单）、生产能力大（炉子容量可从几吨到几百吨）；缺点是金属损耗大、熔体吸气多、热效率低，再者，燃料燃烧产生大量废气，如排烟及通风设备不健全，将造成空气污染，恶化作业环境；温度控制不易准确，铸锭质量不如电炉，因此有些铝加工厂用火焰反射炉进行一般铝合金的熔炼，而质量要求高的合金则采用电炉。也有用火焰反射炉来处理残屑、熔炼紫铜。

竖炉的主要优点是由于火焰直接对炉料加热、热效率高、熔炼速度快、生产率高、大大节约了能源，加之设备简单、占地面积小、成本低，已愈来愈引起人们的重视。

感应电炉的优点是熔化升温速度快、热效率高（由于感应加热的热能是直接生产于炉料之内）、熔体成分和温度均匀（由于在电磁力作用下产生搅拌）、烧损和吸气少（因熔体表面积与熔体体积之比最小）、炉温易于自动控制、作业环境好（设备周围温度低）。感应炉的缺点是熔体在炉内易于过热，使晶粒粗大；设备投资大；由于熔沟式感应炉，炉内需留有一定的起熔体，对于批量小、品种多、常需更换合金品种的生产是不合适的；又由于熔沟在熔炼铝及铝合金时易被氧化渣堵塞是个缺点。

电阻炉的优点是熔炼的铸锭质量高，作业环境好，温度易控制；但缺点是熔池深度有限、容量小、熔化速度低、生产率低、单位电能消耗比感应电炉大32%～35%。

熔炼炉的技术性能举例如表5-1至表5-3所示。

表5-1　熔炼铜合金用工频有芯感应电炉技术性能

项　目	单　位	炉　型			
		0.35t		0.75t	1.5t
额定容量	kg	300	300	750	1600
起熔体重量	kg	100	100	200	350
额定功率	kW	70	100	170	340
电　压	V	380	220	380	380
相　数		单相	单相	单相	三相
功率因数					
补偿前		0.65	—	0.76	—
补偿后		约1	—	约1	—
单位耗电量	kW·h/t	240	—	220	—
线圈断面	mm×mm×mm	16×6×1.5	6.9×13.9×1.5	16×12×2	18×10×2.5
线圈匝数	匝	36	35	8～50	44
线圈冷却方式		水冷	水冷	水冷	水冷
熔沟断面	mm×mm	30×70	22×90	22×90	30×50
熔沟数	个	1	1	2	2
熔沟位置		垂直	水平	垂直	垂直
炉膛内径	mm	500	340	720	—
炉膛深度	mm	600	650	700	—

续表 5-1

项 目	单 位	炉 型			
		1.5t	3t	5t	5t 混合炉
额定容量	kg	1500	3000	5000	5000
起熔体重量	kg	1250		约 3000	约 3000
额定功率	kW	600	500	750	500
电 压	V	500	500	500	350
相 数		三相	三相	三相	三相
功率因数					
补偿前		0.665	—	0.66	0.75
补偿后		1	—	0.95	0.93
单位耗电量	kW·h/t	200	—	—	—
线圈断面	mm×mm×mm	17×14×2.5	15×15×3.5	10×11×2.5	
线圈匝数	匝		28	34	
线圈冷却方式		水冷	水冷	水冷(3 个大气压)	水冷(3 个大气压)
熔沟断面	mm×mm	30×50	30×50	90×22	—
熔沟数	个	2 排×3	2 排×3	2 排×3	—
熔沟位置		垂直	垂直	垂直	—
炉膛内径	mm		—	950	1000
炉膛深度	mm	—	—	2450(长度)	2600(长度)

表 5-2 部分反射炉技术性能

技术性能	熔炼合金			
	铜	铜	锌	铜
炉子容量/t	70	8	3	35
炉床面积/m^2	14.8	4.2	3.1	9.9
熔池深度/mm	500	220	250	400
炉膛温度/℃	1300	1300	600~800	1300
生产率/$t\cdot(24h)^{-1}$	100	27	72	60
燃料	重油	发生炉煤气	重油	重油
燃料消耗/$kg\cdot t^{-1}$	110~130	750m^3/t	25~30	90~110
燃烧室面积/m^2	—	—	—	—

表 5-3 真空感应炉技术参数

参 数	坩埚容量/kg						
	10	25	50	150	200	500①	1500①
型 号	ZG-0.01	ZG-0.025	ZG-0.05	SL61-2	ZG-0.2	ZG-0.5	ZG-1.5B
额定功率/kW	40	50	100	100	200	500	600
额定频率/Hz	4000	2500	2500	2500	2500	1000	150
感应器端电压/V	250	250	250	750	250	600	500

续表 5-3

参数	坩埚容量/kg						
	10	25	50	150	200	500①	1500①
工作温度/℃	1700	1700	1700	1800	1700	1700	1700
单位电耗/kW·h·kg^{-1}	1.8	1.6	1.5	—	1.3	0.8	0.7
熔化速度/kg·h^{-1}	25	40	80	—	160	333	1000
极限真空度/Pa	5×10^{-3}	5×10^{-4}	5×10^{-4}	5×10^{-4}	5×10^{-4}	5×10^{-4}	5×10^{-4}
冶炼真空度/Pa	5×10^{-3}	5×10^{-3}	5×10^{-3}	5×10^{-3}	5×10^{-3}	1×10^{-3}	1×10^{-3}
升压率	1×10^{-3}	1×10^{-3}	1×10^{-3}	—	1×10^{-3}	1×10^{-3}	1×10^{-3}
冷却水量/L·min^{-1}	40	45	60	—	100	230	300
形式	立式	立式	卧式	立式	卧式	卧式	卧式

① 半连续作业。

有色金属及合金的铸锭生产，广泛采用半连续铸造或连续铸造。半连续铸锭有钢丝绳式半连续铸造机、丝杆式半连续铸造机及液压式半连续铸造机等；连续铸锭有卧式连续铸造机及立式连续铸造机等。铸造机的主要技术性能举例如表 5-4 ~ 表 5-6 所示。

表 5-4 液压半连续铸造机的技术性能

项目		单位	连铸机最大行程/m			
			1.8	2.4	3.4	3.5
铸锭最大长度		m	1.5	2.0	3.0	3.0
铸锭尺寸		mm	φ145	φ400	φ245	—
（圆锭及扁锭）		（mm×mm）	200×70	500×100	150×330	—
铸造速度范围		m/h	0.5~30	0.5~30	0.5~35	3~24
冷却水耗量		m^3/h	30	40	40	
油泵	型号		2×10-60	2×10-60	CBZ-2S	Wr50
	压力	MPa	2.5	2.5	2.5	2.5
	流量	L/min	25	25	25	50
油泵电机	型号		T0-41-4	T0-41-4	T0-41-4	r5042-4
	功率	kW	1.5	1.7	1.7	2.3
	转速	r/min	1450	1450	1450	1440

表 5-5 某些丝杆式半连续铸造机的技术性能

技术性能	单位	铸造机荷重/t					
		1	1.5	1.5	1.8	11	12
铸锭最大长度	m	6	4.8	4.5	5.5	6	5.5
铸锭最大重量	t	1	1.5	1.5	1.6	11	12
底盘最大上升速度	m/min	~2	2.27	2.014	1.93	2	1.8
铸造速度范围	m/h	0.8~10	3~24	2.6~21	0.8~3	0.8~21	0.8~25
冷却水最大耗量	m^3/s	36	40	60	70	90	90
冷却水压	MPa	0.2~0.3	0.2~0.3	0.2~0.3	0.02~0.2	0.02~0.2	0.02~0.2

表 5-6 某些沉降式铸造机和多模铸造机等的技术参数

产品名称	铸锭规格/mm×mm	铸机行程/mm	沉降速度/m·h^{-1}	炉架行程/mm	炉架速度/m·min^{-1}	电机功率/kW	重量/t	外形尺寸(长×宽×高)/mm×mm×mm
(1) 沉降式铸造机	ϕ600×2500 ϕ800×2500	3540	0~6	3410	2	7	22.3	—

产品名称	最大生产率/t·h^{-1}	轨距/mm	主、从动轮水平中心距/mm	链带倾斜角	铝块重量/kg	铸模容积/cm^3	电机功率/kW	重量/t	外形尺寸(长×宽×高)/mm×mm×mm
(2) 多模铸造机	5.6	1180	9058	5°30′	15	6350	4.5	10.1	10721×2060×1965

产品名称	型号	主要技术参数						电机功率/kW	重量/t	外形尺寸(长×宽×高)/mm×mm×mm
		铸锭规格		最大负荷/t	平台行程/mm	下降速度/m·h^{-1}	提升速度/m·h^{-1}			
		方锭(空心锭)/mm×mm×mm	圆锭(实心锭)/mm×mm							
(3) 半连续铸造机	LS-1	(200~300)×(1540~2000)×6700	ϕ(500~800)×6700	23	6700	0.8~10	200	85.2	76.8	—
	LS-2	(200~300)×(1540~2000)×6700	ϕ(500~800)×6700	10	6700	0.5~8	200	48.7	65	—
	LS-3	ϕ(700~400)×5800	ϕ(300~800)×6700	6	6700	0.5~10	200	54.4	25.2	—

5.1.2 轧机的选择

5.1.2.1 轧机的种类

轧机的结构形式主要以轧辊的数目、放置、大小来区分，有如下几种。

A 二辊轧机

二辊轧机由两个位于同一垂直平面内的水平轧辊所组成，分不可逆式与可逆式两种。不可逆式设备结构简单，一般装有升降台，投资小，适用于产量不大，生产效率要求不高的小厂。可逆式轧机，机械设备虽然简单，但电气设备复杂，一次性投资大，但比不可逆轧机优点多，减少了轧制间隙时间，提高了生产率，轧制速度可调节，有利于轧制大尺寸铸锭和热轧温度范围较窄的难变形合金。由于减少了升降台，可安装铸锭换向装置、轧边立辊及导卫装置，辊道可加长，可轧制大尺寸铸锭和长带材，适合于产量大、产品质量要求较高的车间。二辊轧机主要用于板带材、管材、线材生产。

B 三辊轧机

三辊轧机有等径和劳特式之分，等径式三辊轧机的三个工作辊直径相等，而劳特式轧机上下辊直径相等，中辊直径比较小，约为上辊直径的三分之二，且为被动的。三辊轧机要用于型材、线材、板材生产。但目前板材生产采用这种轧机的愈来愈少了。

C 四辊轧机及多机架连轧机

在许多大、中金属加工厂，采用单机架四辊可逆轧机和多机架连轧机生产板带，由于机械化自动化程度高、产量大、产品质量高，可采用大铸锭带式法生产，便于实现高速化、自动化、连续化生产。

为了改善和确保产品质量，近年来在轧制领域内开发了一系列新的轧制技术和设备。例如，用带液压胀缩的套筒式工作辊或支承辊来调整辊缝控制板型的 VC 轧制技术；采用轴向抽动轧辊改变有效辊身长度来控制辊型的 HC 轧制技术；将原来的四辊轧机改造成带中间轧辊变速器的六辊轧机；将支承辊和工作辊系交叉配置的 PC 轧制技术；以及可以连续改变轧辊凸度的 CVC 凸度连续可变轧机，该轧机是利用反向抽动一对具有 S 形特殊辊型的轧辊来控制辊缝形状（图 5-1），在不减少对轧辊支承作用的情况下，实现了轧辊凸度的连续变化，从而起到板型控制的作用，该装置既满足了对控制辊缝形状的要求，又节省了大量人员的配置辊型的轧辊，也就是既提高了板材质量，又降低了生产成本，是一项引人注目的新技术。

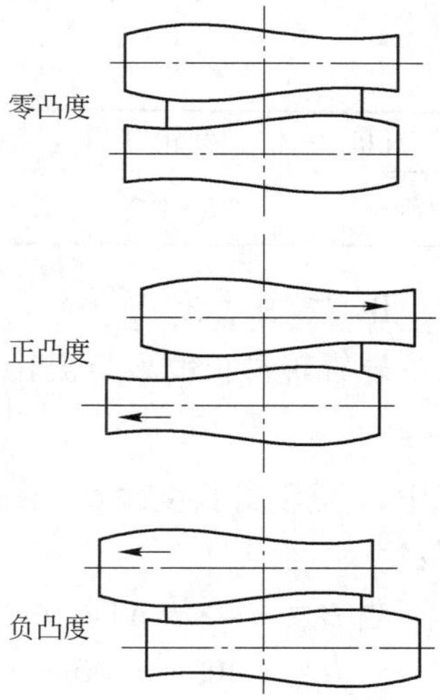

图 5-1 CVC 系统原理图

国内一些铜加工厂在 20 世纪 90 年代从德国、意大利、法国先后引进一些新的四辊冷轧机，其精度和装备水平都比较高，轧机装有带材自动对中装置，并装有接触式测厚仪、断带自动停车装置和自动灭火装置，可实现高速、恒压、恒辊缝轧制。

D 多辊轧机

多辊轧机有六辊、十二辊、二十辊、二十六辊等，多辊轧机适合于冷轧薄带材及极薄带材，轧机的工作辊径小，轧辊弹性压扁小，总轧制力及能耗减少，通常冷轧 0.2～0.002mm 的带材。二十六辊轧机可轧 0.001mm 以下的极薄带材。这类轧机的缺点就是结构复杂，制造精度要求高，维护和调整较困难，而且辊系难于实现有效的冷却与润滑。

E　复合式多辊轧机

这类轧机有十二、二十辊轧机的长处，且结构比较简单，轧制过程稳定性好，相当于多辊轧机。

F　万能轧机

它既有水平辊又有垂直辊，垂直辊通常有两个，以便轧件在水平方向受压缩时平整且不开裂。它适用于热轧。

另外还有行星轧机、偏八辊轧机、异步轧机、斜轧机以及特殊轧机等。

5.1.2.2　轧辊主要技术参数确定

A　轧辊直径

选择轧辊直径时要考虑轧制时轧辊抗弯强度及其容许挠度，同时要注意咬入角的容许值。通常根据经验公式选择：

张力轧制时：　$D_{max} = (1500 \sim 2000) h_{min}$

无张力轧制时：　$D_{max} = 1000 h_{min}$

式中　D_{max}——轧辊的最大直径，mm；

h_{min}——轧件的最小可轧厚度，mm。

另外也可根据轧机轧辊直径与轧制的坯料高度选择：

$$D = K_1 H \tag{5-1}$$

式中　H——坯料高度，mm；

K_1——系数，不同轧机的 K_1 值不同，其值如表 5-7 所示。

表 5-7　系数 K_1 的取值

轧机	初轧	大型材	中型材	小型材	线材	中厚板	连轧薄板
$K_1 = \frac{D}{H}$	1.3～1.7	2.5～4.5	2.9～5.0	4.5～6.0	5.0～8.0	4.0～6.0	8.0～11.0

B　辊身长度

轧辊辊身长度 L 与被轧制板、带材的最大宽度 B_{max} 之间也有一定的关系，即

$$L = B_{max} + a \tag{5-2}$$

式中，a 是辊身长度余量，根据板带材最大宽度及操作条件选取，热轧时取上限，冷轧时取下限：

当 $B_{max} < 400$mm 时　　$a = 50 \sim 100$mm

$B_{max} = 400 \sim 1200$mm 时　　$a = 200 \sim 400$mm

$B_{max} > 1200$mm 时　　$a = 200 \sim 400$mm

从咬入条件来看（主要是热轧机），与轧件厚度有关的绝对压下量 Δh 和轧辊直径 D 之间应满足下列关系：

$$D \geqslant \frac{2 \cdot \Delta h}{\mu^2} \tag{5-3}$$

式中　μ——轧件与轧辊接触之间的摩擦系数，其值与轧件材质、轧辊材质以及润滑情况有关。

为保证轧制板带材的尺寸精度，还应考虑轧辊的刚度要求，因此轧辊直径 D 和辊身长 L 有一定的关系：

对于初轧机　$L/D=2.3\sim3.0$

对于二辊中厚板轧机　$L/D=1.85\sim3.50$

对于二辊中薄板轧机　$L/D=1.5\sim2.2$

对于型材轧机　$L/D=1.5\sim2.5$

对于四辊轧机的工作辊　$L/D=2.5\sim4.0$

对于四辊轧机的支撑辊　$L/D=1.8\sim2.7$

对于穿孔机　$L/D=0.55\sim0.70$

对于自动轧管机　$L/D=1.45\sim1.55$

对于均整机　$L/D=0.80\sim0.90$

表 5-8 列出了轧辊尺寸及轧制板带材尺寸之间的关系。

表 5-8　不同形式冷轧机的轧辊与板带材尺寸的关系

轧机型式	L/D	D_0/D	B/h_{min}
二　辊	0.5 ~ 3		500 ~ 2500
四　辊	2 ~ 7	2 ~ 6	1500 ~ 6000
六　辊	2.5 ~ 6	2 ~ 2.5	2000 ~ 5000
十二辊	8 ~ 14	3 ~ 4	5000 ~ 12000
二十辊	12 ~ 30	5 ~ 7.5	10000 ~ 25000

注：表中的符号说明：L—辊身长；D—工作辊径；D_0—支撑辊径；B—板带材宽度；h_{min}—材料最小可轧厚度。

总之，轧制厚料时（如粗轧），工作辊直径主要由咬入角决定，轧辊直径可选大些，采用普通二辊轧机即可；若轧制宽料时多采用四辊轧机，对一般薄带，采用四辊轧机较为合适，如果是工作辊传动，则因承受转矩，其工作辊辊径应增大，但对轧薄而硬的带材，工作辊直径增大不利，会引起轧辊弹性压扁和轧制力增大，此时采用多辊轧机较好，工作辊可适当小些。

对于管材轧机的辊径可按下式计算：

$$D = nd + K_2 \tag{5-4}$$

式中　K_2——附加值，不超过 450mm，通常取 80 ~ 150mm；

d——坯料直径，mm；

n——倍数，对于穿孔机、均整机一般取 2，定、减径机、连续式轧管机取 1。

5.1.2.3　轧机布置形式

按照工作机架排列的方式，轧机布置可分为两大类，即单机架布置（图 5-2a）和多机架布置。而多机架布置又分五种：横列式（图 5-2b）、顺列式（图 5-2c）、棋盘式（图 5-2d）、半连续式（图 5-2e）、连续式（图 5-2f），轧钢生产多采用多机架布置。

从这些轧机的轧制方式和轧制图表的特征看，轧机布置的基本形式可概括为以下三种。

（1）横列式布置轧机一般采用穿梭式和活套式轧制。所使用的轧机一般为三辊式、二辊交替式，每架轧机上可以轧制若干道次，要求轧辊有足够的辊身长度，即 L/D 值较大，可达 3 ~ 3.5。主要用于生产各种型材、线材以及开坯生产。横列式布置轧机具有设备简单、投资少、见效快、品种范围广、适应性强等优点；但存在生产效率低、品种质量差的缺点。目前，除开坯及部分型材生产外，这种布置形式正逐步被淘汰。

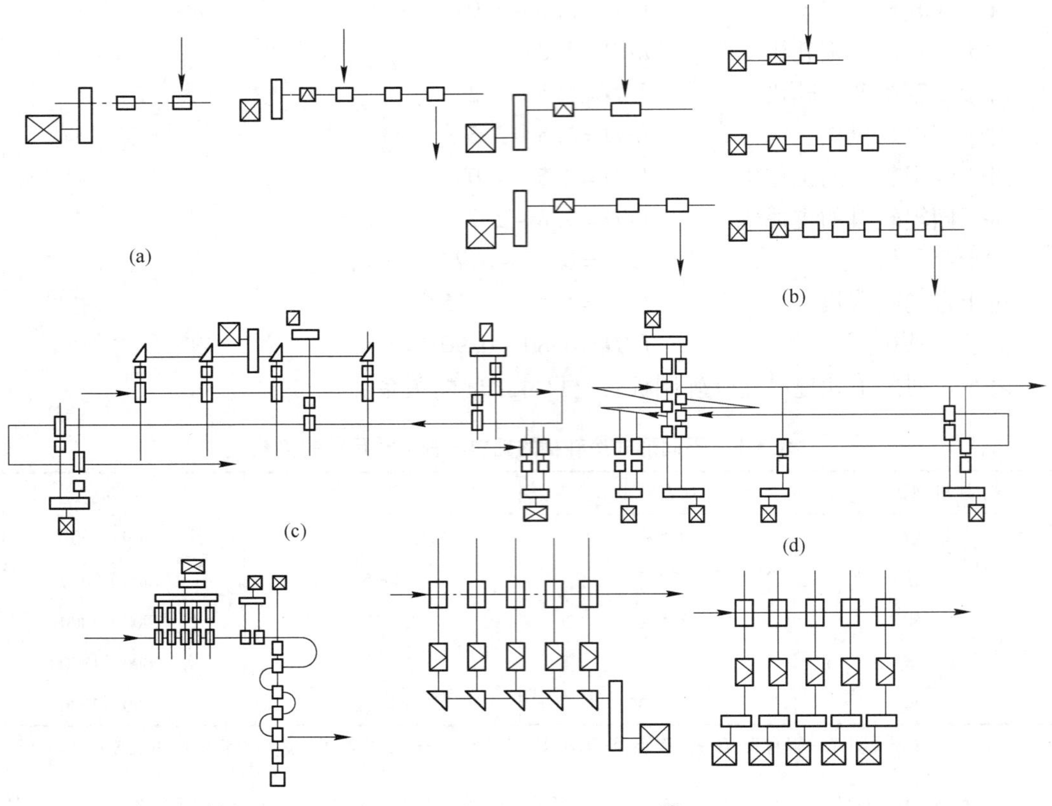

图 5-2　机架布置形式分类

(2)顺列式布置轧机采用跟踪轧制方式，每架轧机只轧一道，各架轧机具有不同的轧制速度。大多采用二辊或四辊轧机，L/D 一般在 2.0～2.5 之内，轧机的刚性大。顺列式布置轧机具有较高的生产率，适宜于生产断面尺寸较大的钢材。其缺点是车间占地面积和投资增大。

(3)连续式布置轧机易于实现轧制过程的机械化和自动化，可以采用较高的轧制速度，因而有较大的生产能力。目前钢坯生产、板带材生产、型材生产、线材生产以及管材生产都广泛采用连续式布置轧机。

棋盘式可看做顺列式的变化形态，而半连续式是连续式和其他形式的组合。

5.1.2.4　典型轧机的主要技术参数

A　开坯机

开坯机成套设备有：

(1)初轧机：1150mm 初轧机、1150mm 板坯轧机、700/500/500mm 开坯机、850/650mm 初轧机、825mm 初轧机、750/550mm 开坯机；

(2)横列式钢坯轧机：500mm ×1/300mm ×5 开坯机、500mm ×2 开坯机；

(3)连续式钢坯轧机：850/650mm 钢坯连轧机。

开坯轧机的主要技术参数如表5-9所示。

表5-9 开坯机主要技术参数

产品名称	主要技术参数						电机功率/kW	重量/t	外形尺寸/mm×mm×mm
	轧辊尺寸/mm×mm	方坯尺寸/mm×mm	板坯尺寸/mm×mm×mm	异形板尺寸/mm×mm×mm	钢锭重量/t	年产量/t			
1150mm 初轧机	ϕ1150×2800	200×200 400×400	(100~200)×600×1000	550×350×150	7 ~10	3200000	17400	5121	200985×36460×12850
1150mm 板坯轧机	ϕ1200×2100、立辊ϕ950×2100		250×1600×9000	10	10~27	4500000	7310	6800	167400×64000×22000
850mm 初轧机	860/760×2400	(上轧机行程600mm,上轧辊升速65~135mm/s)					6000	1824	
850/650mm 初轧机	850/760(850轧辊尺寸) 680/615×1800(650轧辊尺寸)		上轧辊行程600	上轧辊升速:90~180mm/s	4.5	600000		2557	
横列式钢坯轧机500mm×1/300mm×5开坯机		170×170/210×210(坯料长1200~1300) 235×235/165×165(坯料长900)		成品尺寸:90×(1100~2600)	轧辊尺寸:ϕ(480~540)×1500、ϕ300	100000	3000	562	18000×40000×5000
连续式钢坯轧机850/650mm连轧机	ϕ(910~820)×2400、ϕ(630~710)×1350	坯料尺寸 $\frac{540\times540}{604\times604}$ $\frac{780\times460}{740\times420}$ (1610+350)	(100~180)×(550~800)×(1100~1500)	方坯(120~200)×3000×5500	异型坯:(100~140)×(350~650)×(2500~5500)	1000000	15500	5073.8	300000×67000×—

B 型材轧机

型材轧机包括轨梁轧机及型材轧机。轨梁轧机用于热轧标准钢轨和高度600mm的钢梁;型材轧机用于热轧各种方钢、圆钢、扁钢、角钢、槽钢、轻轨以及高度为240mm以下的工字钢。部分型材轧机主要技术参数如表5-10所示。

表5-10 部分型材轧机主要技术参数

产品名称	主要技术参数							电机功率/kW	重量/t
	轧辊直径/mm	辊身长度/mm	轧制速度/mm·s^{-1}	最大轧制压力/kN	轧制材料	坯料尺寸/mm×mm×mm	成品尺寸/mm(×mm×mm)		
1. 单机									
ϕ500mm三辊轧机	485~520	1500			铜锭			800	81
ϕ400mm轧机	380~430	1100	2~2.34	1300	钢锭				
ϕ350mm三辊组合悬挂式轧机	350	1100		1000					14
ϕ300mm×5机列	300~330	600		1000				1000	74

续表 5-10

产品名称	主要技术参数							电机功率/kW	重量/t
	轧辊直径/mm	辊身长度/mm	轧制速度/mm·s^{-1}	最大轧制压力/kN	轧制材料	坯料尺寸/mm × mm × mm	成品尺寸/mm(× mm × mm)		
φ250mm × 3 机列	240 ~ 270	600	1.83 ~ 2.06	1000				370	50
φ300mm × 2 悬挂式机列	300	600		800				400	11.3
φ300mm × 2 机列	290 ~ 320	600		1000				400	46
φ350mm 机列	350	1000		1000				710	59
φ500mm 轧机(三辊式开坯)	500	1500							35
φ400mm 轧钢机	375 ~ 430	1100	2.7					800	67
φ300mm 轧钢机	300	900 (750) (600)	4.75	1000				1000	89
φ350mm × 4 三辊轧机机列	350	1000 (750)	3	1200				1000	121
φ317mm × 510mm 三辊轧机	317	510							6
φ317mm × 420mm 三辊轧机	317	420							6
φ300mm × 900mm 三辊轧机	300	900							6
2. 机组									
950/800mm 轨梁轧机	950 800 850 650	2300 1900 1200 1200	0 ~ 5.5					7889	15670
800 ~ 650mm 型钢轧机						250 × (250 ~ 300) × 300	φ70 ~ 200, 1匚16 ~ 30 号, ∟12 ~ 26 号, ♀24 ~ 33 (kg/m)	11140	5745
650mm × 3 型钢轧机	650	1800					φ50 ~ 120、 □50 ~ 100、 匚7.5 ~ 13、 I 10 ~ 16、 ♀11 ~ 24 (kg/m)	11000	4871
650/400mm 高温合金轧机	650/400					140 × 140 × 1400			
750/550mm 轧钢机	750/550					395 × (395 ~ 470) × 430	60 × 60 × 6400	10065	1600
500/370mmY 型轧机	500/370		2 ~ 4			φ85/95 × (370 ~ 100)	φ36 × 100 φ22.5 × 890		
400mm × 2/280mm × 5						6 号圆锭	圆、方、角	2908.7	503
机组 650mm 轨梁轧机	650	1200				坯重 2.5t			
650mm 中型型钢轧机					普碳	390 × 320/245 × 245,	140 × 140		
						275 × 275/230 × 230	120 × 120		
					特殊钢	120 × 120	φ170, φ70, I 12		

续表 5-10

产品名称	主要技术参数							电机功率/kW	重量/t
	轧辊直径/mm	辊身长度/mm	轧制速度/mm·s^{-1}	最大轧制压力/kN	轧制材料	坯料尺寸/mm×mm×mm	成品尺寸/mm(×mm×mm)		
φ350mm×5 轧钢机列	350		2.93		普碳		16~60 方、圆钢;3.6~8 号角钢,5~10 槽钢;8~18 kg/m 轻轨	1000	108

C 线材轧机

线材轧机有成套设备及单机两种,轧机的形式有三辊式、二辊式、Y 型轧机、45°无扭轧机等,如表 5-11 所示。

表 5-11 线材轧机技术参数

产品名称	主要技术参数							电机功率/kW	重量/t
	辊径/mm	辊身长/mm	轧速/m·s^{-1}	最大轧制压力/kN	机架数	坯料尺寸/mm×mm(×mm)	成品尺寸/mm(×mm×mm)		
1. 单机									
φ275mm×8 复二重线材精轧机列	φ275	500	11.99				φ55~9	1600	104
φ300mm×6 复二重中轧机列	φ300	510		600				1000	116
φ350mm 预应力轧机	φ320~380	600		580				160	15
φ250mm×5 轧机主机列	φ250	700		600				500	52
φ400mm 复二重轧机机列	380~430	850						630	89
φ320mm 轧机机列	320		12.8				13.5×13.5	1000	161
2. 成套设备									
φ500/300/260mm 铜线轧机			15		φ500mm 三重式 2 φ330mm 二重式 8 φ260mm 二重式 3	合金 φ120/85×650 黄铜 φ120×720 紫铜 99/88/92×1370 碳钢 60×60×240	φ7.2 φ9.2 φ14 φ6.9~φ9	3167.5	762
φ400/250mm 轧机			3~4		φ400mm 2 φ250mm 5 φ275mm 4	断面 50×50 55×55 70×70 90×90 长 1200~2600	圆、方钢 10~26 线材 φ6.5~9.0 角钢 3~4 号 扁钢(8~20)×(26~80) 六角钢 16~26	3741.4	960

续表 5-11

产品名称	主要技术参数							电机功率/kW	重量/t
	辊径/mm	辊身长/mm	轧速/m·s^{-1}	最大轧制压力/kN	机架数	坯料尺寸/mm×mm(×mm)	成品尺寸/mm(×mm×mm)		
φ350mm×1/φ225mm×5 轧机			粗轧 1.1~2.2 中轧 2.44		φ350mm φ1225mm 5	钢锭 φ105/φ100×400 铜锭 45×200×530	40×40×1000 30×90×600 扁钢 5.5×68×4250 扁铜 3×200×*L* 钢条φ8、φ11.8 铜条 φ11.8 φ14.1 φ14.6	812.7	99
45°高速无扭线材精轧机(轧普碳钢)			最大轧速:36		8	φ12.7	φ5.5 φ6.35 φ8 φ10	1380	170

D 板、带材轧机

板带轧机包括成套设备及单机两部分,用于热轧与冷轧金属厚板、中板、薄板、带材及极薄带材,规格范围列于表 5-12。板、带材轧机的主要技术参数列于表 5-13 ~ 表 5-16。

表 5-12 板带轧机轧制的规格范围

轧机类别	成品板带材尺寸	
	厚 度/mm	宽 度/mm
厚板轧机、特厚板轧机	8 ~ 250	1500 ~ 5500
中板轧机	3 ~ 120	550 ~ 3500
二辊式热轧板机	1 ~ 12	400 ~ 2000
半连续式热轧带材轧机	1.2 ~ 16	100 ~ 2350
四辊不可逆式冷轧板机	0.005 ~ 12	120 ~ 2500
四辊可逆式冷轧带材轧机	0.1 ~ 4	80 ~ 2020
多辊可逆式冷轧带材轧机	0.03 ~ 3	100 ~ 1400
连续式冷轧带材轧机	0.14 ~ 2.5	136 ~ 2150
铝箔轧机	0.006 ~ 0.06	150 ~ 2080

表 5-13 引进的四辊带材轧机主要性能(生产铜带)

序 号	主要性能	φ450/1100mm×1250mm	φ260/700mm×750mm	φ260/700mm×510mm
1	坯厚/mm	15	2.5	15
2	坯宽/mm	1060	650	440
3	成品厚/mm	0.5	0.1	0.25
4	带材精度	±0.890	0.1 ±0.0015	0.25 ±0.003
5	平直度/(°)	40 ~ 50	5 ~ 10	30
6	轧制力/kN	18000	5500	4500
7	轧制力矩/N · m	310×10^3	1430×10^3	—
8	轧制速度/m · s^{-1}	7.5	10	3.6
9	卷曲张力/kN	200	60	80
10	卷重/kg	7500	4500	3000
11	传动电机/kW	2500	710	500

表 5-14 部分板带材轧机主要技术参数

产品名称	坯料尺寸（厚×宽×长）/mm×mm×mm	成品尺寸（厚×宽×长）/mm×mm×mm	轧辊尺寸 工作辊/mm	支撑辊/mm	辊身长/mm	轧制力/kN	轧制速度/m·s⁻¹	年产量/t	电机功率/kW	重量/t	外形尺寸/mm×mm×mm
4200 四辊式中厚板热轧机		(8～250)×(1500～3900)×(3000～13000)	930	1800	4200	42000	0～4	400000	96000	20480	
2800 四辊式铝板热轧机	(280～310)×(1240～2620)×(1500～2500)	(6～40)×(1200～2620)×(1200～10000)	750/700	1400/1300	2800	30000	0.5～3	—	8085.3	4333	250000×66000×11175
700 四辊式热轧机组	30×550	3×550	400/380	820/780	700	7500		—	1600	225	20000×300×4000
1700 热连轧机组	(150～250)×(800～1600)×(3800～90000)	(15～16)×(750～1550)	700	1550	1700	25000	8～18	—	—	—	—
ϕ500/1300×1700 可逆式冷轧机组	(1.5～4.5)×(650～1500)	(0.35～2.5)×(650～1500)	500	1300	1700	18000	10	—	7474	1177	33855×24965×6400
ϕ120/320×300 五机架冷连轧机组	(2～3)×(136～210)	(0.14～0.5)×(136～210)	120	320	300	800	1.54～4.66	20000	615	100	1700×10000×3600
380 四辊可逆冷轧机组	(2～4)×(80～300)	(0.2～1.5)×(80～300)	120～150	520～540	380	3500	—	—	—	112	12500×5300
ϕ210/500×500 四辊冷轧机	3.5×(225～330)×(7300～23000)	2.5×(225～330)×(10200～32200)	210	480～500	500	3000	0.5	—	171	51.1	10061×5585×4400
ϕ180/550×800 四辊可逆冷轧机	1.2～3.5	(0.2～2)×730	160～180	530～550	800	3500	1.8～4.5	—	1000	106.5	25000×15000×5000
ϕ45/200×200 四辊冷轧机		0.045×140	45	200	200	300	0.231	—	—	6.2	3800×2280×2010
2800 四辊不可逆式冷轧板机组		(1～12)×(1200～2500)×(4000～10000)	610～650	1450～1550	2800	30000	0.3～1		3640	775	9110×9800×地上 7700 地下 3750
ϕ650/1400×2800 四辊可逆式冷轧机组	软 8×(1060～2620) 硬 6×(1060～2620)	(0.5～4)×(1060～2620)	650～610	1300～1400	2800	20000	0.5～6		1395	1380	37000×35250×10200
2300 四辊可逆式冷轧机组	(1.5～4.5)×2050	(0.5～2.5)×2050	425～550	1500～1600	2300	3000～4000	0.5～10		6100	2201	54000×23000
1200 四辊冷轧机组	(5.5～8)×(500～1000)	(0.3～2)×(500～1000)	250～280	660～700	1200	3500	2.5		693	213	13150×18630×6300
550 四辊冷轧机组	2×(320～420)	0.1×(300～400)	110	630～660	550	6000	0.1～2.5		250	172	12400×15800
350 四辊可逆式冷轧机组			145～160	370～400	350	2500	1.8～4.3		262	40	11160×2310

表 5-15　十二辊轧机的主要性能

工作辊直径/mm	中间辊直径/mm	支撑辊直径/mm	辊身长度/mm	主传动电机功率/kW	轧制速度/m·s^{-1}	轧制压力/kN	轧制张力/N	轧件尺寸范围/mm×mm
12	24	75	260	7.5	1.5	—	—	(1.5～0.01)×216
20	41	120	260	45	2～2.5	—	—	(1.5～0.025)×216
32	93	185	260	50×2	2.5	—	1200～30000	(2.0～0.05)×200
38	50	120	350	150	1～5	350	～20000	(0.4～0.05)×300
37	93	185	260	50×2	2.5	600	1200～30000	(2～0.05)×200
40	72	125	700	300	1～2.5	—	1200～50000	(1.65～0.125)×635
42	93	185	160		2.5	—	1200～50000	(2.5～0.53)×100
32	40	110	300	136	1～5	—	—	(0.5～0.05)×250

表 5-16　二十辊轧机技术性能

工作辊直径/mm	第一支撑辊直径/mm	第二支撑辊直径/mm	背衬轴承直径/mm	辊身长度/mm	主传动电机功率/kW	轧制速度/m·s^{-1}	轧制压力/kN	轧制张力/N	轧件尺寸范围/mm×mm
6.35	13.38	27.4	46.12	135	5.6	2.5	100	20～2000	(0.15～0.005)×100
6.35	12.7	25.4	47.8	135	15	0～1.25	50	75～3500	(0.3～0.0025)×110
6.35～10	17	35	58	135	11	0～1.25	50～65	50～3500	(0.5～0.005)×110
8～12	22	32	60	130	60	2.5	—	70～3500	(0.5～0.004)×100
10	24	44	80	250	—	1	—	120～8000	(0.5～0.008)×210
22	40	60	120	292	—	1	—	150～10000	(1～0.02)×216
29	52	92	160	380	260	3	—	600～35000	(1～0.025)×320
40	72	128	224	700	370	5	—	1000～70000	(2～0.05)×620
54	102	173	300	750	300	6	—	1500～60000	(2.5～0.07)×660

E　管材轧机

a　自动轧管机

(1) ϕ100 和 ϕ130 无缝钢管轧机主要以生产合金结构钢管、高压锅炉管及不锈钢管为主。此外，有石油用管及轴承管等，原料为热轧碳素钢、合金钢及不锈钢。

(2) ϕ76 无缝钢管轧机用于 ϕ30～76mm、壁厚为 2.5～4mm 的碳素钢冷拔钢管。

自动轧管机的主要技术性能如表 5-17 所示。

表 5-17　自动轧管机的技术性能

产品名称	管坯尺寸		成品尺寸			轧辊尺寸		电机功率/kW	重量/t	外形尺寸(长×宽×高)/mm×mm×mm	年产量/kt
	直径/mm	长度/mm	直径/mm	壁厚/mm	长度/mm	直径/mm	长度/mm				
ϕ100 自动轧管机	90～110	800～2000	57～108	4～14	9000	400～450	1200	3600	1373.7	186000×102000×—	50
ϕ100 无缝轧管机	80～110	800～2300	76～108	4.5～14	8000			3200	1200		35
ϕ76 无缝轧管机	60～90	4000～6000	30～76	4～25	6000～8000	400～450	1200		340.22	192000×60000×—	10

b 连续式轧管机和三辊式轧管机

用八个机架连续轧制钢管，芯棒可浮动或限动，主电机和电控应满足连轧时的工艺要求，当芯棒限动时，半浮速控装置应满足轧制时芯棒速度保持恒定。芯棒控制用伺服阀液压马达电网反馈。连续式轧管机和三辊式轧管机的主要技术性能如表 5-18 所示。

表 5-18 连续式轧管机和三辊式轧管机主要技术性能

产品名称	管坯尺寸		成品尺寸			轧辊尺寸		电机功率/kW	重量/t	外形尺寸(长×宽×高)/mm×mm×mm	年产量/kt
	直径/mm	长度/mm	直径/mm	壁厚/mm	长度/mm	直径/mm	长度/mm				
ϕ76 连续式轧管机	83 ~ 102	400	54 ~ 76	3	16000	290 ~ 320	160	2842	267.5	60807 × 17780.4 ×3800	
ϕ108 三辊轧管机组	80 ~ 130	2500 ~ 4500	70 ~ 114	5 ~ 22	4000 ~ 9000			1500	200		

c 周期式轧管机（皮尔格冷轧管机）

有二辊式及多辊式两种，可用来生产圆管和异型管，坯料由挤压或其他方法提供，冷轧后的管材再经拉拔，可以生产较高质量的小型管材。

目前有 2、3、4 线甚至 6 线的冷轧轧管机；有 3 ~ 4 个甚至 5 个辊子的多辊式冷轧管机。多辊式冷轧管机主要用于生产硬脆性大的合金，也适用于薄壁管生产。

另外还有多辊横向旋压机用于生产管材。

冷轧管机的特点比较如表 5-19 所示。二辊式冷轧管机主要技术性能如表 5-20 所示。多辊式冷轧管机主要技术性能如表 5-21 所示。旋压机主要技术参数如表 5-22 所示。

表 5-19 冷轧管机特点比较表

设 备	优 点	缺 点
二辊冷轧管机	道次加工率大，延伸系数可达 8 ~ 10，可减少中间工序，缩短周期；可生产 30m 以上的长管；机械化自动化程度高	设备结构复杂，投资和维护费较大；工具制造和更换困难；由于孔型的制造、磨损及调整等问题，轧出的管材常出现较大的椭圆度和波纹、棱子等，因此，需进行补充拉拔减径；生产率不如拉拔高
多辊冷轧管机	辊子孔型是非变断面的，制造简单，精度和粗糙度容易保证，滑道及芯头的设计和制造比二辊式的简单；轧制中金属变形较均匀，可轧薄壁管材，轧出的管材壁厚与直径可达 1/100 ~ 1/250，适于轧制脆性较大的合金管，轧制的管材尺寸较精确，表面质量好，没有波纹、划伤等，内外表面光洁度也较高；由于采用了数目较多的小直径辊子，总的轧制力较小，功率消耗少	减径量小，原因是孔型是非变断面的，并且芯头是圆柱形的，滑道的坡度不能太大；单位压力和引起的拉应力较大，故道次变形量和送料量小；生产效率比二辊式轧管机低
旋压机	设备简单，外形和重量小；变形接触区小；功率消耗少；可轧硬脆的合金管；可生产大规格和壁厚薄而长的管材	生产效率不高；减径量极小；轧出的管材表面质量差；尺寸不够精确

表 5-20 二辊式冷轧管机主要技术性能

项 目	LG-25	LG-30	LG-55	LG-80	LG-120	LG-150	LG-200	LG-30-Ⅲ
管坯外径/mm	45	22 ~ 46	38 ~ 73	75 ~ 102	89 ~ 146	108 ~ 171	180 ~ 230	22 ~ 46
管坯壁厚/mm	—	1. 35 ~ 6. 0	1. 75 ~ 12. 0	2. 5 ~ 20. 0	~ 26	~ 28	6 ~ 32	1. 35 ~ 6. 0
管坯长度/m	—	1. 5 ~ 5. 0	1. 5 ~ 5. 0	1. 5 ~ 5. 0	2. 5 ~ 6. 5	2. 0 ~ 6. 5	1. 5 ~ 6. 5	1. 5 ~ 5. 0
成品管外径/mm	10 ~ 25	16 ~ 32	25 ~ 55	40 ~ 80	80 ~ 120	100 ~ 150	125 ~ 200	16 ~ 32
成品管壁厚/mm	0. 2 ~ 0. 5	0. 4 ~ 5. 0	0. 6 ~ 10. 0	0. 75 ~ 18. 0	1. 61 ~ 16. 0	3. 0 ~ 180	3. 5 ~	0. 5 ~ 5. 0
成品管长度/m	—	~ 25	~ 25	~ 25	4 ~ 10	4 ~ 10	4 ~ 25	—
工作机架行程/mm	214. 8	453. 4	625	705	802	905. 59	1076	~ 453. 4
工作机架双行程次数/次 · min^{-1}	80 ~ 240	80 ~ 120	68 ~ 90	60 ~ 70	60 ~ 100	45 ~ 80	45 ~ 80	70 ~ 210
管坯送进量/mm	—	2 ~ 30	2 ~ 30	2 ~ 30	2 ~ 20	2 ~ 20	2 ~ 12	3 ~ 20
轧辊直径/mm	—	300	364	434	—	—	—	—
主动齿轮节圆直径/mm	—	289	336	—	—	—	—	—
最大允许轧制力/kN	—	≤650	≤1000	≤1700	—	—	—	—
主传动电机功率/kW	40	80	100	130	320	320	600	115
主传动电机转速/r · min^{-1}	—	575	475	600	500/100	—	—	—
轧机外形尺寸（长 × 宽）/m × m	—	24. 4 × 4. 45	25. 21 × 4. 47	25. 4 × 4. 44	31. 7 × 8. 5	58. 6 × 9. 5	—	—
机架重量/t	0. 30	186	2. 848	6. 32	~ 13	22. 4 ~ 24	34	1. 6
平衡重量/t	0. 22	—	—	—	~ 13	21. 5 ~ 24. 5	34	—
轧机总重量/t	—	60. 5	71. 5	85. 6	304	240	340	39. 4
生产率/m · h^{-1}	—	115	108	95	90	75	70	343

表 5-21 多辊式冷轧管机主要技术性能

项　目	LD-8（3 辊）	LD-12（双线）	LD-12（4 线）	LD-15（3 辊）	LD-30（3 辊）	LD-60（3 辊）	LD-120（5 辊）	SG-32-1（3 辊）	SG-70/50（3 辊）	SG-70/50（4 辊）
管坯直径范围/mm	3.5 ~ 9.0	6.5 ~ 14.0	6.5 ~ 14.0	9 ~ 17	17 ~ 34	32 ~ 64	63.5 ~ 127	17 ~ 34	54/34 ~ 76/57	54/34 ~ 76/5
管坯最大壁厚/mm	1.3	1.3	1.3	1.8	2.5	4	3.5	3.5	6	6
管坯长度范围/m	1.2 ~ 3.0	1.2 ~ 3.0	1.2 ~ 3.0	0.8 ~ 4.0	2 ~ 5	2 ~ 5	2 ~ 5	1.5 ~ 3.0	1.5 ~ 5.0	1.5 ~ 5.0
成品管直径范围/mm	3 ~ 8	6 ~ 12	6 ~ 12	8 ~ 15	15 ~ 30	30 ~ 60	60 ~ 120	16 ~ 32	50/30 ~ 70/50	50/30 ~ 70/5
成品管壁厚范围/mm	0.1 ~ 1.0	0.1 ~ 1.0	0.1 ~ 1.0	0.1 ~ 1.0	0.1 ~ 2.0	0.3 ~ 3.0	0.25 ~ 2.5	0.2 ~ 2.0	0.2 ~ 2.0	0.2 ~ 2.0
成品管最大长度/m	6	6	6	8	15	15	15	8	18	18
延伸系数范围	2.4	2.5	2.5	—	2 ~ 3.5	3	3	2 ~ 3	2 ~ 3.5	2 ~ 3.5
送料量/mm	1.5 ~ 4.3	1.5 ~ 4.3	1.5 ~ 4.3	1.65 ~ 7.1	2 ~ 14	2 ~ 14	2.04 ~ 7.14	1.5 ~ 5.0	1 ~ 10	1 ~ 10
工作机架行程/mm	400	400	400	450	475	603	755.64	364	475	475
工作机架双行程次数/次 · min^{-1}	60 ~ 150	47 ~ 141	64 ~ 192	70 ~ 140	65 ~ 130	50 ~ 100	35 ~ 100	50	51，81，103	51，81，103
平均小时产量/m · h^{-1}	20	25 ~ 40	60 ~ 100	15 ~ 30	20 ~ 30	20 ~ 30	—	—	—	—
主电机型号	Z145	JZS-61	JZS-61	Z290	Z750	Z1750	—	AR	AR	AR
主电机功率/kW	4.7	2.5 ~ 7.5	2.5 ~ 7.5	10	30	56	100	40	40	40
主电机转速/r · min^{-1}	550/1650	470/1410	470/1410	550/1650	750/1500	450/1350	410/1240	945	965	965
机头部分重量/kg	64	90	90 × 2	150	694	1340	3500	840	2206	1637
轧机总重量/t	2.49（不包括电机）	2.25（不包括电机）	4.55（不包括电机）	4.75	14.5	28	42.5	4	24	13
轧机尺寸（长 × 宽 × 高）/m × m × m	5.4 × 1.9 × 1.1	5.6 × 1.9 × 1.1	5.7 × 1.2 × 1.1	7.1 × 2.2 × 1.1	13.6 × 3.3 × 1.3	18.5 × 3.2 × 1.4	28 × 3.5 × 1.7	6.13 × 2.5 × 1.0	17.2 × 3.5 × 1.5	10 × 3.5 × 1.5

表 5-22 旋压机主要技术参数

产品名称	型号	主要技术参数										电机功率/kW	重量/t
		坯料尺寸			成品尺寸			中心距/mm	顶尖距/mm	工作压力/kN			
		直径/mm	壁厚/mm	长度/mm	直径/mm	壁厚/mm	长度/mm			横向	纵向		
XC-450 旋压机	XC-450		8~12		1100	0.5~6	1200	450	750~1700	50	60	22	
XC-700 旋压机	XC-700		10~20		1600	1~2	1500	700	600~2650	100	130	30	

5.1.2.5 连铸连轧与连续铸轧机

连铸连轧是通过连铸机将金属液体铸成金属坯,不经加热或只需少许补热,直接送轧机轧制成材的生产工艺。连续铸轧是液态金属通过一对相对旋转的辊式结晶器之间实现铸造、轧制,并经牵引,剪切、卷取,连续获得成卷带材的生产工艺,生产过程充分利用了结晶过程的余热和变形热,减少了加热次数,减少了冷却过程消耗。连续加工提高生产效率,提高了成材率,节省原材料,因此连铸连轧和连续铸轧在原材料利用率,动力消耗,生产效率等方面都具有非常突出的优点。但连铸连轧生产线所需一次性投资很大。

A 板带材连铸连轧机

薄板坯连铸连轧工艺广泛应用于带钢生产过程中,目前主要为国外公司开发的技术,其中包括以下生产机组:CSP(Compact Strip Production)紧凑式热带生产机组、TSP(Tippins-Samsung Process)倾翻带钢生产机组、CPR(Casting Pressing Rolling)铸压轧机组以及 FTSRQ(FTSC)薄板坯生产机组等,其设备技术参数如表 5-23 所示。

有色金属带坯连铸连轧工艺常使用双钢带连铸机、双履带式连铸机和轮带式连铸机。由于铝合金熔点低、变形抗力低、密度小、强化机制有别于钢材等原因,连铸连轧生产工艺及设备与带钢生产线工艺有很大不同,代表性的有黑兹利特双带铸造机(Hazelett Twin belt Caster)与热连轧生产线、劳纳铸造机(Laurer Caster)即瑞士铝业公司铸造机与热连轧生产线、恺撒铝及化学公司的恺撒微型轧制生产线(Kaiser Micromill Process)。

表 5-23 代表性带钢连铸连轧生产设备及其基本技术参数

CSP			ISP			FTSRQ(FTSC)		
连铸	生产能力	82 万吨/年	连铸	生产能力	200 万吨/年	连铸		
	薄板坯厚度	50mm		厚度	80/15~30/1.0~12.7mm		结晶器厚度	80~50mm
	薄板坯宽度	900~1350mm		宽度	900~1350mm		板坯最终厚度	70~35mm
	薄板坯长度	47m		钢种	深冲钢,低碳钢,普通结构钢		板坯宽度	800~1200mm,1100~1600mm,1500~2300mm
	钢包容量	112t		ISP 铸机	2 机 2 流		结晶器液面控制	带液面传感器的液压塞棒
	中间罐容量	17t		结晶器类型	直结晶器,平行板型		振动装置型式	液压式

续表 5-23

CSP		
连铸	液面高度	800mm
	拉坯速度	2.5~5.5m/min
	结晶器长度	1100mm
	冶金长度	5800mm
	弯曲半径	3000mm
	摆动剪切力	43MN
均热	以天然气为燃料的辊底式加热炉,有加热、均热和缓冲区	
	总长度	162m
	入口温度	950~1050℃
	出口温度	1100℃
连轧	5机架,带有液压压下,CVC技术、精整时控制工作辊弯曲度系统	
	终轧厚度	2.0~12.7mm
	终轧宽度	900~1350mm
	轧制力	30MN
	工作辊直径	780mm
	工作辊长度	1700mm
	支撑辊直径	1350mm
	支撑辊长度	1500mm
	轧制速度	最大11.0m/s
卷取	二级三辊万能卷取,带有液压驱动助卷机辊(分级控制)	
	带卷半径	最大1950mm
	带卷重量	最大24t
	卷单位长度重量	18kg/mm

ISP		
连铸	连铸机型式	立弯式
	冶金长度	14m
均热	铸坯保温装置	辊底式加热炉,气体加热长32m
开坯	压下装置	2×3机架
	R_1	第1机架二辊式轧机
	工作辊直径	ϕ800mm
	R_2/R_3	第2、3机架四辊式轧机
	工作/支撑辊直径	ϕ600/1150mm
	主驱动装置 $R_1/R_2/R_3$	800/2000/2000kW
连轧	铸坯加热	感应加热器,2×28MW
	卷取/开卷	卷取系统,自由卷取,5段式气体加热
	热轧带钢轧机	5机架四辊式轧机
	F_1~F_5支撑辊直径	ϕ700/1450mm
	F_1	5000kW
	F_2~F_4	6000kW
	F_5	4000kW
卷取	热轧带钢卷取机	2台地下卷取机
	热轧带卷单重	18kg/mm

FTSRQ(FTSC)		
连铸		立弯型
	结晶器下的封闭区	足辊
	浇铸速度	2.8~6.6m/min
	引锭杆	可绕曲的钢带
	浸入式水口	整根(一根)
	二次冷却方式	气雾冷却
连轧	E_1 直径/功率	1020mm
	E_1 功率/轧制力	200kW/4.6MN
	R_1 直径	1220/1450mm
	R_1 功率/轧制力	9200kW/2.5MN
	工作/支撑辊直径 F_1~F_4	ϕ810/1450mm
	工作/支撑辊直径 F_5~F_6	ϕ700/1450mm
	功率 E_1,R_1	2×200kW,9200kW
	功率 F_1,F_2~F_5,F_6	5600kW,7000kW,5000kW
	最大轧制力 E_1,R_1	2500kN,46000kN
	最大轧制力 F_1~F_4,F_5~F_6	40000kN,30000kN
卷取		
	带卷半径	762~1900mm
	带卷重量	最大28.8t
	卷单位长度重量	18kg/mm

B 连续铸轧机

连续铸轧机是一种以非常经济的方法生产热轧有色金属板的方法。根据铸轧过程中金属液体注入方式可分为上注式、下注式、水平注式、倾斜注式。下注式又称为垂直式,其中常用的是倾斜式和垂直式。我国目前大多数采用的是倾斜式铸轧机,但水平注式是目前铸轧机发展潮流。我国生产的铸轧机参数见表5-24所示。

表 5-24　中国制造的铝带坯双辊式连续铸轧机的技术参数

投产年度	台数	规格(直径×宽)/mm×mm	最大轧制力/kN	最大轧制速度/m·min^{-1}	带厚/mm	带宽/mm	最大卷重/t	设计产能/kt·a^{-1}
1982	1	650×1600	4800	1.6	6.5~12	1200	6	8
1985	1	980×1600	7000	1.5	6.5~12	1400	9	11
1988	1	980×1600	7000	1.2	7~10	1400	9	10
1988	2	650×1600	4800	1.1	6.5~10	1400	6	16
1987	1	650×1600	4800	1.1	6~10	1260	5	6
1993	1	650×1600	5000	1.2	6~10	1400	7	6
1995	1	850×1600	8000	1.2	6~10	1400	7	8
1996	1	650×1600	7000	1.2	6~10	1260	5	6
1989	2	600×1000	2500	1.5	6~10	800	2.5	9
1996	3	600×1000	2500	1.5	6~10	800	2.5	13.5
1996	2	600×1000	2500	1.5	6~10	800	2.5	8
1995	2	680×1450	7000	1.5	6~10	1260	6.5	14
1996	2	680×1600	7000	1.5	6~10	1460	7.5	18
1997	1	680×1450	6600	1.5	6~10	1260	6.5	9
1997	1	680×1450	6600	1.5	6~10	1260	6.5	9
1992	1	650×1450	4800	1.1	6.5~10	1200	6	9
1982	2	650×1300	3000	1.1	6.0~10	1150	5	15
1987	2	650×1600	4800	1.1	6.5~10	1400	6	18
1989	1	650×1600	4800	1.1	6.5~10	1400	6	9
1988	1	560×1300	3000	1.1	6.5~10	1100	5	9
	1	650×1600	4800	1.1	6.5~10	1400	6	9
1992(1台) 1999(2台)	3	650×1600	4800	1.1	6.5~12	1400	6	28
	1	650×1600	4800	1.1	6.5~12	1400	6	9
	1	650×1400	4000	1.1	6.5~12	1200	6	9
	3	980×2000	9500	1.2	6~8	1800	16	60
1988	1	650×1600	4700	1.2	6~12	1400	6	9
1993	1	680×1300	5900	1.5	6~8	1150	5	4.5
1994	2	680×1450	6600	1.5	6~10	1260	6.5	18
1994	1	680×1650	9000	1.5	6~10	1450	7.5	11
1995	1	680×1450	6600	1.5	6~10	1260	6.5	9
1995	1	680×1450	6600	1.5	6~10	1260	6.5	9
1997	1	600×1000	6000	1.5	6~10	800	6.5	6
	2	650×1600	6600	1.5	6~10	1400	6.5	18
2000	1	650×1600	5000	1.2	6~10	1400	7	6
1982	1	650×1600	4700	1.2	6~12	1400	6	7
1998	2	680×1600	9000	1.5	6~10	1400	7	22
1998	1	600×1000	2450	1.5	6~8	800	2.5	4.5
2000	1	680×1600	9000	1.5	6~10	1400	7	11
2000	1	680×1600	9000	1.5	6~10	1400	7	11
1997	1	680×1600	9000	1.5	6~10	1400	7	10
	2	650×1450	5000	1.5	6~10	1250	5	12
1999	3	650×1450	6000	1.5	6~10	1250	7	14
1997,2000	2	850×1600	8000	1.2	5~10	1400	7	16
2000	1	680×1600	9000	1.5	6~10	1450	7	11
1998	9	450×600	—	1.0	3.5~10	400	0.1	24
	73 台				总设计产能:561kt/a			

C 线材连铸连轧机

铜铝线材生产通常采用连铸连轧生产。由于难以生产出高质量的小钢坯,仅有少量种类的钢材采用连铸连轧生产。常用的线杆锭坯连铸机有三种:即二轮式铸机(又称 Properzi 铸机)、五轮式铸机和双钢带铸机(也称 Hazelett 铸机)。轧机有:平立布置的二辊串联轧机(H-V 机架,即克鲁伯轧机)、45°交叉布置的二辊串联轧机(V 型机架,即摩根式轧机)和三角 Y 型轧机(通常和 Properzi 铸机相配合)。

5.1.3 挤压机选择

5.1.3.1 挤压机的分类

A 按结构形式分类

挤压机按结构形式分类有立式和卧式两种。立式管棒挤压机的工模具能极好地对正中心,由于容易装料,工作周期可以缩短,占地面积小。缺点是需要较深的地沟和高厂房。虽然目前的卧式挤压机也可达到同样的尺寸精度,但在挤压管材方面立式管棒挤压机仍保留着它的重要地位。由于管材挤压时热锭坯与工具接触时间短,所以工具损耗可降到最低限度。卧式挤压机生产操作和实现自动化都比较方便,而其存在的主要缺点是占地面积较大,挤压管材容易产生偏心。

B 按传动方式分类

挤压机按传动方式分类有机械传动和液压传动两种。机械传动挤压机吨位一般较小,热挤压很少采用。液压传动有水压机和油压机,分别用乳化液和油作为工作介质,它比机械传动挤压机吨位大,启动平稳,过载适应性好,而且速度也较易调整。水压适合于大吨位、高速度、高压的挤压机,设备维修容易,采用多台挤压机联用较经济,缺点是一次性投资大,需要水泵站系统,设备占地面积大。油压易实现自动化,不需要泵站系统,占地面积小,但挤压速度不能太快,设备维修较困难,一般适于单体和中、小吨位的挤压机。

选择挤压机时,必须考虑液压系统的选择。当挤压机工作时间占整个挤压循环的70%以上,且挤压速度变化不大时,采用无蓄力器直接传动较为经济;当挤压速度快而时间又短时,对中、大型挤压机而言,采用水泵蓄水站传动较为经济。

现在的油压驱动装置是直接作用的油泵,应用于重金属挤压机。国内目前最大双动铜挤压机挤压力超过40MN,挤压轴的运动速度达50mm/s,对更高的挤压速度为200mm/s时直接驱动可以与油蓄压器的应用结合起来,这种装置的工作方式和水蓄力器相同,不同点是油必须与空气分开,或用氮气代替空气。

油压泵直接传动广泛用于轻合金挤压机。随着大型交通工具轻量化对铝型材要求日益提高,目前全球最大铝挤压机挤压力达到了150MN。另外短行程挤压机通过优化装料系统,极大地减少了辅助时间,提高了加工效率。

C 按穿孔系统分类

挤压机按穿孔系统分类有带穿孔系统和不带穿孔系统的挤压机。不带穿孔装置的适合于挤压棒材和线坯,若生产一些中、小规格的轻金属管材和型管材,可采用组合模在此挤压机上挤压比较经济,因它的投资少。带独立穿孔装置的挤压机又分内置式、外置式、后置式,生产大、中、小规格的管、棒、型材均可采用,而三种形式各有优缺点可视具体情况选择。

以上各类挤压机系指常规的,除此之外还有从国外引进一种新型结构的 Conform 连续挤压机，主要用于挤压铝及铝合金线材、管材、中小型材、光导纤维用“C”型铝合金型材、铝包钢线等。

目前，国内挤压机设计与制造技术发展很快，2000 年在上重试验成功 1.25 万吨挤压机，安装在丛林集团，并一次性调试成功。2009 年中国兵器工业建成世界最大 3.6 万吨垂直挤压机，黑色金属挤压试制成功，挤压最大管径可达 1300mm，达到国际先进水平。

5.1.3.2　挤压机的主要技术参数

表 5-25 为常规挤压机的分类及应用；挤压轻金属管、棒、型材用液压挤压机技术性能如表 5-26、表 5-27 所示；挤压重有色金属管、棒、型材用液压挤压机技术性能如表 5-28 所示；国外各种液压挤压机技术性能如表 5-29 ~ 表 5-34 所示；Conform 与 Castex 连续挤压机主要技术参数如表 5-35 ~ 表 5-42 所示。

表 5-25　常规挤压机分类及应用

分类方式	类　型		能力范围/kN	挤压的主要品种
按结构形式	立　式		6000 ~ 10000	管　材
	卧　式		5000 ~ 35000	管、棒、型
按传动方式	机械方式		~ 5000	短小冲挤及挤压件
	液压	油压（油泵直接单独传动）	8000 ~ 95000	管、棒、型
		水压（水泵蓄力器集中传动）	5000 ~ 20000	管、棒、型
按穿孔系统	不带穿孔系统		5000 ~ 90000	型、棒
	带穿孔系统内置式/外置式		5000 ~ 20000	管、棒、型
按模子装置	压型嘴-锁键式		5000 ~ 20000	管、棒、型
	滑动式		~ 50000	
	回转式		~ 95000	

表 5-26　引进的油压机主要性能

油压机吨位/kN	8000	12500	16300	25000
穿孔力/kN	1120	1600（1800）	2770	3800
挤压速度/mm · s^{-1}	41.6（58）	43.6（54）	41.8	50
主泵生产率/L · min^{-1}	485	485	485	545
主泵台数/台	2	2	4	4
主泵电机功率/kW	160	160	160	150
主电机台数/台	2	3	4	4
主柱塞行程/mm	1320	1390		1700
锭坯直径/mm	100，125，150	152（178）	208（178）	229
锭坯长度/mm	500	500	500	650
相应的加热炉/kW	730	850		1750

表 5-27 轻有色金属管、棒、型材挤压机技术性能

主要技术参数		挤压机吨位/MN																
		5.3	6	7.5	8	10	12	12.5	16	16.3	20	25	31.5	35	50	80	125	200
结构型式		卧式	立式	卧式	卧式	立式	卧式	卧式	卧式	卧式	卧式	卧式	卧式	卧式	卧式	卧式	卧式	卧式
卧式挤压部分	挤压力/MN	5.3	6	7.5	8	10	12	12.5	16	16.3	20	25	31.5	35	50	50 30 80	70 55 125	130 70 200
	回程力/kN	650	815	—	—	830×2	—	—	1500	850	1120	3000	2500	4000	2150	8000	8000	14000
	挤压速度/mm·s^{-1}	—	120	0~100	0~38 0~57	5~133	0~100	5~30	0~100	0~33 0~43	0~100	200	0~300	0~300	1~60	0~30	0~30	0~30
	空程速度/mm·s^{-1}	—	230	—	—	500	—	—	500	—	—	250	—	—	—	—	—	—
	回程速度/mm·s^{-1}	—	300	—	—	500	—	—	300	—	400	250	—	200	80	150	120	120
	挤压行程/mm	900	900	750	1320	1100	750	1770	1700	1730	900	1700	2250	2250	1520	2500	2500	2550
穿孔系统	穿孔力/kN	—	—	—	1030	—	—	—	2000	2750	—	4000	6300	5000	—	15000	31500	70000
	回程力/kN	—	—	—	—	—	—	—	640	1190	—	—	2500	750	—	4500	8000	8800
	穿孔速度/mm·s^{-1}	—	—	—	—	—	—	—	200	226	—	150	0~100	150	—	80	100	0~30
	穿孔行程/mm	—	—	—	570	—	—	—	2350	—	—	—	1060	1100	—	1650	1650	2200
挤压筒	压紧力/kN	350	—	680	685	—	680	1120	—	1250	1130	—	2000	2600	3700	4000	4000	12800
	松开力/kN	960	—	320	950	—	320	2000	—	1600	600	—	3150	4280	2170	8000	10000	7600
	挤压筒行程/mm	400	50	250	—	60	250	890	—	350	300	—	1200	1200	1520	1800	2500	2550
	长度/mm	—	400	560	560	400	715	1700	815	740	815	815	1000	1000	1200	1600	2000	2100
	挤压筒内径/mm	80	85，100 120，135	85，95	90~150	100~140	85~150	115~150	155~205	140~200	150~225	200~300	200~355	200~370	300~500	250~650	500~800	650~1100
工作介质	传动形式	J	J	J	D	J	J	J	J	D	J	J	J	J	J	J	J	J
	介质材料	水乳液	水乳液	水乳液	油	水乳液	水乳液	水乳液	水乳液	油	水乳液	水乳液 油	水乳液	水乳液	水乳液	水乳液	水乳液	水乳液
	工作压力/MPa	32.0	32.0	32.0	21.0	32.0	32.0	32.0	32.0	21.0	32.0		31.5	32.0	32.0	32.0	32.0	32.0
剪刀机	剪切力/kN	390	500	1000	260	—	1000	—	1000	500	1000	—	—	1960	1850	3200	5000	6500
	剪切行程/mm	440	250	330	—	—	330	—	—	630	330	—	—	500	700	1450	1150	1500
挤压机外形尺寸	长度/m	16	14.3	22.4	12	14.0	22.4	15.7	35	—	24.2	—	15	44.2	35	61.2	75.5	81.4
	宽度/m	7.3	7.8	7.5	4.7	5.0	7.5	7.8	10	—	8	—	3	12.3	12.4	20.9	30	32.9
	地面上高度/m	3.3	6.3	3.7	4.9	6.3	3.7	3.9	3	—	3.4	—	3.5	5.2	5.7	8.5	7.0	6.1
	地面区高度/m	—	9.5	—	—	8.0	—	—	—	—	—	—	—	—	—	—	—	—
模座形式		滑动模座	—	压型嘴	滑动模座	—	压型嘴	滑动模座	压型嘴	滑动模座	压型嘴	压型嘴	—	压型嘴	压型嘴	压型嘴	压型嘴	压型嘴

注：J—高压水泵-蓄势器集中传动；D—高压泵单独直接传动。

表 5-28 重有色金属管、棒、型材挤压机技术性能

挤压机吨位/MN	主缸						穿孔缸				挤压筒				泵站		重量/t
	挤压力/MN	回程力/kN	挤压速度/mm·s^{-1}	空程速度/mm·s^{-1}	回程速度/mm·s^{-1}	挤压行程/mm	穿孔力/kN	回程力/kN	穿孔速度/mm·s^{-1}	穿孔行程/mm	挤压筒压紧力/kN	挤压筒行程/mm	挤压筒长/mm	挤压筒内径/mm	传动形式	工作压力/MPa	
35	35	4000	120	200	200	2100	5000	750	150	1100	2300	1175	1000	200、250、300、370、420	水泵站	32	613
25	25	3000	250	250	250	1700	4000	与主缸共用	150	相对 800	—	—	815	200、250、300	水泵站	32	
15	15	1170	0 ~ 140	300	400	1700	3200	430	—	1720	1120	300	815	—	水泵站	32	
15	15	2000	125	—	400	1650	2500	520	180	相对 50	950	800	—	—	水泵站	25	
12	12	—	0 ~ 200	—		1600	1200	—	—	610	—	—	735	125、150、185	水泵站	21	
8	8	—	0 ~ 38	370	372	1320	1030	630	300	570	6850	—	—	—	油泵	21	95
6	6	—	133	400	600	1000	—	—	—	—	—	50	390	75、85	水泵站	32	
5	5	—	10 ~ 200	200	—	300	1000	—	—	1250	500	500	400	100、120 50、60、80、95	水泵站	32	
4.4	4.4	—	0 ~ 150	300	300	800	600	110	150	350	—	—	400	70、90、165	水泵站	—	
4	4	1250	33	—	—	820	1000	300	—	400	600	420	340	85、100	水泵站	25	45
3.5	3.5	—	33	—	—	750	—	—	—	—	—	—	340	64、70、100	水泵站	25	
2.5	2.5	—	—	—	—	560	—	—	—	—	—	—	—	52、57、64	水泵站	25	

表 5-29　钢坯穿孔挤压机的主要技术参数（国外）

项目		B 1号机	B 2号机	D	C	E	A
制造公司名称		劳威水压机（Loewy Hydropress）		劳威	—	神户钢铁公司	施勒曼（Schloemann）—神户钢铁公司
形式	驱动力	水压	水压	高压水	—	水压	水压
	立柱数	2	2	2	—	4	
	挤压筒数	1	2	1	—	1	
						油压侧向	
	挤压筒移动方式	移动式	回转式	移动式	—	移动式	固定式
	垫圈装配方式	装入挤压筒内	装入挤压筒内	装入挤压筒内	—	装入挤压筒内	装入挤压筒内
使用水的压力/MPa		25.3	31.5	30.0	—	31.5	31.5
挤压力/kN		4550	12000	5000	—	4000/8000/12000	6300
		180.2	181.0	210	—	168	151
		206.0	211	245	—	218	181
挤压筒内径/mm			256		—	258	201
			296		—		
			332		—		
穿孔柱塞	力量/kN	45.5	12000	5000	—	4000/8000/12000	—
	行程/mm	863.6	1455	865	—	1350	—
	穿孔速度/$mm \cdot s^{-1}$	150	300	281	—	600	—
镦粗柱塞	力量/kN	2000	12000	2180	—	4000/8000/12000	—
	行程/mm	863.6	905	863	—	1350	—
	上升速度/$mm \cdot s^{-1}$	—	500	300	—	600	—
支撑	力量/kN	—	7100	—	—	10800	—
	行程/mm	—	450	—	—	800	—
推顶杆	力量/kN	—	—	2000	—	—	500
	行程/mm	—	—	1345	—	—	900
支撑杆	力量/kN	—	（油压）	无	—	—	—
	行程/mm	—	1165		—	—	—
推顶杆	力量/kN	2730	4800	无	—	4000	—
	行程/mm	1346.2	1035		—	1375	—
装入移钢机	形式	回转落下式	回转摆杆式	回转摆杆式	—	回转摆杆式	前后移动式
抽出移钢机	形式	回转摆杆式	回转摆杆式	空气驱动倒拉式	—	回转摆杆式	前后移动式
装冲头装置	形式	热压装进式	插头式	螺丝拧紧	—	真空式	热装式
挤压筒刷子	形式	—	气动式	—	—	—	—

表 5-30 挤压钢材用挤压机的主要技术参数（国外）

项目		B		D		C	E	A
		1 号机	2 号机	20000kN	12500kN			
型式	驱动力	水压	水压	水压	水压	水压	水压	水压
	柱数	4 柱	4 柱	3 柱	3 柱	4 柱	4 柱	4 柱
	主柱塞滑动方式	跨座式	跨座式	跨座式	跨座式	跨座式	跨座式	悬吊式
	挤压筒数	1	2	1	1	1	1	1
	挤压筒移动方式	跨座式	回转式	跨座式	跨座式	跨座式	跨座式	悬吊式
	芯棒形状	内装	外装	内装	内装	外装	外装	外装
使用水的压力/MPa		253	31.5	30.0	30.0	25.2	31.5	31.5
挤压力/kN		22700	31000	20000	12500	22500	31500	18000
挤压筒尺寸/mm		147.0 184.0 210.0	184.5 215 260 300 336	175 190 215 250	145	158 179 212 244 268	172 222 263	153 164 185 205
主柱塞	力量/kN	22700	25000	20000	12500	18000	25500	16000
	行程/mm	2540	2675	1950	1950	2130	1900	2000
	挤压速度/$mm \cdot s^{-1}$	~300	~300	300	500	228	400	~400
芯棒柱塞	力量/kN	1680	6000	2000	1200	4500	6000	2000
	行程/mm	838.2	3000	800	650	2946.4	3250	2900

续表 5-30

项目		B		D		C	E	A
		1 号机	2 号机	20000kN	12500kN			
挤压筒固紧柱塞	固紧力/kN	2270	3800	2500	1530	3200	3200	2000
取压余柱塞	力量/kN	主柱塞兼用	5000	3700	2340	主柱塞兼用	4000	主柱塞兼用
钢坯装料机	形式	摆杆式	推进式	摆杆式	摆杆式	摆杆式	推进式	摆杆式
切断锯	形式	上下摆动式	上下摆动式	摆动式	摆动式	上下摆动式	上下摆动式	水平摆动式
	电机容量/kW	15	37.5	30	30	30	110	22
	切断锯尺寸（外径×壁厚）/mm×mm	ϕ915×8.0	ϕ1200×6.5			ϕ915×6.4	ϕ1400×7.0	ϕ950×5
	切断速度（圆周速度）/$m \cdot s^{-1}$	45	55	100	100	104	100	106
换模装置	换模方式	摆动式	回转式	回转式	回转式	摆动式	回转式	摆动式
	位置	1	2	2	2	1	2	1
清扫刷子	形式	电机自走式	油压自动式	空压自动式	空压自动式	空压自动式	水压自动式	摆动式
	回转驱动力	电动机	油压马达	压缩空气	压缩空气	手动电动机	油压立式	压缩空气
	刷子回转速/$r \cdot min^{-1}$	1770	1200	6000	6000	1600	200	6000
模分离装置	形式	水压卧式	水压卧式	无	油压立式	水压卧式	油压立式	油压立式
	力量/kN	460	500		510	460	1250	1500
芯棒旋转	回转速/$r \cdot min^{-1}$ 动力	— —	90 气动马达	无	无	—	30 油压马达	—
芯棒冷却	形式	外面	外面喷水式	外面	外面	外面	内外并用	外面

表 5-31 铝材用卧式双动挤压机的主要性能(国外)

挤压机	挤压吨位/kN		8000	12000	16000	20000	25000	30000	32000	36000	43500	47000
挤压机	穿孔力/kN		1120	1630	2770	3180	4080	5900	6530	8170	9070	9980
挤压机	挤压速度/mm·s^{-1}		19.4	21.8	19.4	22.2	18.9	20.6	19.2	21.6	18.0	19.8
挤压机	主油泵	L/min	450	370	450	450	450	450	450	450	450	450
挤压机	主油泵	台数/台	1	2	2	3	3	4	4	5	5	6
挤压机	主电机	功率/kW	150	110	150	150	150	150	150	150	150	150
挤压机	主电机	台数/台	1	2	2	3	3	4	4	5	5	6
挤压机	锭坯尺寸	直径/mm	127	152	203(178)	228(203)	254(228)	280(254)	280	305(280)	330(305)	355(330)
挤压机	锭坯尺寸	长度/mm	500	660	750	800	910	1000	1000	1070	1100	1150
挤压机	挤制品最大外接圆直径(参考值)/mm		100	120	150	185	205	225	225	245	265	285
感应加热炉		功率/kW	240	370	550	700	900	锭坯加热温度:450℃				
感应加热炉		能力/根·h^{-1}	41	36	36	33	30					
模具加热炉		功率/kW	30	30	45	45	54	工作温度:450℃,最高 550℃				
矫直机张力		矫直张力/kN	100~150	150~200	200~300	250~400	300~500					
时效炉		功率/kW	240	240	240(300)	300(360)	360(430)	工作温度:180℃,最高 250℃				
时效炉		能力/t·次$^{-1}$	3	3	3(5)	5(6)	6(7)					

表 5-32 铝材用卧式单动挤压机的主要性能(国外)

油压机	吨位/kN		8000	12500	16000	20000	25000	30000	32000	36000	40000
油压机	单位压力/MPa		584	618	606	612	572	555	503	462	
油压机	挤压速度/mm·s^{-1}		19.4	21.8	19.4	22.2	18.9	21.8	19.2	25.4	21.5
油压机	主泵	L·mm^{-1}	450	370	450	450	450	450	450	450	
油压机	主泵	台数/台	1	2	2	3	3	4	4	5	
油压机	主电机	功率/kW	150	110	150	150	150	150	150	150	
油压机	主电机	台数/台	1	2	2	3	3	4	4	5	
油压机	锭坯尺寸	直径/mm	127	152	178	203	228	254	280	305	305
油压机	锭坯尺寸	长度/mm	500	660	750	800	910	1000	1000	1070	1100
感应加热炉		功率/kW	240	370	550	700	900	锭坯加热温度:450℃			
感应加热炉		能力/根·h^{-1}	41	36	36	33	30				
模具加热炉		功率/kW	30	30	45	45	54	工作温度:45℃,最高 550℃			
矫直机张力		矫直张力/kN	100	150	200	250	300				
时效炉		功率/kW	240	240	240(300)	300(360)	360(430)	工作温度:180℃,最高 250℃			
时效炉		能力/t·次$^{-1}$	3	3	3(5)	5(6)	6(7)				

表 5-33 铜材用卧式双动挤压机的主要性能(国外)

项目										
挤压机	挤压吨位/kN		8000①	11500	12500	16300①	21500	25000	25000①	30000
	穿孔力/kN		1120	1630	1600 1800	2770	3180	4080	3800	5900
	挤压速度/mm·s^{-1}		41.6	43.6	43.6 (54)	41.8	44.4	40.7	50	44.0
	主泵	L/min	485	485	485	485	450	485	515	485
		台数/台	2	3	2	4	6	6	4	8
	主电机	功率/kW	160	160	160	160	150	160	1700	160
		台数/台	2	3	3	4	6	6	4	8
	锭坯尺寸	直径/mm	127	152 (178)	152 (178)	203 (178)	228 (203)	254 (228)	229	280 (254)
		长度/mm	500	500	500	600	600	710	650	840
感应加热炉		功率/kW	650	850	850	1100	1350		1750	
		能力/根·h^{-1}	37	35		29	28			

① 已引进。

表 5-34 铜材用反向挤压机的主要技术性能(国外)

挤压机吨位/kN		12000	18000	28000	35000	35000
挤压速度/mm·s^{-1}		40	41	39	33	33
主电机总功率/kW		430	650	950	1000	1000
挤压筒直径/mm		175	215	265	300	300
锭坯长度/mm		650	750	900	1000	1500
锭坯重量/kg		122	214	395	566	850
生产挤制品最大外接圆直径/mm		112	140	170	195	195
生产能力	件/h	74	60	51	45	35
	t/h	7.5	11	17	21	25

表 5-35 英国 Babcock 公司制造的单槽 Conform 连续挤压机

<table>
<tr><td rowspan="2">型　号</td><td rowspan="2">1-300-120</td><td colspan="2">1-350-150</td><td colspan="2">1-550-260</td></tr>
<tr><td colspan="2">1-350-200</td><td colspan="2">1-550-400</td></tr>
<tr><td>名义挤压轮直径/mm</td><td>300</td><td colspan="2">340</td><td colspan="2">550</td></tr>
<tr><td>额定轮速/r·min^{-1}</td><td>16</td><td colspan="2">16</td><td colspan="2">9.6</td></tr>
<tr><td>最大轮速/r·min^{-1}</td><td>40</td><td colspan="2">32</td><td colspan="2">24</td></tr>
<tr><td>驱动功率/kW</td><td>120</td><td>150</td><td>200</td><td>260</td><td>400</td></tr>
</table>

续表 5-35

型号		1-300-120	1-350-150	1-350-200	1-550-260	1-550-400
驱动方式		直流电机	直流电机		直流电机	
最大运转转矩/N·m		63300	79140	105500	228600	351750
最大启动转矩/N·m		94950	118700	158280	342950	527600
最大坯料直径/mm	EC 铝杆	$\phi15$	$\phi15$		$\phi19$	
	软态钢杆	$\phi12$	$\phi12$		$\phi15$	
理论计算产量/kg·h^{-1}	EC 铝杆	600	800		1637	
	软态钢杆	900	1200		2455	
主机安装面积/mm×mm		3600×1700	4000×2350		5000×3500	
主机重量/t		4	10		30	
制品最大外接圆直径/mm		30	50		90	

表 5-36 英国 Babcock 公司制造的双槽 Conform 连续挤压机

型号		2-350-150	2-350-200	2-550-260	2-550-400
名义挤压轮直径/mm		340		550	
额定轮速/r·min^{-1}		16		9.6	
最大轮速/r·min^{-1}		32		24	
驱动功率/kW		150	200	260	400
驱动方式		直流电机		直流电机	
最大运转转矩/N·m		79140	10550	228600	351750
最大启动转矩/N·m		118700	158280	342950	527600
EC 铝杆最大坯料直径/mm		$\phi9.5\times2$		$\phi12.5\times2$	
常用出线速度/m·min^{-1}	铝包钢线	200		200	
	同轴电缆/光导纤维	150		150	
主机安装面积/mm×mm		4000×2350		5000×3500	
主机重量/t		10		30	
制品最大外接圆直径/mm		30		50	

表 5-37 英国 Babcock 公司制造的双槽 Conform 连续挤压机

型号		2-350-150		2-550-260	
		2-350-200		2-550-400	
名义挤压轮直径/mm		340		550	
额定轮速/$r \cdot min^{-1}$		16		9.6	
最大轮速/$r \cdot min^{-1}$		32		24	
驱动功率/kW		150	200	260	400
驱动方式		直流电机		直流电机	
最大运转转矩/N·m		79140	10550	228600	351750
最大启动转矩/N·m		118700	158280	342950	527600
EC 铝杆最大坯料直径/mm		$\phi 9.5 \times 2$	$\phi 12.5 \times 2$	$\phi 12.5 \times 2$	$\phi 15 \times 2$
理论计算产量/$kg \cdot h^{-1}$	实心制品	660	1140	1400	2040
	管材	430	570	740	1140
主机安装面积/mm×mm		4000×2350		5000×3500	
主机重量/t		10		30	
制品最大外接圆直径/mm		70		110	

表 5-38 英国 Babcock 公司制造的双槽 Conklat 包覆连续挤压机

型号	2-350-150		2-550-260	
	2-350-200		2-550-400	
名义挤压轮直径/mm	340		550	
额定轮速/$r \cdot min^{-1}$	16		9.6	
最大轮速/$r \cdot min^{-1}$	32		24	
驱动功率/kW	150	200	260	400
驱动方式	直流电机		直流电机	
最大运转转矩/N·m	79140	10550	228600	351750
最大启动转矩/N·m	118700	158280	342950	527600
EC 铝杆最大坯料直径/mm	$\phi 9.5 \times 2$		$\phi 12.5 \times 2$	

续表 5-38

型号		2－350－150 2－350－200	2－550－260 2－550－400
常用出线速度/m·min^{-1}	铝包钢线	200	200
	同轴电缆/光导纤维	150	150
主机安装面积/mm×mm		4000×2350	5000×3500
主机重量/t		10	30
制品最大外接圆直径/mm		30	50

表 5-39 英国 Holton 公司制造的单轮 Conform 连续挤压机

型号		C300H	C400H	C500H	C1000H
名义挤压轮直径/mm		300	400	500	1000
额定轮速/r·min^{-1}		39	36	30	15
驱动功率/kW		130	180～250	300～500	500～1000
驱动方式		直流电机	直流电机	直流电机	直流电机
最大铝杆坯直径/mm		15	19	25	1200mm^{2}截面的铸坯
最大模圆直径/mm	扩展靴	ϕ90	ϕ150	ϕ200	ϕ420
	普通靴	ϕ50	ϕ85	ϕ100	ϕ250
最大铝管直径/mm	扩展靴	ϕ50	ϕ75	ϕ100	ϕ200
	普通靴	ϕ30	ϕ45	ϕ55	ϕ130
最大产量/kg·h^{-1}		600	1000	2000	6000

表 5-40 英国 Holton 制造的 Castex 连续铸挤设备的形式及主要参数

型号		C300H	C400H	C500H	C1000H
挤压轮直径/mm		300	400	500	1000
最大轮速/r·mm^{-1}		20	15	10	5
驱动功率/kW		130	180～250	300	500
最大模圆直径/mm	扩展靴	90	150	200	420
	普通靴	50	85	100	250
制品最大外径/mm	扩展靴	50	75	100	200
	普通靴	30	45	55	130
最大产量/kg·h^{-1}	纯铝	300	550	800	300
	6063	150	275	400	150

表 5-41 国内设计与制造的 Castex 连续铸挤机

型号	DZJ-300	DZJ-350	DZJ-460	DZJ-500	DZJ-1100
铸挤轮直径/mm	300	350	460	500	1100
最大转速/$r \cdot min^{-1}$	10	15	16	12	6
电机功率/kW	75	110~160	200	335	500
传动方式	交流	直流电机	直流电机	直流电机	直流电机
产品外径/mm	6~30	9~40	9~50	9~70	100~200
铝材产量/$kg \cdot h^{-1}$	200~300	250~400	300~500	350~500	150~300

表 5-42 国内制造的部分 Conform 连续挤压机

型号	TJ300/110	TJ550/450	TJ400/250	TJ300/90	LB350-2/200	TJ550/450
挤压轮直径/mm	285	550	400	285	340	550
最大轮速/$r \cdot min^{-1}$	16	8	10	13	16.7	8
主电机/kW	110	450	250(280)	90	200	450
生产能力/$kg \cdot h^{-1}$	110	800~2500	400~1300	400	生产速度 140m/min	800~2500
产品断面积/mm^2	15~150	380~2400	250~1200	15~150	规格 4~9mm	380~2400
产品宽度/mm	30	170	130	35		200

5.1.4 拉拔机选择

5.1.4.1 拉拔机的分类

常用的拉拔机形式有链式和卷盘式。

链式拉拔机通常以最大拉拔力表示它能力的大小，常用的拉拔机的拉力为 30~750kN，最大可达 1500kN，正朝着多线、高速和自动化方向发展。多线拉拔机同时可拉 8 根管，一般常用的拉 2~3 根管，拉拔速度最高可达 150m/min 以上。新型结构的链式拉拔机一般采用双链结构，自动控制。最长的链式拉拔机可拉制 50m 以上的管子。

卷盘式拉拔机是生产 ϕ50mm 以下铜管材的高效设备，它采用游动芯头，高速拉拔，生产率比直线拉拔机高 3~10 倍。卷盘直径达 3m，管坯重为 150~350kg，长为 40~230m，拉拔速度可达 500~750m/min，生产管长可达 6000m。国外的卷盘式拉拔机有立式、卧式、倒立式三种，工业发达国家普遍采用倒立式圆盘拉拔机。在日本有的工厂采用圆盘拉拔机群，一台拉拔机只拉一道，避免了更换工具和芯头带来的麻烦，大大地提高了生产效率，同时也保证了产品质量的稳定。

卷盘式拉拔机还用于生产棒材。德国舒马格在 1948 年研制了棒材联合拉拔机组，它能将单重不大的盘条首尾焊接，以无头供坯的方法，使冷拔、矫直、剪切、抛光、收集成品（甚至无损探伤、分选以及自动包扎）等多道工序在线完成，能提高棒材的生产率，是当今拉拔生产较为理想的设备。德国研制了型号规格比较齐全的机组系列，拉拔最大规格可生产圆棒 ϕ53mm、六角棒 S50mm、方棒 a45mm、管材 ϕ60mm；拉拔速度从常规的 6~48m/min 提高到 30~150m/min。

拉丝机是用来把经过轧制的盘条，冷拔成不同直径线材的专用设备，可用于低、中、高碳钢丝、不锈钢丝以及有色金属线材。

5.1.4.2 拉拔机的主要技术性能

拉拔机的主要技术性能如表 5-43~表 5-50 所示。

表 5-43 各种链式拉拔机的主要技术性能

项目	拉伸机拉力/kN														
	30	50	80	80	150	150	200	200	300	300	450	500	650	650	750
拉拔速度/m·min^{-1}	28	11	6~25	26~50	15.3~62	16	2~9	18	16~25	20.8	5	4~24	6~24	5	3,14,21
坯料长度/m	9	13.5	16.5	15	10	8.5	10	7.5	7.5	7.0	10	7.0	6.0	—	9
拉出成品最大长度/m	1	16	20	25	13	10	13	9	9	8	12	8.5	8.0	13	10
坯料最大外径/mm	35	40	45	45	57	50	80	97	160	160	200	250	350	350	400
拉出制品最小外径/mm	5	5	5	12	10	10	20	20	40	30	—	—	50	50	150
一次拉拔根数/个	1	1	1	1	1~3	1	1	1	1	1	1	1	1~2	1	1
拉伸小车形式	夹钳	夹钳	牙条	夹钳	板牙	夹钳	夹钳	夹钳	夹钳	夹钳	夹钳	夹钳	板牙	夹钳	夹钳
拉拔小车咬料时速度/m·min^{-1}	—	—	—	0.6	0~6	—	—	0~4	—	—	—	—	—	—	—
拉拔小车返回速度/m·min^{-1}	80	—	90	5	15	60	60	60	60	—	—	90	—	—	60
装料形式	人工	人工	人工	人工	机械	人工	人工	人工	机械	机械	机械	机械	机械	机械	机械
卸料形式	机械	机械	机械	自落	翻料架	翻料架	杠杆	人工	翻料架	翻料架	翻料架	机械	机械	机械	机械
主传动电机功率/kW	20	25	40	80	150	65	100	65	115	95	95	150	250	180	100×2
主传动电机转速/r·min^{-1}	—	—		585/105	400/1200	—	—	—	585	—	730	—	—	—	475
主电机电流种类	交	交	直	直	直	交	直	交	直	交	交	直	直	交	直

表 5-44 拉制铜合金用卷筒式（又称卷盘式）拉拔机技术性能

项目	卷筒直径/mm							
	550	750	1400	660~1230	1220~1830	1520~2480	1500	2000
拉拔制品直径/mm	—	12~20	—	16~250	9~38	13~51	34	8~40×0.5~4
拉拔制品长度/m	—	—	—	≥426	—	—	270	—
制品盘卷重量/kg	150	250	250	—	—	—	—	20~60
拉拔速度/m·min^{-1}	25~75	105	10.4	336	62.6~610	72.6~610	420~540	150，300，35~150
最大拉力/N	75000	80000	80000	43600	72500	97070	—	80000
主电机型号	AK102－6	AK92－4	AK92－4	—	—	—	—	$ZD_2$49.3/39~613
主电机转速/r·min^{-1}	975	1460	1460	—	—	—	—	500~120
电流种类	直流	直流	—	—	—	—	—	—

表 5-45 铝合金用立式盘管拉拔机技术性能

性能项目	ϕ750mm 盘管拉拔机	ϕ1000mm 盘管拉拔机	ϕ1500mm 盘管拉拔机	ϕ2800mm 盘管拉拔机
卷盘直径/mm	750	1000	1500	2800
卷盘工作长度/mm	1200	1500	1500	—
拉拔管材直径/mm	8 ~ 1.2	15 ~ 5	45 ~ 8	70 ~ 25
拉拔管材长度/m	350 ~ 2300	280 ~ 800	130 ~ 600	—
当拉拔管直径为70mm 时	—	—	—	100
当拉拔管直径为25mm 时	—	—	—	500
拉拔速度/m · min^{-1}	100 ~ 540	85 ~ 540	40 ~ 575	40 ~ 400
拉拔力/kN				
当速度为 100m/min 时	15	25	80	—
当速度为 80m/min 时	—	—	—	15
铝盘管总重量/kg	—	—	—	200
拉拔管材壁厚/mm	—	—	—	4 ~ 1.65
存盘管的容器/个	15	15	13	—
主传动电机功率/kW	32	42	70	250
主传动电机转数/r · min^{-1}	750 ~ 1500	650 ~ 1800	600 ~ 1800	—
拉拔机总重量/t	22.15	30.98	40.6	—

表 5-46 引进的部分盘管拉拔机技术性能

序号	主要性能	德国曼内斯曼	日本伸兴
1	卷筒直径/mm	1524	1524
2	拉拔力/kN	80	80
3	拉拔速度/m · min^{-1}	0 ~ 600	0 ~ 600
4	管坯尺寸/mm	$\phi50 \times 3$	$\phi12 \times 2.8$
5	成品管尺寸/mm	ϕ4 ~ 30	ϕ4 ~ 30
6	卷重/kg	250	100
7	电机功率/kW	250	150
8	卷筒形式	倒立式	倒立式
9	辅机:打头机 辊道	液　压 辊道循环	链带循环

表 5-47　引进的拉拔机主要技术性能

序　号	主要技术性能	拉拔机线数		
		3	7	9
1	拉伸力/kN	200	135	
2	主电机功率/kW	200	75	
3	拉拔速度/m · min^{-1}	0.30~90	30	
4	管坯直径/mm	ϕ40	ϕ14.5~45	
5	管材直径/mm			ϕ(10~20)×(1.5~1.2)
6	管材长度/m	20~35	9	
7	生产能力/m · h^{-1}	2285		

表 5-48　棒、型材用新型链式拉拔机的主要技术性能(国外)

主要参数	150kN 拉伸机			300kN 拉伸机			500kN 拉伸机		
	苏联 ИЗТМ	英国 НОРТОН	德国 ЗУНДВИГ	苏联 ИЗТМ	英国 НОРТОН	德国 ЗУНДВИГ	苏联 ИЗТМ	英国 НОРТОН	德国 ЗУНДВИГ
成品棒材直径/mm	16~40	12.5~38	<45	20~50	22~63	<65	40~80	27~76	<90
拉拔速度/m · min^{-1}	13~60	23	10~40	10~50	20	6~30	6~30	14	6~30
同时拉拔根数	1~3	1~3	1~3	1~3	1~3	1~3	1~3	1~3	1~3
传动电机功率/kW	160	55	105	250	70	200	250	90	260

表 5-49　自动化棒材拉拔精整联合机列的主要技术性能(国外)

主要参数	捷克制造	德国 ЩУМАГ	英国 НОРТОН	日本“安宅-宫崎”
最大拉拔力/kN	65;120	15;65;100;230	10;20;60	15;36;55;70;160
成品棒直径/mm	8~16;14~23	2~7.5;6~20; 10~28;19~38	3~6;5~11;10~19	2.3~8;4~13;8~18; 10~22;19~35
拉拔速度/m · min^{-1}	60~120;60~90	15~60;7.5~60; 15~60;40	46;43;27	40~55;32~40;30~40; 25~32;22~30
拉拔机构类型	履带式	拉拔小车	拉拔小车	拉拔小车
主传动装置功率/kW	220;250	22;110/60①; 160/80①;80	10;25;37	19;30;45;45;100

①有两台电机。

表 5-50 部分拉丝机主要技术性能

产品名称	主要技术参数								重量/kg	电机功率/kW	外形尺寸（长×宽×高）/mm×mm×mm
	最大进料直径/mm	原料强度/MPa	成品直径/mm	卷筒直径/mm	拉拔次数	平均部分压缩率/%	成品卷筒线速度/m·min^{-1}	总压缩率/%			
LT-10/128 水箱拉丝机	0.34	1200	0.147	128	10		281		1000	3	1540×870×1300
11/128 水箱拉丝机	0.4	<1000	0.147	128	11		19.66～196.6		900	3	1540×870×1270
LT10/170 水箱拉丝机	0.8	<1300	0.31	170	10		268	38.75	1000	7.5	1700×1160×1150
10/200 水箱拉丝机	1.0		0.4	208	10	7	55		1000	7.5	1125×900×1120
17/200 水箱拉丝机	1.6	有色金属	0.4～0.12	200	17		600～1200		3315	22	4391×2150×1580
17/220 水箱拉丝机	2.5	有色金属	0.68～0.4	220	17		1500		3315	31	4594×2150×1580
11/350 水箱拉丝机	2.2	中、高碳钢	0.6～1.0	350	11		253	74.9	3123	10	2855×1920×1725
LT-11/350 水箱拉丝机	2.2	≤1200	0.6～1.0	350	11	13.2	520	80	1571	30	3360×2000×1675
	2.2	1200	0.6	350	11	13.2	511.4	79.4	3050	30	5170×3712×3347
	2.4	≤1000	0.8～1.0	350	11	13～16	400	80	4000	35.5	3000×2000×1800
7/300 直线式拉丝机	2.5	1200	0.5	300	7	18.2～26.7	188.5～377	84	8400	7.5	9560×2500×1500
4/550 直线式拉丝机	6.5	≤1200	3.0～4.0	550	4	20～28	109～201	62～70	2300	40	15620×4000×3560
4/650 直线式拉丝机	7.1	≤1450	3.0～5.0	650	4		80～160		19400	40	16325×2680×3150
2/600 滑轮式拉丝机	5.0～8.0		6.5～3.5	600	2		81～226	25	10790	115	5280×2300×3250
4/600 滑轮式拉丝机	6.5～8.0	≤1100	4.5～2.0	600	4	20～26	724～150	61	11866	28	6820×2980×3350
1/650 单次拉丝机	9.0	1300	5.4～3.8	650	1		83～57.7	28	7400	40	5705×5850×3747
1/700 单次拉丝机	6～12	1300	11～50	700	1		64.5～173.7	25	10640	80	5360×1670×2435
6～7/550 活套式拉丝机	6.5	1100	3.2～3.5			21～24.8	97.4～292	76～82	16722	40	16000×2600×3700
1/650 单次拉丝机	5.8～8	1100	5.5～5	650	1		59.5；92.5；118.2	82		40	
2/450 滑轮式铝拉丝机	2～7	450	0.8～3.8	450	2	10～45	59；77.9；118.2		3032	6/6.5/7	
1/500 铝拉丝机	14；12；10.5	～450	2～10	550	1		59.4；78.9；120			22/25/28	
1/550 单次拉丝机	10	650～750	0.8	550	1	≤25.7	24～48		4750	20	4800×3740×3436
	6.5	800		550	1		72.6		2000	17	1700×2100×1500
	6.5	400～800	5～1.5	550	1		68.7～136.8	15～32	3860	18/20/25	8835×2850×3325
	9（12）	1300～800	3～1.5	550	1	25（30）	86.35～172.7		1447	40（22）	1540×900×1380

5.2　辅助设备选择

根据辅助设备在压力加工生产过程中的不同用途和作用，可将辅助设备分为：加热及热处理设备、切断设备、矫直设备、冷却设备、酸洗与铣面设备及起重运输设备等。

不同产品生产时所需要的辅助设备是不同的，设计时根据生产要求确定它们的形式、能力和数量，辅助设备的选择对产品的产量和质量有十分重要的影响。因此，一定要选好辅助设备，一般来说要遵循下列原则：

(1) 必须满足生产工艺流程的要求；

(2) 必须保证有较高的工作效率，充分发挥主要设备的能力，通常辅助设备能力可按大于主要设备能力的10% ~20%考虑；

(3) 尽量选择重量轻、体积小的辅助设备，以节约车间投资。

下面对辅助设备的选择分别加以叙述。

5.2.1　加热及热处理设备选择

加热及热处理设备包括均热、退火、淬火及时效等设备。按工艺用途可概括为三种炉子：(1)锭的加热及均热炉；(2)半成品和成品退火炉；(3)成品热处理炉。从炉子的功能来说，有些是比较单一的，只作加热锭坯用，或只作退火、淬火时效；但也有些炉子，既作加热锭坯又作退火用。从炉子采用的热源来说，电能和煤气使用最为广泛，但也有些采用重油、柴油或天然气。轻金属及其合金加热及热处理采用低温炉，重金属及其合金多采用中温炉，碳钢及合金钢的加热多采用高温炉。选择时应根据工艺和金属材料的特点，确定炉型和相应的热源以及辅助装置；根据生产率和金属材料的尺寸确定炉膛尺寸。

5.2.1.1　*加热炉*

A　炉型选择

用作铸锭加热(或均匀化、退火)的炉子主要有以下几种。

a　均热炉

均热炉主要用于初轧车间和特厚钢板车间，加热断面边长大于400mm的钢锭。均热炉的炉型较多，有复座式均热炉、蓄热式均热炉、炉底中心供热的换热式均热炉、上部单烧嘴均热炉及四角烧嘴均热炉等。使用最早的是蓄热式均热炉，但目前较多采用换热式均热炉，其特点是：(1)加热室内留有充分的燃烧室空间，可避免燃烧气体冲击钢锭而发生局部过热危险；(2)加热操作(控制炉温、炉压和炉气等)容易；(3)总造价低等。

b　均匀化炉

铝镁合金铸锭均匀化处理时周期很长，一般采用周期作业炉，即井式炉和箱式炉两种。铸锭均匀化的目的是消除铸造时引起的热应力，减少铸锭组织和化学成分的不均匀性。

c　连续式加热炉

连续式加热炉炉型有：推钢式(推进式)加热炉、步进式加热炉、环形加热炉以及感应加热炉。

(1) 推进式加热炉。炉内全部锭坯都用推锭机从装料口一侧推进，从另一端取出的方式。炉型有1段式到5段式的，采用煤气或重油作为燃料。铝、镁合金铸锭的加热多采用链式连续加热炉。

（2）步进式加热炉。步进式加热炉和推进式连续加热炉比较，有加热能力增加、擦伤减少和容易修炉等优点。最近在大批量生产中采用步进式加热炉的较多，炉子的预热段、加热段、均热段分得很清楚，在加热段升温到所规定的温度，均热段为消除锭坯内外温度而进行均热。步进式加热炉除适用于钢锭、铜锭的加热外，亦可用于长宽板坯的退火。

国内某铜加工厂从意大利海蒂公司引进的步进式加热炉，可加热长4.8m、宽0.62～1.05m、重2.2～7.2t的钢锭，生产能力为50～80t/h。双排加热，可容纳6块锭的承料台，进出料所有操作都由微机控制，有废气回收装置，可对空气和煤气预热，并有绝热性能好的耐火材料做炉衬，炉子的热效率高，可达60%以上。

（3）环形加热炉。环形加热炉有固定炉壁的环形室和环形回转炉底，炉底从装料门至出料门回转一整圈的期间内，铸锭即被加热，故可实行连续生产，生产效率高，占地面积小，沿外环及内环设有水封，易控制炉内气氛。烧嘴布置在环形外壁上，分成两个或三个控制区，在入口区加热最强烈，在此布置烧嘴较多，在出口区为使温度均匀，只安装少数烧嘴。加热时间短，加热温度均匀，燃烧自动控制设备简单；检修成本低。适用于加热钢锭坯及铜锭。

（4）感应加热炉。感应加热炉的形式有立式与卧式之分，而卧式又分单独加热与连续加热。50Hz的工频感应加热炉是现代化挤压车间日益广泛采用的一种加热炉，因为它具有加热速度快、体积小、耗电低、可完全实现机械化与自动化等优点。但对铜合金锭及钢锭的加热，由于加热温度高电能单位消耗大而很少采用。

B 炉子尺寸的确定

以推钢式连续加热炉为例。

（1）炉子宽度主要根据坯料长度确定。

$$B = nl + (n + 1)\delta \tag{5-5}$$

式中 l——坯料的长度，m；

n——坯料排列数：

δ——料间或料与炉墙的空隙距离，m，一般取0.2～0.3m。

（2）炉子长度主要根据加热炉产量决定，但在推钢式连续加热炉中还要受加热炉允许的最大推钢的限制。一般工程上用推钢比 i 来确定：

$$i = \frac{推钢长度}{坯料最小宽度}$$

设计时一般选用 i 的范围为：

条件较好时，$i = 250 \sim 300$；

条件较差时，$i = 200 \sim 250$。

在实际生产中，有的工厂推钢比已达400，但要在设计时采取措施，如炉底适当向坯料前进方向倾斜，倾斜角度一般不大于7°，适当减慢推钢速度等。表5-51～表5-58为部分加热炉技术性能。

表 5-51 10t 铝合金铸锭均化炉组技术参数

参数名称		数值
炉组	用途	铝合金圆锭均化处理
	最大处理量/$t\cdot 次^{-1}$	11.4（ϕ178mm×6000mm×28 根）
	生产能力/$t\cdot h^{-1}$	0.84
	安装功率/kW	906.7
	外形尺寸/mm×mm×mm	19520×16000×5070
	设备总重/t	83
加热炉	加热温度/℃	560～580
	加热时间/h	8
	保温时间/h	5
	加热区段/段	4
	加热功率/kW	
	全功率时	600
	低功率时	110
	风机型号	W9-55-11No.9（4 台）
	冷却水耗量/$m^3\cdot h^{-1}$	8
	炉膛尺寸/mm×mm×mm	7460×1650×1550
	外形尺寸/mm×mm×mm	8120×6200×4900
冷却室	冷却时间/h	2.1
	平均冷却速度/$℃\cdot h^{-1}$	200
	风机型号	4-72-11No.10（4 台）
	室内尺寸/mm×mm×mm	7070×1650×2350
	外形尺寸/mm×mm×mm	7540×7590×4760
出料车承载能力/t		15

表 5-52 步进式煤气炉主要技术性能示例

主要技术性能	数据	主要技术性能	数据
炉膛有效尺寸（长×宽×高）/mm×mm×mm	9340×3600×1550	煤气炉前压力/kPa	12
炉底有效面积/m^2	36	燃烧器数目/个	36
炉门尺寸（宽×高）/mm×mm	3500×1550	梁的有效提升高度/mm	80
炉子生产能力/$t\cdot h^{-1}$		梁的最大行程/m	4.3
加热锭坯	42	梁的移动速度/$m\cdot s^{-1}$	0.25
发生炉煤气发热量/$kJ\cdot m^{-3}$	5230	梁的自重/t	14
燃料最大耗量/$m^3\cdot h^{-1}$	4000	梁的载荷重量/t	50

表 5-53 环形回转式煤气加热炉主要技术性能示例

主要技术性能	大型	中型
炉子砌底最大外径/m	11.6	3.56
炉底至炉顶高度/m	1.465	1.405
炉底宽度（转盘）/m	3.0	0.7
回转炉底有效面积/m^2	24～34	4
炉底回转速度/$m\cdot s^{-1}$	0.2	
煤气发热量/$kJ\cdot m^{-3}$	5230	1250
煤气最大消耗量/$m^3\cdot h^{-1}$	6500	400
煤气压力/Pa		8000

表 5-54 铜、镍及其合金方铸锭火焰加热炉的技术性能

技术性能	加热炉形式				
	环形炉	环形炉	步进式炉	链带式炉	推进式炉
最高工作温度/℃	1250	1250	1250	1250	1250
最大生产能力/$t \cdot h^{-1}$	20	20	12	6	4
炉膛尺寸(高×宽×长或直径)/mm×mm×mm	1465×3000×ϕ7800	1465×3000×ϕ7800	1550×3600×10000	600×1700×4500	800×1400×8000
燃料名称	发生炉煤气	100号重油	发生炉煤气	发生炉煤气	发生炉煤气
发热值/$kJ \cdot m^{-3}$	5230	4185	5230	5230	5230
单位消耗/$kJ \cdot m^{-3}$	铜,黄铜:1046~1255 青铜,镍:2092	铜,黄铜:1046~1255 青铜,镍:2092	铜,黄铜:1172~1381 青铜,镍:2427	—	铜,黄铜:1046~1674 青铜,镍:2804
最大燃料消耗/$m^3 \cdot h^{-1}$ ($kg \cdot h^{-1}$)	6000 —	— (770)	4000 —	1500 —	1700 —
装出料方式	夹钳式	夹钳式	步进式	链带式	推进式
炉子砌体最大外径/m	11.7	11.7	—	—	—
圆环形回转炉底的有效面积/m^2	紫黄铜:34 青铜,镍合金:24	—	—	—	—

表 5-55 铜及铜合金方铸锭电能加热炉技术性能

技术性能	单位	加热炉形式			
		箱式电阻炉	推进式电阻炉	活盖箱式电阻炉	工频感应电炉
用途		铸锭加热	铸锭加热	铸锭加热	铸锭加热
合金		镍及其合金	铜及其合金	铜及其合金	铜、镍及其合金
工作制度		间歇式	连续式	连续式	连续式
最高工作温度	℃	1250	950	950	1200
最大生产能力	t/h	—	—	1.7~2.0	—
安装容量	kW	50	1898	380	800
加热元件材料		炭硅棒	镍铬丝	镍铬丝	感应线圈
电流频率	Hz	50	50	50	50
单位能耗	kW·h/t	—	—	150~180	200~350
炉膛尺寸					
长	mm	980	22500	8200	1000
宽	mm	430	1350	700	800
高	mm	450	300	250	300

表 5-56 铜及铜合金圆铸锭电能加热炉技术性能

技术性能	单位	配套使用挤压机吨位/kN			
		6000	10000	15000	6000
炉子形式		推料机式电阻连续加热炉	推料机式电阻连续加热炉	推料机式电阻连续加热炉	中频感应加热炉
被加热坯料尺寸	mm	ϕ85~100	ϕ185以下	ϕ250以下	长度:100~250 直径:70~130
生产能力	t/h	1	—	—	
炉子功率	kW	160	320	460	发电机容量250kW 电容器组容量3500kV·A
线路电压	V	380	380	380	控制电路电压220/380
电流频率	Hz				2500
加热器材料		镍铬合金带	镍铬合金带	镍铬合金带	

续表 5-56

技术性能	单位	配套使用挤压机吨位/kN			
		6000	10000	15000	6000
最高加热温度	℃	850	900	950	
冷却水耗量	m^3/h				4
炉膛尺寸					
长	mm	5670	11330	11260	
宽	mm	874	2250	2600	
高	mm	500	—	—	

表 5-57 铝及铝合金圆铸锭加热用三相工频感应电炉技术性能

技术性能	单位	炉子代号					
		感应－31	感应－51	感应－52	感应－600	感应－800	感应－1100
加热坯料尺寸:直径	mm	190～430	85～215	110～163	410～540	480～780	630～1080
长度	mm	280～1000	200～700	200～700	400～1100	700～1800	700～1900
感应圈长度	mm	4300	4300	4300	6775	6790	7900
最高加热温度	℃	570	570	570	550	550	550
加热到450℃时炉子的最大生产率	t/h	5	1.5	3.5	4	10	10
炉子所需的最大功率	kW	1300	350	600	1200	2500	2500
加热500℃的电能消耗	kW·h/t	260	260	250	250	230	230
电容器组的功率	kW	4800	1850	2700	4500	9600	9000
或压力为0.35MPa时的冷却水消耗量	m^3/h	15	4	8	15	37	50

表 5-58 铝合金方铸锭加热炉技术性能

性能参数	炉型			
	链式双膛电阻炉	链式双膛电阻炉	推料式煤气炉	推料式电阻炉
工作炉膛尺寸				
长/mm	21240	22745	15500	17250
宽/mm	3140	2040	2450	—
高/mm	568	400	1830	2500
铸锭尺寸/mm×mm×mm	300×1240×2300	275×1040×1700	230×1220×2440	230×1525×3240
铸锭各炉内放置方法	水平	水平	水平	垂直
炉子容量/kW	2×1400	2×850	—	3750
加热区数/个	5	5	8	6
加热温度/℃	300～550	500	—	—
生产能力/$t \cdot h^{-1}$	22	13	—	—
传送链条速度/$m \cdot s^{-1}$	2.56	2.26	—	—
空气在炉内流动方向	横向	横向	纵向	横向
煤气消耗量/$m^3 \cdot h^{-1}$	—	—	1450	—
煤气发热量/kJ	—	—	7240	—

5.2.1.2 热处理炉

(1) 箱式炉。结构简单,投资少,温度不均,可做半成品或成品退火。

(2) 活动炉底(台车式)箱式炉。由一个炉体及两个炉底组成,炉体固定,炉底由卷扬小车牵引,两个炉底轮换工作,也有采取炉体移动,两个炉底固定的,此时炉底台车上可以装置真空炉胆,这种炉子结构简单,装卸料方便,但需专门的台车移动机构。

(3) 罩式退火炉。通常由可移动的外罩、内罩和两个以上的炉台组成,可以连续工作,炉内有循环通风装置,可通保护性气体,温度均匀,产品机械性能稳定,表面光洁,热效率高。根据外罩形式又可分为矩形罩式及钟罩式退火炉,前者用于板材退火,后者用于卷材退火。国内某些钢材厂从奥地利 EBNER 工业炉公司引进的炉子,不仅用于中间退火,还可进行带卷成品退火,不受合金品种规格的限制。炉内温差可控制在 2 ~5℃,紫铜带卷退火不氧化,黄铜带卷退火不脱锌。引进的最大一台钟罩炉可退火铜带卷外径 1400mm,卷重达 7500kg,最大装料量达 22.5t,生产能力为 2t/h。

(4) 井式退火炉。由炉体、炉胆、炉盖组成,炉胆内可抽真空或通入保护气体,炉内有循环通风装置。用于铜、铝合金卷材的退火及时效。

(5) 强制空气循环箱式电阻炉。按炉型可分固定炉底强制空气循环箱式电阻炉和台车式强制空气循环新式电阻炉。适用于铝、镁合金材料退火及时效。

(6) 辊底式退火炉。结构呈长方形,炉内全长装有滚动的辊子,热处理时不需要底盘。国外铜合金管材一般采用辊底式退火炉退火,通保护性气体,退火后管材内外表面光亮,无氧化、油斑等缺陷。产品性能均匀,耐蚀性好。

(7) 立式空气循环电阻炉。有时高达几十米,炉体置于地平面上,炉下有一个淬火水槽,炉子装有活动炉底,炉内采用强制空气循环加热。适用于铝、镁合金管、棒、型材及大型板材的淬火处理。

(8) 链式退火炉。炉体呈长条形,炉底装有传动链带,可以连续生产,装出料方便,生产率比较高。用于铜、镍及其合金板材、卷材的退火。

(9) 链式水封退火炉。结构与链式退火炉大体相同,不同点是在出料处装有水封,炉内密封性好,可用于钢及其合金卷材的退火。

(10) 气垫式连续热处理炉。工作原理是将已经加热的压缩空气压入喷头,通过上下密排的喷嘴,把高速热空气吹向运动着的带材表面进行加热,上面气流还可起到稳定作用,下面气流形成气垫托着带材,在很小的牵引力下把带材拖出炉外,或使炉体稍微倾斜,靠板材自重滑出炉外(单片退火时)。这种炉子热传导系数高,加热均匀,产品力学性能均匀、稳定,表面光洁、无划伤。某厂从德国容克公司引进一台气垫式光亮退火炉,铜及其合金带材的退火规格为带厚 0.1 ~1.5mm,宽 500 ~1050mm,退火速度 4 ~50m/min,生产能力 41700kg/h,机组有脱脂、水洗、干燥装置,炉内通有保护性气体,退火紫铜、青铜时不需酸洗。

(11) 盐浴炉。通常采用硝酸钾和硝酸钠混合溶盐作为加热介质,加热速度快,温度均匀,适合于合金材料的淬火处理,但盐蒸气对人体有害。

(12) 接触式退火炉。将制品直接通电加热,一般用于较大规格管、棒、型材退火,也可用于线材连续退火。各种热处理炉的技术性能如表 5-59 ~ 表 5-67 所示。

表 5-59　钢材热处理炉

产品名称	带卷规格			机组速度 /m · min^{-1}	淬火温度 /℃	回火温度 /℃
	厚度/mm	宽度/mm	重量/t			
600 带钢 300 高强度带钢淬火炉机组	0.1 ~1.2	100 ~300	0.8	1.38 ~8.4	800 ~980	200 ~600
600 带钢 100 高强度带钢淬火机组	0.1 ~1.2	20 ~100	1	1.38 ~8.4	800 ~980	200 ~600
950/800 钢轨全长淬火机组			钢轨长度 25m	0.3 ~3	850 ~920	
600 带钢不锈钢固熔处理炉机组	0.7 ~3	270 ~530	1	0.016 ~0.1		

续表 5-59

产品名称	带卷规格			电机功率/kW	重量/t	外形尺寸(长×宽×高)/mm×mm×mm	备注
	厚度/mm	宽度/mm	重量/t				
600 带钢 300 高强度带钢淬火炉机组	0.1~1.2	100~300	0.8	21.6	24.4	48000×7700×5200	机组:600 开卷机,300 回火炉、淬火机、300 水冷箱卸卷机、卷取机等
600 带钢 100 高强度带钢淬火机组	0.1~1.2	20~100	1	37.8	12.322	36920×6500×3800	机组:600 开卷机手动剪、100 淬火炉、100 回火炉等
950/800 钢轨全长淬火机组			钢轨长度 25m	450	1280	132000×81000×6675	机组:淬火机、200t 立式矫正机、检查台架等
600 带钢不锈钢固熔处理炉机组	0.7~3	270~530	1	88.4	42.5	51900×7700×5200	机组:1t 悬臂吊、600 开卷机、剪断机、固熔炉淬火装置等

表 5-60 铝、镁及其合金板、带材退火炉性能

炉型	退火品种	最高工作温度/℃	炉膛尺寸(长×宽×高或直径×高)/mm×mm(×mm)	功率/kW	备注
RJD-250-5 箱式电阻炉	板材	500	3600×1700×1300	250	强制空气循环
RJD-500-5 箱式电阻炉	板材	500	8285×2200×1335	500	强制空气循环
台车式强制空气循环箱式电阻炉	板材	500	5300×2800×1000	480	最大生产能力 1.3t/h
箱式电阻炉	板材	510	3520×1070×1550	210	强制空气循环
箱式电阻炉	板材	440	4000×1000×2000	180	强制空气循环
箱式电阻炉	板材	500	6300×1000×2500	360	强制空气循环
箱式电阻炉	板材	500	6300×1000×3500	390	强制空气循环
井式电阻炉	卷材	500	ϕ1200×500	270	强制空气循环
井式电阻炉	卷材	550	ϕ1500×500	540/180	强制空气循环
井式电阻炉	卷材	450	ϕ2200×1500	200	强制空气循环

表 5-61 铝合金板材淬火及时效炉技术性能

炉型及用途	最高工作温度/℃	炉膛尺寸(长×宽×高)/mm×mm×mm	功率/kW
板材连续式电阻加热淬火炉	550	6300×1000×2500	360
板材连续式电阻加热淬火炉	530	4300×1800×6000	2000
板材连续式电阻加热淬火炉	540	5860×3000×10000	3600
板材盐浴加热淬火电炉	535	12000×1800×3500	1680

续表 5-61

炉型及用途	最高工作温度/℃	炉膛尺寸(长×宽×高)/mm×mm×mm	功率/kW
板材盐浴加热淬火电炉	505	5500×1200×2500	620
板材人工时效炉(箱式电阻炉)	125	3300×1275×800	50
板材人工时效炉(箱式电阻炉)	200	12100×1600×2000	75
板材人工时效炉(箱式电阻炉)	300	1800×2100×2000	33
板材人工时效炉(箱式电阻炉)	220	1250×3000×1580	450

表 5-62 铝及铝合金管、棒、型、线材退火、淬火及时效炉技术性能

炉型及用途	最高工作温度/℃	炉膛尺寸(长×宽×高或直径×长)/mm×mm(×mm)	功率/kW
管、棒退火箱式电阻炉	500	8680×980×1500	240
管坯退火卧式电阻炉	500	ϕ980×8680	240
线材退火立式电阻炉	650	ϕ980×1220	75
管、棒、型材立式活底循环空气电阻加热淬火炉	550	ϕ700×3500	150
管、棒、型材立式活底循环空气电阻加热炉	530	ϕ900×10892	300
管、棒、型材立式活底循环空气电阻加热炉	530	ϕ1250×14000	750
管、棒、型材立式活底循环空气电阻加热炉	530	ϕ1400×18000	750
管、棒、型材立式活底循环空气电阻加热炉	535	ϕ1250×26000 12000×1200×2000	960
型、棒材淬火盐浴炉	505	7000×1000×1600	672
型、棒材淬火盐浴炉	500	4360×2460×2691	360
型、棒材淬火盐浴炉	500		240
管、型材人工时效炉(卧式)	420	ϕ1380×12100	300
管、型材人工时效炉(卧式)	420	ϕ1350×18000	420

表 5-63 铜及铜合金板、带材退火炉技术性能

序号	炉子名称	用途	工作温度/℃	燃料种类及电炉功率/kW	炉膛尺寸（高×宽×长）/mm×mm×mm	装料量/t	燃料消耗	生产率/$t\cdot h^{-1}$	其他
1	箱式电炉	板材退火	约 950	350	1000×1800×5000	4~5	—	—	—
2	台车式电炉	板材退火	约 850	250	835×1400×4500	—	—	1.3	—
3	台车式煤气炉	板材退火	约 900	煤气	1100×2470×4400	10	$800m^3/h$	2	—
4	矩形罩式煤气炉	板材退火	约 900	煤气	1100×1180×3248	10	$400m^3/h$	2	—
5	矩形罩式电炉	板材退火	约 800	375	—	4	285kW·h/t	1	—
6	钟罩式电炉	卷材退火	约 900	135	—	—	—	—	氮气保护
7	井式电炉	卷材退火	约 850	144	炉胆直径×高 ϕ960×1900	0.3~1	—	0.35	—
8	双膛推料式连续退火电炉	卷材中间退火、卷材外径×高度为1000mm×900mm	约 700	640	1254×1432×31770	60	78kW·h/t	4.5	—
9	单膛推料式连续退火电炉	卷材退火，外径×高为900mm×700mm	约 700	320	1063×1050×9925	19	133kW·h/t	1.5	炉内充氮气保护
10	推料式煤气炉	卷材退火	约 900	煤气	1030×1800×6000	—	150kW·h/t	1	—
11	步进式煤气炉	板材退火	约 1250	煤气	1550×3600×10000	50	$4000m^3/t$	5	—
12	辊底式退火炉	黄铜卷材退火卷材800mm×1050mm	约 650	甲烷	—	—	$20m^3/t$	2	—
13	链式水封退火炉	卷材退火	约 700	180	—	8	—	0.75	—
14	立式牵引炉	卷材退火、带材尺寸为（0.15~1.6）mm×640mm	约 700	160	—	—	111kW·h/t	1	保护气体消耗 $80m^3/h$
15	井式真空退火炉	卷材退火	约 900	100	炉胆尺寸 ϕ800×1070	—	—	0.12~0.18	真空度为 $113.3\times10^{-4}Pa$

表 5-64 铜及铜合金管、棒材保护性气体退火电炉性能

技术性能项目	单位	性能数据	
炉子容量	kW	330	300
工作温度	℃	500～900	800～900
生产能力:连续式	t/h	1.2～1.5	1.2～1.3
分批式	t/h	—	1
退火制品尺寸:			
管材最小规格	mm	ϕ1.2×0.3(或直径为800,高为50～200的盘卷料)	ϕ1.2×0.3(或直径为800,高为50～200的盘卷料)
管材最大规格	mm	ϕ353×9	ϕ353×9
棒材	mm	ϕ5～40(或尺寸同管材的盘卷料)	ϕ5～40(或同管材的盘卷料)
管、棒最大长度	mm	8000	8000
炉膛尺寸(长×宽×高)	mm×mm×mm	12580×1000×5000	12580×1000×435
炉内保护气体成分	%	CO_2:0.5,CO:2,H_2:1.5,N_2:96	CO_2:0.5,CO:2,H_2:1.5,N_2:96
保护气体消耗量	m^3/h	200	
冷却通风机数量	台	6	6
炉内辊道辊子往复转速	m/min	0.84～21.5	0.84～21.5
炉子附属设备		车架移动机构,叉子提升机构,吊车移动机构,辊道传动机构	车架移动机构,叉子提升机构,吊车移动机构,辊道传动机构

表 5-65 铜及铜合金管、棒材退火炉技术性能

技术性能	单位	炉型						
		箱式电阻炉	箱式电阻炉	箱式电阻炉	设有炉胆的低真空电炉	箱式煤气炉	退火散热管用电阻炉	退火气压表管用的电炉
功率	kW	360	225	180	200	—	200	110
最高工作温度	℃	700	650	750	900	1000	750	700
炉膛尺寸								
长	mm	8000	9000	7950	7000	8000	9300	4000
宽	mm	2000	1500	910	ϕ800	2000	950	900
高	mm	1500	1000	810	—	1500	900	700
最大装料量	t	3	4	1.2	0.5	4.0	0.6	0.6
生产率								
管材	t/h	1.0	0.7	0.6	0.3	1.2	—	—
棒材	t/h	1.2	0.9	0.8	0.5	1.5	—	—
炉内气氛		氧化性	氧化性	氧化性	10^{-3}大气压	微氧化性		

表 5-66 铜及铜合金线材退火炉技术性能

设备	H-360	H-150	H-30	竖式电炉	24管炉	真空电炉	水封电炉
形式	箱形卧式	圆形立式	箱形卧式	圆形立式	牵引式	钟罩式	水封式
功率/kW	360	150	30	144	36	66	175
最高工作温度/℃	900	850	950	850	850	450～600	550～700
炉膛尺寸/mm×mm×mm	7400×1200×664	ϕ1350×1350	916×460×398	ϕ960×1900	—	—	—
最大装料量/$kg \cdot h^{-1}$	2500	1000	100	—	24根	—	—
生产能力/$kg \cdot h^{-1}$			—	250	2～27	—	—
退火制品直径/mm	圆盘	圆盘	圆盘	圆盘	0.07～0.4	0.2～0.21	0.41以上

表 5-67 立式淬火炉技术参数

参 数	计 算 值			
炉子加热室直径/mm	1250			
炉与外壳直径/mm	2350			
淬火池直径/mm	4000			
挤制品淬火最大料长/m	17	15	8	6
每捆最大重量/kg	2000	1700	1500	1000
炉子最大生产能力/kg·h^{-1}	450	450	450	300
料下落速度/m·s^{-1}	0.4~0.6			
在通道中空气速度/m·s^{-1}	18			
在加热室中空气速度/m·s^{-1}	15			
1500kg 型材加热时间/h	1.5			
最大加热温度/℃	530			
加热器最大功率/kW	800	700	400	300
地面上高度/m	21.4	22.1	15.5	13.5
淬火池深度/m	20	18	11	9
炉内最大温差/℃	—	±2.5	—	—
电压/V	—	380	—	—
风机风量/m^3·h^{-1}	—	75000	—	—
单位能量消耗/kW·h·t^{-1}	—	365~490	—	—
生产能力/t·d^{-1}	10	—	—	6

5.2.2 切断设备选择

金属压力加工车间用于生产的切断设备主要有锯机、剪机和折断机三类。

5.2.2.1 锯机

锯机种类很多,常用的有圆盘锯、杠杆式锯切机以及滑座式锯切机等。

圆盘锯结构简单,主要用于锯切 ϕ50mm 以下的棒材和小型型材,以及薄壁管材等;杠杆式锯切机主要适用热锯切小断面半成品型材和棒材;滑座式锯切机锯片横向振动小、效率高、行程大、工艺性能好、结构完善,广泛用于锯切大断面的管、棒、型材。以上锯机用于锯切(停放着的)单根或整束轧件,如切头、切尾或切定尺长度。

还有另一种锯机,用于对运行中的铸锭或轧件进行切头、切尾或切成定尺长度。例如装设在连续焊管机组后面,将正在运行的焊管切成定尺长度。

锯机的主要技术参数有锯片直径、锯片厚度和锯机功率。

A 锯片直径

主要考虑锯切最大断面与锯片直径的关系。在锯切时要求锯轴及其他零件在所锯切的最大断面上能自由通过，即必须考虑图5-3中所示的 d 值，同时，锯片的下沿要伸入辊道下面，其值为 b。确定锯片直径 D 的关系式如下：

$$\frac{D-d}{2} > (h+b) \tag{5-6}$$

式中 d——锯片夹盘直径，取 $d=(0.35\sim0.5)D$，mm；

h——锯切金属件的最大高度，mm；

b——伸入辊道下面值，新锯片 $b=100\sim50$mm，旧锯片 $b=40\sim80$mm。

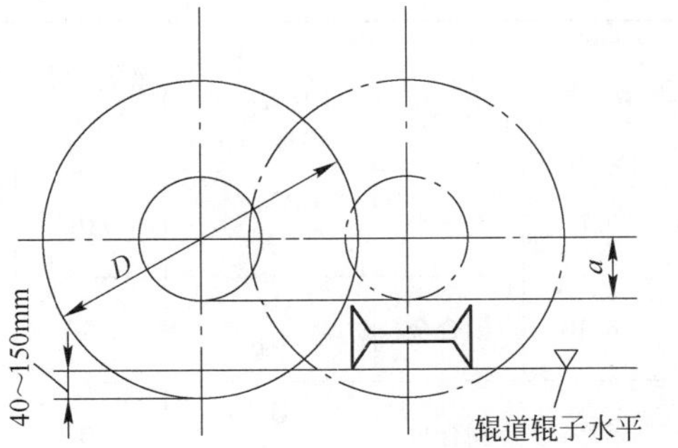

图5-3 锯机的锯片对被切件的位置

B 锯片厚度

常用下式确定：

$$S=(0.18\sim0.2)\sqrt{D} \tag{5-7}$$

式中 S——锯片厚度，mm；

D——锯片直径，mm。

C 锯机功率

常用下式计算：

$$N=P\cdot S\cdot f \tag{5-8}$$

式中 P——锯切单位面积上作用的锯切力，kN；

S——锯缝宽度，mm；

f——单位时间锯下的金属断面积，mm^2/s，$f=\mu h$；

μ——进锯速度，一般可取 $10\sim300$mm/s；

h——被锯件的断面高度，mm。

锯切功率的大小主要取决于被锯金属在锯切温度下的力学性能，而锯齿形状、锯切速度和锯切件断面大小对其也有影响。锯机功率大小通常根据试验确定。

表5-68～表5-70介绍各种锯机的主要技术性能。

表5-68 某些钢材锯机主要技术性能

锯切断面尺寸	锯片尺寸		钢片圆周速度 /$m\cdot s^{-1}$	锯片的驱动		送进速度 /$mm\cdot s^{-1}$	送进机构的驱动		送进行程 /mm	锯型
	直径 /mm	厚度 /mm		Hp	$r\cdot min^{-1}$		Hp	$r\cdot min^{-1}$		
切钢轨	1220	—	106	100	—	25～90	10	—	—	杠杆式
切300型钢轧机产品 切取试样	900	—	71	20	940	—			—	杠杆式
方钢100mm	1450	8	90	70	1450	—	10	350～1400	600	滑座式
钢梁No.48	1500	10	991	300	720	—	—	—	—	滑座式
方钢200mm	1750	8	89	160	970	70～280	12	340～1360	700	滑座式
钢梁No:12 $B=300$mm	2300	10	120	270	980	40～240	25～100	360～1400	2100	滑座式
钢梁和钢轨	1525	—	97.5	300	725	40～240	80	200～1200	—	滑座式
钢梁 $B=200$mm	1750	9	92	150	980	0～380	0～40	0～950	800	滑座式
钢轨	1370	—	120	150	—	25～100	10	—	—	滑座式
钢梁No.60 圆钢300mm 方钢240mm	2000	—	100	250	1000	12～250	33	—	2100	滑座式

表 5-69 有色金属常用锯机主要技术性能

型号	用途	锯件最大尺寸直径 ϕ 或厚度/mm	锯片直径/mm	锯片厚度/mm	锯片转数/r · min^{-1}	进刀速度/mm · min^{-1}	切削速度/m · min^{-1}
G607	铜合金	ϕ240 220	710	6.5	4.75 6.75 9.5 13.5	25～400	10.6 15.1 21.2 30.2
G6010	铜合金	ϕ350 300	1010	8	2 3.15 5 8.1 12.4 20	12～400	6.3 10.0 15.9 25.7 39.8 63.4
G6014	铜合金	ϕ500 350	1430	10	1.52 2.47 4.21 5.97 9.7 16.5	12～400	6.83 11.1 18.9 26.8 43.6 74.4
快速锯	铜合金	—	1010	—	320	900～1500	—
快速锯	铜合金	—	1430	—	215	—	—
滑锯	铜合金	ϕ410 180	1430	—	—	300～1200	20～1200
8A68	铝合金	ϕ350	1010	6.5	2～20	—	—
868C1	铝合金	ϕ380	1430	10	47.5～67	90～1000	213～300
Mn-9	铝合金	ϕ508	1430	10	47.5～67	100～1000	210～300
Mn-8	铝合金	ϕ800	2000	14	—	—	—
（苏）	铝合金	300～400	1800	9～12	735	1500	3000
简易圆锯	型、棒材	ϕ50	350	1.7	1920		
简易圆锯	管材		250～300	0.5～1.5	5000		

表 5-70 几种飞锯机的主要技术参数

序号	参数	ЭТНА СТАНДАРТ 公司飞锯机（可调曲柄长度四连杆式）		КОКС 公司飞锯机（可变旋臂长度差动机构式）		ВНИМЕТМАШ 飞锯机（行星轮系式）			我国某厂飞锯机（卧式四连杆式）
		1/2～11/2 英寸	11/4～4 英寸	3/8～21/2 英寸	3/8～4 英寸	1/2～3 英寸	1/2～2 英寸	1～4 英寸	1/2～4 英寸
1	钢管直径/mm	21～48	42～114	17～75.5	17～114	20～90	20～73	33.5～114	21.7～114.3
2	管壁厚/mm	2.77～3.68	3.56～6.0	2.25～4.5	2.25～5	2～7	2～7	4～8	3.2～10
3	管长/m	5.5～16.5	5.5～8.25	6～8	4～7,8～14	4,8,12,16	8	8,12	10～24
4	管温/℃	—	—	700～800	—	1100～1200	800～900	800～850	—
5	管速/m · min^{-1}	380～157	210～48	360～60	到 300	300～50	600～80	300～70	360～30
6	锯片直径/mm	610	610	690	800	560	700	800	650
7	锯片厚度/mm	—	—	—	—	3	—	—	5
8	锯片转速/r · min^{-1}	3600	3600	—	3000	3400	3000	3000	3600
9	主传动电动机功率/kW	—	—	—	23	40	200	200	135
10	锯片电动机功率/kW	—	—	—	—	10	—	—	18
11	设备总重/t	—	—	—	—	20	38	40	—

5.2.2.2 剪机

剪机的形式较多，有平刃剪、斜刃剪、鳄鱼剪、圆盘剪和各种飞剪。

A 平刃剪

平刃剪主要切大钢坯，作为初轧和中、小开坯车间的热剪，有时也用来冷剪小型型材。其主要技术参数有以下几项。

a 剪切行程

剪切行程 H 取决于被剪金属的最大厚度 h，上下刀片的重叠量 ΔH_1 和金属顺利通过的安全余量，即：

$$H = H_1 + \Delta H_1 + \Delta H_2 + \Delta H_3 \tag{5-9}$$

式中 H_1——辊道上平面到剪机压板下平面的距离，$H_1 = h + (50 \sim 70)$mm；

h——被剪金属的最大厚度，mm；

ΔH_1——上下刀片的重叠量，常取 5 ~ 25mm；

ΔH_2——压板低于上刀刃的值，可取 5 ~ 50mm；

ΔH_3——辊道上平面超出下刀刃的值，可取 5 ~ 20mm。

b 剪刃长度

剪刃长度 L 主要取决于被剪金属的最大宽度 B。

小剪机： $$L = (3 \sim 4)B \tag{5-10}$$

大中剪机： $$L = (2 \sim 2.5)B \tag{5-11}$$

板坯剪机： $$L = B + (200 \sim 300) \tag{5-12}$$

c 刀片横断面尺寸

刀片横断面尺寸主要取决于被剪金属的最大断面尺寸：

$$h = (0.65 \sim 1.5)H$$

$$\delta = (0.3 \sim 0.4)h$$

式中 h——刀片横断面高度，mm；

δ——刀片横断面宽度，mm；

H——被剪金属的最大高度，mm。

d 剪切行程次数

剪切行程次数主要取决于轧机的生产能力：

小型剪的剪切力为 600 ~ 1600kN 时，剪切次数为 16 ~ 30 次/min；

中型剪的剪切力为 2500 ~ 8000kN 时，剪切次数为 10 ~ 20 次/min；

大型剪的剪切力为 10000 ~ 25000kN 时，剪切次数为 3 ~ 14 次/min。

B 斜刃剪

斜刃剪主要用于横向、纵向剪切板材，为了减少剪切力，通常将上剪刃做成一定的倾角，其主要技术参数有以下几项。

a 剪切倾角

剪切倾角主要取决于被剪板材的厚度，板材越厚，倾角就越大。剪切钢材用斜刃剪，上剪刃通常做成 2° ~ 12°的倾斜角；剪切有色金属材料用的斜刃剪上剪刃通常为 1° ~ 6°的倾斜角。

b 剪刀长度

剪刀长度 L 主要取决于被剪金属的最大宽度 B。

$$L = B + 50$$

c 剪切行程

剪切行程 H 主要取决于料的宽度 B 和剪刃倾斜角之间的关系。

$$H > B \cdot \tan\alpha$$

近几年从国外引进的纵横剪切机列，设备结构紧凑，整体性强，穿带方便，带材剪切尺寸精度高，宽带剪切误差为0.03~0.07mm，窄带剪切宽度误差为±0.007mm，板材剪切长度公差为1.0mm。堆集采用气垫技术，堆集时长度方向正齐度为±2.0mm，宽度方向正齐度为1.5mm，机列中有19辊矫直机，保证板材平直度不大于(30~40)I单位。

C 圆盘剪和飞剪

a 圆盘剪

圆盘剪通常设置在带材精整作业线上，用于切边或分条，剪切过程是连续进行的，因此生产率很高。

圆盘剪有双对式和多对式之分，前者是切边用，后者主要是裁条用。

圆盘剪的主要技术参数为圆盘的直径及厚度。

直径 $$D = (32 \sim 68)S$$

式中 S——被剪切板的厚度，mm。

圆盘厚度一般为(0.06~0.1)D，应保证有一定的强度。

圆盘剪上下刀片有重叠，其重叠量一般为1~3mm，当剪切厚度大于5mm的板带材时，采用负重叠，即上下刀刃间的间隙为0.5S。

b 飞剪

飞剪是用来横向切断运行着的金属料，在型钢生产、钢坯生产和钢板生产中被采用。随着连轧技术的发展，飞剪的应用愈来愈广泛。

此外，在中小型材车间，也有采用鳄鱼剪和鸭嘴剪，用作轧制过程中切头、切尾，以及成品切成定尺。

各种剪切机主要技术参数如表5-71~表5-74所示。

表5-71 平、斜刃剪切机主要技术参数

产品名称	主要技术参数					电机功率/kW	重量/t	外形尺寸(长×宽×高)/mm×mm×mm
	剪切力/kN	剪切断面积/mm×mm	剪刃长度/mm	剪切次数/次·min^{-1}	剪切温度/℃			
6300kN六连杆平行刃定尺剪	6300	碳钢 265×265 合金钢 240×240	800	8~11	850~900	321.7	43.24	7979×6640×5283
铜铸锭剪断机	800	85×120		联动≤20 单动≤10		10	4.8	1600×1490×2500
电解铜板剪切机	210		400	30		7.5	3.3	1545×1305×1580
带送料辊液压下切剪	150	(0.5~4.5)×650	下刀刃倾角2°			2.2	5.1	2250×1950×1650

表 5-72 热钢坯剪切机主要技术参数

最大剪切力/kN	刀片行程/mm 对方坯	刀片行程/mm 对板坯	刀刃长度/mm	扁坯最大宽度/mm	刀片断面尺寸/mm×mm	理论空行程次数/次·min^{-1}
1000	160		400	—	40×120	20~30
1600	200		450	—	50×150	20~30
2500	250		550	300	60×180	18~30
4000	320		700	400	70×180	14~18
6300	360		800	500	70×210	12~16
10000	440		1200	1000	80×240	10~14
16000	500	400	1800	1500	90×270	7~12
(20000)	500	450	2100	1800	100×300	7~12
25000	500	450	2100	1800	100×300	5~8

表 5-73 横剪机组主要技术参数

产品名称	主要技术参数						
	带卷规格			成品尺寸			机组速度/m·s^{-1}
	厚度/mm	宽度/mm	重量/t	厚度/mm	宽度/mm	长度/mm	
(1.2~4.8)×1700mm 热轧板横剪机组		750~1550	24	1.2~4.8	700~1500	2000~8000	1~2
(0.32~1.5)×1700mm 冷轧板剪切机组	0.32~1.5	750~1550	25	0.32~1.5	700~1500	1000~4000	1~4
0.5~4 铝板轧机预先剪切机组	0.5~4	1200~2560	3.3	0.5~4	1200~2560	4160~10300	0.6~1.5
600mm 带钢检查上油横剪机组(薄)	0.1~1	270~530	1				0.28
600mm 带钢检查上油横剪机组(厚)	1~3	270~530	1				0.28

产品名称	电机功率/kW	重量/t	外形尺寸(长×宽×高)/mm×mm×mm	设备组成
(1.2~4.8)×1700mm 热轧板横剪机组	1390	532	112000×12000	链式运输机,5 辊矫直机,20t 液压铡刀剪,圆盘剪,碎边剪,钢板涂印装置等
(0.32~1.5)×1700mm 冷轧板剪切机组	660	350	64000×12000×5700	钢卷车,开卷机,三辊引料矫直机,液压铡刀剪,5 辊及 21 辊矫直机,1700mm 圆盘剪,静电涂油机等
0.5~4 铝板轧机预先剪切机组	421	296	66065×13000× 地下 5700 地上 2650	受料台,开卷机,直头机 5 辊及 17 辊矫直机,圆盘剪,下切式剪断机等
600mm 带钢检查上油横剪机组(薄)	17.2	16	23000×7900×4300	10kN 悬臂吊,卷纸机,200mm 开卷架,5m 检查台,手动剪,涂油机等
600mm 带钢检查上油横剪机组(厚)	43	64.2	30300×7900×4300	10kN 悬臂吊,卷纸机,刮板机,19 辊矫直机,10m 检查台,下切式剪断机,垫纸机等

表 5-74　纵剪机组主要技术参数

产品名称	带卷规格			纵剪钢卷尺寸		横剪板材尺寸		机组速度 $/m \cdot s^{-1}$	电机功率 /kW
	厚/mm	宽/mm	重/t	带卷直径 /mm	板卷直径 /mm	宽度/mm	长度/mm		
1700mm 纵剪机组	0.5～2.5	650～1550	15					1～3	305.3
(2～10)×1700mm 热轧板纵剪机组	2～10	120～1500	24					1～3	1520
1200mm 热钢板联合剪切机组	2～8	750～1050	30.5	130～1000	1200		1000～4000	1～1.5	1150
1200mm 冷钢板联合剪切机组	0.5～2	620～1020	10	350～1200	950～1500	710～1000	1000～2000	0.5～2	545
700mm 热带纵剪机组	1.5～5	≤630	2					0.3～1	225

产品名称	重量/t	外形尺寸(长×宽×高)/mm×mm×mm	设备组成
1700mm 纵剪机组	约 140	总长 20000	送卷装置,浮动开卷机刮板直条机,1700mm 液压剪,3t 悬臂吊,圆盘剪,涂油机等
(2～10)×1700mm 热轧板纵剪机组	375	11760×64000	链式运输机,液压升降台,折卷机,7 辊矫直机,下切式铡刀剪,圆盘剪,碎边剪,卸卷装置等
1200mm 热钢板联合剪切机组	460		链式运输机,开卷机,7 辊矫直机,液压剪,圆盘剪,碎边剪,定尺剪,13 辊矫直机等
1200mm 冷钢板联合剪切机组	237.8	50000×14400×2650	送卷小车,浮动开卷机,液压剪,圆盘剪,11 辊矫直机,飞剪,涂油机等
700mm 热带纵剪机组	51.6	14600×5880×3790	转柱卸料机,1t 悬臂吊,开卷机,直头机,下切式剪切机,ϕ300mm 圆盘剪,碎边剪,卷取机等

5.2.2.3　折断机

折断机主要用于管坯直径大于 140mm 的或高强度($\sigma_b > 600$MPa)管坯的切断,通常称为折断压力机。折断机的压力大小可根据切断管坯的直径来确定。

5.2.3　矫直机选择

矫直机的分类有辊式矫直机、压力矫直机以及张力矫直机。辊式矫直机的工作是连续进行的,生产率高,因而得到了广泛的应用;压力矫直机是靠冲头往返运动进行矫直的,生产率低;张力矫直机多用于有色金属材料的矫直。

5.2.3.1　辊式矫直机

辊式矫直机又分为板带材辊式矫直机、型材辊式矫直机以及斜辊式矫直机,主要参数如下所述。

A　板带材辊式矫直机

板带材辊式矫直机的主要技术参数如下所述。

(1) 节距 t。节距又称辊距,它对被矫直材料的精度和作用在辊子上的压力有很大影响。节距的大小与被矫直材料的厚度 h、屈服强度以及材料的弹性模量等有关；节距的最小尺寸 t_{min} 及最大尺寸 t_{max} 值可按下式确定：

$$t_{min} = 0.43h\sqrt{\frac{E}{\sigma_s}} \tag{5-13}$$

$$t_{max} = 0.33h\frac{E}{\sigma_s} \tag{5-14}$$

或按经验公式确定：

$$t = (10 \sim 20)h$$

（2）辊径 D。辊径 D 大，辊子强度大，但在矫直过程中，板材被弯曲的曲率半径增大，矫直效果不好，一般辊径用下面经验公式计算：

$$D = (0.90 \sim 0.95)t$$

（3）辊数 n。辊子数目越多矫直质量越好；被矫直材料越薄，要求辊子的数目越多。但辊子数目众多，设备结构复杂，因此在满足工艺要求的条件下尽量减少辊数。厚板根据经验可采用 5 ~9 辊矫直机，薄板采用 11 ~23 辊（或更多）矫直机。板带材矫直机的基本参数、技术性能，如表 5-75 ~ 表 5-78 所示。

表 5-75 钢板矫直机的辊子数目

钢板厚度/mm	辊子数目/辊
0. 25	19 ~ 29
1. 5 ~6	11 ~27
>6 以上	7 ~9

表 5-76 钢板矫直机的基本参数

辊距/mm	辊径/mm	矫直辊辊身长度/mm											被矫钢板厚度/mm
		1	2	3	4	5	6	7	8	9	10	11	
30	25	500											0. 25 ~0. 6
40	35	500											0. 30 ~0. 10
50	40	500	800	1000	1200	1500							0. 4 ~1. 50
65	45		800	1000	1200	1500	1700	2000	2300				0. 6 ~2. 5
80	75		800	1000	1200	1500	1700	2000	2300	2500	2800	3000	0. 8 ~3. 0
100	90		800	1000	1200	1500	1700	2000	2300	2500	2800	3000	1. 0 ~4. 0
130	120		800	1000	1200	1500	1700	2000	2300	2500	2800	3000	2. 0 ~8. 0
160	150		800	1000	1200	1500	1700	2000	2300	2500	2800	3000	3. 0 ~12. 0
200	180			1000	1200	1500	1700	2000	2300	2500	2800	3000	4. 0 ~16. 0
250	230			1000	1200	1500	1700	2000	2300	2500	2800	3000	6. 0 ~25. 0
300	280				1200	1500	1700	2000	2300	2500	2800	3000	8. 0 ~30. 0
400	370						1700	2000	2300	2500	2800	3000	10. 0 ~40. 0

表 5-77　铜合金板、带材采用的辊式矫直机技术性能

矫直机特性			单位	7 辊矫直机	7 辊矫直机	9 辊矫直机	9 辊矫直机	11 辊矫直机	13 辊矫直机	13 辊矫直机	17 辊矫直机	17 辊矫直机	21 辊矫直机	21 辊矫直机	23 辊矫直机	23 辊矫直机
矫直机尺寸	工作辊	直径	mm	420	280	230	155	155	120	90	90	60	48	60	25	60
		长度	mm	—	2350	2800	1200	1200	1100	1500	1100	1200	2400	1200	920	2200
	支撑辊	直径	mm	500	—	240	—	—	—	—	90	62	—	—	54	60
		长度	mm	—	—	2	—	—	—	—	300	150	—	—	40	250
被矫直板、带材规格		宽度	mm	3150	2600	2500	≤1050	≤1050	1000	1400	1000	1000	1500 ~ 2000	≤1050	800	2000
		长度	mm	—	—	—	—	—	—	—	—	—	—	—	—	—
		厚度	mm	14 ~ 32	4 ~ 25	4 ~ 16	3. 5 ~ 7	3. 5 ~ 12	2 ~ 4	1 ~ 4	1 ~ 4	0. 4 ~ 2. 5	0. 5 ~ 2	0. 2 ~ 3. 5	0. 3 ~ 0. 5	0. 35 ~ 2
矫直速度			m/min	6	32 ~ 48	10	48	12	49	10 ~ 15	45	45 ~ 90	27	15	13 ~ 40	36
电动机功率			kW	125	80	125	40	70	55	14	70	19	45	95	25	53
矫直辊数			个	7	7/2	9	9	11	13	13	17	17	21	21	23	23
辊子节距			mm	525	300	220	160	160	130	—	100	65	50	65	28	65
被矫直材料 σ_s			MPa	320 ~ 800	—	260	≤500	≤800	450	240	640	70 ~ 200	400	≤1100	350	280
支撑辊列数			列	—	1	2	—	3	1	—	1	3	—	—	3	4
外形尺寸		长	mm	约 11290	9300	—	约 5165	6500	3300	1400	—	—	约 7000	—	—	—
		宽	mm	约 5056	4010	—	2130	2200	3500	4265	—	—	约 1600	—	—	—
		高	mm	7785	4435	—	1564	3380	1800	1790	—	—	2370	—	—	—

表 5-78 铝合金板材辊式矫直机技术性能

技术性能	矫直机辊数					
	13	17		23	29	
矫直板材厚度/mm	4 ~ 10.5	1 ~ 4	1 ~ 4	0.8 ~ 2	0.5 ~ 2	0.5 ~ 1.5
矫直板材宽度/mm	1200 ~ 2500	1000 ~ 1500	1200 ~ 2500	1200 ~ 2000	1000 ~ 1500	1200 ~ 1500
矫直速度/m · min^{-1}	20 ~ 60	30 ~ 60	30 ~ 60	30 ~ 60	30 ~ 60	30 ~ 60
矫直辊数(工作辊)/个	13	17	17	23	29	29
矫直直径/mm	180	75	90	60	180	186
矫直长度/mm	2800	1700	2800	2200	1700	1700
支撑辊数/个	60	60	90	60	186	186
支撑辊直径/mm	210	75	76	125	38	38
支撑辊长度/mm	210	350	400	200	150	150
主传动电机功率/kW	113.5	40	65	65	55	65
主传动电机转速/r · min^{-1}		620 ~ 1200	650 ~ 1180	650 ~ 1180	636 ~ 1180	650 ~ 1180
压下电机/个		4	4	4	—	—
压下电机功率/kW		2.8	2.8	2.8	—	—
压下电机转数/r · min^{-1}		420	1430	1430	—	—

B 型材辊式矫直机

型材辊式矫直机的主要技术参数：

(1) 节距 $t = (5 \sim 20)h$；

(2) 辊径 $D = (0.75 \sim 0.90)t$；

(3) 辊数 n，主要根据型材类型选定，大型材采用 5 ~ 9 辊矫直机，中、小型材采用 7 ~ 10 辊矫直机。

型材辊式矫直机基本参数如表 5-79、表 5-80 所示。

表 5-79 型材辊式矫直机基本参数

辊距 /mm	辊数 /个	被矫钢材 h_{max}/mm	最大塑性弯曲力矩/N · m	可以矫直的最大尺寸						v_{max} /m · s^{-1}	备注
				圆钢 /mm	方钢 /mm	钢轨 /kg · m^{-1}	角钢 (号)	槽钢 (号)	工字钢 (号)		
200	9	60	2400	35	30		5	65		2	悬臂式
300	9	70	6800	50	45	5	8	10	10	2	
400	9	90	14500	60	50	8	10	12	16	2	
500	9	110	33500	85	80	18	12	18	18	1.5	

续表 5-79

辊距/mm	辊数/个	被矫钢材 h_{max}/mm	最大塑性弯曲力矩/N·m	可以矫直的最大尺寸						v_{max} /m·s^{-1}	备 注
				圆钢/mm	方钢/mm	钢轨/kg·m^{-1}	角钢(号)	槽钢(号)	工字钢(号)		
600	7	140	54400	100	90	24	16	22	22	1.5	悬臂式
800	7	200	106000	125	115	38	22	36	36	1.2	
1000	7	250	179000	140	130	44	25	40	60	1.2	龙门式
1200	7	280	223000	160	150	65			63	1	
1400	7	320	—	—						0.8	

表 5-80 型材悬臂辊式矫直机技术性能

参数名称	单 位	10 辊	12 辊	12 辊
被矫型材最大抗拉强度	MPa	500	450	500 ~ 600
被矫型材最大屈服强度	MPa	450		350 ~ 400
被矫型材几何尺寸(宽×高×壁厚)	mm×mm×mm	30×30×3	60×60×8	600×200
矫正辊数目	个	10	12	12
最小辊径	mm	160	260	500
辊 距	mm	350	520	
矫正速度	m/min	25.5,12.5,6.5	14.85,7.78,5.52	4.8
上辊向上调整量	mm	80	30	200
下辊向下调整量	mm	50		100
主电机功率	kW	4	28	45
主电机转速	r/min	1500	1000	577
设备外形尺寸				
长	mm	2300	1940	9080
宽	mm	1530	1170	6550
高	mm	1505	1745	3940

C 圆管棒辊式矫直机

圆管棒辊式矫直机分为立式双曲线辊式矫直机、卧式双曲线辊式矫直机和正弦(回转式)管材矫直机。双曲线辊式矫直机又称斜辊式管棒矫直机,主要用于矫直直径 ϕ300mm 以下的管子和直径在 ϕ100mm 以下的棒材;正弦管材矫直机主要用于矫直外径 ϕ6 ~ 16mm 的盘管。圆管棒辊式矫直机工作的特点是当被矫直的材料规格尺寸发生变化时,只要调整上下辊间的距离和倾斜角度即可。表 5-81 ~ 表 5-84 为圆管棒辊式矫直机主要技术性能。

表 5-81 卧式双曲线辊式矫直机技术性能

被矫制品规格、性能					辊距/mm	矫直辊尺寸		矫直速度/m·s^{-1}	电机功率/kW	设备外形尺寸（长×宽×高）/mm×mm×mm	设备重量/kg
管材最小直径/mm	管材最大直径/mm	管材最大壁厚/mm	管材最大 σ_s/MPa	棒材最大外径/mm		辊喉直径/mm	辊身长度/mm				
5.0	25	7	—	20	300	60/80	200/800	36/72	3.2/4.2	1105×932×970	1125
6.0	30	7	—	30	440	117/130	270/114	29.5/59.2	5/7	1450×1205×1110	1828
5.0	40	5	340	—	440	117/130	270/114	30/60	5/7	1450×1295×1110	2130
6:0	40	4.5	—	30	450	117/130	270/114	33.4/60.4	5/7	1440×1225×1135	2380
100	40	8	400	—	500	140/200	300/210	30/60	10/11	1775×1835×1050	2623
20	50	6	—	—	800	220/160	320/140	150	20	—	10850
24	65	12	340	—	900	230/170	400/260	30	40	—	—
15	75	7.5	—	50	600	175/205	400/192	156/278	14/20	2300×2109×1086	5646
25	75	—	280	50	600	175/200	396/196	14.6/29.5	14/20	—	8500
21	76	—	—	—	900	230/200	500/280	107/201	38	4300×1760×1950	7890
25	80	—	—	—	900	260/200	500/267	1704/201	38	2300×1760×1850	7488
35	80	8	400	—	800	220/200	330/210	30	40	2460×2810×1230	6715
40	120	15	280	100	840	250/250	550/220	31.4/(20.6/15.6)	40/70/28	3800×2500×1510	13770
60	160	7	280	100	840	250/250	550/210	14.7/16.6	28/40	—	12371
85	220	12.5	400	—	1300	400/400	—/400	—	40	—	—
165	325	15	380	—	850	400	—/400	21	36	6140×3960×2800	62800

表 5-82 立式双曲线辊式矫直机技术性能

被矫制品规格、性能				辊距 /mm	矫直辊尺寸		矫直速度 /m·min^{-1}	电机功率 /kW	设备重量 /kg
管材最小直径 /mm	管材最大直径 /mm	管材最大壁厚 /mm	管材最大屈服极限 /MPa		辊喉直径 /mm	辊身长度 /mm			
1.5	88	—	400	180	40	68	24	1×2	366
3	112	4	500	150	50	60	27	0.8×2	410
4	220	5	400	220	60	90	21/75	2.5×2	614
6	25	2.5	—	580	170	230	—	4.5	—
8	40	7	1200	340	130	175	0.96~30	12×2	7300
12	42	5	600	265	100	110	79.8	7.5×2	1690
20	114	10	340	800	220	330	40~160	30×4	26350
20	114	10	340	800	220	330	60~900	55×2	30837
20	114	10	340	800	220	330	40~160	33×4	28494
20	114	10	340	800	220	330	40~160	75×4	—
20	115	12	350	—	250	340	60/120/180	—	—
38	120	6	800	700	230	340	38.4	28×2	22000
38	140	15	—	800	230	340	28~75	24×2	41000
80	230	12	—	1200	360	600	20~30	55×2	83320
38	240	13	—	1200	360	600	24~72	43×2	84017
	160（棒）								
114	325	15	—	1500	480	900	18~60	125×2	21578
114	402	15	—	1500	460	840	19.2~78	75×2	203470
114	529	15	850	1700	580	1360	19.5~78	125×2	212507

表 5-83 正弦（回转式）管材矫直机技术性能

被矫管材规格及性能			矫直速度 /m·min^{-1}	矫直辊尺寸/mm			矫直辊个数/个	旋转角度/(°)	主传动电动机			设备外形尺寸（长×宽×高）/mm×mm×mm	设备重量/kg
外径/mm	壁厚/mm	σ_s/MPa		最大直径	最小直径	辊身长度			型号	功率/kW	转速/r·min^{-1}		
0.2～1	0.05～0.20		43.2/24/18	—	—	—	—	—	JDL 22—4	0.25	1400	325×350×1180	45.2
3～8	≤2.5		30	38	—	20	10	—	J32—4	1	1420	1175×830×620	440
≤3	—		30	—	—	—	—	—	J31—4	0.6	1420	665×685×610	157
2～12	0.1～0.8	800	12～30	30	25	35	7	24～30	JC 42—6/4	1.7/2.8	930/1420	12400×1035×1092	1060
3～12	<2		30	—	—	—	5	—	JC 42—4/2	2.4/2.8	1430/2860	1860×940×845	760
2～20	0.1～10	800	22.2～82.8	30	25	35	8	20～35	JDO 251	1.7/2.8	940/1430	12400×1035×1092	1060
15～43	0.35～1.0	460	28.4～88.5	—	—	—	—	—	Z2—71	7.5	1500/750	13415×1866×1312	5411
20～60	0.25～1.0	220	10.6～74.7	60	50	120	10	±45	JDO 262/12/8	2,3,3.5,4.5	460/1425	39185×1760×1280	4262.2
0.4～0.9	—		3.5	—	—	—	—	—	6/4	—	—	—	—

表 5-84 液压压力矫直机技术性能

压力/kN	柱塞最大行程/mm	工作液体最大压力/MPa	工作台面尺寸/mm		由压头到台面的最大距离/mm	矫直管材直径范围(外径)/mm	矫直棒材直径范围/mm	柱塞杆运动速度/mm·s^{-1}		
			长度	宽度				空程	满负荷行程	返回行程
630	400	32	2500	400	550	50～150	30～120	50	2.5	64
1000	450	10	2400	460	600	—	—	—	—	—
1600	500	20	3000	500	750	200～80	60～160	45	1.58	40
3000	650	20	3500	900	900	—	—	24.4	1.5	—
3150	500	32	3000	600	800	420～150	80～250	27	1.5	22

5.2.3.2 压力矫直机

压力矫直机是借助于冲头的上下往复运动来矫直材料，主要用作补充矫直和局部矫直，例如消除一些大断面制品在经过张力矫直后仍未能消除或因设备所限不能进行矫直的局部弯曲。通过人工观察在弯曲的部分进行矫直，属于间断作业，矫直效果较差。压力矫直机按被矫直材料的矫直压力来选用。这种设备可采用液压传动，也可采用机械传动。表5-84，表5-85分别列出了立式液压矫直机与曲柄压力机的技术参数。

表 5-85　曲柄式压力机技术参数

压力/kN	压头行程/mm	冲程次数/次·min^{-1}	支座间距/mm		最大截面系数(σ_b = 400 ~ 500MPa)/cm^3	电机功率/kW	
			最小	最大		单曲柄	双曲柄
200	25	50 ~ 55	220	750	34.2	3.0	4.5
400	30	45 ~ 50	300	900	98	3.7	6.0
700	35	40 ~ 45	380	1100	214	4.5	7.5
1000	40	35 ~ 40	440	1300	397	6.0	10
1500	45	30 ~ 35	500	1600	653	9.0	15
2000	50	25 ~ 30	600	2000	1460	12.0	20
2500	60	25 ~ 30	650	2400	2750	15.0	25
3500	65	20 ~ 25	680	2700	4632	18.0	30

5.2.3.3　张力矫直机

张力矫直机是一种先进的带材矫直方法，矫直过程利用开卷机、卷取机提供的前、后初张力，经S辊放大使带材承受一定的张力。同时采用小直径的工作辊正反交替弯曲带材，拉伸应力和弯曲应力叠加，使带材中不等长纵向纤维组织在全厚度上同时被塑性延伸拉长，弹性收缩后在全宽度上保持相同长度，减小或基本消除导致板形不良的带材内应力，从而获得很高的平直度。拉弯矫直结合了辊式矫直和张力矫直的优点，非常适宜对带材进行连续矫直。

对于复杂断面型材，尤其是轻金属型材的矫直通常采用张力矫直，有的矫直机不仅可以矫直，而且能起矫形作用，其结构上的特点就是一个钳口固定，另一个钳口可以作一定角度的旋转，以矫直型材的弯扭。制品矫直后比原制品延伸 1% ~3%，横截面的减少大约为 2% ~3%。某些张力矫直机的技术性能如表 5-86、表 5-87 所示。

表 5-86　铝合金板材张力矫直机技术性能

技术性能	拉　力		
	2500kN	4000kN	10000kN
矫直板材厚度/mm	0.3 ~ 4	0.5 ~ 4	4 ~ 12
矫直板材宽度/mm	500 ~ 1500	1200 ~ 1500	1200 ~ 2500
矫直板材长度/mm	2180 ~ 4180	4130 ~ 10300	约 10450
最大拉伸速度/mm·s^{-1}	5.6	5 ~ 25	12
最大行程/mm	—	320	—
传动油泵压力/MPa	20	20	86
传动油泵能力/L·min^{-1}	50	—	—
油泵电机功率/kW	20	16	—
油泵电机转速/r·min^{-1}	970	685	—
设备重量/kg	—	100297	—

表 5-87 铝型材张力矫直机主要技术性能

参数名称		160kN	300kN	400kN	600kN	1000kN	1600kN	4000kN	15000kN
最大吨位/kN		160	300	400	600	1000	1600	4000	15000
传动方式		油泵单独传动	油泵单独传动	油泵单独传动	油泵单独传动	油泵单独传动	油泵单独传动	油泵单独传动	油泵单独传动
工作液体压力/MPa		20	5 2.5	20	20	20	13	20	20
两拉伸头开口间距/mm	最大	13000	12000	13000	13000	13480	15000	13690	36000
	最小	2000	3000	2000	2000	1500	2000	2000	3500
工作缸最大行程/mm		1000	1200	1200	1200	1500	1200	1500	3500
工作缸的工作速度/$mm \cdot s^{-1}$		5~25	16	20~60	20~60	15	20	15	8.5
工作缸的回程速度/$mm \cdot s^{-1}$		60~100	60	60~100	60~100	170	173	51	80
扭拧机构最大扭矩/N·m		—	—	—	—	750	1000	1500	3500
最大扭拧角度/(°)		—	—	—	—	360	360	360	360
扭拧电机功率/kW						7.5	7.5	22	30
主电机功率/kW		18.5	10	30	37	20	55	75	75
设备外形尺寸	长/mm	17910	19600			24375	30400	27420	68000
	宽/mm	600	1310			1755	2000	1750	11750
	高/mm	地上 1032 地下 1000				2060	地上 2750 地下 350	地上 3045 地下 1185	地上 800 地下 4125
扭拧速度/$r \cdot min^{-1}$						6	4	52	1~1.4

5.2.4 冷却设备选择

冷却设备主要是冷床,冷床的选择主要考虑结构形式和技术参数。

5.2.4.1 冷床的结构

冷床的分类:有链式运输机冷床、钢绳拉料机冷床、齿条式冷却辊式冷床、步进式冷床以及钩式运输机等。

5.2.4.2 冷床主要技术参数确定

(1) 冷床宽度:

$$B = L_{max} + (1 \sim 2)\text{m} \quad 或 \quad B = 1.1L_{max} \tag{5-15}$$

式中 B——冷床宽度,mm;

L_{max}——轧后成品的最大长度。

若进入冷床前成品已剪成 n 根长为 l(m)的定尺,则冷床宽度应为:

$$B = nl + (2 \sim 3)\text{m}$$

(2) 冷床长度。冷床长度应保证在冷却时间内轧出的材料能全部容纳在冷床上,那么冷床长度应为:

$$L = \frac{1000}{K \cdot G} A \cdot T \cdot C \tag{5-16}$$

式中 A——材料最大小时产量,t/h;

G——每根料的重量,kg;
C——相邻两根料之间的中心距,m;
T——材料在冷床的冷却时间,h;
K——冷床长度上的利用系数,其值为:

往复多爪式冷床 $K=0.4\sim0.5$
辊式及齿条式冷床 $K=0.8$
链式冷床 $K=0.4\sim0.5$
带潜行装置冷床 $K=0.6\sim0.7$

(3) 冷却时间的确定。各种材料由于规格品种和周围介质不同,所需的冷却时间也不同,确定的方法有两种:一是按热传导式进行计算;二是按同类生产条件进行实测,表5-88为实测的几种型钢产品冷却时间,表5-89为几种型钢车间冷床的主要技术参数。

表5-88 实测的几种型号钢产品冷却时间

品种规格	冷却时间/h	品种规格	冷却时间/h
24kg轻轨	2.0	9~13号角钢	2.0
15~18kg轻轨	1.5	5~7.5号角钢	1.0
8~11kg轻轨	1.0	(8~10)×100mm扁钢	1.0
14~24号工槽	1.5	ϕ25~35mm圆钢	1.0
8~12号工槽	1.0	ϕ16~20mm圆钢	0.5

表5-89 几种型钢车间冷床的主要参数

轧机名称	冷床形式	冷床尺寸($B\times L$)/m×m
650mm轧机	往复多爪式	15×27×2
500/350mm轧机	斜辊式	33×5.25
400/300mm轧机	往复多爪式	40×6.5
400/250mm轧机	齿条式	65×5.8
500/300/250mm轧机	齿条式	50×5.7

5.2.5 铣面及酸洗设备选择

5.2.5.1 铣面机

铣面机按铣面方法分有单面铣和双面铣;按铣床结构分有立铣和卧铣,卧铣采用较普遍。有色金属加工车间为提高板、带的表面质量,进行铣面以消除铸锭表面的结疤、裂纹、偏析物夹渣,或带坯表面的压痕、压入、划伤等缺陷。某厂从英国戴维公司引进的带坯双面铣削机,可铣厚15mm、宽1050mm的带坯,铣削速度为0~15m/min,单独铣削板坯时可铣(15~40)mm×(1050~1500)mm的板坯,设有侧边铣削机,铣削精度纵向偏差为0.15mm,横向偏差为0.1mm。铣刀的调节利用厚度测量辊反馈数字进行自动调节,并有带材边部自动对中、自动仿形和铣削回收装置。表5-90为铝合金铸锭铣面机技术性能。表5-91为铜合金铣面机技术性能。

表 5-90 铝合金铸锭铣面机技术性能

技术性能	卧式	卧式	卧式	立式	立式
型号	B-88	Tϕ212	—	—	—
铣刀直径/mm	2100	2100	1730	1875	1316
铣刀回转速度/$r \cdot min^{-1}$	230	230	187	—	150/300 或 225/450
切削速度/$m \cdot min^{-1}$	1500	1500	1000	3000	600/1200 或 900/1800
工件进给范围/$mm \cdot min^{-1}$	4500	6050			3492
最大切削深度每次/mm	8	8	8	单面 6~9	—
铣刀传动功率/kW	—	180	147	750	26/57
进给传动功率/kW	—	20	1~5.1	—	1.22
铸锭尺寸					
厚/mm	180~305	100~300	50.8~400	200~400	177~254
宽/mm	560~2000	1000~2000	910~1620	750~1125	660~1220
长/mm	800~2620	1000~2700	900~2540	1800~4200	1270~1830
铣削方式	单面铣	单面铣	—	双面铣	—

表 5-91 铜合金铸锭铣面机技术性能

技术性能	X52K 型	X53K 型
工作台面(宽度×长度)/mm×mm	380×1250	400×1600
工作台最大行程		
纵向/mm	700/680	900/880
横向/mm	255/240	315/300
升降/mm	370/350	385/360
工作台进给量		
纵向/$mm \cdot min^{-1}$	23.5~1180	23.5~1180
横向/$mm \cdot min^{-1}$	15~786	15~786
升降/$mm \cdot min^{-1}$	8~394	8~394
工作台快速移动速度		
纵向/$mm \cdot min^{-1}$	2300	2300
横向/$mm \cdot min^{-1}$	1540	1540
升降/$mm \cdot min^{-1}$	770	770
主轴转速/$r \cdot min^{-1}$	30~1500	30~1500

5.2.5.2 酸洗设备

酸洗设备有酸洗机和酸洗槽，酸洗机有摇动式酸洗机，适合型钢或钢板的酸洗；另一种是连续酸洗机，有浸入式或喷射式，适合带材酸洗，生产率高。酸洗槽的规格主要根据酸洗材料规格以及一次酸洗量加以确定，铜材酸、水洗槽规格如表 5-92、表 5-93 所示，钢板带酸洗机组的主要技术参数如表 5-94 所示。

表 5-92　铜合金管、棒、型材用酸槽规格

酸槽类别	酸水洗槽的尺寸			酸水洗槽内壁用的材料	加热装置的材料
	长/m	宽/m	高/m		
硫酸水溶液槽	7.5 9.0	1.1 1.42	1.2 1.65	耐酸塑料、铅板、耐酸不锈钢、青石、木材	铅管或不锈钢管
硝酸水溶液槽	7.5 8.0	1.0 1.0	0.8 0.9	不锈钢、耐酸塑料、木材	耐热不锈钢
钝化处理槽(加入少量 $K_2Cr_2O_2$ 或 CrO_3 的 H_2SO_4 溶液)	7.5	1.0	0.8	不锈钢、耐酸塑料	—
冷、热水洗槽	7.5 9.2	1.1 1.4	1.2 1.5	铅板或木材	—

表 5-93　铜合金线材用酸、水洗槽规格

名　称	材　质	规格尺寸
硫酸水溶液槽	1. 木槽内衬铅板 2. 砖砌成内衬铅板 3. 回炉盐铸石 4. 花岗岩	长:2500 ~ 5000mm 宽:1000 ~ 1500mm 高:1000 ~ 1500mm
加入适量重铬酸钾的硫酸水溶液槽	1. 回炉盐铸石 2. 不锈钢板焊成 3. 花岗岩 4. 陶瓷缸	1. 长:600 ~ 1000mm 宽:600 ~ 1000mm 高:600 ~ 1000mm 2. 直径:800 ~ 1200mm 高:300 ~ 850mm
硝酸水溶液槽	1. 回炉盐铸石 2. 不锈钢板焊成 3. 花岗岩	1. 长:600 ~ 1000mm 宽:600 ~ 1000mm 高:300 ~ 850mm 2. 直径:800 ~ 1200mm 高:300 ~ 850mm
冷、热水槽	钢板焊成	长:2500 ~ 3000mm 宽:1000 ~ 1500mm 高:1000 ~ 1500mm

表 5-94　钢板、带酸洗机组主要技术参数

产品名称	主要技术参数						电机功率/kW	重量/t	外形尺寸(长×宽×高)/mm×mm×mm	设备组成
	带卷规格			机组速度/m·min^{-1}	液压压力/MPa	年产量/t				
	厚度/mm	宽度/mm	重量/t							
1200 酸洗机组	2 ~ 4	650 ~ 1050	10	15 ~ 75			910	616	180000 × 9000 × 8000	双卷头开卷机,刮板式直头机,5 辊矫直机、酸洗槽及酸液循环系统、圆盘剪、碎边剪、七辊张力装置、卷取机等
1700 连续酸洗机组	1.5 ~ 4.5	750 ~ 1550	24	60 ~ 450	600	700000	109.1	1304	28680 × 19500 × 40000	上卷台、7 辊矫直机、盐酸酸洗塔,冷水槽、干燥机、液压剪、圆盘剪、卷取机、卸卷装置
1700 塔式酸洗机组	1.5 ~ 4.5	650 ~ 1550	约 15	18 ~ 110			169.8	866	36830 × 1500 × 800	上料运输机、开卷机、7 辊矫直机、1700 液压剪、对焊机、CO_2 气体保护焊接机、酸洗塔、热水槽、圆盘剪等

5.2.6 起重运输设备选择

起重运输设备包括起重机、辊道、运输小车以及各种升降设备，下面分别作简要介绍以便设计时选择。

5.2.6.1 起重机

起重机(天车、吊车)主要用于车间原材料、产品、设备或部件的起重和运输。

A 起重机的类型

起重机的类型有桥式起重机、龙门式起重机、钳式起重机、磁力起重机以及电葫芦等，在加工车间主要是桥式起重机，桥式起重机有双梁、单梁和单主梁之分。

双梁桥式起重机的起重量大、运动速度快；单梁桥式起重机起重量小、运动速度慢，通常在机修车间使用；单主梁桥式起重机结构新、重量轻、造价低。

B 起重机的主要参数

(1) 起吊重量。主要由起吊最重物件的重量来决定，还应考虑由于车间产量提高起重量增大的可能性，在确定起重量大小时还应考虑吊运工具的重量。

(2) 运行速度。主要决定于起重机的用途，检修换辊用的起重机运行进度较低，而在成品库吊料用的起重机则采用较高的速度。

(3) 起重机的工作制度。起重机的工作制度按起重量、运行速度和使用频繁程度分为轻、中和重型三种。主电室之起重机提升和运行速度要求较慢，宜选用轻型；安装、检修、换辊用的起重机要求提升和运行速度中等，使用也不太频繁，宜选用中型；在成品库和成品库与车间内各工序之间的起重机，要求有较大的提升和运行速度，使用较频繁，宜选用重型。

(4) 台数的确定。起重机台数的确定主要是依据起重机实际工作负荷及作业率的大小。

起重机的工作周期包括下列一些因素：起重机开来时间、起重机运行时间及起重机卸货时间的总和，以 T_0(min)表示。

根据车间设备的生产率确定每班吊运货物量，然后确定每班起重机所需吊运次数

$$N = \frac{\text{每班吊运货物量}}{\text{起重机每次吊运重量}}$$

每班所需起重机工作时间 T(min)为：

$$T = NT_0 \tag{5-17}$$

实际需起重机的台数 n 为：

$$n = \frac{T}{60Kh} \tag{5-18}$$

式中 h——每班起重机的实际有效工作时间，若有效工作时间系数为 0.8，则每班有效工作时间为 $0.8 \times 8 = 6.4$h；

K——吊车作业率，取 $K = 0.8$。

起重机台数也可根据经验确定，一般来说，中小型车间每 70 ~ 100m 有一台起重机。桥式起重机主要技术参数如表 5-95 及表 5-96 所示。

表 5-95 双钩桥式起重机主要技术参数

起重量		跨度/m	最大起升高度/m		工作制度	起升速度/m·min^{-1}		运行速度/m·min^{-1}		起重机最大宽度/mm	最大轮压/kN	重量/t
主钩/t	副钩/t		主钩	副钩		主钩	副钩	大车	小车			
100	20	13	20	22	中级	4.62	9.28	76.6	34.4	9500	314	66.4
		16									325	70.5
		19									338	75.7
		22						66.6			350	81.7
		25									361	86.9
		28									370	93.9
		31									382	101.0
50	10	19.5	12	16	中级	6.13(中)	19.8	86.2(中)	38.6	6330	395	46.67
		22.5			重级	7.53(重)		87.8(重)			420	52.33
		25.5						86.6(中)		6530	439	57.87
		28.5						87.8(重)			450	62.08
		31.5									467	67.75
20	5	16.5	12	14	中级	7.3(中)	20	83.2(中)		5300(中)	189	25
		19.5			重级	15(重)	20	88.7(中)		5600(重)	202	29
		22.5						103(重)			211	32
		25.5								6210	224	36.9
		28.5									236	40.8
		31.5									247	44.5

表 5-96 单钩桥式起重机主要技术参数

起重量/t	跨度/m	最大起升高度/m	工作制度	起升速度/m·min^{-1}	运行速度/m·min^{-1}		起重机最大宽度/mm	最大轮压/kN	重量/t
					大车	小车			
5	10.5	16	中级	11.3(中)	90(中)	41.1	4500	65	11.13
	13.5		重级	14.85(重)	116(重)			70	12.85
	16.5							76	14.93
5	19.5	16	中级	11.3(中)	90(中)	41.1	4650	82	24.18
	22.5		重级	14.95(重)	115(重)			89	26.72
	23.5							98	27.36
	28.5				90(中)		6100	110	29.63
	31.5				116(重)			118	30.26
10	10.5	16	中级	7.71(中)	90(中)	45	5150	100	12.84
	13.5		重级	15.5(重)	116(重)			110	14.93
	16.5							112	17.07
	19.5				90(中)		5290	120	19.45
	22.5				115(重)			130	22.03
	23.5				83.5(中)		6100	150	26.66
	28.5				111(重)			160	29.98
	31.5							162	33

5.2.6.2 辊道

A 辊道的分类

根据用途辊道可分为以下几类：

(1) 工作辊道，设置在轧机工作机座的前后方，靠近工作机座，参与轧制过程；

(2) 延伸辊道,设置在工作辊道的末尾,只有当轧制的料延伸之后才起作用;

(3) 运输辊道,主要作用是连接车间内设备之间、机组之间的轧制料的运送任务;

(4) 炉子辊道,设置在炉前、后以及炉底,运送加热的料;

(5) 其他,如升降台上的辊道等。

辊道若按其结构特点则可分为:空心辊道、实心辊道、圆形辊道、锥形辊道、花辊道等。设计时采用哪种辊道可根据辊道的工作条件而定。

辊道的传动形式有:集体传动和单独传动辊道两类。

B 主要参数确定

(1) 辊子直径 D 主要根据轧件的重量和要求及辊子的强度决定,可参见表 5-97。

(2) 辊子长度 L 主要决定于辊道的类型及轧件的形状和大小。如轧机工作辊道的辊子长度要略大于轧辊的长度,其值为 50 ~ 100mm。运输辊道要考虑轧件的宽度及同时运送的根数。

(3) 两个辊子之间的距离 t 不应大于最小轧件长度的一半,以保证轧件同时放置在两个辊子上。当 t 太大时,轧件会因自重在辊道上发生弯曲。有时为了消除轧件的弯曲,装设游动的中间辊。

(4) 辊道速度 v 主要根据辊道的类型与其工作条件选择,如轧前工作辊道速度可考虑比轧制速度小一些,以免轧件过分撞击导卫装置和孔型;轧后工作辊道速度可考虑比轧制速度大 5% ~10%,以保证轧件不拱起。运输辊道的速度应从工艺过程对运输轧件要求的时间或轧机生产率来选择。表 5-98 为部分中型轧机辊道参数。

表 5-97 各类辊道的直径

辊道用途	辊子直径/mm	辊道用途	辊子直径/mm
装甲钢板轧机工作辊道、扁坯轧机工作辊道	600	线材轧机辊道	150
扁坯轧机、大初轧机和厚板轧机的工作辊道	500	钢轨钢梁轧机运输辊道	350
小初轧机、钢轨钢梁轧机工作辊道	450	中型和薄板轧机的工作及输入辊道	350
扁坯轧机、大初轧机运输辊道	450	小型轧机辊道、中型轧机运输辊道	250
中板轧机辊道、初轧机运输辊道	350	小型轧机冷床辊道	200

表 5-98 中型轧机辊道参数

辊道名称	运输轧件	辊道参数				备注
		D/mm	L/mm	t/mm	v/m · s^{-1}	
装炉辊道	钢坯	300 ~ 350	(5 ~ 10)B + 200	≤钢坯长度一半	1.8 ~ 2	B 为料宽度
出炉辊道	钢坯	300 ~ 350	3B + 200	≤钢坯长度一半	2.0 ~ 2.4	
粗轧前工作辊道	钢坯	300 ~ 350	轧辊长 + 200	≤钢坯长度一半	1.1$v_{轧}$	$v_{轧}$ 为轧制速度
二列间工作辊道	轧件	300 ~ 350	轧辊长 + 200	1000 ~ 1500	1.1$v_{轧}$	
二列间运输辊道	轧件	250 ~ 300	(2 ~ 3)B + (200 ~ 300)	1500	1.8 ~ 2	
其余轧机工作辊道	轧件	300 ~ 350	轧辊长 + 200	1000 ~ 1500	1.1$v_{轧}$	
热剪前辊道	轧件	250 ~ 300	刃宽 + 200	至少搭上三个辊子	1.8 ~ 2.0	
热剪后辊道	轧件	250 ~ 300	刃宽 + 200	≤最短定尺的一半	~ 2.5	
锯前辊道	成品	250 ~ 300	(2 ~ 3)B + 200	1000 ~ 1500	~ 2.5	
锯后辊道	成品	250 ~ 300	(2 ~ 3)B + 200	1000 ~ 1500	2.75	
冷床输出辊道	成品	250 ~ 300	(3 ~ 4)B + 400	1000 ~ 1500	2.0	
矫直机前后辊道	成品	250 ~ 300	(3 ~ 4)B + 400	1500	输入 < $v_{矫}$ 输出 > $v_{矫}$	$v_{矫}$ 为矫直速度

5.2.7　其他设备

（1）辊头机。管、棒、型、线材在拉拔前需辗头，辗头机的技术性能如表5-99与表5-100所示。

（2）空气锤。空气锤主要用于砸拉拔材的头，以便穿模。空气锤的主要技术性能如表5-101所示。

（3）轧辊车床与轧辊磨床。轧辊车床与轧辊磨床是轧辊加工的专用设备，其主要技术参数如表5-102及表5-103所示。

表5-99　制作管、棒夹头辗头机的技术性能

辊子直径/mm	辊子工作部分长度/mm	辗头机孔型数目/个	辗头的规格（直径）范围/mm	电机转速/r·min^{-1}	电机功率/kW
200	500	11	15～50		14
200	500	15	8～48		20
200	500	19	8～38		10
200	500	18	7～25		10
100	210	12	5～13		2.8
100	210	12	3～12		4.5
125	220	15	4～12	80	3.0
125	220	9	8～24	80	4.0

表5-100　线材辗头机的技术性能

性能 \ 规格	8～24型	4～10型	1～5型	1.6～12型
辗头直径/mm	8～24	4～10	1～5	1.6～12
最大轧制力/N	20000	7000	6200	15000
电机功率/kW	14	25	2.8	2.8
电机转速/r·min^{-1}	1460	1460	1430	1420
传动速比	22.5	24	23	23.6
轧辗转速/r·min^{-1}	65	60	62	60
轧辊线速度（线材速度）/m·s^{-1}	0.68	0.36	0.24	0.47
轧辊尺寸/mm×mm	ϕ200×475	ϕ120×450	ϕ76×150	ϕ150×170

表5-101　砸头用空气锤的技术性能

技术性能	单位	空气锤规格						
		650N	750N	1500N	2300N	2300N	4000N	4000N
落下部分重量	kg	65	75	150	230	230	400	400
锤头最大行程	mm	310	365	350	600	500	700	600
每分钟最多打击次数	次/min	200	200	180	134	134	120	120
允许加工的铝合金管材的最大直径	mm	—	—	—	160	—	220	—
允许加工的铜合金管材规格范围	mm×mm×mm	～40×2.5	18×(4～40)×4	100×(6～25)×6	—	160×(16～28)×6	—	～180
主电机功率	kW	7.5	7.0	14.5	21	21	32	40
主电机转速	r/min	960	1440	1450	—	—	970	960

表 5-102　轧辊车床、钢锭车床主要技术参数

产品名称	型　号	最大加工直径×最大加工长度/mm×mm	技术参数			工作精度/mm			机床重量/t	外形尺寸（长×宽×高）/mm×mm×mm
			最小加工直径/mm	最大加工重量/t	横刀架行程/mm	不圆度	不柱度	不平度		
轧辊车床	C8440	400×2500	80	2	200	0.015	0.015/100	0.02	6	4500×1322×1380
轧辊车床	C8450	500×2500	100	3.5	250	0.02/250	0.04/250		7.5	5155×1368×1400
轧辊车床	C8463A	630×3800	200	6.5	240	0.02	0.04/300	0.02	15	7570×1580×1650
轧辊车床	CA8480A	800×4000	360	14	320				27	9240×2280×1800
轧辊车床	C84100A	1000×5000	200	18	375	0.03	0.05/300		34	10685×1957×2015
轧辊车床	CW84100	1000×5000	300	25	420	0.03	0.05	0.04	38	9500×2100×1750
轧辊车床	C84125	1250×7000	300	32	475	0.03	0.05/300		44	12720×2500×2380
轧辊车床	C84160	1600×7000	500	50	540	0.03	0.05/300		71	13800×2500×2408
钢锭扒皮机	CB8534	340×900	110	0.9	105	0.08	0.15		20	9400×2360×2480
钢锭车床	C8565	650×2000 650×3000	300	7					16.8 17.8	5962×1856×1820 6968×1856×1820

表 5-103　轧辊磨床主要技术参数

产品名称	型　号	最大磨削（直径×长度）/mm×mm	技术参数					工作精度			重量/t	外形尺寸（长×宽×高）/mm×mm×mm
			加工直径/mm	加工长度/mm		中高或中凹量/mm	工件重量/kg	不圆度/mm	鼓形度/mm	粗糙度/μm		
				辊身	轧辊							
高精度轧辊磨床	MG8425	250×1000	40～250	600	1000	1/1000	200	0.002	0.005	0.1	3.7	3300×1900×1400
高精度轧辊磨床	MG8430	300×1500	300	710	1500	0.3	600	0.002		0.1～0.05	6.2	4800×2325×1520
轧辊磨床	MQ8450A	500×1700	80～500	900	1700	1/1000	1000	0.005	0.012	0.2	9.1	6020×2620×1600
轧辊磨床	M84100	1000×4000	100～1000		4000	0.01～1	20000	0.005	0.015	0.2	48	12200×3600×1900
轧辊磨床	M84100	1000×6000	100～1000		6000	0.01～1	20000	0.005	0.015	0.2	50	14200×3600×1900
轻型轧辊磨床	MQ84160	1600×5000	100～1000		5000	0.01～1	8000	0.01	0.015	0.2	35	12000×3140×1900
轧辊磨床	M84160	1600×8000	300～1600		8000	0～1	60000	0.03	0.01	0.4	118	18000×5780×2680
轧辊磨床	M84160	1600×5000					55	0.005	0.008		87	13000×5500×2280
轧辊磨床	M84160/1	1600×7000					55	0.005	0.008		92	15000×5500×2280

练 习 题

5-1 分别说明主要设备及辅助设备选择的原则是什么？

5-2 某厂拟生产黄铜冷轧板材，规格（厚×宽×长）为0.2mm×600mm×4000mm，要求采用带式法生产，通过计算选择一台合适的成品轧机（不考虑年产量），并提出所选轧机的主要技术参数（轧辊直径、辊身长度、轧制速度、主电机功率）。

5-3 某厂拟生产紫铜（T2）管材ϕ55mm×5mm（R态），已知铸锭尺寸为ϕ195mm×350mm，要求通过计算选择一台吨位最小的挤压机。

6　工艺计算与金属平衡

6.1　工艺计算

工艺计算是在确定各种计算产品的工艺流程和初选设备的基础上，根据产品产量的要求、制品的工艺性能以及设备特点，对各主要设备或工序进行具体的科学分析和必要的理论计算，从而确定出各种产品在各工序的准确而具体的生产工艺流程、工艺参数及其各种消耗定额，并确定各部分及各环节之间的协作配套关系。工艺计算的内容包括：主要加工工序的工艺规程的制定、编制生产工艺流程定额卡。

6.1.1　轧制工艺计算

制订工艺规程的目的是充分利用被加工金属及合金的塑性，并达到技术条件的要求；正确地选择和使用设备、充分发挥设备潜力，并保证设备的安全，进行高效率的生产。

制订工艺规程的内容：根据各种计算产品生产工艺流程，确定各工序的工艺规程（工具材质、尺寸、形状及各加工道次被加工件的形状、尺寸变化等）和工艺参数（力、温度、速度及表面介质等条件）。

在工艺设计中，工艺规程的制订和工艺参数的选择，要对同类产品的实际生产进行调查研究与详尽的分析加以确定，并作必要的工艺计算。计算方法详见《金属塑性加工学》、《金属成形力学》、《轧制工艺学》等，下面仅对轧制工艺计算作简要叙述。

6.1.1.1　轧制工艺计算

A　最大咬入角校核

在自然咬入条件下应满足：

$$\Delta h \leqslant D_g(1-\cos\beta) \tag{6-1}$$

式中　Δh——道次绝对压下量，mm；

β——摩擦角，(°)；

D_g——轧辊直径，mm。

制订压下规程时，若满足式(6-1)的条件，故可以自然咬入。但考虑到生产中的意外情况以及为了提高轧机生产率而在热轧机前、后设有推料机，必要时可进行强迫咬入。

B　热轧时的温降计算

温降的确定可以采用实测，也可以采用经验公式与理论公式计算。现在通常采用下式进行计算：

$$Q = KF_pT \tag{6-2}$$

$$\Delta t = t_q - t_h = Q/CG \tag{6-3}$$

式中　Δt——该道次的温降，℃；

t_q，t_h——该道次轧前与轧后轧件的温度，℃；

Q——轧件在该道次的热量损失,J;

C——轧件之比热,J/(kg·℃);

G——轧件重量,kg;

T——该道次的散热时间,其值为 $T_z + T_j$;

T_z, T_j——该道次的轧制时间与间歇时间,s;

F_p——该道次轧件轧前 F_q 与轧后 F_h 之平均散热面积,m^2,$F_p = \frac{F_q + F_h}{2}$;

K——热量损失系数,kJ/(m^2·s)。对铝及其铝合金 $K = 20.9$kJ/(m^2·s),其他可查金属及其合金的有关手册。

C 轧制力计算与轧辊强度校核

在制订轧制规程时,要作轧制力计算、校核轧机与轧辊等,保证生产正常进行。

从轧机的强度考虑,制订轧制规程时必须遵守下列原则:

$$P = p_p B\sqrt{R\Delta h} \leqslant P_y \tag{6-4}$$

式中 P——各道次的轧制力,kN;

p_p——接触面积上的平均单位压力,MPa;

B——轧件宽带,mm;

R——轧辊半径,mm;

Δh——道次绝对压下量,mm;

P_y——轧机的允许压力,kN。

平均单位压力 p_p 的计算,可以采用理论计算法与经验法。

轧机的最大允许压力 P_y 的计算,一般是根据轧辊强度进行计算的,因为轧机牌坊的安全系数大,所以应分别计算出轧辊各部分的最大允许压力之后,视其强度薄弱者定轧机的允许压力。

下面以四辊轧机(工作辊主动)为例,进行轧辊最大允许压力计算,校核轧辊强度。

(1) 支撑辊最大允许压力 P_{zy}。支撑辊辊身的最大弯曲应力 σ_{max} 为:

$$\sigma_{max} = \frac{M_{max}}{W} = \frac{P_{zy}\left(\frac{L+l}{4} - \frac{L}{8}\right)}{0.1D_z^3} = \frac{5P_{zy}(L+2l)}{4D_z^3} \leqslant [\sigma_y]$$

$$P_{zy} = \frac{4D_z^3[\sigma_y]}{5(L+2l)} \tag{6-5}$$

式中 L——支撑辊辊身的长度,mm;

l——支撑辊辊颈的长度,mm;

D_z——支撑辊辊身的直径,mm;

W——支撑辊抗弯模量,mm^3;

$[\sigma_y]$——支撑辊的最大允许弯曲应力,MPa;

M_{max}——支撑辊辊身最大弯曲力矩,kN·m。

(2) 支撑辊辊颈最大允许压力 P_{zj}。

$$\sigma_{max} = \frac{\frac{P_{zj}}{2} \cdot \frac{l}{2}}{0.1d_z^3} = \frac{5P_{zj}l}{2d_z^3} \leqslant [\sigma_y] \tag{6-6}$$

$$P_{zj} = \frac{2d_z^3[\sigma_y]}{5l}$$

式中 d_z——支撑辊辊颈直径,mm。

(3) 工作辊最大允许压力 P_{gy}。

每个工作辊的最大扭曲力矩 M_{kmax} 为:

$$M_{kmax} = 0.5P_{gy}\left(\sqrt{R\Delta h_{max}} + \mu d_{zm}\frac{D_g}{D_z}\right)$$

$$\tau_{max} = \frac{M_{kmax}}{W_{gj}} \leqslant [\tau_y]$$

$$[\tau_y] = \frac{0.5P_{gy}\left(\sqrt{R\Delta h_{max}} + \mu d_{zm}\frac{D_g}{D_z}\right)}{0.2d_{gj}^3}$$

$$P_{gy} = \frac{2d_{gj}^3[\tau_y]}{5\left(\sqrt{R\Delta h_{max}} + \mu d_{zm}\frac{D_g}{D_z}\right)} \tag{6-7}$$

式中 μ——摩擦系数;

$[\tau_y]$——工作辊的最大允许扭曲应力,MPa;

W_{gj}——工作辊辊颈的抗弯模量,m^3;

d_{zm}——支撑辊辊颈的摩擦直径,mm;

d_{gj}——工作辊辊颈的直径,mm。

(4) 工作辊辊头的最大允许压力 P_{gt}。

$$\tau_{max} = \frac{M_{kmax}}{W_{gt}} = \frac{0.5P_{gt}\left(\sqrt{R \cdot \Delta h_{max}} + \mu d_{zm}\frac{D_g}{D_z}\right)}{0.2d_{gt}^3} \leqslant [\tau_y]$$

$$P_{gt} = \frac{2d_{gt}^3[\tau_y]}{5\left(\sqrt{R\Delta h_{max}} + \mu d_{zm}\frac{D_g}{D_z}\right)} \tag{6-8}$$

式中 d_{gt}——工作辊辊头直径,mm;

W_{gt}——工作辊辊头的抗弯模量,mm^3。

D 转矩的计算及电机校核

制订轧制规程必须遵守下面两个条件:

(1) 在负荷最大的道次中电机输出的转矩不应超过电机本身允许的最大转矩;

(2) 根据负荷图确定的平方根转矩(或等效转矩)不应超过电机长时间工作的额定转矩。

a 转矩计算

电机轴上的转矩由下列各部分组成：

$$M = M_j + M_d = \frac{M_z}{i} + M_m + M_k + M_d \tag{6-9}$$

式中 M——传动轧辊所需的电机轴上的转动力矩；

M_j——静力矩，由三部分组成，即

$$M_j = \frac{M_z}{i} + M_m + M_k$$

i——轧辊与电机间的传动比；

M_m——轧件通过轧辊时传至电机轴上的摩擦力矩，kN·m；

M_k——空转力矩，kN·m；

M_d——电机轴上的动力矩，kN·m；

M_z——轧制力矩，kN·m。

（1）轧制力矩 M_z 的计算：

$$M_z = 2P\psi L_1 = 2P_p B_p \psi R\Delta h \tag{6-10}$$

式中 M_z——轧制时两轧辊上的轧制力矩，kN·m；

P——轧制力，kN；

ψ——力臂系数，热轧铸锭，开始厚度大的板坯 $\psi = 0.55 \sim 0.60$；热轧板带 $\psi = 0.42 \sim 0.50$；冷轧板带 $\psi = 0.33 \sim 0.42$；

P_p——轧制时变形区的平均单位压力，MPa；

B_p——轧制前、后轧件的平均宽度，m；

R——轧辊的半径，m；

L_1——轧制时轧辊与金属轧件的接触弧长，m；

Δh——轧件的绝对压下量，m。

若四辊轧机支撑辊传动时轧制力矩为：

$$M_z = 2P\psi L_1 \frac{D_z}{D_g} \tag{6-11}$$

式中 D_z——支撑辊直径，m；

D_g——工作辊直径，m。

（2）摩擦力矩 M_m 的计算。摩擦力矩 M_m 由轧辊轴承中的摩擦力矩 M_{m1} 和传动机构中的摩擦力矩 M_{m2} 两部分组成。

轴承中的摩擦力矩对于上下两个轧辊（四个轴承）而言，此力矩为：

$$M_{m1} = \frac{P}{2}\mu\frac{d_{jm}}{2}\cdot 4 = Pd_{jm}\mu \tag{6-12}$$

式中 P——作用在四个轴承上的总负荷，它等于轧制力，kN；

d_{jm}——轧辊辊颈的摩擦直径，m；

μ——轧辊轴承摩擦系数，它取决于轴承构造和工作条件。

在四辊轧机中，轧制时的总压力主要为支撑辊所承受，故此时摩擦力主要发生在支撑辊的轴承中。根据上述分析，此摩擦力对支撑辊的旋转所形成的阻力矩为：

$$M_{mz1} = P\mu d_{zjm} \tag{6-13}$$

作用在支撑辊与工作辊间的摩擦力 F_m 为：

$$F_m = \frac{M_{mz1}}{\frac{D_z}{2}} = \frac{2P\mu d_{zjm}}{D_z} \tag{6-14}$$

因受此摩擦力作用而形成对工作辊旋转的阻力矩为：

$$M_{mg1} = F_m \frac{D_g}{2} = P\mu_{zz} d_{zjm} \frac{D_g}{D_z} \tag{6-15}$$

因此，对工作辊传动的四辊轧机 M_{m1} 为：

$$M_{m1} = P\mu_{zz} d_{zjm} \frac{D_g}{D_z} \tag{6-16}$$

式中 d_{zjm}——支撑辊辊颈的摩擦直径，m；

μ_{zz}——支撑辊辊颈轴承的摩擦系数。

对支撑辊传动的四辊轧机 M_{m1} 为：

$$M_{m1} = P\mu_{zz} d_{zjm} \tag{6-17}$$

传动机构中的摩擦力矩 M_{m2} 是指减速机、齿轮机座中的摩擦力矩，此传动系统中的摩擦力矩，根据传动效率按下式计算：

$$M_{m2} = \left(\frac{1}{\eta} - 1\right)\frac{M_z + M_{m1}}{i} \tag{6-18}$$

式中 η——传动机构效率，即从主电机到轧机的传动效率，一级齿轮传动效率一般取 0.95～0.98，皮带传动效率取 0.85～0.90；

M_{m2}——换算到主电机轴上的传动机构的摩擦力矩，kN·m。

换算到主电机轴上的总的摩擦力矩 M_m 为：

$$M_m = \frac{M_{m1}}{i} + M_{m2} = \frac{M_{m1}}{i\eta} + \left(\frac{1}{\eta} - 1\right)\frac{M_z}{i} \tag{6-19}$$

（3）空转力矩 M_k 的计算。空转力矩可根据转动机件的重量和在轴承中的摩擦圆半径来计算。

$$M_k = \sum \frac{G_n \mu_n d_n}{2i_n} \tag{6-20}$$

式中 M_k——每个机件所需要换算到主电机轴上的空载力矩的总和，kN·m；

G_n——某机件（如连接轴、联轴节、齿轮）的重量；

μ_n——该零件在支撑轴承中的摩擦系数；

i_n——电机与该机件间的传动比；

d_n——该零件被支撑于轴承中的轴颈直径，m。

按上式计算较为复杂，通常可按经验公式确定：

$$M_k = (0.065 \sim 0.10) M_h \tag{6-21}$$

式中 M_h——电机额定转矩，kN·m，对新式轧机取下限，旧式轧机取上限。

（4）轧机的动力矩 M_d 的计算。动力矩可由下式计算：

$$M_d = \frac{\sum GD^2}{375} \cdot \frac{dn}{dt} = \frac{\sum GD^2}{375} \cdot \rho \tag{6-22}$$

式中　$\sum GD^2$ ——折合到电机轴上的转动惯量，其值等于各部分转动惯量之和，kN · m²；

$dn/dt=\rho$——电机轴上之转动角加速度，r/(min · s)；

D——转动部分之惯性直径，m。

电机的 GD^2 可由产品样本或电机铭牌查得。折合到电机轴上的支撑辊之转动惯量 $G_{za}D_{zd}^2$：

$$G_{zd}D_{zd}^2 = 2\frac{G_zD_z^2}{i_{zg}^2 i_{gd}^2} = 2\frac{\pi D_z^2}{4}L\gamma D_z^2\left(\frac{D_g}{D_z}\right)^2\frac{1}{i_{gd}^2}$$

$$= \frac{1}{2i_{gd}^2}\pi D_z^2 D_g^2 L\gamma \tag{6-23}$$

式中　i_{zg}——支撑辊对工作辊的传动比（$i=D_z/D_g$）；

i_{gd}——工作辊对电机之传动比；

γ——轧辊的密度；

G_z——支撑辊的重量。

折合到电机轴上的工作辊之转动惯量 $G_{gd}D_{gd}^2$。

$$G_{gd}D_{gd}^2 = 2\frac{G_gD_g^2}{i_{gd}^2} = 2\frac{\pi D_g^2}{4i_{gd}^2}L\gamma D_g^2$$

$$= \frac{\pi D_g^4 L\gamma}{2i_{gd}^2} \tag{6-24}$$

折合到电机轴上轧件之转动惯量 $G_{jd}D_{jd}^2$。

$$G_{jd}D_{jd}^2 = G_j\left(\frac{60v}{\pi n_g}\right)^2\frac{1}{i_{gd}^2} = \frac{364G_jv^2}{n_g^2 i_{gd}^2} \tag{6-25}$$

式中　G_j——轧件重量，t；

n_g——工作辊的转动速度，r/min；

v——轧制速度，m/s。

则整个系统的动转矩 M_d 可以求出，为了简化计算并保证电机安全，带载加速及带载减速时之角加速度可取同一数值。

b　电机校核

在各种转矩（M_z、M_{m1}、M_{m2}、M_k、M_d）折算到电机轴上之后需要进行电机校核。在连续生产过程中，每轧一块锭坯为一个循环，每一个循环又有数个道次，每一道次又分为几个阶段，对每道次的各个阶段都要进行校核。

下面以直流电机为例。

(1) 空载启动（空载加速）阶段。该阶段的电机转矩 $M_{kj1}=M_k+M_d$，电机转速由 0 升至空载稳定运转时的速度 n_k，即是准备咬入轧件的速度 n_u，若抛出轧件的速度 n_b 与咬入轧件的速度相等，那么就形成 $n_k=n_u=n_b$，则空载加速阶段所需的时间为：

$$t_{kj1} = \frac{n_k}{\rho} \tag{6-26}$$

（2）空载稳定运转阶段。空载稳定运转电机转矩 $M_{kw}=M_k$，空载稳定运转的时间 t_{kw}取决于间歇时间。

（3）带载加速阶段。带载加速时电机转矩 M_{dj1}及运转时间 t_{dj1}由下式决定：

$$M_{dj1}=M_j+M_d \tag{6-27}$$

$$t_{dj1}=\frac{n_{dw}-n_u}{\rho} \tag{6-28}$$

式中 n_{dw}——相应于该道轧制速度为 v 时的电机转速，r/min。

（4）带载稳定轧制阶段。这时的轧制速度为 v 时的电机转矩 M_{dw}与该道次的电机静转矩 M_j相等，即 $M_{dw}=M_j$，带载稳定轧制的时间 t_{dw}为：

$$t_{dw}=\frac{60L}{\pi D_g n_{dw}}-\frac{1}{n_{dw}}\left(\frac{n_u+n_{dw}}{2}\cdot t_{dj1}+\frac{n_{dw}+n_b}{2}\cdot t_{dj2}\right) \tag{6-29}$$

式中 t_{dj2}——带载减速运转时间，s；

L——该道次轧制终了轧件长度，m。

（5）带载减速阶段。带载减速时电机转矩 M_{dj2}及运转时间 t_{dj2}由下式决定：

$$M_{dj2}=M_j-M_d \tag{6-30}$$

$$t_{dj2}=\frac{n_{dw}-n_b}{\rho} \tag{6-31}$$

（6）空载减速阶段。空载减速时电机转矩 M_{kj2}及运转时间 t_{kj2}由下式决定：

$$M_{kj2}=M_k-M_d \tag{6-32}$$

$$t_{kj2}=\frac{n_k}{\rho} \tag{6-33}$$

在可逆式轧机轧制过程中，当电机转速 n 超过基本转速 n_h时，电机转矩应加以修正，用当量转矩 M'_d代替，此时要对电机进行发热校核。因在上述情况下，虽然直流电机的负载力矩未变，但为保持轧制过程的继续进行，必须增加激磁电流提高转速，电枢发热增加。所以，在采用等效转矩法校验电机发热时。引入当量转矩 M'_d：

$$M'_d=M\frac{n}{n_h}\left(\text{或}=M\frac{v}{v_h}\right) \tag{6-34}$$

式中 M——在该道次上的电机转矩；

n,n_h——在该道次上的电机转速与基本转速；

v,v_h——在该道次上的轧制速度与基本速度。

显而易见，在开始轧制时，轧件尚短，需慢速轧制，此时不需要计算当量转矩来代替原来电机转矩。但到轧件增长时，轧制速度必须加快，当超过电机的基本转速时，就要计算当量转矩来代替。

当电机转速 n 超过基本转速 n_h时，带载加速及带载减速运转阶段的电机运转时间可分为下述两部分：

电机带载加速时从 n_k增加到 n_h或带载减速时从 n_h下降到 n_k所需的时间为：

$$t=\frac{n_h-n_k}{\rho} \tag{6-35}$$

电机当量转矩由 M_j 升到 M'_d 或由 M'_d 下降到 M_j，所运转的时间为：

$$t'_{dj1} = t_{dj1} - t \tag{6-36}$$

$$t'_{dj2} = t_{dj2} - t \tag{6-37}$$

在此阶段电机当量转矩 M'_d 是变化的，计算时应采用均方根转矩，即：

$$M'_c = \sqrt{\frac{M^2 + (M'_d)^2 + M \cdot M'_d}{3}} \tag{6-38}$$

按等效转矩法校核电机发热是否安全，或者选择电机时之普通方程式为：

$$M_c = \sqrt{\frac{\sum M^2 t}{\sum t}} \leqslant M_h \tag{6-39}$$

式中　M_c——一个循环的等效转矩；

$\sum M^2 t$——一个循环中，各道次的各阶段转矩（M 及 M'_c）与时间乘积之和；

$\sum t$——一个循环的总时间。

电机的短时过载校验按下式：

$$M_{max} \leqslant K_g M_h = [M_y] \tag{6-40}$$

式中　M_{max}——轧制周期内最大转矩；

M_h——电机的额定转矩；

$[M_y]$——电机的允许转矩；

K_g——电机的允许过载系数，直流电机 $K_g = 2.0 \sim 2.5$；交流电机 $K_g = 2.5 \sim 3.0$。

电机达到允许最大转矩 $K_g \cdot M_h$ 时，其允许持续时间在15s以内，否则电机由于温升将超过允许范围。

E　电机功率计算

如果是新设计的轧机，则对电机就不是校核，而是要根据等效转矩和所要求的电机转速来选择电机。

$$N = \frac{0.105 M_c \cdot n}{\eta} \quad \text{kW} \tag{6-41}$$

式中　n——电机的转速，r/min；

η——由电机到轧机的传动效率。

F　超过电机基本转速时电机的校核

当电机的实际转速超过电机基本转速时，应对超过基本转速部分对应的力矩进行修正，参见图6-1，即乘以修正系数。

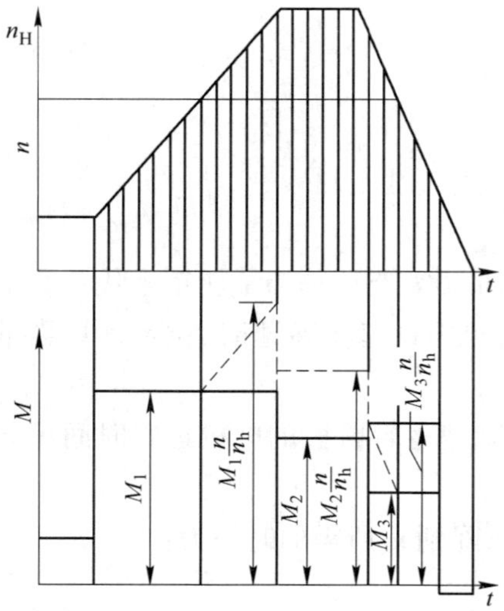

图6-1　超过基本转速时的转矩修正图

若此时力矩图形为梯形，如该图所示，则等效转矩为：

$$M_d = \sqrt{\frac{M_1^2 + M_1 \cdot M + M^2}{3}} \tag{6-42}$$

式中　M_1——转速未超过基本转速时的转矩；

M——转速超过基本转速时乘以修正系数的转矩，

$$M = M_1 \cdot \frac{n}{n_h}$$

n——电机超过基本转速时的转速；

n_h——电机的基本转速。

校核电机过载条件为：

$$\frac{n}{n_h} \cdot M_{max} \leqslant K_g \cdot M_h \tag{6-43}$$

6.1.1.2　例题

A　原始条件

计算产品的牌号及规格：2A12CZ1.5mm×1500mm×4000mm，热轧坯料规格：199mm×1580mm×1400mm。已初选热轧设备为 ϕ700mm/1250mm×2000mm 四辊可逆式热轧机，主传动直流电机为3280kW，轧制速度0.5～3.0m/s，设有立辊，可进行轧边，轧辊最大抬高度为300mm。轧机设有推料机，回转升降台及前后辊道等。

轧辊尺寸及性能：辊身长度 L = 2000mm，支撑辊辊颈长 l = 800mm，支撑辊直径 D_z = 1180～1250mm，支撑辊辊颈直径 d_{zj} = 600mm，工作辊直径 D_g = 660～700mm，工作辊辊颈直径 d_{gj} = 400mm，工作辊辊头直径 d_{gt} = 380mm，工作辊材质为9CrMoV合金钢支撑辊材质为9CrV合金钢。轧辊的最大许可剪切应力为 $[\tau_y]$ = 72MPa，最大许可弯曲应力 $[\sigma_y]$ = 200MPa，采用四列锥形滚柱轴承，摩擦系数 μ = 0.003，支撑辊辊颈的摩擦直径近似地取为 d_m = 865mm（轴承外径为1070mm，轴承内径660mm）。

预选主电机的技术数据为：功率 P_h = 3280kW，电机转速 n = 0～±50/120r/min，电压 U = 630V，电流 I = 5900A，传动比 i = 1。

B　轧制规程及其工艺参数

轧制前加热温度为420～450℃；终轧温度为280～320℃，根据设备能力、合金性质及工艺要求热轧速度采用0.5～3.0m/s，具体分配如表6-1所示；轧前用乳液和蒸汽预热轧辊，预热温度为70～80℃，热轧过程中采用乳液（浓度0.8%～1.5%，温度40～60℃）作工艺润滑、冷却轧辊、调整辊型，轧制带包铝层的铸块时，为有利于牢固焊合而在头四道不给乳液润滑；要求轧辊磨辊后的辊型为：工作辊凸0.04～0.07mm，支撑辊凹0.2～0.25mm。根据合金的组织和性能、咬入条件、电机和轧机的能力并参照同类工厂的实践经验初步确定轧制率系统为：199→189→172→150→128→108→89→72→57→44→33→23→16→12→8.5→6，即由199mm厚的铸块轧至6mm厚的带板，参考同类现场的实测数据（轧制时间及间歇时间）确定轧制速度、轧制时间及间歇时间。

C　工艺计算

（1）咬入角校核。对铝合金来说，最大压下量 Δh_{max} 出现在头几道。热轧温度为420～450℃，那么 μ = 0.3，则 $\tan\beta = \mu = 0.3$，$\beta = 17°$，$\cos\beta = 0.9563$，Δh_{max} 为：

$$\Delta h_{max} = D_g(1 - \cos\beta) = 700(1 - 0.9563) = 31\text{mm}$$

由压下规程可知，所有 Δh 均小于31mm，故可以自然咬入。

（2）热轧时的温降计算。按式(6-3)进行热轧温降计算，铝合金可取 K = 20.9J/(m^2·s)，计算结果列入表6-1中，终轧温度在300℃以上，符合工艺要求。

(3) 轧制力计算及轧辊强度校核。平均单位压力 P_p 的计算利用图 6-2 的实测曲线求得，计算结果列入表 6-1。

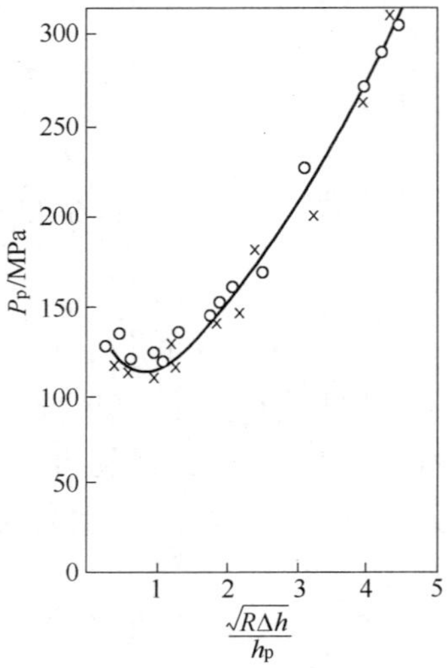

图 6-2 2A12 硬铝合金热轧时的平均单位压力曲线

○—锭坯 203.6mm×1260mm 经 17 道次轧到 5.55mm×1260mm 的实测数据，轧前温度为 410℃，轧后终了温度为 335℃；×—锭坯 201.4mm×1580mm 经 19 道次轧到 5.3mm×1580mm 的实测数据，轧前温度为 420℃，轧后终了温度为 395℃

支撑辊最大允许压力 P_{zy}：

$$P_{zy} = \frac{4D_z^3[\sigma_y]}{5(L+2l)} = \frac{4 \times 1180^3 \times 200}{5(2000 + 2 \times 800)} = 73000\text{kN}$$

工作辊最大允许压力 P_{gy}：

$$P_{gy} = \frac{2d_{gj}^3[\tau_y]}{5\left(\sqrt{R \cdot \Delta h_{max}} + \mu d_{zm}\dfrac{D_g}{D_z}\right)}$$

$$= \frac{2 \times 400^3 \times 72.0}{5\left(\sqrt{350 \times 22} + 0.003 \times 865 \times \dfrac{700}{1250}\right)}$$

$$= 20660\text{kN}$$

工作辊辊头的最大允许压力 P_{gt}：

$$P_{gt} = \frac{2d_{gt}^3[\tau_y]}{5\left(\sqrt{R \cdot \Delta h_{max}} + \mu d_{zm}\dfrac{D_g}{D_z}\right)}$$

$$= \frac{2 \times 380^3 \times 72.0}{5\left(\sqrt{350 \times 22} + 0.003 \times 865 \times \dfrac{700}{1250}\right)}$$

$$= 17713\text{kN}$$

由上述计算可知，轧机的最大允许压力为 17713kN。由轧制力的计算（表 6-1）可知，各道次的轧制力均未超过 17713kN，从设备的强度条件看是安全的。

(4) 转矩的计算及电机校核。电机轴上的力矩 M 为：

$$M = \frac{M_z}{i} + M_m + M_k + M_d$$

式中，M_z、M_m 可用式(6-11)、式(6-19)计算；M_k 可根据经验选取，可取 $0.09M_h$；M_d 可用式(6-22)计算。

电机的 GD^2 由产品样本查得，$GD^2 = 1327\text{kN} \cdot \text{m}^2$，$G_zD_z^2$、$G_gD_g^2$、$G_jD_j^2$ 可由式(6-23)～式(6-25)计算为：

$$G_{zd}D_{zd}^2 = \frac{1}{2i_{gd}^2}\pi D_z^2 D_g^2 Lr$$

$$= \frac{\pi}{2 \times 1^2} \times 125^2 \times 70^2 \times 200 \times 7.8 \times 10^{-10} \times 9.8$$

$$= 183.9\text{kN} \cdot \text{m}^2$$

$$G_{gd}D_{gd}^2 = \frac{1}{2i_{gd}^2}\pi D_g^4 Lr = \frac{\pi}{2 \times 1^2} \times 70^4 \times 200 \times 7.8 \times 10^{-10} \times 9.8$$

$$= 57.7\text{kN}\cdot\text{m}^2$$

$$G_{jd}D_{jd}^2 = \frac{364Gv^2}{n_g^2 i_{jd}^2} = \frac{364\times1167000\times300^2}{\left(\frac{60\times300}{\pi\times70}\right)^2\times1^2}\times10^{-10}\times9.8$$

$$= 5.6\text{kN}\cdot\text{m}^2$$

带载加速与带载减速时的角加速度取同一值 $\rho=60\text{r}/(\text{min}\cdot\text{s})$，则 M_d 为：

$$M_d = \frac{\Sigma GD^2}{375}\cdot\rho = \frac{1372+183.9+57.7+5.6}{375}\times60$$

$$= 259\text{kN}\cdot\text{m}$$

空转力矩 M_k：

$$M_k = 0.09M_h$$

$$M_h = 0.975\frac{P_h}{n_h} = \frac{0.975\times3280}{50}\times9.8 = 627\text{kN}\cdot\text{m}$$

$$M_k = 0.09\times627 = 56\text{kN}\cdot\text{m}$$

将转矩（M_z、M_{m1}、M_{m2}、M_k、M_d）的计算结果列入表6-1中。下面对电机进行校核。

本台主电机的技术性能为：额定功率 $P_h=3280\text{kW}$；转速 $n=0\sim\pm50/120\text{r/min}$，当基本转速 $n_h=50\text{r/min}$ 时，对应的轧制速度为：

$$V_h = \frac{\pi D_g n_h}{60} = \frac{\pi\times0.7\times50}{60} = 1.84\text{m/s}$$

额定转矩 $M_h=627\text{kN}\cdot\text{m}$。

最大允许转矩 $[M_y]=(2.5\sim3.0)M_h=1570\sim1850\text{kN}\cdot\text{m}$，允许短时过载时间不大于15s，设计按：

$$[M_y] = 2.9M_h = 1818\text{kN}\cdot\text{m}$$

进行短时过载校核。

空载启动阶段：本设计取轧辊的咬入速度 v_u、抛出轧件速度 v_b 与空载稳定运转速度 v_k 相等，即 $v_u=v_b=v_k=0.5\text{m/s}$，则有：$n_k=n_u=n_b=13.7\text{r/min}$。

空载加速电机转矩 $M_{kj1}=M_k+M_d$。

空载加速阶段所需的时间为：

$$t_{kj1} = \frac{n_k}{\rho} = \frac{13.7}{60} = 0.23\text{s}$$

空载稳定运转阶段电机转矩为：

$$M_{kw} = M_k = 56\text{kN}\cdot\text{m}$$

空载稳定运转的时间 t_{kw} 取决于间歇时间。

带载加速阶段：对 M_{dj1} 与 t_{dj1} 可由每道次的数据代入式（6-27）、式（6-28）求出。

带载稳定轧制阶段：$M_{dw}=M_j$ 而 t_{dw} 可由每道次的数据代入（6-29）求出。

带载减速阶段：对 M_{dj2} 与 t_{dj2} 可由每道次的数据代入式（6-30）、式（6-31）求出。

空载减速阶段：对 M_{kj2} 与 t_{kj2} 可由每道次的数据代入式（6-32）、式（6-33）求出：

$$M_{kj2} = M_k - M_d$$

$$t_{kj2} = \frac{n_k}{\rho} = \frac{13.7}{60} = 0.23s$$

以上每道次的各阶段所计算的转矩以及所需的时间均列于表 6-1 中。

当电机超过基本转速 n_h 使用时，在电机带载加速及带载减速运转的情况下，所需时间由两部分计算；

1）电机带载加速 n_k 增加到 n_h，或带载减速由 n_h 到 n_k 所需时间

$$t = \frac{n_h - n_k}{\rho} = \frac{50 - 13.7}{60} = 0.6s$$

2）电机当量转矩由 M 对升到 M' 或由 M' 下降到 M 所运转之时间为：

$$t'_{dj1} = t_{dj2} - t = t_{dj1} - 0.6s$$

$$t'_{dj2} = t_{dj2} - t = t_{dj2} - 0.6s$$

按计算结果绘制了电机的转速图及负荷图，如图 6-3 所示。

由表 6-1 及图 6-3 可知第三道次具有最大转矩为：

$$M_{3max} = 1764kN \cdot m < [M_y] = 1818kN \cdot m$$

短时过载时间为小于 15s，故短时过载校验通过。由表 6-1 可知整个循环的等效转矩为：

$$M_c = \sqrt{\frac{\sum M^2 t}{\sum t}} = 510kN \cdot m < M_h = 627kN \cdot m$$

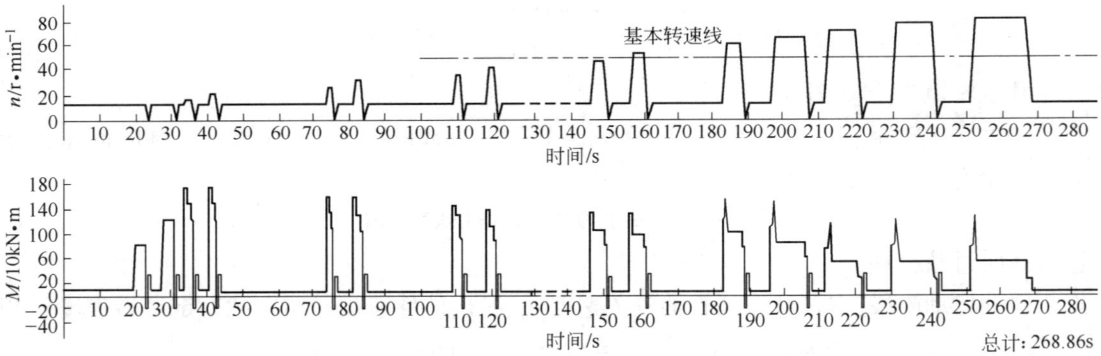

图 6-3 ϕ700/1250mm × 2000mm 四辊可逆式热轧机 2A12 合金时，主电机的转数及转矩图（负载图）

工艺条件为：轧前锭坯：199mm × 1580mm × 1400mm；轧制终了带板尺寸：6mm × 1580mm × 46400mm；轧前温度：435℃；终轧温度：300℃；轧制道次：15；电功功率：3280kW；电机转速：$n = 0 \sim \pm 50/120$r/min。

6.1.2 挤压工艺计算

挤压工艺计算主要是挤压力的计算，挤压力是制订挤压工艺规程、选择与校核挤压机能力以及检验零部件强度与工模具强度的重要依据。

目前，用于计算挤压力的公式很多，在工程设计方面，主要用工程法的理论公式以及一些简化的经验公式。评价一个公式的适用性，首先是看它的精确度是否高，而这与该公式本身建立的理论基础是否完善、合理，考虑的影响因素是否全面有关；其次，是否能应用于各种不同的挤压条件。公式的精确度也与其中所包含的系数、参数选取得是否正确有极大关系。

表 6-1 2A12 硬铝合金热轧工艺规程计算表

	参数 \ 道次	0	1	2	3	4	5	6	7	8	9	10	11	12	13	14	15
规程设计	道次终了轧件厚度 h/mm	199	189	172	150	128	108	89	72	57	44	33	23	16	12	8.5	6
	道次压下量 Δh/mm	—	10	17	22	22	20	19	17	15	13	11	10	7	4	3.5	2.5
	咬入角 α/(°)	—	9.67	12.65	14.4	14.4	13.72	13.58	12.65	11.88	11.10	10.17	9.7	8.11	6.12	5.73	4.84
	轧制宽度/mm	1580	1580	1580	1580	1580	1580	1580	1580	1580	1580	1580	1580	1580	1580	1580	1580
	道次终了轧件长度 L/mm	1400	1474	1620	1857	2176	2580	3130	3870	4887	6332	8442	12110	17410	23220	32760	46430
	轧制速度 v/m·s^{-1}	0.5	0.5	0.5	0.6	0.8	1.0	1.2	1.4	1.6	1.8	2.0	2.3	2.5	2.7	2.9	3.0
	相应之电机转速 n/r·min^{-1}	13.7	13.7	13.7	16.3	21.8	27.3	32.7	38.2	43.6	49.0	54.5	62.5	68.2	73.5	79.0	82.0
时间计算（参照实测数据）	带载加速时间 T_{dj}/s	—	0	0	0.043	0.14	0.23	0.316	0.41	0.5	0.59	0.68	0.81	0.91	1.08	1.09	1.14
	带载稳转时间 T_{dw}/s	—	3.0	3.3	1.9	1.10	1.07	1.43	1.4	1.73	2.9	3.15	4.23	8.46	7.5	10.2	14.3
	带载减速时间 T_{dj2}/s	—	0	0	0.043	0.14	0.23	0.316	0.41	0.5	0.59	0.68	0.81	0.91	1.08	1.09	1.14
	轧制时间总计 T_z/s	—	3.0	3.3	2.0	1.38	1.53	2.06	2.22	2.73	4.08	4.51	5.85	10.28	9.66	12.38	16.58
	空载减速时间 T_{kj2}/s	—	0.23	0.23	0.23	0.23	0.23	0.23	0.23	0.23	0.23	0.23	0.23	0.23	0.23	0.23	—
	空载加速时间 T_{kj1}/s	—	0.23	0.23	0.23	0.23	0.23	0.23	0.23	0.23	0.23	0.23	0.23	0.23	0.23	0.23	—
	空载稳转时间 T_{kw}/s	20.23	4.44	2.39	4.64	30.86	5.61	25.08	6.12	25.84	5.96	21.23	6.89	4.26	8.48	8.66	—
	辅助时间总计 T_j/s	20.23	4.9	2.85	5.1	31.32（立轧）	6.07	25.54（立轧）	6.58	26.27（立轧）	6.42	21.69（立轧）	7.35	4.72	8.94	9.12	—
	总计时间 T_Σ/s	20.23	7.9	6.25	7.1	32.7	7.6	27.6	8.8	29.1	10.5	26.2	13.2	15.0	18.6	21.5	16.58
温阵计算	道次终了轧件散热面积 F_h/m^2	5.6	5.8	6.2	6.88	7.82	9.0	10.7	12.96	16.14	20.7	27.26	38.8	55.5	73.8	104.34	147.8
	道次平均散热面积 $\frac{F_q+F_h}{2}$/m^2	5.6	5.7	6.0	6.54	7.35	8.41	9.85	11.83	14.55	18.42	23.98	33.03	47.15	64.65	89.07	126.07
	$Q=KF_p(T_z+T_j)$/kJ	2367	941	780	970	5020	1340	5680	2200	8850	4060	13130	9110	14780	25132	40020	43680
	$\Delta t=Q/CG$/℃	1.7	0.70	0.60	0.7	3.5	1.0	4.0	1.5	6.2	2.8	9.2	6.7	10	17.5	27.9	30.5
	道次终了温度/℃	435	434.3	433.7	433.0	429.5	428.5	424.5	423.0	416.8	414.0	404.8	398.1	388.1	370.6	342.7	312.2
轧制力计算	接触弧长 $L=\sqrt{R\Delta h}$/mm	—	59.2	77.1	87.6	87.6	83.5	81.3	77.1	72.5	67.2	62.0	59.2	49.5	37.4	34.7	29.4
	轧件平均高度 h_p/mm	—	194	180.5	161	139	118	98.5	80.5	64.5	50.5	38.5	28	19.5	14	10.25	7.25
	比值 L/h_p	—	0.306	0.427	0.545	0.63	0.708	0.825	0.96	1.124	1.33	1.61	2.11	2.54	2.67	3.39	4.06
	平均单位压力 p_p/MPa	—	125	120	115	112	112	113	115	123	135	148	170	192	200	246	310
	轧制力 $P=p_p\cdot B_pL_1$/kN	—	11700	14600	15450	15400	14800	14500	14000	14100	14220	14250	15440	15000	11820	13500	14300

续表 6-1

	参数 \ 道次	0	1	2	3	4	5	6	7	8	9	10	11	12	13	14	15
转矩计算	$M_{m1} = P \cdot d_m \cdot \mu \cdot \frac{D_g}{D_z}$/mm	—	17	21.2	22.4	22.3	21.5	21	20.3	20.5	20.6	20.7	22.4	21.8	17.1	19.6	20.7
	$M_z = 2P\psi L_1$/kN·m	—	693	1126	1353	1349	1236	1179	1079	1022	956	884	914	743	442	469	420
	$M_m = \frac{M_{m1}}{i\eta} + \left(\frac{1}{\eta} - 1\right)\frac{M_z}{i}$/kN·m	—	53	79	92	91	84	81	75	73	71	66	69	59	40	44	43
	$M_k = 0.09M_h$/kN·m	—	56	56	56	56	56	56	56	56	56	56	56	56	56	56	56
	$M_j = \frac{M_z}{i} + M_m + M_k$/kN·m	—	802	1261	1501	1496	1376	1316	1210	1151	1083	1006	1039	858	538	569	519
	$M_d = \frac{\Sigma GD^2}{375} \cdot \rho$/kN·m	—	259	259	259	259	259	259	259	259	259	259	259	259	259	259	259
电机转矩计算	带载加速时转矩 M_{dj1}/kN·m	—	802	802	1759	1749	1635	1574	1469	1409	1349	1243	1298	1117	797	828	779
	修正之 $M'_{d1} = M\frac{n}{n_h}$/kN·m	—	—	—	—	—	—	—	—	—	—	1355	1623	1524	1172	1308	1278
	带载稳转时的 M_{dw}/kN·m	—	802	1261	1501	1496	1376	1316	1210	1151	1083	1006	1039	858	538	569	519
	带载减速时的 M_{dj2}/kN·m	—	801	1001	1241	1231	1117	1056	951	891	821	725	780	599	279	310	261
	修正后的 M'_{a2}/kN·m	—	—	—	—	—	—	—	—	—	—	791	975	817	410	490	428
	空载减速时的 M_{kj2}/kN·m	—	−203	−203	−203	−203	−203	−203	−203	−203	−203	−203	−203	−203	−203	−203	—
	空载加速时的 M_{kj1}/kN·m	—	315	315	315	315	315	315	315	315	315	315	315	315	315	315	—
	空载稳转时的 M_{kw}/kN·m·	56	56	56	56	56	56	56	56	56	56	56	56	56	56	56	56
	各道次之 $\Sigma M^2 t$/kN·m	63441	2005125	5311609	4556236	3260720	2984330	3752184	3386215	3823345	4965694	4990165	7553346	9024921	3924156	5517785	5922635
备注	一个循环的等效转矩为：$M_c = \sqrt{\frac{\Sigma M^2 \cdot t}{\Sigma t}} = 510$kN·m																

因此,在采用某一公式计算时,一定要注意其条件、应用的范围、合理选择参数,这样所得结果才较为精确。

在进行车间工艺设计时,为了采用计算公式的方便、正确,下面仅对应用范围、条件作简要叙述。详见《金属塑性加工学》、《金属挤压与拉拔工艺学》等。

6.1.2.1 HП. 皮尔林公式

皮尔林借助于塑性条件及力平衡方程式建立起来的计算公式,如:

$$P = [\pi D_0(L_0 - h_s)]\mu_t\bar{s}_t + 2iF_0\left(\frac{\mu_{zh}}{2\sin\alpha} + \frac{1}{\cos^2\dfrac{\alpha}{2}}\right)\bar{s}_{zh} + \lambda(\pi D_1 h_g)\mu_g\bar{s}_g \qquad (6\text{-}44)$$

式中 P——圆锭单模孔正向挤压圆棒时的挤压力;

L_0, D_0——填充挤压后的锭坯长度与直径;

h_s——死区的高度;

μ_t——挤压筒壁上的摩擦系数;

$\bar{s}_t$——挤压筒内金属的平均塑性剪切应力;

$i = \ln\dfrac{D_0^2}{D_1^2} = \ln\lambda$($\lambda$ 为挤压比);

D_1——挤压制品的直径;

F_0——挤压筒内孔的横断面积;

μ_{zh}——塑性变形区压缩锥内的表面摩擦系数;

$\bar{s}_{zh}$——塑性变形区压缩锥内金属平均塑性剪切应力;

h_g, μ_g——工作带长度及其壁上的摩擦系数;

$\bar{s}_g$——工作带处的金属剪切应力。

此公式在结构上是由四部分组成的:为实现塑性变形作用在垫片上的力、为克服筒壁上的摩擦力作用在垫片上的力、为克服塑性变形区压缩锥面的摩擦力作用在垫片上的力和为克服挤压模工作带壁上的摩擦力作用在垫片上的力。在此公式中忽略了三个可能的作用力:克服作用于制品上的反压力(+)和牵引力(-)、克服因挤压速度变化所引起的惯性力、克服挤压末期挤压垫上的摩擦力等。

另外,皮尔林公式在推导过程中作了一系列的假设,如主应力面球面假设、平均化假设、塑性变形区金属与挤压筒接触表面上摩擦遵守库仑摩擦定理的假设等。因此,采用皮尔林公式计算的结果与实测的数据比较误差也较大。但是,由于皮尔林公式适应各种挤压条件,使用方便。所以,尽管有一定的误差,但在有色金属挤压力计算方面应用较为广泛。

采用工程法计算挤压力是简捷方便和实用的,由于经验公式通常给出具体的挤压力参数,使用起来也比较方便。

6.1.2.2 工程法理论计算公式

A 棒材单孔挤压力

挤压棒材时,按坯料受力情况,将其分成定径区、塑性变形区、难变形区及未变形区等四个区域,从1区开始逐渐推导挤压力计算公式。如图6-4所示。

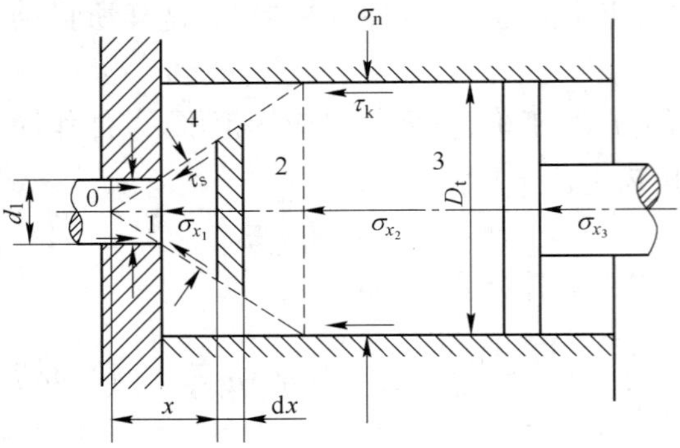

图 6-4 棒材挤压时受力状态

1—定径区;2—塑性变形区;3—未变形区;4—死区

$$\sigma_j = \sigma_s\left[\left(1 + \frac{1}{\sqrt{3}}\cot\alpha\right)\ln\lambda + \frac{4\mu_1 l_1}{d_1} + \frac{4}{\sqrt{3}}\frac{l_3}{D_t}\right] \tag{6-45}$$

挤压力：$P = \sigma_j \cdot \frac{\pi}{4}D_t^2$ (6-46)

式中 α——死区角度(死区与变形区分界线同挤压筒中心线夹角),平模挤压时取 $\alpha = 60°$,锥模挤压时,如无死区,则 α 即为模角;

λ——挤压系数(挤压比);

D_t——挤压筒内径;

d_1——模孔直径;

l_1——工作带长度;

l_3——未变形区部分锭坯的长度;

σ_s——挤压坯料的变形抗力,其值取决于坯料的性质、挤压温度、变形速度及变形程度;

σ_j——挤压应力;

P——挤压力;

μ_1——工作带与坯料间的摩擦系数。

B 型材挤压力计算

对于型材的单孔、多孔挤压,其挤压力是在棒材单孔挤压力计算公式的基础上加以修正。

$$\sigma_j = \sigma_s\left[\left(1 + \frac{\sqrt[3]{a}}{\sqrt{3}}\cot\alpha\right)\ln\lambda + \frac{\Sigma Z\mu_1 l_1}{\Sigma F} + \frac{4}{\sqrt{3}}\frac{l_3}{D_t}\right] \tag{6-47}$$

$$P = \sigma_j \cdot \frac{\pi}{4}D_t^2 \tag{6-48}$$

式中 ΣZ——制品的周边长度总和;

ΣF——制品的断面积总和;

a——经验系数,$a = \dfrac{\Sigma Z}{1.13\pi\sqrt{\Sigma F}}$。

经验系数 a 主要考虑制品断面的复杂性及模孔数的多少,对单孔模挤压力公式进行修正。

C 管材挤压力计算

管材挤压力有固定穿孔针挤压与随动穿孔针挤压两种形式:管材挤压同棒材挤压相比,增加了穿孔针的摩擦力作用,使挤压力增加。

a 固定穿孔针挤压管材的挤压力计算

采用的穿针孔有瓶式针(图 6-5)和圆柱形针,

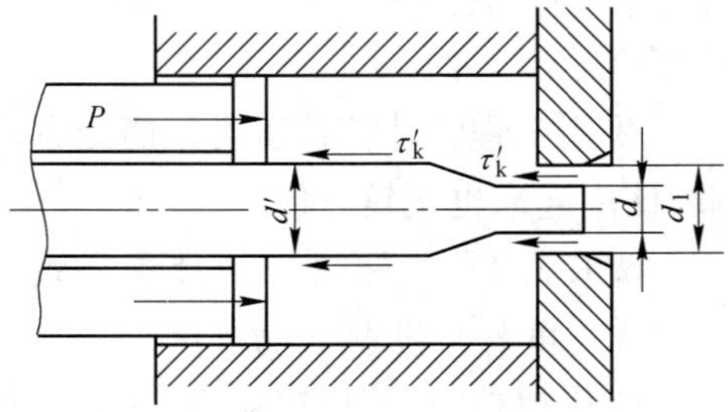

图 6-5 固定瓶式针挤压管材

挤压力计算公式为

$$\sigma_{\mathrm{j}} = \sigma_{\mathrm{s}}\left[\left(1 + \frac{1}{\sqrt{3}}\cot\alpha \cdot \frac{\overline{D} + d}{\overline{D}}\right)\ln\lambda + \frac{4\mu_1 l_1}{d_1 - d} + \frac{4}{\sqrt{3}}\frac{l_3}{D_{\mathrm{t}} - d'}\right] \tag{6-49}$$

$$P = \sigma_{\mathrm{j}} \cdot \frac{\pi}{4}(D_{\mathrm{t}}^2 - d'^2)$$

式中　$\overline{D}$——塑性变形区坯料平均直径，

$$\overline{D} = \frac{1}{2}(D_{\mathrm{t}} + d_1)$$

d——制品内径；

d_1——制品外径；

d'——穿孔针针体直径，当穿孔针为圆柱体时 d' 变为 d；

其他的符号同前。

b　随动穿孔针挤压管材的挤压力

挤压时，穿孔针随挤压杆一起移动，未变形部分与穿孔针间无相对运动，无摩擦力。挤压力计算公式为：

$$\sigma_{\mathrm{j}} = \sigma_{\mathrm{s}}\left[\left(1 + \frac{1}{\sqrt{3}}\cot\alpha \cdot \frac{\overline{D} + d}{\overline{D}}\right)\ln\lambda + \frac{4\mu_1 l_1}{d_1 - d} + \frac{4}{\sqrt{3}}\frac{l_3 D_{\mathrm{t}}}{D_{\mathrm{t}}^2 - d^2}\right] \tag{6-50}$$

$$P = \sigma_{\mathrm{j}} \cdot \frac{\pi}{4}(D_{\mathrm{t}}^2 - d_1^2)$$

D　反向挤压力计算

棒材反向挤压力由于坯料与挤压筒之间没有摩擦力，所以把式(6-45)中的 $\sigma_{\mathrm{s}}\dfrac{4}{\sqrt{3}}\dfrac{l_3}{D_t}$ 项去掉，即为棒材方向挤压计算公式：

$$\sigma_{\mathrm{j}} = \sigma_{\mathrm{s}}\left[\left(1 + \frac{1}{\sqrt{3}}\cot\alpha\right)\ln\lambda + \frac{4\mu_1 l_1}{d_1}\right] \tag{6-51}$$

$$P = \sigma_{\mathrm{j}}\frac{\pi D_{\mathrm{t}}^2}{4} \tag{6-52}$$

管材反向挤压力计算公式为：

$$\sigma_{\mathrm{j}} = \sigma_{\mathrm{s}}\left[\left(1 + \frac{1}{\sqrt{3}}\cot\alpha\frac{\overline{D} + d}{\overline{D}}\right)\ln\lambda + \frac{4\mu_1 l_1}{d_1 - d}\right] \tag{6-53}$$

$$P = \sigma_{\mathrm{j}}\frac{\pi(D_{\mathrm{t}}^2 - d_1^2)}{4} \tag{6-54}$$

E　穿孔力计算

穿孔力 P 由穿针端面上的压力 P' 和穿孔针侧面的摩擦力 T 组成，即 $P = P' + T$。

穿孔时，穿孔针前端的 A 区坯料受三向压应力作用，满足塑性条件（将符号代入后）$\sigma_{\tau} - \sigma_{\mathrm{r}} = \sigma_{\mathrm{s}}$，其变形状态为一向压缩两向延伸（图 6-6），穿孔针头部的压应力分布规律与镦粗时接触表面的压力分布规律类似，只是边缘上的 σ_{la} 不再等于 σ_{s}，而是 $\sigma_{\mathrm{la}} = \sigma_{\mathrm{ra}} + \sigma_{\mathrm{s}}$。

σ_{ra} 的数值取决于变形区 B 区的应力状态，是三向应力，并满足塑性条件 $\sigma_{\mathrm{r}} - \sigma_1 = \sigma_{\mathrm{s}}$，B

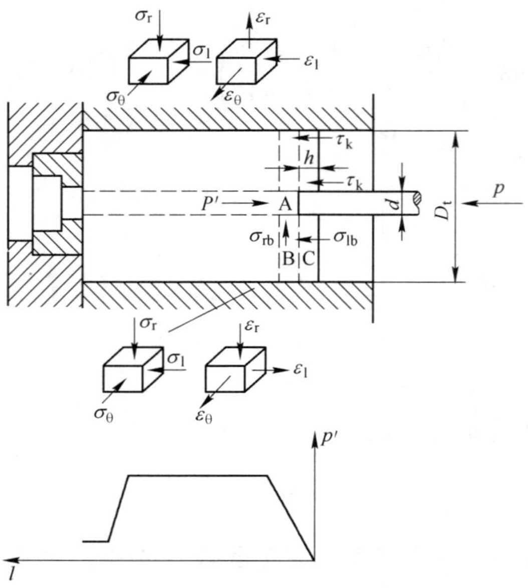

图 6-6 穿孔过程作用力分析及穿孔力的变化

区的 σ_1 是由于 C 区金属与穿孔针反向流动时，受到挤压筒壁及穿孔针表面的摩擦力 τ_k 的阻碍而产生的。而 σ_{rb} 同 τ_k 数值及挤压筒、穿孔针的接触面积有关，因此穿孔力 P 将随穿孔针穿入坯料的深度 h 值的增加而升高，当穿孔深度达一定程度（$h = d$）时，正面的阻力很快就增加到稳定过程的数值，然后由于在金属接触针的侧面上摩擦力增大，此阻力继续缓慢增加，在穿孔针前端离模面一定距离时，穿孔力出现最大值，有利于切断金属未被穿透部分的条件，形成脱开的前实心头，此时，由于剪切表面减小，使穿孔针的运动阻力开始下降，最后金属断裂，实心头被顶出。

由以上分析可知，考虑到热穿孔时摩擦系数较大，故可取 $\tau_k = \dfrac{1}{2}\sigma_s$，建立穿孔力 P 简化计算公式为。

当 $h = d$ 时，穿孔针端面上所受的阻力 p'，并且随 h 的增加 p' 值变化不大，即

$$p' = \sigma_{la} \cdot F = \frac{\pi}{2} d^2 \sigma_s \left(1 + \frac{d}{D_t - d}\right) \tag{6-55}$$

作用在穿孔针侧表面的摩擦力 T：

$$T = \tau_k \pi d h = \tau_k \pi d^2 = \frac{\sigma_s}{2} \pi d^2 \tag{6-56}$$

穿孔力

$$P = \frac{\sigma_s \pi d^2}{2} \left(2 + \frac{d}{D - d}\right) \tag{6-57}$$

式中 d——穿孔针直径；

D——挤压筒直径。

当用瓶式穿孔针时，式（6-57）中的 d 应该是穿孔针体的大直径，而不是头部的小直径。

F 分流组合模挤压力计算

分流组合模是挤压铝及铝合金管材和空心型材常用的模具。挤压时金属首先从挤压筒流入分流孔，挤压力迅速升高，然后金属从分流孔流入成形，当金属从模孔流出时挤压力升到最大值，可根据 Ф. В. Журавлев 分流组合模挤压力进行计算。分流孔式组合模如图 6-7 所示。挤压力由两部分组成：一是锭坯由挤压筒进入模分流孔的变形力 P_1；二是金属由焊合室进入模孔的形变力 P_2。在计算总挤压力时，P_2 要乘以 λ_k，是由于挤压垫片上的压力传递给焊合室内的金属，必须经过分流孔才能实现，所以总的挤压力为：

$$P = P_1 + \lambda_k P_2 \tag{6-58}$$

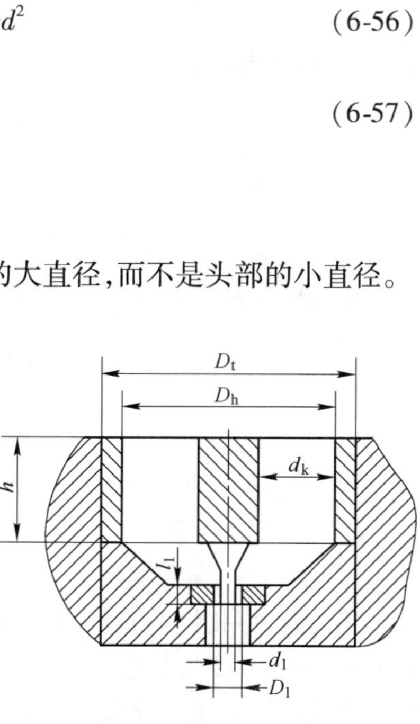

图 6-7 分流孔式组合模

式中 λ_k——由挤压筒进入分流孔的延伸系数，$\lambda_k = \dfrac{F_t}{nF_k}$；

F_t——填充挤压后锭坯断面积，亦即挤压筒内孔断面积；

F_k——一个分流孔的断面积；

n——分流孔数。

金属充满焊合室阶段所需的挤压力 P_1 为

$$P_1 = R_s + T_y + T_t + T_f \tag{6-59}$$

式中 R_s——实现金属进入分流孔道的纯塑性变形所需要的力；

T_y——克服挤压筒中塑性变形区压缩锥面上的摩擦所需的力；

T_t——克服挤压筒壁上的摩擦所需的力；

T_f——克服分流孔道中的摩擦所需的力。

对圆柱形分流孔道来说，P_1 为

$$P_1 = 4.83F_t\bar{\tau}\ln\lambda_k + 4.7D_t(L_0 - 0.9D_t)\tau_1 + 0.5\lambda_k F_k \tau_2 \tag{6-60}$$

式中 $\bar{\tau}$——塑性变形区压缩锥内金属的平均剪切抗力；

τ_1——塑性变形区入口处金属的剪切变形抗力；

τ_2——塑性变形区压缩锥口处金属剪切变形抗力。

金属由焊合室进入模孔的挤压力 P_2 为

$$P_2 = 3F_h\left(\ln\frac{F_{k1}}{F_1} + \ln\frac{Z_z}{Z_u}\right)\bar{\tau} + \lambda F_f \tau_2 + 1.8(D_h^2 - d_1^2)\ln\frac{D_h - d_1}{D_1 - d_1}\bar{\tau} + 0.5\lambda(Z_n + Z_\omega)l_1\tau_2 \tag{6-61}$$

式中 F_h, D_h——焊合室的断面积和直径；

F_{k1}——焊合室一端分流孔的总断面积；

F_f——分流孔道的总侧面积；

Z_z, Z_u——制品断面周长及等断面圆周长；

Z_n, Z_ω——制品断面内、外周长；

l_1——工作带长度；

F_1, D_1, d_1——制品断面积、外径及内径；

λ——总的挤压比。

因此

$$p = F_t\bar{\tau}\ln\lambda_k + 4.7D_t(l_0 - 0.9D_t)\tau_1 + 0.5\lambda_k F_k\tau_2 + \lambda_k\left[3F_h\left(\ln\frac{F_{k1}}{F_1} + \ln\frac{Z_t}{Z_n}\right)\bar{\tau} + \lambda F_f\tau_2 + 1.8(D_h^2 - d_1^2)\ln\frac{D_h - d_1}{D_1 - d_1}\bar{\tau} + 0.5\lambda(Z_n + Z_\omega)l_1\tau_2\right] \tag{6-62}$$

6.1.2.3 挤压力经验算式

经验算式是根据大量实验结果建立起来的，其最大优点是算式结构简单，应用方便；其缺点是不能准确反映各挤压工艺参数对挤压力的影响，计算误差较大。在工艺设计中，经验算式可用来对挤压力进行初步估计。

这里介绍一种简单易行且适用于现代挤压机的挤压力计算公式

$$P = \beta A_0\sigma_s\ln\lambda + \mu\sigma_s\pi(D + d)L \tag{6-63}$$

式中 P——挤压力,N;

A_0——挤压筒或挤压筒减去挤压针面积,mm^2;

σ_s——与变形速度、温度等有关的变形抗力,MPa;

λ——挤压系数;

μ——系数,$1/\sqrt{3}$;

D——挤压筒直径,mm;

L——镦粗后铸锭长度,mm;

d——挤压针直径,mm;

β——修正系数(1.3~1.5,硬合金取下限,软合金取上限)。

正向挤压型、棒材时

$$P = \beta A_0\sigma_s\ln\lambda + (1/\sqrt{3})\sigma_s\pi DL \tag{6-64}$$

正向不润滑挤压管材时

$$P = \beta A_0\sigma_s\ln\lambda + (1/\sqrt{3})\sigma_s\pi(D+d)L \tag{6-65}$$

反向挤压、棒材时

$$P = \beta A_0\sigma_s\ln\lambda \tag{6-66}$$

反向不润滑挤压管材时

$$P = \beta A_0\sigma_s\ln\lambda + (1/\sqrt{3})\sigma_s\pi dL_0 \tag{6-67}$$

6.1.2.4 挤压力计算简式与参数的确定

确定挤压力的一般公式

$$P = \sigma_j F = n_s\sigma_s F = n_s n_\varepsilon n_{\dot{\varepsilon}} n_T\sigma_{so}F \tag{6-68}$$

式中 P——挤压力;

σ_j——挤压应力;

F——挤压垫片或挤压筒的断面积;

n_s——挤压应力状态系数,$n_s=\sigma_j/\sigma_s$;

σ_s——金属真实变形抗力,

$$\sigma_s = n_\varepsilon n_{\dot{\varepsilon}} n_T\sigma_{so} \tag{6-69}$$

n_ε——变形程度影响系数;

$n_{\dot{\varepsilon}}$——变形速度影响系数;

n_T——变形温度影响系数;

σ_{so}——室温下的金属屈服抗力或抗拉强度。

各个参数的选择如下所述。

A n_s 应力状态系数

它是坯料和工具几何因素、外摩擦的函数。对国内外大量文献的分析表明,由于推导挤压应力公式过程中均是对挤压筒的锭坯、变形区压缩锥、工作带分别进行的,所以众多的挤压应力公式的应力状态系数 n_s 可以用相应的三个参数来表示,即

$$n_s = n_{td} + n_z + n_d \tag{6-70}$$

式中 n_{td}——挤压筒内锭坯区域的应力状态系数;

n_z——变形区压缩锥的应力状态系数;

n_d——定径区的应力状态系数。

换句话说,各种挤压应力公式均统一于式(6-70)中。各种挤压情况下 n_s 的确定如表6-2所示。

表 6-2 挤压应力状态系数 n_s 的确定

挤压情况	λ	d_R	α	n_{td}①	n_z	n_d
单孔模挤圆棒	$\dfrac{D_t^2}{d_1^2}$	d_1	1	$\dfrac{4}{\sqrt{3}}\dfrac{l_3}{D_t}$	$\left(1+\dfrac{1}{\sqrt{3}}\cot\alpha\right)\ln\lambda$	$\dfrac{4\mu_1 l_1}{d_1}$
多孔模挤圆棒	$\dfrac{D_t^2}{md_1^2}$	$d_1\sqrt{m}$	$\sqrt{m}$	$\dfrac{4}{\sqrt{3}}\dfrac{l_3}{D_t}$	$\left(1+\dfrac{\sqrt[6]{m}}{\sqrt{3}}\cot\alpha\right)\ln\lambda$	$\dfrac{4\mu_1 l_1}{d_1\sqrt{m}}$
单孔模挤实心圆材	$\dfrac{\pi D_t^2}{4F}$	$1.13\sqrt{F}$	$\dfrac{Z}{\pi d_R}$	$\dfrac{4}{\sqrt{3}}\dfrac{l_3}{D_t}$	$\left(1+\dfrac{\sqrt[3]{\alpha}}{\sqrt{3}}\cot\alpha\right)\ln\lambda$	$\dfrac{\mu_1 l_1 Z}{F}$
多孔模挤实心圆材	$\dfrac{\pi D_t^2}{4\sum F}$	$1.13\sqrt{\sum F}$	$\dfrac{\sum Z}{\pi d_R}$	$\dfrac{4}{\sqrt{3}}\dfrac{l_3}{D_t}$	$\left(1+\dfrac{\sqrt[3]{\alpha}}{\sqrt{3}}\cot\alpha\right)\ln\lambda$	$\dfrac{\mu_1 l_1 \sum Z}{\sum F}$
用矩形挤压筒挤压②	$\dfrac{BH}{\sum F}$	$1.13\sqrt{\sum F}$	$\dfrac{\sum Z}{\pi d_R}$	$\dfrac{4}{\sqrt{3}}\dfrac{(B+H)l_3}{BH}$	$\left(1+\dfrac{\sqrt[3]{\alpha}}{\sqrt{3}}\cot\alpha\right)\ln\lambda$	$\dfrac{\mu_1 l_1 \sum Z}{\sum F}$
挤压圆管材(固定针)	$\dfrac{D_t^2-d^2}{d_1^2-d^2}$	$\sqrt{d_1^2-d^2}$	$\dfrac{Z}{\pi d_r}$	$\dfrac{4}{\sqrt{3}}\dfrac{l_3}{D_t-d'}$	$\left(1+\dfrac{1}{\sqrt{3}}\cot\alpha\dfrac{D+t}{\overline{D}}\right)\ln\lambda$	$\dfrac{4\mu_1 l_1}{d_1-d}$
挤压圆管材(随动针)	$\dfrac{D^2-d^2}{d_1^2-d^2}$	$\sqrt{d_1^2-d^2}$	$\dfrac{Z}{\pi d_r}$	$\dfrac{4}{\sqrt{3}}\dfrac{l_3 D_t}{D_t^2-d^2}$	$\left(1+\dfrac{1}{\sqrt{3}}\cot\alpha\dfrac{D+t}{\overline{D}}\right)\ln\lambda$	$\dfrac{4\mu_1 l_1}{d_1-d}$

① 对反向挤压 $n_{td}=0$;
② 对扁挤压既可推出相应的公式,也可等效成圆挤压筒、圆制品、圆坯料求挤压力。
表中 D_t——挤压筒直径;
d'——穿孔针针体直径,当穿孔针为圆柱针时 d'变为 d;
d_1——管材外径或棒材直径;
d——管材内径;
$\overline{D}$——平均直径,$\overline{D}=\dfrac{1}{2}(D_t+d_1)$;
l_3——挤压筒中未变形部分锭坯的长度(反挤时为0);
l_1——模子工作带长度(若一个模孔内,工作带长度不相等时,需分段计算,然后相加);
Z——单根制品端面周长;
F——单根制品面积;
λ——挤压比;
d_R——等效直径,用来将非断面的制品转化成圆断面的制品;
α——经验系数;
μ_1——摩擦系数由表6-3确定。

表 6-3 挤压公式用摩擦系数 μ_1

	合金品种	挤压温度/℃	摩擦系数		合金品种	挤压温度/℃	摩擦系数
重金属	紫铜	950~900	0.10~0.12	轻金属	铝及铝合金	450~500	0.25~0.30
		900~800	0.12~0.18			300~450	0.30~0.35
		800~700	0.18~0.25				
	HPb59—1,	>700	0.27		镁及镁合金	340~450	0.25
	HFe59—1—1	700	0.20~0.22			250~350	0.28~0.30
	H68	850~700	0.18				
	铝青铜	850~700	0.25~0.30	稀有金属	钛及钛合金	1000	0.30~0.35
	锡磷青铜	800~700	0.25~0.27			900	0.40
	镍及镍合金	950~1150	0.30			800	0.50
		850~950	0.35				
		800~850	0.40~0.45				

B　n_ε 变形程度影响系数

由于热挤压过程软化比较充分，变形程度对变形抗力影响可以忽略不计，故 $n_\varepsilon \approx 1$。

C　$n_{\dot{\varepsilon}}$变形速度影响系数

热挤压时变形速度对变形抗力的影响很大，$n_{\dot{\varepsilon}}$确定有两种方法。

第一种方法是根据挤压比 λ 和金属在塑性变形区压缩锥中持续的时间 t_s，查表6-4 得到金属硬化系数 C_v，据 $n_{\dot{\varepsilon}} = \dfrac{1+C_v}{2}$或 $n_{\dot{\varepsilon}} = \sqrt{C_v}$来确定 $n_{\dot{\varepsilon}}$。

表6-4　金属硬化系数 C_v

挤压比 λ		2	3	4	15	1000
金属在变形区中持续时间 t_s/s	≤0.001	3.35	4.15	4.50	4.75	5.00
	0.01	2.85	3.50	4.00	4.40	4.80
	0.1	2.00	2.90	3.20	3.40	3.60
	1.0	1.95	2.25	2.45	2.60	2.80
	≥10	1.00	1.00	1.00	1.00	1.00

注：t_s随挤压制品的不同而不同。

用圆锭挤压实心断面制品时

$$t_s = \frac{1-\cos\alpha}{3\lambda v_j \sin^3\alpha}(\lambda D_t - d_1) \tag{6-71}$$

模角 $\alpha = 60°$时，式(6-71)变为

$$t_s = \frac{0.2566}{\lambda v}(\lambda D_t - d_1) \tag{6-72}$$

挤压非圆断面型材时，d_1值可用等断面积时的等效直径 d_R代入。

$$d_R = 2\sqrt{\frac{\Sigma F}{\pi}} \tag{6-73}$$

用圆锭挤压管材时

$$t_s = \frac{0.4[(D_t^2 - 0.75d^2)^{\frac{3}{2}} - 0.5(D_t^3 - 0.75d^3)]}{F_0 v_j} \tag{6-74}$$

式中　v_j——金属挤压速度；

F_0——断面积，$F_0 = \dfrac{\pi}{4}D_t^2$。

其他情况下 t_s计算可参考有关文献。

第二种方法是根据变形速度 $\dot{\varepsilon}$ 和挤压温度 T，直接查变形速度影响系数的曲线，如图6-8所示。

D　n_T变形温度影响系数与不同温度下金属和合金变形抗力处理

通常热挤压过程不单独确定 n_T，而是直接反映到变形抗力中

$$\sigma_{sT} = n_T \sigma_{so} \tag{6-75}$$

式中　σ_{sT}——挤压温度下的金属屈服抗力。

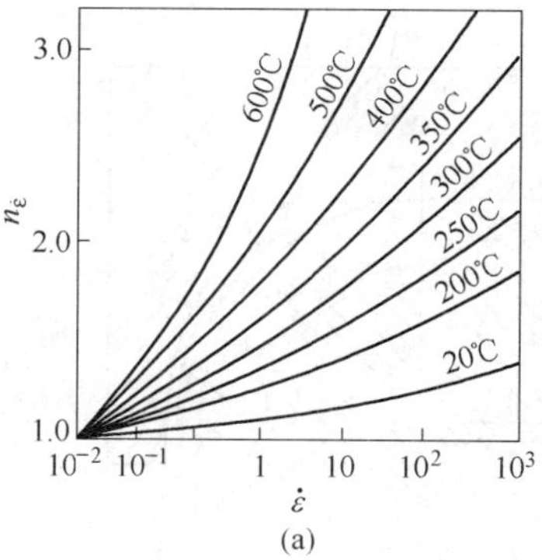

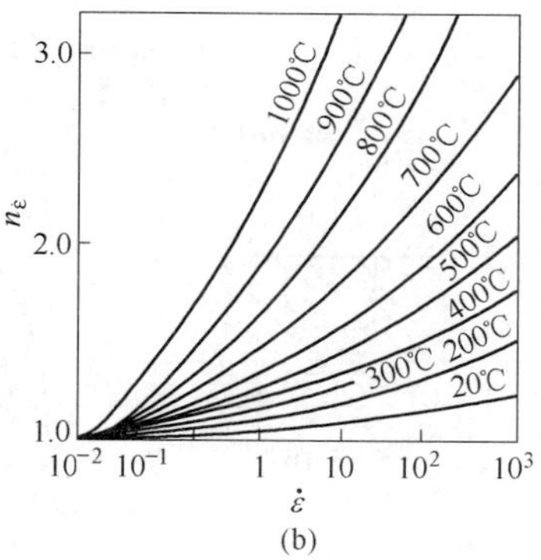

图 6-8 速度系数曲线

(a) 铝和铝合金;(b) 铜和铜合金

下面介绍不同温度下金属变形抗力的处理。如果有金属和合金不同温度下的屈服抗力的数据,则优先选用;如果没有该数据,则可以用金属和合金不同温度下的抗拉强度近似代替。

有关金属和合金不同温度下的屈服抗力 σ_{sT} 如表 6-5 ~ 表 6-10 所示。

由于有些材料的 σ_{sT} 难以精确测定,可用不同温度下的抗拉强度 σ_b 近似代替 σ_s,从而得到挤压温度下的变形抗力

$$\sigma_{bT} = n_T \sigma_{so} \tag{6-76}$$

表 6-11 和表 6-12 给出了有关金属和合金在不同温度下的抗拉强度 σ_{bT}。

综上所述,热挤压力的计算公式由式(6-68)转化为

$$P = n_s n_\varepsilon n_{\dot{\varepsilon}} \sigma_{bT} F \tag{6-77}$$

对冷挤压过程的挤压力,此时变形温度、变形速度对 σ_s 的影响较小,则 $n_T \approx 1$,$n_{\dot{\varepsilon}} \approx 1$,式(6-77)变为

$$P = n_s n_\varepsilon \sigma_{so} F \tag{6-78}$$

E 连续挤压(Conform)力计算

连续挤压力的计算有两种计算公式。

第一种计算公式。图 6-9 是连续挤压过程的示意图,模子与靴座不动,挤压轮转动。坯料以 v_i 速度进入轮槽型腔中,在轮槽型腔摩擦力作用下以速度 v_0 挤出模孔。

单位压力 P 沿轮槽的分布:假设(1) 横断面上金属均匀流动;(2) 被挤金属服从 Von-Mises 屈服条件;(3) 金属与轮槽、金属与靴座之间的摩擦服从库仑摩擦定律。

挤压应力 σ_j 由下式确定:

$$\frac{\sigma_j}{\sigma_s} = 2\ln\left(\frac{D_0}{d_1}\right) + (2/\sqrt{3})\left(\frac{\alpha}{\sin^2\alpha} - \cot\alpha\right) + \frac{2}{\sqrt{3}}\ln\left(\frac{D_0}{d_1}\right)\cot\alpha +$$
$$(\rho v^2/\sigma_s)\left[(1 - \cos^4\alpha)/4\sin^2\alpha\right]\left[\left(\frac{D_0}{d_1}\right)^4 - 1\right] \tag{6-79}$$

式中 D_0——坯料的直径;

d_1——挤压后金属的直径;

α——挤压模角;

ρ——金属密度;

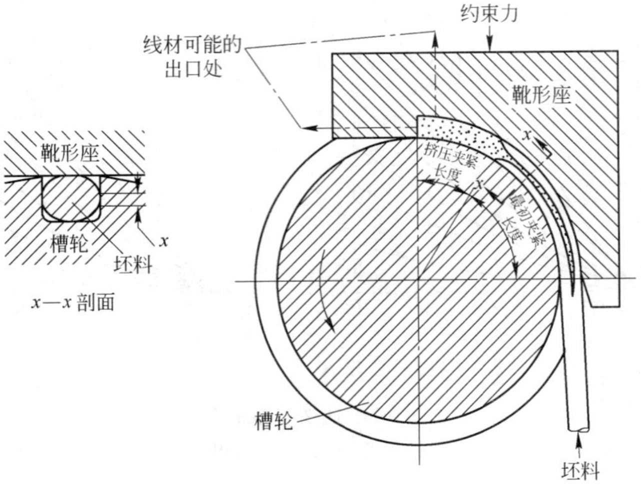

图 6-9　连续挤压过程的示意图

v——坯料进入轮槽的速度；

σ_s——金属屈服应力。

第二种计算式。为了实现连续挤压，靴形座与旋转轮的凹槽圆周部分相配合，形成挤压型腔，型腔应有足够的长度，可分最初夹紧区长度和挤压夹紧区长度，如图 6-10 所示。根据坯料的性能、摩擦系数、挤压比、型腔与模具的结构等，初步计算出夹紧区长度，建立挤压力。必须指出槽轮型腔两侧摩擦力是有效的，其他上下两边的摩擦力则是相互抵消。因此初始夹紧长度 L_1 产生的驱动力为：$P_1 = 2x\sigma_s L_1\mu$；达到轴向屈服必须的力 $= \sigma_s A$；则 $2\sigma_s x L_1\mu = \sigma_s A$，若轮槽型腔的深度 = 轮宽度 = W，所以 $A = W^2$，那么 $L_1 = \frac{W^2}{2\mu x}$，若取 $x = W/4$（典型的情况），则

$$L_1 = \frac{2W}{\mu} \tag{6-80}$$

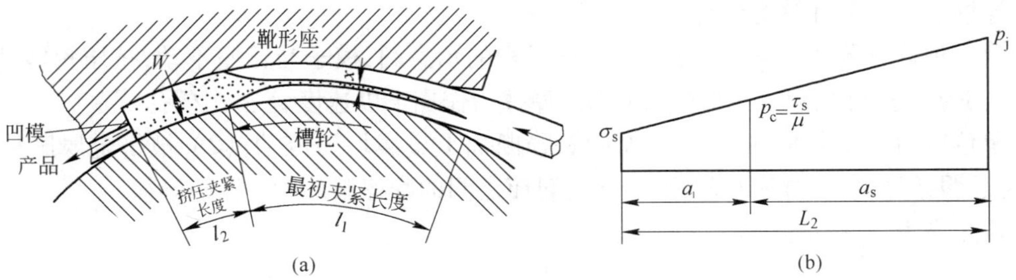

图 6-10　挤压夹紧区的长度和压力分布

(a) 挤压夹紧区的长度分布；(b) 挤压夹紧区的压力分布

σ_s—坯料屈服应力；p_c—接触压力；τ_s—屈服剪切应力；p_j—单位挤压力

同样可以计算出挤压夹紧区长度 L_2，图 6-10(b) 为挤压夹紧区压力分布图，在坯料和型腔壁之间，从坯料开始屈服至坯料产生剪切变形的范围内，接触应力 p_c 有所增加。a_1 为滑动摩擦区向剪切摩擦区过渡的混合摩擦区，设单位摩擦力为 $(\tau_s + \mu\sigma_s)/2$；a_s 为剪切摩擦区，因为变形速度的不连续，接触应力由下式给出：$p_c = \tau_s/\mu$，设 $L_2 = a_1 + a_s$，则，$(p_j - \sigma_s)A =$

$2Wa_s\tau_s + 2Wa_1\left(\frac{\tau_s + \mu\sigma_s}{2}\right)$，设 $p_j \gg \sigma_s$，从而 σ_s 可忽略，则

$$p_jA = 2W(a_s + a_1/2)\tau_s \tag{6-81}$$

式中 p_j——单位挤压力；

a_1——滑动区和剪切摩擦区长度；

a_s——剪切摩擦区长度；

τ_s——坯料的剪切强度；

μ——摩擦系数。

当 μ 很大时，$a_1 \ll a_s$ 甚至 $a_1 \approx 0$，$L_2 \approx a_s$，因此夹紧区长度：

$$L_2 = \frac{p_jW}{\sigma_s} \tag{6-82}$$

基本挤压力
$$P = p_jA = p_jW^2 = 2WL_2\tau_s \tag{6-83}$$

当圆截面的坯料 $A_0 = \frac{\pi D_0^2}{4}$，挤压出断面积为 A_1 的制品，其总的应变 ε 为：

$$\varepsilon = \ln\frac{4}{\pi} + \ln\frac{D_0^2}{A_1} \tag{6-84}$$

挤压模入口与出口处的剪切功率增加的单位挤压力：

$$\frac{\tau_s\alpha}{3}\left(1 + \frac{1}{15}\alpha^2\right) \tag{6-85}$$

因此，当沿着轮槽旋转方向挤出制品的情况下，切向单位挤压力 p_{jt} 为：

$$p_{jt} = \frac{2\tau_s\alpha}{3}\left(1 + \frac{1}{15}\alpha^2\right) + \bar{\sigma}_s\ln\frac{4}{\pi} + \bar{\sigma}_s\ln\frac{D_0^2}{A_1} \tag{6-86}$$

式中 τ_s——剪切屈服应力；

α——挤压模模角（半锥角）；

$\bar{\sigma}_s$——材料的平均屈服应力；

D_0——坯料的直径；

A_1——制品的断面积。

当沿着半径方向挤出时，径向单位挤压力为：

$$p_{jr} = p_{jt} + \sigma_s \tag{6-87}$$

这样，可分别求出 L_1、L_2 及单位挤压力 p_j。

F 连续铸挤（Castex）计算

连续铸挤是在连续挤压的基础上发展而来的，坯料直接用高温液体取代，在内通冷却水的轮槽中凝固变形。挤压力的计算基本思路相同，所不同的是铸挤过程分三区：液相区、半固态区及固相区，从挤压力建立的角度铸挤过程可分：液相区、初始夹紧区、挤压夹紧区、挤压区。铸挤过程的挤压力建立主要靠初始夹紧区与挤压夹紧区，Castex 连续铸挤挤压力产生与 Conform 连续挤压类同。

a 连续铸挤的分区、各区长度和应力分布规律

为推倒铸挤力，需要给出铸挤过程中金属的分区与应力分布规律，这里将铸挤过程划分

为四区：结晶区 L_0（AB）、初始夹紧区 L_1（BC）、夹紧区 L_2（CD）、基本挤压变形区 L_3（EF），如图 6-11（a）所示，各区应力分布及所取微分单元体如图 6-11（b）所示。

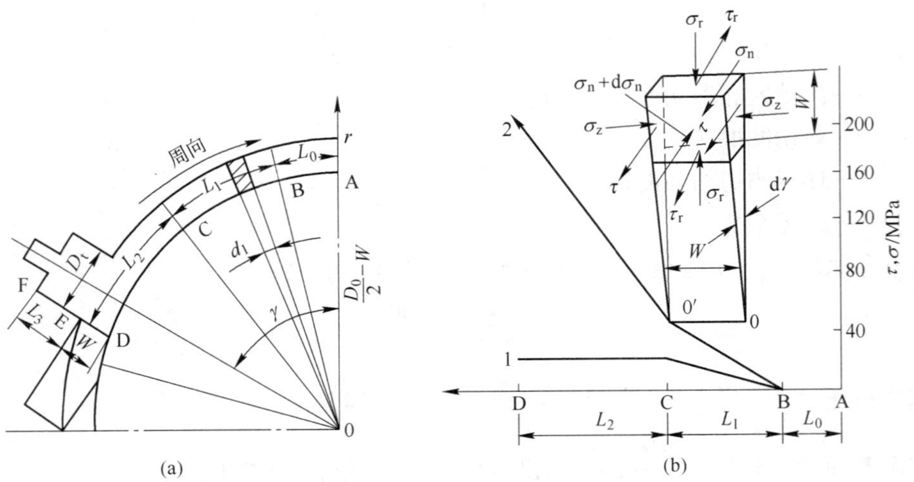

图 6-11　铸挤的分区与应力分布规律

（a）铸挤的分区；（b）轮槽内单位摩擦力 τ 与周向应力 σ_n 的分布

（1）L_0 区长度。液态金属注入铸挤轮槽发生动态结晶，此时摩擦应力 $\tau=0$，轴向应力 $\sigma_n=0$。

$$L_0 = (D_0/2 - W)\gamma - L_1 - L_2 + D_t/2 \tag{6-88}$$

式中　D_0——铸挤轮直径，mm；

W——轮槽高（深）度，mm；

D_t——微挤压筒直径，mm；

γ——包角，rad。

（2）L_1 区长度。金属逐渐填充，τ 由 0 开始增加直到 $\mu\sigma_s$，σ_n 由 0 增加到 σ_s（σ_s 为屈服应力 MPa；σ_n 为周向应力，MPa）取 BC 段金属为受力体，该段金属受到轮槽两侧的摩擦力作用和前方金属传递的周向力。槽底与靴块对金属的摩擦作用力相互抵消，与 L_1 无关。

设 BC 段单位摩擦力为 τ_1，则 $\tau_1=\mu\sigma_s L/L_1$ 满足 $L=0,\tau_1=0;L=L_1,\tau_1=\mu\sigma_s$ 边界条件。轮槽两侧摩擦力同时作用，故轮槽对受力体的摩擦力为

$$2\int_0^{L1}\tau_1 W\mathrm{d}L = 2\int_0^{L1}(\mu\sigma_s L/L_1)W\mathrm{d}L = \frac{2}{L_1}\int_0^{L1}\mu\sigma_s WL\mathrm{d}L \tag{6-89}$$

周向力为　　$\sigma_n W^2 = \sigma_s W^2$

BC 段平衡

$$\frac{2}{L_1}\int_0^{L1}\mu\sigma_s WLdL = \sigma_s W^2 \tag{6-90}$$

由上式得　　$L_1 = W/\mu$　　(6-91)

式中　μ——摩擦系数，按 Tresca 条件，$\mu=0.5$。

（3）L_2 区长度。τ 为 $\mu\sigma_s$，挡块前 σ_n 增大到足以使金属发生转向塑性流动，并使挤压方向产生的挤压应力达到金属挤出所需值 σ_j。定义 $n_s=\sigma_j/\sigma_s$ 为挤屈比。取 DC 段金属为研

究对象，该段金属受到轮槽两侧的摩擦力作用，还受到挡料块的周向力 σ_n 作用，L_1 区周向力 σ_s 作用。槽底与靴块对该段金属摩擦力相互抵消。

DC 段金属周向保持平衡

$$2\int_0^{L1}\mu\sigma_s WL\mathrm{d}L = \sigma_n W^2 - \sigma_s W^2 \tag{6-92}$$

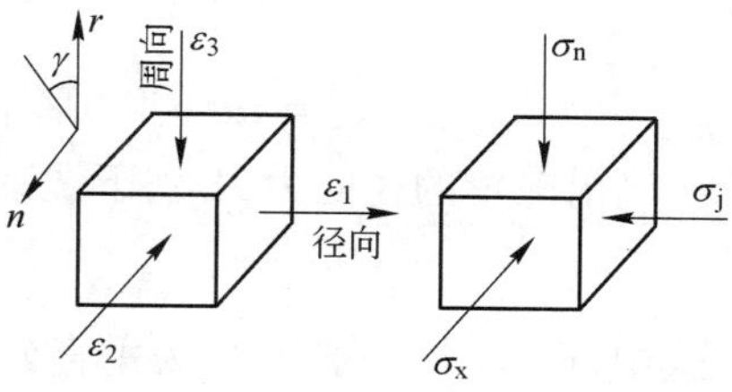

图 6-12　塑性条件

忽略摩擦力对屈服的影响，挡块前金属的变形力学简图参见图 6-12。图中 Z 轴为铸挤轮轴线方向，根据最大切应力屈服条件有

$$\sigma_n - \sigma_j = \sigma_s \tag{6-93}$$

将 $n_s = \sigma_j/\sigma_s$ 代入式(6-93)，$\mu = 0.5$ 代入式(6-92)得：

$$L_2 = n_s W = \sigma_j W/\sigma_s \tag{6-94}$$

确定 L_2 时挤压应力 σ_j 可选用主应力法计算，如棒材挤压应力公式（L_3 区相当微挤压筒）：

$$\sigma_j = \sigma_s\left[(1 + \cot\alpha/\sqrt{3})\ln\lambda + \frac{4\mu l_1}{d_1} + 4l_3/\sqrt{3}D_t\right] \tag{6-95}$$

由微挤压筒计算的挤压应力 σ_j 是挤压制品挤出模孔成形所需要的挤压力，而铸挤机所提供的有效挤压应力必须大于 σ_j，才能实现正常挤压。式(6-96)为挤压机克服各种阻力实现挤压正常运转可提供的切向挤压应力，是计算铸挤机的扭矩、选择电机的依据。

(4) L_3 区按常规挤压区处理。

b　连续铸挤挤压力的确定

连续铸挤挤压力是指铸挤轮槽所受的切向力 P_t 和径向力 P_r。图 6-13 是连续铸挤轮槽受力图，其中 T 为切向力，N 为径向力，可分为以下几部分：

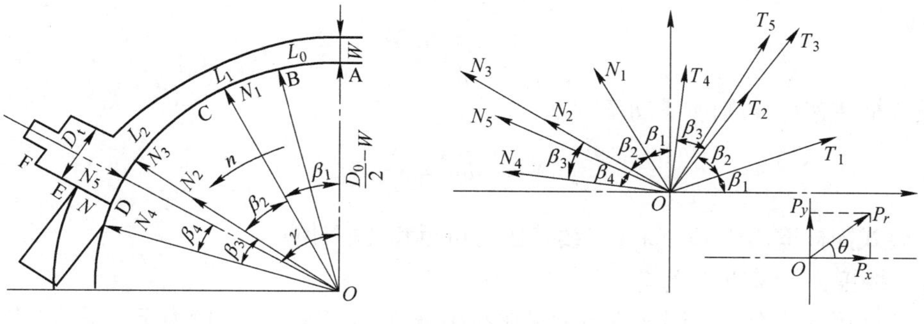

图 6-13　连续铸挤轮槽受力分析

L_1 区两个侧面与底面受到的摩擦力：$T_1 = \mu\sigma_s WL_1 + \frac{1}{2}\mu\sigma_s WL_1$；$N_1 = \frac{1}{2}\sigma_s WL_1$

L_2 区两个侧面与底面受到的摩擦力：$T_2 = 3\mu\sigma_s WL_2$；$N_2 = \sigma_s WL_2$

铸挤轮与铸挤靴的间隙引起的飞边力，飞边的宽度为 b，飞边长度为 L_2，则

$$T_3 = 2b\mu\sigma_s L_2;N_3 = 2b\sigma_s L_2$$

挡块处受到的摩擦力，由于轮槽与挡块的间隙，有一层铝隔开，切向长度为 Z，则

$$T_4 = 3\mu\sigma_s WZ;N_4 = 3\sigma_s WZ$$

微挤压筒底部受力：$T_5 = \mu N_5$；$N_5 = \frac{1}{4}\pi D_t^2(\sigma_j - \sigma_s)$

于是，沿轮槽的切向力为：

$$P_t = \mu\sigma_s WL_1 + \frac{1}{2}\mu\sigma_s WL_1 + 3\mu\sigma_s WL_2 + 2b\mu\sigma_s L_2 + 3\mu\sigma_s WZ$$

$$= \mu\sigma_s(1.5WL_1 + 3WL_2 + 2bL_2 + 3WZ) \tag{6-96}$$

沿轮槽的径向力 P_r 由下式确定

$$P_r = \sqrt{P_x^2 + P_y^2} \tag{6-97}$$

式中，P_x 为水平分力；P_y 为垂直分力，由 T 和 N 共同产生，计算出 P_x、P_y 为：

$$P_x = N_1\sin\beta_1 + (N_2 + N_3)\sin(\beta_1 + \beta_2) + N_4\sin(\gamma + \beta_4) + N_5\sin\gamma +$$
$$T_1\cos\beta_1 + (T_2 + T_3)\cos(\beta_1 + \beta_2) + T_4(\gamma + \beta_4) + T_5\cos\gamma$$

$$P_y = -N_1\cos\beta_1 - (N_2 + N_3)\cos(\beta_1 + \beta_2) - N_4\cos(\gamma + \beta_4) - N_5\cos\gamma +$$
$$T_1\sin\beta_1 + (T_2 + T_3)\sin(\beta_1 + \beta_2) + T_4\sin(\gamma + \beta_4) + T_5\sin\gamma \tag{6-98}$$

式中　$\gamma = \beta_1 + \beta_2 + \beta_3 - \beta_4$

$$\beta_1 = \left[\pi\left(\frac{D_0}{2} - W\right) - L_1 - 2L_2 + D_t\right]/(D_t - 2W)$$

$$\beta_2 = (L_1 + L_2)/(D_t - 2W)$$

$$\beta_3 = (L_2 + Z)/(D_t - 2W)$$

$$\beta_4 = (D_t + Z)/(D_t - 2W)$$

式(6-97)、式(6-98)构成了径向铸挤力公式。

c　扭矩与功率

在计算切向力 P_t后，即可计算出作用在轮槽上的扭矩 M：

$$M = \frac{1}{2}D_0P_t \tag{6-99}$$

设轮槽转速为 n，则所需功率 N 为：

$$N = M\omega = \frac{\pi n}{30}M \tag{6-100}$$

此公式同样适用于 Conform 连续挤压的扭矩和功率计算。

G　挤压力计算参数的确定

有关金属和合金在不同温度下的屈服抗力 σ_s如表 6-5 ~ 表 6-10 所示。由于有些材料的 σ_s难以精确测定，可用不同温度下的抗拉强度 σ_b近似代替 σ_s，表 6-11 给出了有关金属和合金在不同温度下的抗拉强度 σ_b。

表 6-5　铝及铝合金的 σ_s　(MPa)

合金牌号	变形温度/℃						
	200	250	300	350	400	450	500
铝	57.8	36.3	27.4	21.6	12.3	7.8	5.9
5A02			63.7	53.9	44.1	29.4	9.8
5A05				73.5	56.8	36.3	19.6
5A06			78.4	58.8	39.2	31.4	22.5

续表 6-5

合金牌号	变形温度/℃						
	200	250	300	350	400	450	500
3A21	52.9	47.0	41.2	35.3	31.4	23.5	20.6
6A02	70.6	51.0	38.2	32.4	28.4	15.7	
2A50				55.9	39.2	31.4	24.5
6063				39.2	24.5	16.7	14.7
2A11			53.9	44.1	34.3	29.4	24.5
2A12			68.6	49.0	39.2	34.3	27.4
7A04			88.2	68.6	53.9	39.2	34.3

表 6-6　镁及镁合金的 σ_s (MPa)

合金牌号	变形温度/℃					
	200	250	300	350	400	450
镁	117.6	58.8	39.2	24.5	19.6	12.3
MB1			39.2	33.3	29.4	24.5
MB2,MB8	117.6	88.2	68.6	39.2	34.3	29.4
MB5	98.0	78.4	58.8	49.0	39.2	29.4
MB7			51.0	44.1	39.2	34.3
MB15	107.8	68.6	49.0	34.3	24.5	19.6

表 6-7　铜及铜合金的 σ_s (MPa)

合金牌号	变形温度/℃								
	500	550	600	650	700	750	800	850	900
铜	58.8	53.9	49.0	43.1	37.2	31.4	25.5	19.6	17.6
H96			107.8	81.3	63.7	49.0	36.3	25.5	18.1
H80	49.0	36.3	25.5	22.5	19.6	17.2	12.3	9.8	8.3
H68	53.9	49.0	44.1	39.2	34.3	29.4	24.5	19.6	
H62	78.4	58.8	34.3	29.4	26.5	23.5	19.6	14.7	
HPb59-1			19.6	16.7	14.7	12.7	10.8	8.8	
HAl77-2	127.4	112.7	98.0	78.4	53.9	49.0	19.6		
HSn70-1	80.4	49.0	29.4	17.6	7.8	4.9	2.9		
HFe59-1-1	58.8	27.4	21.6	17.6	11.8	7.8	3.9		
HNi65-5	156.8	117.6	88.2	78.4	49.0	29.4	19.6		
QAl9-2	173.5	137.2	88.2	38.2	13.7	10.8	8.2	3.9	
QAl9-4	323.4	225.4	176.4	127.4	78.4	49.0	23.5		
QAl10-3-1.5	215.6	156.8	117.6	68.6	49.0	29.4	14.7	11.8	7.8
QAl10-4-4	274.4	196.0	156.8	117.6	78.4	49.0	24.4	19.6	14.7
QBe2					98.0	58.8	39.2	34.3	
QSi1-3	303.8	245.0	196.0	147.0	117.6	78.4	49.0	24.5	11.8
QSi3-1			117.6	98.0	73.5	49.0	34.3	19.6	14.7
QSn4-0.3			147.0	127.4	107.8	88.2	68.6		
QSn4-3			121.5	92.1	62.7	52.9	46.1	31.4	
QSn6.5-0.4			196.0	176.4	156.8	137.2	117.6	35.3	
QCr0.5	245	176.4	156.8	137.2	117.6	68.6	58.8	39.2	19.6

表 6-8　白铜、镍及镍合金的 σ_s　　(MPa)

合金牌号	变形温度/℃								
	750	800	850	900	950	1000	1050	1100	1150
B5	53.9	44.1	34.3	24.5	19.6	14.7			
B20	101.9	78.9	57.8	41.7	27.4	16.7			
B30	58.8	54.9	50.0	42.7	36.3				
BZn15-20	53.4	40.7	32.8	27.4	22.5	15.7			
BFe5-1	73.5	49.0	34.3	24.5	19.6	14.7			
BFe30-1-1	78.4	58.8	47.0	36.3					
镍		110.7	93.1	74.5	63.7	52.9	45.1	37.2	
NMn2-2-1		186.2	147.0	98.0	78.4	58.8	49.0	39.2	29.4
NMn5		156.8	137.2	107.8	88.2	58.8	49.0	39.2	29.4
NCu28-2.5-1.5		142.1	119.6	99.0	80.4	61.7	50.0	39.2	

表 6-9　锌、锡、铅的 σ_s　　(MPa)

合金牌号	变形温度/℃							
	50	100	150	200	250	300	350	400
锌		76.4	51.9	35.3	23.5	13.7	11.8	8.8
锡	31.4	19.1	11.3	2.9				
铅	12.7	7.8	7.4	4.9				

表 6-10　钛及钛合金的 σ_s　　(MPa)

合金牌号	变形温度/℃							
	600	700	750	800	850	900	1000	1100
TA2、TA3	254.8	117.6	49.0	29.4	29.4	24.5	19.6	
TA6	421.4	245	156.8	132.3	107.8	68.6	35.3	16.7
TA7		303.8	163.7		122.5			
TC4		343	205.8		63.7			
TC5		215.6	73.5		68.6		24.5	19.6
TC6		225.4	98.0		73.5		24.5	19.6
TC7		274.4	98.0		89.0		29.4	19.6
TC8		499.8	230.3		96.0			

表 6-11　不同温度下常用钢种抗拉强度 σ_b　　(MPa)

钢号 \ 温度/℃	800	900	1000	1100	1200
A3	80.0	50.0	30.0	21.0	15.0
10	68.0	47.0	32.5	26.0	15.8
15	58.0	45.0	28.0	24.0	14.0
20	91.0	77.0	48.0	31.0	20.0
30	100.0	79.0	49.0	31.0	21.0
35	111.0	75.0	54.0	36.0	22.0
45	110.0	83.0	51.0	31.0	27.0
55	165.0	115.0	75.0	51.0	36.0
T7	61.0	38.0	31.0	19.0	11.0
T7A	96.0	64.0	37.0	22.0	17.0
T8	93.0	61.0	38.0	24.0	15.9
T8A	93.0	56.0	34.0	21.0	15.0

续表 6-11

钢号 \ 温度/℃	800	900	1000	1100	1200
T10A	92.0	56.0	30.0	18.0	16.0
T12	69.0	28.0	24.0	15.0	13.0
T12A	102.0	61.0	35.0	18.0	15.0
20Cr	107.0	76.0	52.8	38.0	25.0
40Cr	149.0	93.2	59.5	43.7	27.0
45Cr	89.0	43.0	26.0	21.0	14.0
20CrV	58.6	48.7	33.0	24.0	17.0
30CrMo	117.4	89.5	57.0	37.0	25.0
40CrNi	135.0	92.7	63.2	46.0	33.0
12CrNi3A	81.0	52.0	40.0	28.0	16.0
37CrNi3	130.3	91.6	60.5	41.5	27.7
18CrMnTi	140.0	97.0	80.0	44.0	26.0
30CrMnSiA	74.0	42.0	36.0	22.0	18.0
40CrNiMn	135.0	93.0	63.2	46.0	22.3
45CrNiMoV	104.0	67.0	44.0	29.0	18.5
18Cr2Ni4WA	113.0	66.0	49.0	27.0	19.0
60Si2Mo	81.0	57.0	34.0	26.0	33.0
60Si2	81.0	57.0	34.0	26.0	33.0
10Mn2	74.0	50.0	33.4	22.0	15.1
30Mn	83.0	54.5	35.5	23.2	15.2
60Mn	87.0	58.0	36.0	23.0	15.0
GCr15	100.0	74.0	48.0	30.0	21.0
Cr12Mo	198.0	101.0	54.0	25.0	8.0
Cr12MoV	125.0	83.0	47.0	25.0	8.0
W9Cr4V	222.0	95.0	64.0	33.0	21.0
W9Cr4V2	92.0	83.0	57.0	33.0	21.0
W18Cr4V	280.0	135.0	68.0	33.0	21.0
Cr9Si2	52.0	50.0	46.0	23.0	16.0
Cr17	41.0	22.0	21.0	14.0	8.0
Cr28	26.0	19.0	11.0	8.0	8.0
1Cr13	66.0	49.0	37.0	22.0	12.0
2Cr13	130.0	106.0	63.0	37.0	—
3Cr13	133.0	113.0	78.0	44.0	30.0
4Cr13	135.0	127.0	76.0	54.0	33.0
4Cr9Si2	88.0	85.0	50.0	28.0	16.0
1Cr18Ni9	122.0	69.0	39.0	31.0	16.0
1Cr18Ni9Ti	185.0	91.0	55.0	38.0	18.0
Cr17Ni2	—	64.0	41.0	28.0	—
Cr23Ni18	141.0	92.0	56.0	53.0	30.0
Cr18Ni25Si2	180.0	102.0	63.0	31.0	22.0
1Cr14Ni14W2Mo	—	146.0	72.0	44.0	27.0
2Cr13Ni14Mn9	127.0	76.0	42.0	23.0	14.0
1Cr25Al5	83.0	49.0	21.0	10.0	6.2
Cr13Ni14Mn9	146.0	71.0	44.0	23.0	14.0
4Cr14Ni14W2Mo	250.0	155.0	90.0	—	—

续表 6-11

钢号 \ 温度/℃	800	900	1000	1100	1200
4Cr9Si2	88.0	80.0	50.0	26.0	16.0
18CrNi11Nb	221.0	—	62.0	—	22.0
Cr18Ni11Nb	151.0	—	54.0	—	20.0
Cr25Ti	26.0	19.0	11.0	8.0	8.0
Cr15Ni60	170.0	106.0	65.0	44.0	29.0
Cr20Ni80	228.0	105.0	58.0	38.0	23.0
CrW5	160.0	120.0	55.0	—	—
4CrW2Si	100.0	90.0	55.0	30.0	—
5CrW2Si	140.0	120.0	8.0	—	—

在计算挤压力时，金属及其合金变形抗力在上述所列表中查不到有关数据，为了确定不同温度下变形抗力的方便，特设部分金属的变形抗力图 6-14 供参考。

6.1.3 拉拔工艺计算

拉拔工艺计算主要是拉拔力的计算，拉拔力是制订拉拔工艺规程、选择与校核拉拔机能力以及检验各部件强度的重要依据。

目前，拉拔力计算公式比较多，如平均主应力法、滑移线法、上界法以及有限元法等。在工程计算方面常用的公式有平均主应力法公式、И. Л. 皮尔林公式以及一些简化公式。许多拉拔力公式都只反映了拉拔过程的基本因素，并要求预先准确地确定某些参数，如摩擦系数 μ 和金属变形抗力 σ_s。然而，由于这些参数是变化的，从而影响了计算值的精确性。

6.1.3.1 И. Л. 皮尔林公式

皮尔林公式不但给出了各种拉拔条件下的拉拔力计算公式，而且在公式中还考虑了弹性变形区中反拉应力的作用。皮尔林在建立公式过程中采用了一些假定，影响了公式的精确性，然而在工程上是可用的。详见《有色金属塑性加工学》。

6.1.3.2 平均主应力法公式

拉拔力公式推导过程与挤压力公式推导过程基本相同，仍然是首先对塑性变形区微小单元体建立微分平衡方程式，然后采用近似塑性条件，利用边界条件推导出拉拔力计算公式。在推导过程中，为了使计算公式简化，有几个假定条件。因此，平均主应力法计算公式的计算结果与实测值有一定的误差，但是工程上应用仍较方便，适用于一般金属的管、棒、型材以及线材的拉拔力计算。

A 棒线材拉拔力计算

$$\sigma_L = \sigma_{l1} = \sigma_s\left(\frac{1+B}{B}\right)\left[1-\left(\frac{D_1}{D_0}\right)^{2B}\right] \tag{6-101}$$

式中 σ_L——拉拔应力，即模出口处棒材断面上的轴向应力 σ_{l1}；

σ_s——金属材料的平均变形抗力，取拉拔前后材料的变形抗力平均值；

B——参数，设 $B=\dfrac{\mu}{\tan\alpha}$，$\mu$ 为摩擦系数；

D_0——拉拔坯料的原始直径；

D_1——拉拔棒、线材出口直径。

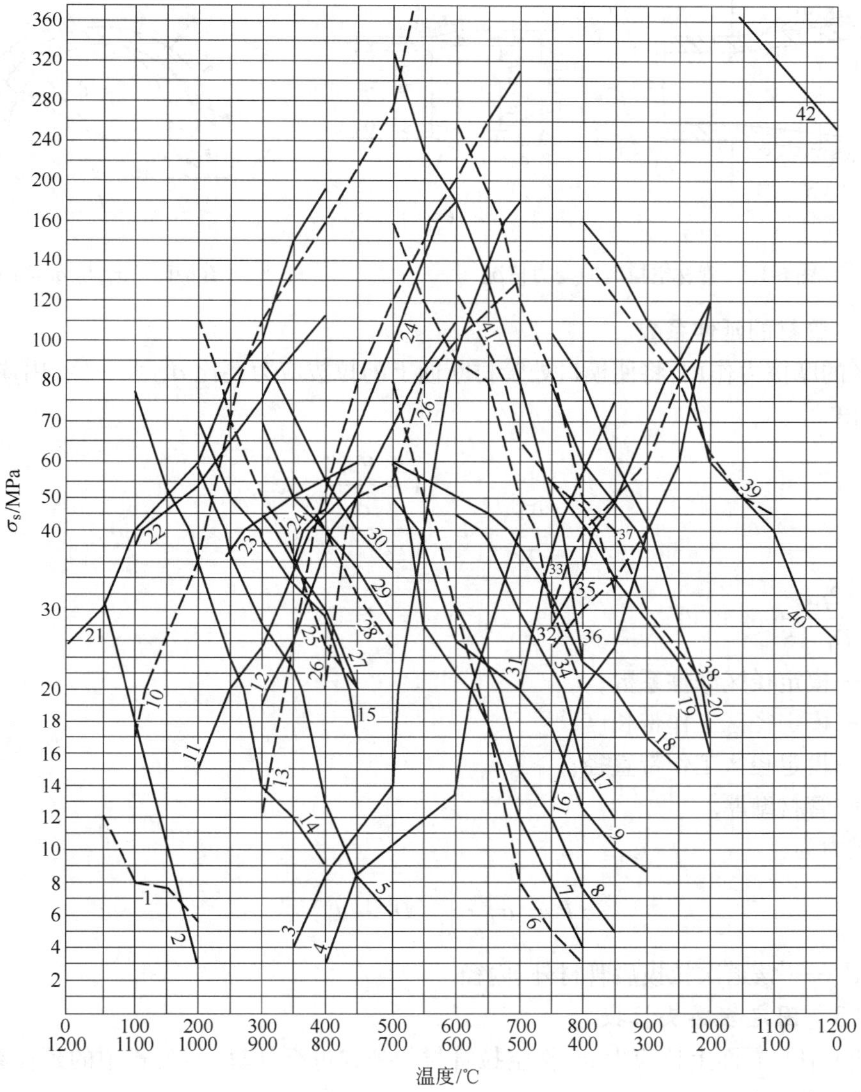

图 6-14　部分金属不同温度下的变形抗力

1—铅;2—锡;14—锌;5—铝;16—镁;18—铜;22—镍;38—钛(TA2);42—钼;15—6A02;28—2A50;27—2A11;29—2A12;30—7A04;31—5A05;32—MB1;33—MB5;35—MB8;25—MB15;12—H96;9—H80;17—H68;8—H62;4—HPb59-1;6—HSn70-1;34—HNi65-5;26—HAl77-2;7—HFe59-1-1;13—QSi1-3;41—QSn4-3;36—QA19-4;3—QAl9-2;24—QSn6.5-0.4;11—B5;20—B20;23—B30;19—BZn15-20;37—BFe30-1-1;40—NMn5;21—NMn2-2-1;39—NCu28-2.5-1.5;10—TA6

注:1. 温度坐标适用于自左向右递增的曲线;2. 锆(Zr)在400℃和800℃下的 σ_s 近似值,分别为17MPa和46MPa

B　空拉管材计算

管材空拉时,其外作用力情况与棒、线材拉拔类似,参见图6-15,在塑性变形区取微小单元体,其受力状态如图6-16所示。建立微分方程,利用塑性条件,引入 $B=\mu/\tan\alpha$,利用边界条件,推导出拉拔力公式。

$$\frac{\sigma_{x_1}}{\sigma_s}=\frac{1+B}{B}\left(1-\frac{1}{\lambda^B}\right) \tag{6-102}$$

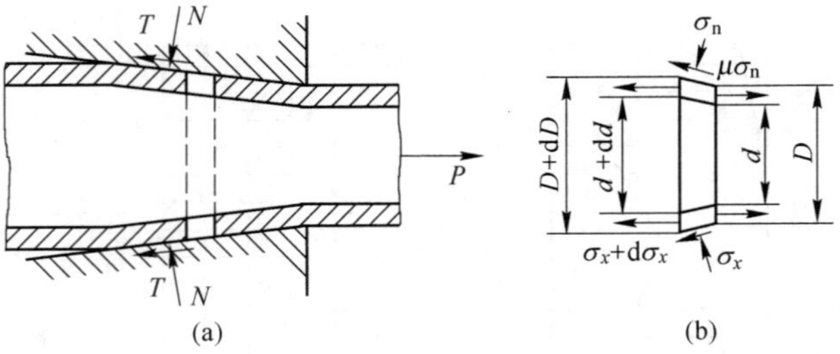

图 6-15 管材空拉时的受力情况

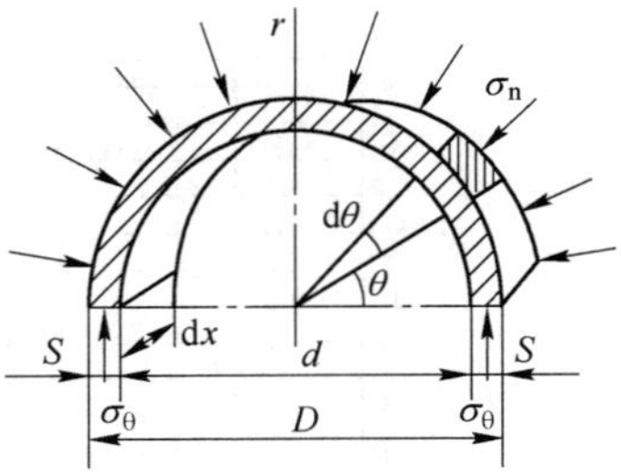

图 6-16 σ_θ 与 σ_n 的关系

式中 λ——管材的延伸系数。

定径区的摩擦力作用，将使模口处管材断面上的拉拔应力要比 σ_{x_1} 大一些，用棒、线材求解，可以导出

$$\frac{\sigma_L}{\sigma_s} = 1 - \frac{1 - \dfrac{\sigma_{x_1}}{\sigma_s}}{e^{c_1}} \tag{6-103}$$

式中 $c_1 = \dfrac{2\mu l_d}{D_1 - S}$;

μ——模定径区摩擦系数；

l_d——模定径区工作带长度；

D_1——模定径区工作带直径；

S——管材壁厚。

故拉拔力为

$$P = \sigma_L \cdot \frac{\pi}{4}(D_1^2 - d_1^2) \tag{6-104}$$

式中 D_1, d_1——该道次拉拔后管材外、内径。

6.1.3.3 固定短芯头拉拔

图 6-17a 中 b 断面上拉应力 σ_{x2} 按空拉管材的公式进行计算，而公式中的延伸系数 λ 在此是指空拉段的延伸系数：

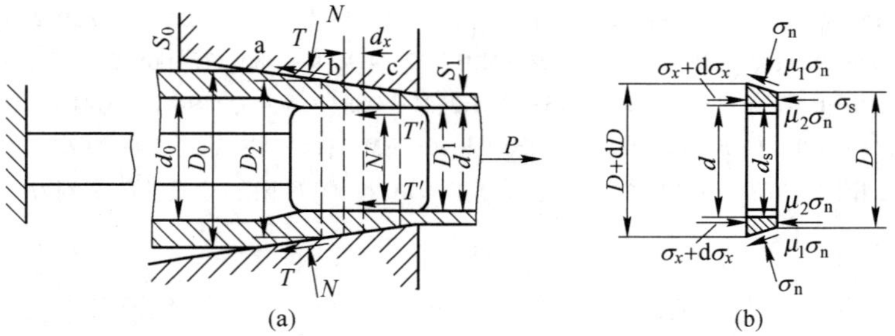

图 6-17 固定短芯头拉拔

$$\lambda_{ab} = \frac{F_0}{F_2} = \frac{D_0 - S_0}{D_2 - S_2}$$

$$\frac{\sigma_{x_1}}{\sigma_s}=\frac{1+\left(1+\frac{d_1}{\overline{D}}\right)B}{\left(1+\frac{d_1}{\overline{D}}\right)B}\left[1-\left(\frac{D_1^2-d_1^2}{D_2^2-d_2^2}\right)^{\left(1+\frac{d_1}{\overline{D}}\right)}\right]+\frac{\sigma_{x_2}}{\sigma_s}\left(\frac{D_1^2-d_1^2}{D_2^2-d_2^2}\right)^{\left(1+\frac{d_1}{B}B\right)} \tag{6-105}$$

式中，$\frac{D_1^2-d_1^2}{D_2^2-d_2^2}$为减壁段的延伸系数的倒数，以$\frac{1}{\lambda_{bc}}$表示，并设

$$A=\left(1+\frac{d}{\overline{D}}\right)B$$

$$\frac{\sigma_{x_1}}{\sigma_s}=\frac{1+A}{A}\left[1-\left(\frac{1}{\lambda_{bc}}\right)^A\right]+\frac{\sigma_{x_2}}{\sigma_s}\left(\frac{1}{\lambda_{bc}}\right)^A \tag{6-106}$$

固定短芯头拉拔时定径区摩擦力对 σ_L 的影响与空拉不同，还有内表面的摩擦应力。用棒材拉拔时的同样方法，可得到

$$\frac{\sigma_L}{\sigma_s}=1-\frac{1-\sigma_{x_1}/\sigma_s}{e^{c_2}} \tag{6-107}$$

式中 $c_2=\frac{4\mu l_d}{D_1-d_1}=\frac{4\mu l_d}{s_1}$；

D_1——该道次拉拔模定径区直径；

d_1——该道次拉拔芯头直径；

s_1——该道次拉拔后制品壁厚。

6.1.3.4 游动芯头拉拔

游动芯头拉拔时，其受力情况如图 6-18 所示，它与固定短芯头拉拔的主要区别在于减壁段(b－c)的外表面的法向压力 N_1 与内表面的法向压力 N_2 的水平分力的方向相反，在拉拔过程中，芯头将在一定范围移动，现在按前极限位置来推导拉拔力计算公式。

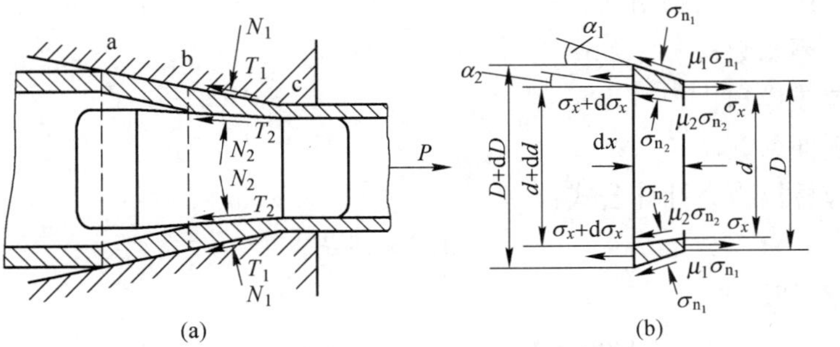

图 6-18 流动芯头拉拔管材

将变形区分为空拉区、减径区、减壁区及定径区进行拉拔应力计算。

$$\frac{\sigma_{x_2}}{\sigma_{s_2}}=\frac{1+A}{A}\left[1-\left(\frac{1}{\lambda_{ab}}\right)^A\right]+\frac{\sigma_{x_3}}{\sigma_{s_3}}\left(\frac{1}{\lambda_{bc}}\right)^A \tag{6-108}$$

而

$$A=\left(1+\frac{\overline{d}_c}{\overline{D}_{bc}}\right)B \tag{6-109}$$

式中 $B=\dfrac{\mu}{\tan\alpha}$；

$\overline{D}_{bc}$——bc 区的平均直径，$\overline{D}_{bc}=\dfrac{D_b+D_c}{2}$；

σ_{s_2}——bc 区的屈服应力，$\sigma_{s_2}=\dfrac{\sigma_{sb}+\sigma_{sc}}{2}$。

可以得到减壁区终了断面上的拉拔应力计算式：

$$\frac{\sigma_{x_1}}{\sigma_s}=\frac{1+A-C}{A}\left[1-\left(\frac{1}{\lambda_{cd}}\right)^A\right]+\frac{\sigma_{x_2}}{\sigma_s}\left(\frac{1}{\lambda_{cd}}\right)^A \tag{6-110}$$

式中 $A=\left(1+\dfrac{\overline{d}}{\overline{D}}\right)B$（$\overline{D}$，$\overline{d}$ 为减壁区 bc 的平均外径与内径）；

$B=\dfrac{\mu}{\tan\alpha}$；

$C=\dfrac{\overline{d}}{\overline{D}}\cdot\dfrac{\tan\alpha_1}{\tan\alpha}$（$\alpha_1$ 为芯头锥角，α 为模角）；

σ_{x_2}——减径区 c 点的轴向应力。

考虑定径区摩擦力的影响：

$$\frac{\sigma_L}{\sigma_s}=1-\frac{1-\sigma_{x_1}/\sigma_s}{e^{c_2}} \tag{6-111}$$

6.1.3.5 简化公式

（1）棒材拉拔力计算公式：

$$P_L=\overline{\sigma}_b F_h(\lambda-1)(1+\mu\tan\alpha) \tag{6-112}$$

式中 $\overline{\sigma}_b$——拉拔前后的平均抗拉强度；

F_h——拉拔后产品的断面积；

μ——摩擦系数；

α——拉拔模角；

λ——延伸系数。

（2）空拉管材拉拔力计算公式：

$$P_L=1.2\sigma_b\varepsilon\omega F_h \tag{6-113}$$

式中 ε——道次加工率；

ω——系数，其值为$\dfrac{\tan\alpha+\mu}{\tan\alpha(1-\mu\tan\alpha)}$。

（3）固定短芯头拉拔力计算公式：

$$P_L=1.05\overline{\sigma}_b\varepsilon\omega_1 F_h \tag{6-114}$$

式中 ω_1——系数，其值为 $\omega_1=c\dfrac{\mu}{\tan\alpha}$。

上述三个拉拔力计算简化公式的计算虽然误差较大，但是，可以很方便地估算拉拔力值。

（4）拉拔机电机功率计算：

单机拉拔时电机功率 W 为：

$$W = P_L v_L / 9.8\eta \tag{6-115}$$

式中　W——电机功率，kW；

P_L——拉拔力，kN；

v_L——拉拔速度，m/s；

η——拉拔机的效率，取 0.8 ~ 0.9。

多模拉拔时电机功率 W 为：

$$W = (P_1 v_1 + P_2 v_2 + P_3 v_3 + \cdots + P_n v_n)/9.8\eta_1\eta_2 \tag{6-116}$$

式中　$P_1, P_2, P_3, \cdots, P_n$——作用在第 1,2,3,…,$n$ 模出口处被拉材料上的拉拔力，kN；

$v_1, v_2, v_3, \cdots, v_n$——在第 1,2,3,…,$n$ 模出口处被拉材料的拉拔速度，m/s；

η_1——拉拔机卷筒的机械效率，取 0.9 ~ 0.95；

η_2——拉拔机机械传动效率，取 0.85 ~ 0.92。

拉拔条件的校核：

$$\sigma_L = \frac{P_L}{F_h} < \sigma_s \tag{6-117}$$

或者

$$\frac{\sigma_s}{\sigma_L} = K_L > 1$$

式中　σ_s——出拉拔模口被拉材料的抗拉强度；

K_L——安全系数，$K_L > 1$ 是保证稳定拉拔的基本条件，在生产中一般取 1.4 ~ 2.0。

6.2　编制生产工艺流程定额卡

6.2.1　编制生产工艺流程定额卡的内容

生产工艺流程定额卡的主要内容是把生产工艺流程具体化并制订出各种消耗定额。在设计中总是希望采用最少的工序，最适合的设备，最先进的技术和熟练的操作，以便获得高质量的产品，高的成品率和低的成本。这就要求设计人员必须深入实际，调查研究，获得充分的实际资料和数据，加以科学的分析，进行合理的设计。编制生产工艺流程定额卡是为设备负荷计算、平衡设备、编制金属平衡表及技术经济指标提供依据。在制订工艺流程定额卡时，应特别注意几何损失废料和工艺损失废料（技术废品）的问题。几何废料是由于几何形状或边缘、头尾部的关系所造成的废料，它是加工过程中必不可免的，但如工序安排合理，生产组织得好就会减少。工艺废料主要是由于操作技术、设备与工具、周围介质条件等方面原因而造成的，这种废料可以通过采取措施加以避免或减少到最低限度。不论哪种废料的产生都将导致成品率的下降。因此，在生产中要积极地采取有效措施减少废料和废品，提高成品率。

6.2.2　生产工艺流程定额卡的形式

生产工艺流程定额卡的形式如表 6-12 所示。典型产品生产工艺流程定额卡如表 6-13、表 6-14 所示，但只计算部分内容，而其他各种消耗定额则要通过另外的一些表格反映出来，如设备负荷计算表等。

表 6-12 产品工艺流程定额卡

车间名称:__________ 产品密度:__________ g/cm³

产品名称、种类:__________ 每个成品平均重量:__________ kg

产品牌号、状态:__________ 成品率:__________ %

成品规格尺寸:__________ mm 技术条件:__________

工序编号	工序名称	该工序之设备名称	该工序工艺技术特点	加工后制品尺寸(mm)			加工后制品重量(kg)			各工序的金属损失(占锭坯重量的百分数)									
				厚度(壁厚)	宽度(直径)	长度	个重	个数	总重	几何废料		技术废品		烧损及熔损		该工序总损失		由开始至本工序前的累计总损失	
										kg	%	kg	%	kg	%	kg	%	kg	%
0	1	2	3	4	5	6	7	8	9	10	11	12	13	14	15	16	17	18	19
1																			
2																			
3																			
⋮																			

坯料来源、名称:__________ 一吨成品的台时消耗:__________台时

坯料尺寸:__________ mm 一吨成品的工时消耗:__________人时

每个锭坯平均重量:__________ kg 一吨成品的工资消耗:__________元

一吨成品的锭坯消耗定额:__________ t 一吨成品的电能消耗:__________ kW · h

工序编号	金属补偿系数(投料量系数)K	处理一块料所需的时间				该工序每台设备的小时生产定额 H_B	台时消耗		该工序工人总数 A	人时消耗		该工序工人的小时平均工资	一吨料的工资消耗 $\frac{A \cdot C}{H_B}$	一吨成品的工资消耗 $\frac{ACK}{H_B}$	电能消耗,kW · h	
		机动时间 t	辅助时间 t'	总计时间 $t+t'$	T		一吨料的台时消耗 $1/H_B$	一吨成品的台时消耗 K/H_B		一吨料的人时消耗 A/H_B	一吨成品的人时消耗 $A/H_B \cdot K$				该工序一台设备的有功功率 P_H	一吨成品的电能消耗 $P_H \cdot \frac{K}{H_B}$
		s	s	s	h	t/h			人			元/h	元	元	kW	
0	20	21	22	23	24	25	26	27	28	29	30	31	32	33	34	35
1																
2																
3																
⋮																

关于工艺流程定额卡片的说明:

表中横列序号 7"个重"是指每一块铸锭或制品的重量,在计算时它应该与几何尺寸相符。表中横列序号 9"总重"是指每一工序中减去消耗后的余量。即:

$$W_0 - \Sigma G_1 = W_1$$

式中 W_0——前一工序之总重量;

ΣG_1——该道次各种损失之总和。

由此可见,总重量可以等于个重与个数之乘积,也有的时候不等于其两者之积。因为,工艺损失是不稳定的,可以成张成块的,甚至全部作废,也可能是完全没有工艺废料,所以在"个重"中不应反映出工艺废料来。又为了计算金属补偿系数(投料量系数),必须将所有损失考虑在内,故在总重中要减去所有损失。

因此,以前往往认为"个重"与"个数"之积,就是总重,这种算法是粗糙的,不合理的。

横列序号 10 以后各项损失的百分数皆对开始重量(即锭坯重量)而取的。

横列序号 12、13 的数据来自现场的统计资料。

表中补偿系数 K 表示每吨成品所需各工序的投料量,K 值可用下式计算:

表 6-13 产品工艺流程定额卡片实例(1)

车间名称：板带材车间　　产品密度：8.43 g/cm^3　　锭坯来源、名称：半连续铸锭

产品名称、种类：H62 板材　　每个成品平均重量：24.03 kg　　锭坯尺寸：160×540×1100 mm

产品牌号、状态：H62、Y　　成品率：71.98 %　　每个锭坯平均重量：801.19 kg

成品规格尺寸：1.5×1000×1900 mm　　技术条件：YB 460—71　　一吨成品的锭坯消耗定额：1.389 t

工序编号	工序名称	设备名称	工艺技术特点	加工后制品尺寸/mm			加工后制品重量/kg			各工序的金属损失(占锭坯重量的百分数)										金属补偿系数(投料量系数) K
				厚度(壁厚)	宽度(直径)	长度	个重	个数	总重	几何废料		技术废品		烧损及熔损		该工序总损失		由开始至本工序前的累计总损失		
										kg	%	kg	%	kg	%	kg	%	kg	%	
0	1	2	3	4	5	6	7	8	9	10	11	12	13	14	15	16	17	18	19	20
1	供锭	电动车		160	540	1100	801.19	1	801.19											1.389
2	加热	环形加热炉	T_j=800～860℃；t=2～2.5h	160	540	1100	801.19	1	799.59					1.6	0.2	1.6	0.2			1.389
3	热轧	2ϕ850×1500 mm 热轧机	160-120-80-30-20-14-11.5	11.5	570	14499	801.19	1	799.59									1.6	0.2	1.387
4	矫直铣面	铣削机组	双面铣削量:0.5mm	11	570	14499	766.36	1	764.76	34.83	4.35					34.83	4.35	1.6	0.2	1.387
5	冷轧	2ϕ600×1000 mm 冷轧机	11-9.2-8.2-7.4-6.8-6.3-5.9-5.5	5.5	570	28998	766.34	1	756.75			8.01	1.0			8.01	1.0	36.43	4.55	1.326
6	剪切	剪切机	切头尾,918mm,下料	5.5	1040	570	27.49	27	732.49	24.26	3.03					24.26	3.03	44.44	5.55	1.312
7	退火	罩式炉	T_t=600～650℃	5.5	1040	570	27.49	27	731.69					0.8	0.1	0.8	0.1	68.70	8.58	1.270
8	酸洗	酸洗槽	5%～15% H_2SO_4 溶液	5.5	1040	570	27.49	27	730.89					0.8	0.1	0.8	0.1	69.50	8.68	1.269
9	冷轧	4ϕ400/1000×1500mm 冷轧机	5.5-4.7-4.1-3.5-3.1-2.7-2.4-2.2-2.1-2.0	2.0	1040	1567.5	27.49	27	714.87			16.02	2.0			16.02	2.0	70.30	8.78	1.267
10	退火	罩式炉	T_t=600～650℃	2.0	1040	1567.5	27.49	27	714.07					0.8	0.1	0.8	0.1	86.32	10.78	1.239
11	酸洗	酸洗槽	5%～15% H_2SO_4 溶液	2.0	1040	1567.5	27.49	27	713.27					0.8	0.1	0.8	0.1	87.12	10.88	1.238
12	冷轧	4ϕ400/1000×1500mm 冷轧机	2.0-1.7-1.5	1.5	1000	2090	27.49	27	697.25			16.02	2.0			16.02	2.0	87.92	10.98	1.237
13	剪切	矫直剪切机列	切头尾:190mm；切边:40mm	1.5	1000	1900	24.03	27	603.8	93.45	11.66					93.45	11.66	103.94	12.98	1.209

续表 6-13

车间名称：板带材车间　　产品密度：8.43 g/cm³　　锭坯来源、名称：半连续铸锭
产品名称、种类：H62 板材　　每个成品平均重量：24.03 kg　　锭坯尺寸：160×540×1100 mm
产品牌号、状态：H62、Y　　成品率：71.98 %　　每个锭坯平均重量：801.19 kg
成品规格尺寸：1.5×1000×1900 mm　　技术条件：YB 460—71　　一吨成品的锭坯消耗定额：1.389 t

工序编号	工序名称	设备名称	工艺技术特点	加工后制品尺寸/mm			加工后制品重量/kg			各工序的金属损失(占锭坯重量的百分数)										金属补偿系数(投料量系数)K
				厚度(壁厚)	宽度(直径)	长度	个重	个数	总重	几何废料		技术废品		烧损及熔损		该工序总损失		由开始至本工序前的累计总损失		
										kg	%	kg	%	kg	%	kg	%	kg	%	
0	1	2	3	4	5	6	7	8	9	10	11	12	13	14	15	16	17	18	19	20
14	验收	人工	按 YB 460—71 要求验收	1.5	1000	1900	24.03	27	576.72			27.08	3.38			27.08	3.38	197.39	24.64	1.047
15	包装		按产品要求包装	1.5	1000	1900	24.03	27	576.72									224.47	28.02	1.000
16	入库	成品库		1.5	1000	1900	24.03	27	576.72									224.47	28.02	1.000
	小		计	1.5	1000	1900	24.03	27	576.72	152.54	19.04	67.13	8.38	4.8	0.6			224.47	28.02	1.000

表 6-14 产品工艺流程定额卡片实例(2)

车间名称：管棒型材生产车间　　产品密度：8.9 g/cm³　　锭坯来源、名称：半连续铸锭
产品名称、种类：冷凝管　　每个成品平均重量：1.954 kg　　锭坯尺寸：ϕ195×250 mm
产品牌号、状态：B30 Y2　　成品率：38.23 %　　每个锭坯平均重量：66.45 kg
成品规格尺寸：ϕ16×1×4660 mm　　技术条件：YB 460—71　　一吨成品的锭坯消耗定额：2.616 t

工序编号	工序名称	设备名称	工艺技术特点	加工后制品尺寸/mm			加工后制品重量/kg			各工序的金属损失(占锭坯重量的百分数)										金属补偿系数(投料量系数)K
				厚度(壁厚)	宽度(直径)	长度	个重	个数	总重	几何废料		技术废品		烧损及熔损		该工序总损失		由开始至本工序前的累计总损失		
										kg	%	kg	%	kg	%	kg	%	kg	%	
0	1	2	3	4	5	6	7	8	9	10	11	12	13	14	15	16	17	18	19	20
1	供锭	电动车			195	250	66.45	1	66.45											2.616

续表 6-14

车间名称：管棒型材生产车间　　产品密度：8.9 g/cm^3　　锭坯来源、名称：半连续铸锭

产品名称、种类：冷凝管　　每个成品平均重量：1.954 kg　　锭坯尺寸：ϕ195×250 mm

产品牌号、状态：B30 Y2　　成品率：38.23 %　　每个锭坯平均重量：66.45 kg

成品规格尺寸：ϕ16×1×4660 mm　　技术条件：YB 460—71　　一吨成品的锭坯消耗定额：2.616 t

工序编号	工序名称	设备名称	工艺技术特点	加工后制品尺寸/mm			加工后制品重量/kg			各工序的金属损失（占锭坯重量的百分数）										金属补偿系数（投料量系数）K
				厚度（壁厚）	宽度（直径）	长度	个重	个数	总重	几何废料		技术废品		烧损及熔损		该工序总损失		由开始至本工序前的累计总损失		
										kg	%	kg	%	kg	%	kg	%	kg	%	
0	1	2	3	4	5	6	7	8	9	10	11	12	13	14	15	16	17	18	19	20
2	加热	环形加热炉	T=950～1020℃；t=2.5～3.5h		195	250	66.45	1	66.32					0.13	0.2	0.13	0.2			2.616
3	挤压	油压机	T_j=900～970℃；v=800mm/s；压余H=40mm；料头：ϕ50×100mm；λ=23.2；挤压筒内径：ϕ200mm	7.5	65	4438.6	53.52	1	52.06	12.93	19.47	1.33	2			14.26	21.47	0.13	0.2	2.611
4	锯切	ϕ710mm 圆盘锯	切头尾长：600mm；锯缝：(7.5×2) mm^2	7.5	65	3823.6	46.10	1	44.64	7.42	11.16					7.42	11.16	14.39	21.67	2.050
5	酸洗	酸水槽	$H_2SO_4$13%～18%，$H_2O_2$4%～8%，t=5～20min	7.5	65	3823.6	46.10	1	44.51					0.13	0.2	0.13	0.2	21.81	32.87	1.757
6	矫直	ϕ40～120mm 辊式矫直机	矫直速度：16m/min	7.5	65	3823.6	46.10	1	44.18			0.33	0.5			0.33	0.5	21.94	33.03	1.752
7	检查	人工	检查表面缺陷、偏心	7.5	65	3823.6	46.10	1	42.85			1.33	2			1.33	2	22.27	33.53	1.739
8	冷轧	LG55 冷轧管机	进料量：5mm；行程：85次/min；延伸系数：3.57	3.5	38	13650.25	46.10	1	41.52			1.33	2			1.33	2	23.60	35.53	1.687
9	锯切	ϕ510mm 圆盘锯	分三段，锯缝：5×3mm	3.5	38	4545.1	46.05	3	41.47	0.05	0.07					0.05	0.07	24.93	37.53	1.635
10	检查	人工	检查表面缺陷	3.5	38	4545.1	15.35	3	40.14			1.33	2			1.33	2	24.98	37.60	1.633
11	退火	通过式退火炉	T_t=750～800℃；运行速度 v=0.97m/min	3.5	38	4545.1	15.35	3	40.07			0.07	0.10			0.07	0.10	26.31	39.60	1.580
12	锻头	150kg 空气锤	夹头长：150mm	3.5	38	4545.1	15.35	3	40.07							—	—	26.38	39.70	1.578

续表 6-14

车间名称：管棒型材生产车间　　产品密度：8.9 g/cm³　　锭坯来源、名称：半连续铸锭
产品名称、种类：冷凝管　　每个成品平均重量：1.954 kg　　锭坯尺寸：ϕ195×250 mm
产品牌号、状态：B30 Y2　　成品率：38.23 %　　每个锭坯平均重量：66.45 kg
成品规格尺寸：ϕ16×1×4660 mm　　技术条件：YB 460—71　　一吨成品的锭坯消耗定额：2.616 t

工序编号	工序名称	设备名称	工艺技术特点	加工后制品尺寸/mm			加工后制品重量/kg			各工序的金属损失（占锭坯重量的百分数）										金属补偿系数（投料量系数）K
				厚度（壁厚）	宽度（直径）	长度	个重	个数	总重	几何废料		技术废品		烧损及熔损		该工序总损失		由开始至本工序前的累计总损失		
										kg	%	kg	%	kg	%	kg	%	kg	%	
0	1	2	3	4	5	6	7	8	9	10	11	12	13	14	15	16	17	18	19	20
13	扒皮	300t 链式拉拔机	v_L=20m/min，扒皮厚度 0.3mm	3.2	37.4	4545.1	13.91	3	35.76	4.31	6.49					4.31	6.49	26.38	39.70	1.578
14	锯切	ϕ510mm 圆锯机	切头尾长：(250×3)mm² 锯缝：(5×2×3)mm³	3.2	37.4	4285.1	13.11	3	33.37	2.39	3.59					2.39	3.59	30.69	46.19	1.408
15	修理	人工	修理缺陷	3.2	37.4	4285.1	13.11	3	33.3			0.07	0.10			0.07	0.10	33.08	49.78	1.314
16	酸洗	酸水槽	$H_2SO_4$13%～18%，$H_2O_2$4%～8%，t=5～20min	3.2	37.4	4285.1	13.11	3	33.17					0.13	0.2	0.13	0.2	33.15	49.88	1.311
17	冷轧	LG30 冷轧管机	进料量：5mm；行程：85次/min；延伸系数：381	1.1	25	16326.2	13.11	3	31.84			1.33	2			1.33	2	33.28	50.08	1.306
18	锯切	ϕ510mm 圆盘锯	分二段，锯缝(5×3)mm²	1.1	25	8160.6	6.0	6	31.79	0.05	0.07					0.05	0.07	34.61	52.08	1.254
19	检查	人工	检查表面缺陷	1.1	25	8160.6	6.0	6	30.46			1.33	2			1.33	2	34.66	52.17	1.252
20	修理	人工	修理表面缺陷	1.1	25	8160.6	6.0	6	30.39			0.07	0.1			0.07	0.10	35.99	54.15	1.199
21	退火	通过式电阻退火炉	T_t=750～800℃；运行速度 0.97m/min	1.1	25	8160.6	6.0	6	30.32					0.07	0.1	0.07	0.10	36.06	54.25	1.196
22	酸洗	酸水槽	$H_2SO_4$13%～18%，$H_2O_2$4%～8%，t=5～20min	1.1	25	8160.6	6.0	6	30.19					0.13	0.2	0.13	0.2	36.13	54.35	1.194
23	轧头	750N 空气锤	夹头长：150mm	1.1	25	8160.6	6.0	6	30.19									36.26	54.55	1.189

续表 6-14

车间名称：管棉型材生产车间　产品密度：8.9 g/cm^3　锭坯来源、名称：半连续铸锭
产品名称、种类：冷凝管　每个成品平均重量：1.954 kg　锭坯尺寸：ϕ195×250 mm
产品牌号、状态：B30 Y2　成品率：38.23 %　每个锭坯平均重量：66.45 kg
成品规格尺寸：ϕ16×1×4660 mm　技术条件：YB 460—71　一吨成品的锭坯消耗定额：2.616 t

工序编号	工序名称	设备名称	工艺技术特点	加工后制品尺寸/mm			加工后制品重量/kg			各工序的金属损失(占锭坯重量的百分数)										金属补偿系数(投料量系数)K
				厚度(壁厚)	宽度(直径)	长度	个重	个数	总重	几何废料		技术废品		烧损及熔损		该工序总损失		由开始至本工序前的累计总损失		
										kg	%	kg	%	kg	%	kg	%	kg	%	
0	1	2	3	4	5	6	7	8	9	10	11	12	13	14	15	16	17	18	19	20
24	拉拔	350kN 三线拉拔机	游动芯头拉拔；延伸系数:1.5；拉拔速度:3.0m/min	0.92	20	12240.9	6.0	6	29.53			0.66	1.0			0.66	1.0	36.26	54.55	1.189
25	拉拔	350kN 三线拉拔机	空拉,拉拔速度:30m/min;延伸系数:1.17	1.0	16	14321.85	6.0	6	28.87			0.66	1.0			0.66	1.0	36.92	55.55	1.179
26	切成品	ϕ350mm 圆盘锯	切头尾:(296.87×6)mm^2;分三段,锯缝:(3×4×6)mm^3	1.0	16	4660	1.954	18	28.01	0.86	1.29					0.86	1.29	37.58	56.55	1.137
27	矫直	ϕ6~30mm 辊式矫直机	矫直速度:29.5m/min	1.0	16	4660	1.954	18	27.68			0.33	0.5			0.33	0.5	38.44	57.84	1.103
28	脱脂	脱脂槽	741 溶液	1.0	16	4660	1.954	18	27.68									38.77	58.34	1.090
29	成品退火	通过式退火炉	退火温度 T=610~650℃;运行速度:0.66m/min;氮气保护	1.0	16	4660	1.954	18	27.68									38.77	58.34	1.090
30	成品检查	检查部门	检查表面质量和尺寸公差、探伤,产品符合 YB 460—71 标准	1.0	16	4660	1.954	18	25.40			2.28	3.43			2.28	3.43	38.77	58.34	1.090
31	入库	人工	包装	1.0	16	4660	1.954	18	25.40									41.05	61.77	1.000
小计				1.0	16	4660	1.954	18	25.40	28.01	42.15	12.45	18.73	0.59	0.89			41.05	61.77	

$$K = \frac{Q_t}{Q_{ch}}$$

或者

$$K = \frac{1 - S_t}{1 - S_{ch}}$$

式中　Q_t——该工序的坯料重量(投料量);

Q_{ch}——该产品工艺流程最后一道工序终了产品的重量;

S_t——累计到本工序前料的总损失量占铸锭的百分数;

S_{ch}——累计到最后一道工序料的总损失量占铸锭的百分数。

6.3　编制金属平衡表

编制金属平衡表的目的在于根据设计任务书的要求,参照国内外同类企业或车间所能达到的先进指标,考虑本企业或车间的具体情况确定出为完成年计划产量所需要的投料量。其任务是:确定各计算产品的成品率、编制金属平衡表。

6.3.1　确定计算产品的成品率

成品率是指成品重量与投料量之比的百分数。换句话说,也就是指一吨原料能够生产出的合格产品重量的百分数。其计算公式为:

$$A = \frac{Q - W}{Q} \times 100\%$$

式中　A——成品率,%;

Q——投料量(原料重量),t;

W——金属的损失重量,t。

成品率是一项重要的技术经济指标,成品率的高低反映了生产组织管理及生产技术水平的高低。成品率应根据国内同类企业的实际成品率情况,结合本设计车间的技术特点以及各项产品工艺卡片的计算结果加以确定。

影响成品率的因素是各工序的各种损失。金属损失有如下几种。

A　烧损

金属在高温状态下的氧化损失称为烧损。

有色金属在熔炼过程中(熔铸车间)金属的氧化损失也称烧损(或称熔损)。铝合金电炉熔炼烧损率为0.7%~0.9%,煤气炉熔炼烧损率为1.4%~1.7%;镁合金熔炼损失根据其含量计算:Al为2%~3%、Zn为2%,Si为1%~10%,Mg为3%~5%、Be为10%~20%,Zr为3%~5%。感应电炉熔炼的金属烧损:铜锌合金为1.3%~1.8%,Cu为0.8%~1.0%、Ni为0.5%、Zn为1.5%~2.0%。

金属加热过程中的烧损与加热温度和时间有关,加热温度越高,时间越长,烧损量就越大。钢材在加热过程中烧损量,据统计为5%~6%。铜合金在加热过程中,实心材的烧损量为0.2%左右,而其在氧化气氛退火过程中的烧损量为0.1%,但是管材的烧损量为0.2%左右。

B　熔损

熔损是指在酸、碱洗或化学处理等过程中的熔解损失。铜合金酸洗时及铝合金碱洗时的熔损一般为0.1%左右，铝合金盐浴加热时的熔损为0.2%左右，钢材酸洗时的熔损为0.3%～2.0%。

C 几何损失

a 切损

切损指切头、切尾、切边等大块残料损失，损失的数量由工艺定额卡计算加以具体确定。钢材切损主要与钢种、坯料尺寸以及原料状况等有关。采用锭做原料由于缩孔和轧制产生"燕尾"必须切除而有较大的金属损失，尤其是镇静钢锭切除量达14%～18%，沸腾钢锭切除量只是5%～8%，而合金钢锭达到10%～22%。

钢板的切损量均大于型钢。型钢切损量一般不大于5%，而钢板、钢管可达到10%以上。

有色金属各工序的切损量应根据工艺要求加以确定。切头、尾损失一般为5%左右，切边损失一般为3%～5%。

b 残屑

有色金属锭坯的铣面、铣侧边、锯切、车皮、镗孔等损失。铝合金扁铸锭铣面量一般为3～8mm（每面）；铝合金圆锭车皮量为10～15mm。铜合金热轧至12mm的不经酸洗的坯料铣面量每面为0.3～0.5mm，铜合金扁锭之铣面量每面为5～10mm。

钢锭表面缺陷以及加工后产品表面缺陷清理所造成的损失一般为1%～3%。表6-15为轧钢厂常用的几种清理方法所造成的金属损失。

表6-15 各种清理方法造成的金属损失

清理方法	钢锭风铲		钢锭车皮	钢坯风铲	砂轮研磨	火焰清理
	低合金钢	高合金钢				
损失/%	0.5～1.0	约3	4～5	约2	约1	2～3

D 工艺损失

工艺损失又称技术损失，是指各工序生产中由于设备和工具、技术操作以及表面介质问题所造成的不符合质量要求的产品，它与车间的技术装备、生产管理及操作水平有关。轧制合金钢材时所造成的工艺损失一般为1%～3%；而轧制碳钢时所造成的工艺损失一般为1%以下。

烧损和熔损是不可回收的损失，几何损失和工艺损失是可回收的损失，几何废料和工艺废料可返回熔铸车间重熔。

为了提高成品率，必须采取各种有效措施减少各种损失。在车间设计时，必须深入现场实际调查研究，分析同类车间的生产情况、成品率及各种损失情况，根据先进水平定出所设计车间的平均成品率及各种计算产品的成品率和各种损失率。同时还必须在设计中吸收现有生产中的先进技术和经验，改进和强化工艺，采取各种措施保证所制订的先进的成品率指标得到实现，以求达到先进的设计水平和技术经济指标。表6-16为各类轧机各种产品的成品率。

表6-16 各类轧机各种产品的成品率

顺序	产品名称	成品率/%	顺序	产品名称	成品率/%
1	初轧板坯			普碳钢	88
	普通及优质碳钢	85		变压器钢	80
	碳钢及合金结构钢	82	2	初轧方坯	
	碳素及合金工具钢	80		普通及优质碳素钢	85
	不锈、耐热耐酸钢	73		重轨钢	82

续表 6-16

顺序	产 品 名 称	成品率/%	顺序	产 品 名 称	成品率/%
	合金钢	83		锅炉钢板	75
	不锈、耐热耐酸钢	78.5		碳素及合金钢板	84
	管坯	82		汽车钢板	78
	普碳钢	88	8	热轧钢卷	
3	连轧钢坯			普碳钢	90
	中小型轧机用普通方坯	97		碳素及合金工具钢	85
	薄板用坯	97		不锈、耐热、耐酸钢	85
4	大型钢材			冷轧用钢坯	95
	重轨	94	9	冷轧钢卷	
	18～33 号工字钢	93		硅钢片	89
	80 以上普通及优质碳素方钢	91		汽车钢板	89
	ϕ70～150 无缝管坯	91		热镀锡板	88
5	中型钢材			合金及工具钢	90
	碳钢及合金钢	95		不锈、耐热、耐酸钢	83
	滚珠、弹簧不锈钢	94	10	钢管	
	普碳钢	94		耐压钢管	86
6	小型钢材			钻头钢管	87
	普碳钢	94		锅炉钢管	87
	合金工具钢	91		一般用途钢管	90
	滚珠钢	89	11	650 螺旋焊管	
	不锈、耐热、高速钢	87		输送液体的螺旋焊管	87.5
	线材	96	12	20～102 电焊管	
7	中厚板			热处理锅炉钢管	95.2
	造船用钢板	70～30		热处理结构钢管	95.2

6.3.2　编制金属平衡表

金属平衡是反映在某一定时期(通常是一年),制品金属材料的收支情况。它是编制工厂或车间生产预算与制订计划的重要数据。同时对于设计工厂或车间的内部运输与外部运输,以及平面布置都是极为重要的依据。因此,必须在确定成品率及金属损失率的基础上,编制出各种计算产品的金属平衡表。金属平衡表的内容与表头形式如表 6-17 所示。

表 6-17　金属平衡表(加工车间用)

车间名称:××车间

序号	产品名称	规格	年产量	锭坯		可回收废料								烧损及熔损		成品率/%	年需锭坯总量	
				规格	重量	几何残料		技术残料		残屑		残料总量		%	t		个数	t
		mm	t	mm	t	%	t	%	t	%	t	%	t					
0	1	2	3	4	5	6	7	8	9	10	11	12	13	14	15	16	17	18
1																		
2																		
3																		
⋮																		

有色金属压力加工车间的金属平衡实例如表 6-18 所示,轧钢车间金属平衡实例如表 6-19所示。

表 6-18 铝及铝合金板带材生产车间金属平衡表实例

序号	计算产品牌号及状态	计算产品规格	年计划产量	铸锭尺寸	每个铸锭重	每个铸锭用包铝层重量	每个铸锭及包铝层总计重量	成品率	补偿系数	用于年计划产量所需之铸锭总计重量			
										铸锭及包铝层总重量	铸锭数量	包铝层重量	铸锭重量
		mm	t	mm	t	t	t	%		t	个	t	t
0	1	2	3	4	5	6	7	8	9	10	11	12	13
1	L4M	1. 0 × 1000 × 3000	2000	275 × 1040 × 1780	1. 3794	—	1. 3794	84. 6	1. 182	2364	1714	—	2364
2	L6H	1. 5 × 1200 × 4000	3000	275 × 1240 × 1780	1. 6449	—	1. 6449	84. 2	1. 19	3563	2166	—	3563
3	LF21M	0. 8 × 1200 × 4000	1000	275 × 1240 × 1780	1. 6569	—	1. 6569	79. 3	1. 26	1261	761	—	1261
4	LF2M	0. 8 × 1200 × 3000	1000	275 × 1240 × 1780	1. 6206	—	1. 6206	70. 7	1. 41	1414	876	—	1414
5	LY11M	2. 5 × 1200 × 4000	1500	200 × 1400 × 5240	4. 1082	0. 36	4. 4682	64. 6	1. 55	2322	520	187	2135
6	LY11CZ	1. 5 × 1500 × 4000	3000	200 × 1400 × 4860	3. 8102	0. 3216	4. 13184	61. 0	1. 64	4918	1190	383	4535
7	LY12M	0. 8 × 1500 × 4000	1500	200 × 1400 × 4860	3. 8102	0. 3216	4. 13184	62. 8	1. 59	2388	578	186	2202
8	LY12CZ	1. 5 × 1200 × 4000	5500	200 × 1400 × 5240	4. 1082	0. 36	4. 4682	55. 2	1. 81	9964	2230	803	9161
9	LC4CS	1. 5 × 1000 × 3000	500	220 × 1400 × 5870	5. 06114	0. 64	5. 70114	50. 6	1. 98	988	173	111	877
10	总计	—	19000	—	—	—	—	—	—	29182	—	1670	27512
11	包铝层	10 × 1060 × 1340 10 × 160 × 1500 12 × 1060 × 1160 12 × 160 × 1500	1670	275 × 1040 × 1780	1. 370	—	1. 370	87	1. 15	1920	1401	—	1920
12	总计	—	20670	—	—	—	—	—	—	31102	—	—	29432
13	车间平均成品率:66. 46%												

续表 6-18

序号	金属损失											
	几何损失						烧损及熔损		工艺损失		总计损失	
	大块废料(锭头、尾等)		边屑(带板、切头、尾、边)		碎屑(铣屑等)							
	%	t	%	t	%	t	%	t	%	t	%	t
0	14	15	16	17	18	19	20	21	22	23	24	25
1	—	—	8.0	189	1.9	45.0	—	—	5.5	130	15.4	364
2	—	—	9.08	323.5	1.82	64.9	—	—	4.9	174.6	15.8	563
3	—	—	6.34	80.0	1.86	23.4	—	—	12.5	157.6	20.7	261
4	—	—	14.84	209.8	1.88	26.6	—	—	12.58	177.9	29.3	414.3
5	7.95	184.6	14.5	336.7	4.85	112.6	0.05	1.2	8.05	186.9	35.4	822
6	7.85	386.1	13.39	658.5	4.88	240	0.3	14.7	12.58	618.7	39	1918
7	7.85	187.4	11.77	281.1	4.88	116.5	—	—	12.7	303.3	37.2	888.3
8	7.95	792.1	13.37	1332.2	4.85	483.2	0.31	30.9	18.32	1825.4	44.8	4463.8
9	12.2	120.5	14.83	146.5	5.1	50.4	0.3	3.0	16.97	167.6	49.4	488
10	—	1670.7	—	3557.3	—	1162.6	—	49.8		3742		10182.4
11	—	—	5.4	103.7	1.9	36.4	—	—	5.7	109.5	13	249.6
12	—	—	—	—	—	—	—	—	—	—	—	10432
13												

表 6-19 轧钢车间金属平衡表

序号	钢种	钢锭单重	板坯规格	
		t	mm × mm × mm	单重 t
1	硅钢低合金钢	12.5	(120 ~ 250) × (800 ~ 1050) × (8300 ~ 9000)	10
2	优质钢及低合金钢	19	(150 ~ 250) × (1100 ~ 1250) × (8300 ~ 9000)	15.2
3	优质钢及低合金钢	23.5	(150 ~ 250) × (1300 ~ 1600) × (8300 ~ 9000)	18.8
4	普碳钢	12.5	(150 ~ 250) × (800 ~ 1050) × (8300 ~ 9000)	11.1
5	普碳钢	21.5	(150 ~ 250) × (1100 ~ 1350) × (8300 ~ 9000)	19.1
6	普碳钢	27	(150 ~ 250) × (1350 ~ 1600) × (8300 ~ 9000)	24
合计				

序号	钢种	年产量	成品率	消耗/%				钢锭年产量/kt
				烧损		切头尾		
		kt	%	t	%	t	%	
1	硅钢低合金钢	112	80	2800	2	25200	18	140
2	优质钢及低合金钢	200	80	5000	2	45000	18	250
3	优质钢及低合金钢	129	80	3230	2	29070	18	161.5
4	普碳钢	381	89	8570	2	38830	9	428.5
5	普碳钢	596.3	89	13400	2	60300	9	670
6	普碳钢	311.5	89	7000	2	31500	9	350
合计		1730	86.5	40000	2	230000	11.5	2000

注：板坯规格中所列规格为一锭一坯的板坯尺寸。

练 习 题

6-1 已知：原料规格为 115mm × 1600mm × 2200mm，钢种为 Q235B，产品规格为 8mm × 2900mm × 17500mm，试选择设备，确定工艺参数，制订压下规程，并进行工艺计算。

6-2 已知：铸锭规格为 160mm × 540mm × 1100mm，产品为 H62Y1.5mm × 1000mm × 1900mm，试选择设备，确定工艺参数，制订压下规程，并进行工艺计算。

6-3 制订 HPb59 - 1Y0.5mm × 500mm × 1000mm 板材的产品工艺流程定额卡片（提示：铸锭的规格为 155mm × 540mm × 1040mm，热轧机为 2ϕ850mm × 1500mm 可逆轧机，冷轧机为 2ϕ600mm × 1000mm 可逆轧机，4ϕ400mm/1000mm × 1000mm 可逆轧机、4ϕ250mm/750mm × 800mm 可逆轧机）。

6-4 制订冷凝管 H68Yϕ220 × 1mm 的产品工艺流程定额卡片（提示：半连续铸锭的规格为 ϕ195mm × 250mm，主要设备为 25000kN 挤压机；LG55 冷轧管机；350kN 三线拉拔机）。

7 设备负荷计算

7.1 工作制度和年工作台时的确定

7.1.1 工作制度

在选择设备和计算设备负荷时首先要确定车间工作制度和设备年工作台时。车间工作制度主要取决于车间内主要生产设备的工作制度，一般有两种形式：

连续工作制——周休息日不停工，如大、中型厂的有色金属熔铸车间，其生产特点是连续的，因为熔铸炉若停工则会造成很大损失，年工作日可采用354(365 - 11)天，每天三班，每班8小时。

非连续工作制——周休息日和节假日休息，如加工车间，其生产特点可以是非连续的，因为整个生产流程是由一定数量的单体设备构成的一系列中间工序组成，年工作日按250天(365 - 11 - 104)，每天三班，每班8小时。

对于加工车间的设备，若有的负荷率较低，也可采用两班制或一班工作制。

7.1.2 设备工作台时的确定

设备年工作台时(设备制度工作台时或年时基数)的计算公式为：

$$设备年工作台时 = 年工作日 \times 班次 \times 每班工作时间$$

考虑到设备需要安排一定的时间进行大修(一般2 ~ 4年1次)和中修(一般1 ~ 2年1次)的时间损失，用于生产的有效时间系数称为设备台时系数。考虑到交接班、更换工具、更换品种、调整设备、待料以及工人生理所需的时间等的时间损失，用于生产的有效时间系数，称之为设备运转系数(注：有些设备采用机时系数，见本章7.2.1)。设备台时系数与设备运转系数的乘积称为设备利用系数参见表7-1，则：

$$设备年实际工作台时 = 设备年时基数 \times 设备利用系数$$

$$熔铸设备年实际工作台时 = 354 \times 24 \times 设备利用系数$$

$$压力加工车间设备年实际工作台时 = 250 \times 24 \times 设备利用系数$$

$$机加工设备年实际工作台时 = 250 \times 24 \times 设备利用系数$$

表7-1 金属压力加工设备的利用系数

序号	设备名称	设备台时系数	设备运转系数	设备利用系数
	一、各类轧钢机			
1	2300中板轧机			0.77
2	800轨梁轧机			0.810
3	580中型轧机			0.815
4	1100初轧机			0.885
5	1150初轧机			0.89

续表 7-1

序号	设备名称	设备台时系数	设备运转系数	设备利用系数
6	140 无缝管轧机			0.850
7	300/240 横列式线材轧机			0.8
8	半连续式线材轧机			0.845
	二、有色金属压力加工设备			
1	有铁芯低频感应电炉			
	容量小于 1.5t 者	0.92	0.96	0.88
	容量大于 1.5t 者	0.88	0.96	0.84
2	无铁芯感应电炉	0.90	0.96	0.86
3	煤气反射炉、电阻反射炉	0.90	0.96	0.86
4	铸造设备	0.90	0.96	0.86
5	锯切设备	0.95	0.87	0.83
6	铣削设备	0.95	0.87	0.83
7	矫直设备	0.95	0.87	0.83
8	钻床、车床、磨床类	0.95	0.87	0.83
9	均热、退火、时效设备	0.90	0.96	0.86
10	热压延机及其机列	0.90	0.85	0.77
11	冷压延机	0.90	0.85	0.77
12	剪切机及其机列	0.95	0.87	0.83
13	精整机列	0.95	0.87	0.83
14	淬火设备	0.95	0.87	0.83
15	酸洗设备	0.95	0.87	0.83
16	加热炉	0.95	0.87	0.83
17	焊接机列	0.95	0.87	0.83
18	清刷机列	0.95	0.87	0.83
19	压光机	0.95	0.87	0.83
20	重卷、分卷、合卷机	0.95	0.87	0.83
21	清洗机	0.95	0.87	0.83
22	拉丝机	0.95	0.87	0.83
23	25000kN 以上挤压机	0.92	0.87	0.80
24	20000kN 以下挤压机	0.92	0.87	0.80
25	冷轧管机列	0.92	0.87	0.80
26	链式拉伸机	0.92	0.87	0.80
27	卷筒拉伸机	0.92	0.87	0.80
28	型、线材轧机	0.92	—	0.5～0.7
29	其他机械设备	0.92	0.87	0.80

7.2　设备负荷能力计算

为了正确选择设备，合理使用设备，充分发挥设备潜力，做好设备间的平衡工作，工艺设计者必须进行设备负荷能力计算。设备的负荷能力，就是设备的生产能力。要求算出各种计算产品在各个工序为完成年计划产量所需的台时数，确定出为完成年计划产量所需的设备数量，计算出设备负荷率。首先从设备小时生产定额入手。

7.2.1　设备小时生产定额

设备小时生产定额，即设备小时生产能力，或称设备小时处理量，以 H_b 表示：

$$H_b = \frac{3600G}{T} \tag{7-1}$$

式中 G——每生产该种计算产品的一块料(或一卷料、一根料、一批料)设备的平均重量,t;

T——设备每生产该种计算产品的一块料(或一卷料、一根料、一批料)所需的平均总计时间($T = t + t'$即 t 为设备带载工作时间,也称机动时间;t'为包括间隙时间在内的总辅助时间),s。

也可以采用下式计算一个循环的总时间 T,即:

$$T = t + t_1 + t_2 \tag{7-2}$$

式中 t_1——间隙时间;

t_2——各循环之间或其他必要的辅助时间。

计算之前给的原始条件是已知 t、t_1 及该设备的机时系数 y。机时系数是指在一个生产周期内,有效机械动作时间与平均总时间之比值(见表 7-2),其计算式为:

$$y = \frac{t + t_1}{t + t_1 + t_2} = \frac{t + t_1}{T} \tag{7-3}$$

表 7-2 主要生产设备的机时系数

设备名称	机时系数		设备名称	机时系数	
	铜	铝		铜	铝
火焰反射炉		0.96	750kN 拉拔机	0.35	
电阻反射炉		0.96	300kN 拉拔机		
无铁芯感应电炉	0.96	0.96	ϕ152 以上	0.35	0.25
有铁芯低频感应电炉			ϕ152 以下	0.35	0.25~0.40
容量小于 1.5t	0.96		80kN 拉拔机		0.40~0.55
容量大于 1.5t	0.96		30kN 拉拔机	0.55	0.55
铸造设备	0.96	0.96	10~15kN 拉拔机	0.55	
均热炉		0.96	ϕ750 卷筒拉丝机	0.44	
锯切设备	0.90	0.90	ϕ450、ϕ550 卷筒拉丝机		0.6~0.7
车、铣、镗设备	0.90	0.90	BM-3-4/550 拉丝机	0.50	
热轧机	0.80		BM-6/350 拉丝机	0.60	
四辊冷轧机			BM-8/250 拉丝机	0.60	
宽带材圆盘剪切机列	0.70		CMB-Ⅱ-9 拉丝机	0.60	
窄带材圆盘剪切机列	0.70		九横拉丝机	0.75	
横切机列	0.70		辊式矫直机 ϕ6~22mm		0.6~0.7
板材矫直机(辊式)	0.50		辊式矫直机 ϕ22~125mm		0.4~0.5
涂油包装机列			矫直切断机	0.50	
热轧带卷酸洗机列	0.70		10000kN 以上的挤压机		
宽带材酸洗机列	0.70		35000kN 挤压机		0.98
窄带材酸洗机列	0.70		35000kN 以下的挤压机		0.91
板材连续酸洗机列	0.70		轧管机 LG30、LG55		0.87

对于轧机来说,在生产一块料或一卷料时各道次之间有间隙时间 t_1,而有些设备,如铸造机、轧管机、剪切机列等则在生产一批料或一卷料时,中间没有间歇时间 t_1,此时按下式计算:

$$T = \frac{t}{y} \tag{7-4}$$

$$y = \frac{t}{T} \tag{7-5}$$

设备负荷能力计算，对一个机列来说，取决于机列中负荷能力最低的设备。

对于挤压机来说，挤压机的小时生产定额，除与挤压速度有关外，还取决于辅助操作时间。表7-3列出了挤压机的平均小时生产能力。各设备小时生产能力计算式列于表7-4。

在计算一台设备的实际产量时应考虑设备的利用系数与成品率。

表7-3　挤压机的平均小时生产能力（有色金属）

挤压机/kN	锭坯直径及长度/mm×mm	管/根·h^{-1}		棒、型材/根·h^{-1}		备　注
		重合金	轻合金	重合金	轻合金	
6000	83×120	100	60	—	—	立式
	98×150	60	40	—	—	
10000	98×150	50	30	—	—	立式
	195×250	30	—	—	—	
7500~10000	92×250	—	—	—	80	卧式
	112×350	—	—	—	70	卧式
10000~15000	145×350	50	35	75	50	卧式
	175×450	40	30	60	40	卧式
	175×450	—	—	35	—	线盘
	175×550	—	—	45	30	卧式
10000~15000	175×750	—	—	40	—	卧式
16000~20000	145×350	—	—	—	55	卧式
	175×450	—	—	—	45	卧式
	175×550	—	—	—	35	卧式
25000~35000	200×375	30	20	—	—	卧式
	200×500	25	16	36	24	卧式
	200×700	—	—	24	15	卧式
	250×450	25	16	30	20	卧式
	250×550	—	—	20	12	卧式
	300×500	20	12	30	20	卧式
	400×550	15	—	20	—	卧式
50000	290×600	15	10	18	18	卧式
	370×750	12	8	15	15	卧式
	415×900	10	6	12	12	卧式
	490×1000	8	4	10	10	卧式

表7-4　各种设备小时生产能力计算式

序号	设备名称	小时生产能力计算式	式 中 符 号
1	熔炼炉	$H_b = \frac{3600G}{t+t'}$ 若已知 L、v、n 则： $t = \frac{L}{v}, G = ng$	t——每炉熔化时间，s； t'——包括间隙时间在内的总辅助时间，s； G——设备每生产其计算产品的一块料的平均重量，t

续表 7-4

序号	设备名称	小时生产能力计算式	式中符号
2	铸造机	$H_b=\frac{3600G}{t+t'}$ 若已知 L、v、n 则： $t=\frac{L}{v}, G=ng$	t——每铸次铸造时间，s； L——每根铸锭长，m； n——一次铸造根数； t'——包括间隙时间在内的总辅助时间，s； g——每根铸锭重，t； G——设备每生产其计算产品的一块料的平均重量，t
3	二辊不可逆轧机	$H_b=\frac{3600G}{t+t'}$ $t'=t_1+t_2$	t——每炉熔化时间，s； t'——包括间隙时间在内的总辅助时间，s； G——设备每生产其计算产品的一块料的平均重量，t； t_1——空载加速时间，s； t_2——空载稳定运转时间，s
4	二辊可逆轧机	$H_b=\frac{3600G}{t+t'}$ $t=t_3+t_4+t_5$ $t'=t_1+t_2+t_6$	每个循环内有若干道次，每道又有下述几个阶段： t_1——空载加速时间，s； t_2——空载稳定运转时间，s； t_3——带载加速时间，s； t_4——带载轧制时间，s； t_5——带载减速轧制时间，s； t_6——空载减速轧制时间，s
5	挤压机	$H_b=\frac{G\cdot 3600}{\frac{L_d-l}{v_f}+t'}$ 或 $H_b=\frac{3600\cdot G(L_d-l)}{t+t'}$ 式中 $t=(L_d-l)/v_f$	L_d——锭坯长度，m； t'——辅助机构空程和工作行程时间，s； l——压余长度，m； t——主柱塞工作行程时间，s； v_f——平均挤压速度，m/s； G——设备每生产其计算产品的一块料的平均重量，t
6	冷轧管机	$H_b=\frac{3600nG}{t}\cdot\gamma$ $=\frac{60\cdot\mu\cdot\Delta l\cdot n\cdot G\cdot\gamma}{L}$	μ——机架每分钟行程次数，次/min； γ——考虑每批料之间的辅助时间所加的机时系数，取 $\gamma=0.8$； Δl——每次行程管坯送进量，m/次； H_b——冷轧管机实际小时生产能力，t/h； L——管坯长，m； n——一次轧制根数
7	拉拔机	$H_b=60\cdot n\cdot g\cdot v\cdot\gamma/1000$	H_b——拉拔机实际小时生产能力，t/h； v——拉拔速度，m/min； n——同时拉拔根数； γ——每批料之间的辅助时间所加的机时系数，取 $\gamma=0.35\sim0.7$； g——每米在制品重量，kg/m
8	链式活动炉底双膛加热炉	$H_b=\frac{装料量}{加热时间}=\frac{G\cdot\frac{2L_{效}}{l+\Delta l}}{t}$ $L=L_{效}+\Delta L$ $B=b+\Delta b$	H_b——加热炉小时生产能力，等于热轧机之 1.2 倍，t/h； t——料在炉内加热之总时间，h； L——炉膛总长度，m； $L_{效}$——炉膛有效长，m； B——炉膛宽度，m； b——料宽（沿炉膛宽度方向），m； ΔL——大于有效长度之外加长度，m；可取 $\Delta l=0.5\sim1.5$m； Δb——料宽与炉膛内壁之间隙，m； Δl——料与料的长度间隙，m； l——在炉内之料长，m； G——设备每生产其计算产品的一块料的平均重量，t

续表 7-4

序号	设备名称	小时生产能力计算式	式中符号
9	圆锯机	$H_b = \frac{3600G}{T}$ $T = n \cdot (t + t_1 + t_2) + t_3$	t——工作行程时间 $= \frac{圆锯工作行程}{圆锯前进速度}$,s; t_1——返回行程时间 $= \frac{圆锯返回行程}{圆锯返回速度}$,s; t_2——每切一次之辅助时间,s; t_3——每切一根需要的其他辅助时间,s; n——每个铸锭需切次数,次; G——设备每生产其计算产品的一块料的平均重量,t

设备负荷能力计算中一个十分重要的问题是设备工作时间和辅助时间的计算,举例如下。

某厂用九辊矫正机平整硬铝合金坯,其料长为 2.5m,每次平整一块,用 5 道次,运料时间 20s,平整速度 $v = 0.25\text{m/s}$,每道辅助时间为 6s,求总计时间?

解: 工作时间 $t = \frac{L \cdot n}{v} = \frac{2.5 \times 5}{0.25} = 50\text{s}$

辅助时间 $t' = 20 + 6n = 50\text{s}$

总计时间 $T = t + t' = 100\text{s}$

在选择挤压机时,除了生产能力之外,还要考虑到挤压力、挤压筒内径与单位压力三者之间的关系(可参考图 7-1),尤其是挤制某些变形抗力较大和断面尺寸较大的制品。

7.2.2 年产量计算

设备小时产量是常用的生产率指标,是指生产合格产品而言。通常在计算小时产量时,对于初轧机、厚板轧机的生产是按原料重量来计算的,而生产管、棒、型、线、板、带、箔材等成品轧机则是按生产合格产品的数量来计算的,在加工工艺过程中,要产生各种金属损耗及废品、废料,因此应将各工序小时处理量 H_b 值分别除以各工序在制品投料系数 K_t(即金属补偿系数)。

此外,上述小时产量是对于单一品种规格而言,若设备生产多品种规格,则应综合考虑,计算平均小时产量(或称产品综合平均小时产量),以 H_p 表示,若以轧制厚板为例,其计算式为:

$$H_p = \frac{Q_1 + Q_2 + \cdots + Q_n}{\frac{Q_1}{H_{b1}} + \frac{Q_2}{H_{b2}} + \cdots + \frac{Q_n}{H_{bn}}} = \frac{\sum_{i=1}^{n} Q_i}{\sum_{i=1}^{n} T_i} \tag{7-6}$$

式中 $\sum_{i=1}^{n} Q_i$——轧制产品总数量,t;

$\sum_{i=1}^{n} T_i$——轧制所耗费的总时间,h;

$Q_1, Q_2, Q_3, \cdots, Q_n$——分别代表各品种数量,t;

$T_1, T_2, T_3, \cdots, T_n$——分别代表各品种生产时间,h;

$H_{b1}, H_{b2}, H_{b3}, \cdots, H_{bn}$——分别代表各品种实际小时产量,t/h。

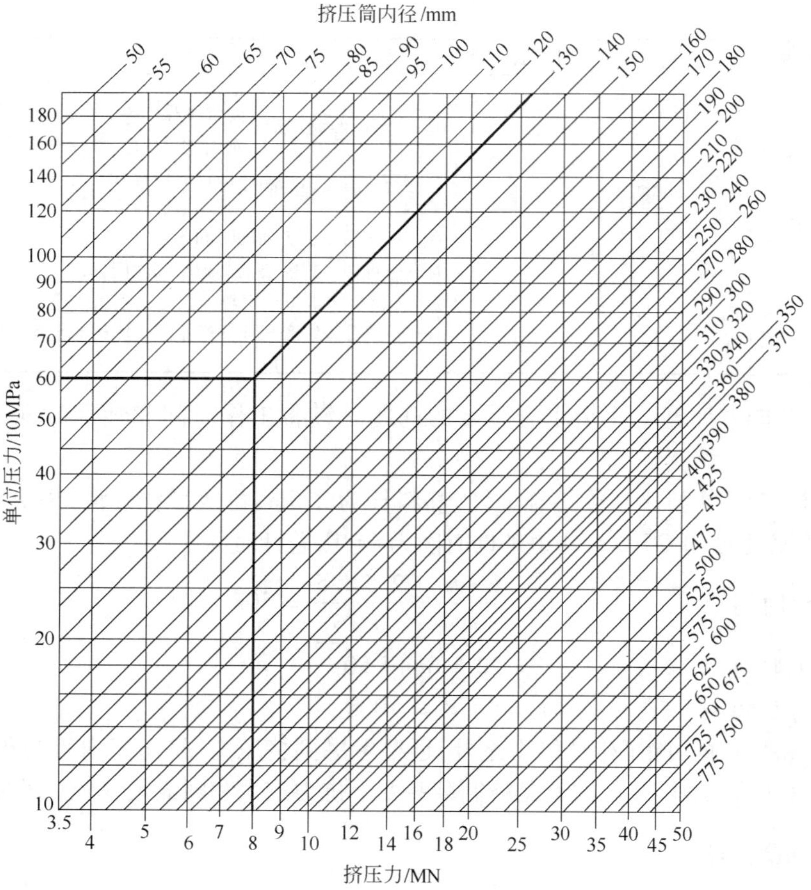

图 7-1 挤压力、挤压筒内径、单位压力的关系

设备年产量的计算式为：

$$Q_{年} = H_p \cdot T_{jw} \tag{7-7}$$

式中 $Q_{年}$——设备年产量，t/年；

H_p——综合平均小时产量，t/h；

T_{jw}——设备年实际工作台时，h。

7.2.3 设备完成年计划产量所需台时

设备完成年计划产量所需台时 u 的计算式为：

$$u = \frac{Q \cdot K_t}{H_b \cdot K_1}(\mathrm{h}) \tag{7-8}$$

式中 Q——年计划产量，t；

H_b——设备小时生产定额，t/h；

K_1——设备利用系数；

K_t——该设备所在工序的投料量系数（查工艺卡）。

例题：

设某台挤压机年计划产量为 Q，有 5 个计算产品，产量分别为 Q_1、Q_2、Q_3、Q_4、Q_5，完成各计算产品年计划产量所需台时分别为 u_1、u_2、u_3、u_4、u_5，求挤压机完成年计划产量的台时总数？

解：根据公式(7-8)，则该挤压机完成年计划产量的总台时数为：

$$u_z = u_1 + u_2 + u_3 + u_4 + u_5$$
$$= \frac{Q_1 \cdot K_{t1}}{H_{b1} \cdot K_1} + \frac{Q_2 \cdot K_{t2}}{H_{b2} \cdot K_1} + \frac{Q_3 \cdot K_{t3}}{H_{b3} \cdot K_1} + \frac{Q_4 \cdot K_{t4}}{H_{b4} \cdot K_1} + \frac{Q_5 \cdot K_{t5}}{H_{b5} \cdot K_1}$$

式中 K_{t1}, K_{t2}, K_{t3}, K_{t4}, K_{t5}——分别代表不同的计算产品在该设备所在工序的投料量系数；

H_{b1}, H_{b2}, H_{b3}, H_{b4}, H_{b5}——分别代表不同计算产品在该设备所在工序的小时生产定额，t/h。

7.2.4 设备完成年计划产量所需台数

由前已知设备完成年计划产量所需台时总数，则设备之计算台数 N 为

$$N = \frac{u_z}{W} \tag{7-9}$$

式中 W——设备年实际工作台时总数；

u_z——完成年计划产量的总台时数。

实际中设备采用台数应为整数。

对于顺列式、连续式以及半连续式布置的轧机来说（参见7.4.4小节内容），每个机架只轧一道，若已知由坯料轧制到成品的总延伸系数(μ_x)及各道次的平均延伸系数(μ_p)，只要计算出轧制道次 n 就可确定机架台数，其计算式：

$$n = \frac{\lg\mu_x}{\lg\mu_p} \tag{7-10}$$

对于横列式布置的轧机来说，每个机架上轧制多道次，机架台数的确定比较复杂，可根据理论计算并参考同类型车间加以确定，理论计算可以根据产量要求的轧制周期及轧制一根料的全部延续时间之间的关系来确定机架数。其计算式如下（推导从略，可参考轧钢工艺学相关内容）：

$$N = \frac{T_{zq}}{T} = \left[\frac{L_0\mu_p}{v_p}\left(\frac{\mu_z - 1}{\mu_p - 1}\right) + (n-1)t_{pj} + t_2\right]\frac{1}{T} \tag{7-11}$$

式中 N——机架数；

T_{zq}——轧制一根料的全部延续时间，s；

L_0——原料长度，m；

μ_p——各道次平均延伸系数；

v_p——平均轧制速度，m/s；

μ_z——总延伸系数；

n——轧制道次；

t_{pj}——平均间隙时间，s；

t_2——前后相邻二根料之间的间隙时间，s；

T——按设计任务要求的产量所决定的轧制节奏时间，s。

例题：

设计年产量为1600kt，小时产量为270t的轨梁车间，按设计产量要求的周期时间（即轧制节奏时间）为27.5(s)，$\mu_z=10$，$\mu_p=1.2$，$v_p=4(m/s)$，$L_0=5.65(m)$，$t_{pj}=3(s)$，$t_2=2(s)$，求所需机架数？

解：代入公式(7-11)

$$N=\frac{\frac{5.65\times1.2}{4}\left(\frac{10-1}{1.2-1}\right)+\left(\frac{\lg10}{\lg1.2}-1\right)\times3+2}{27.5}=4.025$$

取 $N=4$，根据道次数 $\frac{\lg10}{\lg1.2}=12$，按照机架分配道次数时，辊身长度也能满足。四个机架可以放在一列，尚需考虑电机能力大小，按轨梁车间的单位产品主电机电能消耗为40kW·h/t计，则主电机应为：

$$270\times40=10800\text{kW}$$

显然四个机架放在一列内一台电机带动是不行的，至少采用三台电机，机架摆成二列或三列。

7.2.5　设备负荷率的计算

设备负荷率反映了设备是否被充分利用以及设备间的平衡情况。设备负荷率由下式决定：

$$设备负荷率=\frac{计算台数}{采用台数}\times100\% \tag{7-12}$$

或

$$设备负荷率=\frac{生产产品所需之台时}{设备年实际工作台时}\times100\%$$

如果设备负荷大于0.9甚至1.0，说明负荷过重，在这种情况下，应考虑增加设备台数，另行增加的设备，既可以与原选设备大小规格相同，也可以不同。以选用挤压机为例，当选用25MN挤压机，在计算时发现负荷过重，可考虑再增选一台；也可以选用15MN左右的挤压机来生产较小规格的挤压制品，减轻原选挤压机的负荷。再者，也可以选用更大的挤压机（如30MN）来解决这一矛盾，这都需要设计者进行比较和权衡。

在一般情况下，设备负荷率以介于0.7～0.85之间较合适。该值过低，设备不能充分发挥作用；过高则负荷过重。在选择加热炉时，应考虑停炉检修，负荷率不能要求太高。

计算设备负荷率时应注意：如果生产产品所需之台时数是采用现场的实际定额，而且该定额中已经考虑了设备运转系数所包括的时间损失时，则上式的分母采用年工作台时；如果该定额中未包括设备利用系数所包括的时间损失时，则上式的分母采用年实际工作台时。

7.3　设备负荷综合平衡

通过设备负荷计算后，将作业线上各设备的数据综合统计，编制设备负荷计算综合表。表7-5列出一个年产55000t产品的挤压车间部分设备负荷计算的例子。

表 7-5 设备负荷计算综合表(实例 1)

序号	计算产品名称	计算产品规格/mm	计算产品年产量/t	35MN 挤压机		15MN 挤压机		6MN 挤压机		圆盘剪		矫直机	
				吨产品台时/台·h	完成年计划产量总台时/台·h	吨产品台时/台·h	完成年计划产量总台时/台·h	吨产品台时/台·h	完成年计划产量总台时/台·h	吨产品台时/台·h	完成年计划产量总台时/台·h	吨产品台时/台·h	完成年计划产量总台时/台·h
1	紫铜管	φ40 ~ 60	10000	0. 72	7200								
2	HSn70-1-0. 6	φ42 ~ 3. 5	5000	0. 39	1950			3. 33	16665	2. 88	14400	1. 11	5550
3	HPb59-1	φ12	40000			0. 27	10800						
4	台时总数 u		h	9150		10800		16665		14400		5550	
5	设备制度工作台时总数 E		h	6000		16000		6000		6000		6000	
6	设备利用系数 K_1			0. 8		0. 8		0. 8		0. 83		0. 83	
7	设备年实际工作台时总数 $W = E \times K_1$		h	4800		4800		4800		4980		4980	
8	设备计算台数 $n = u/W$		台	1. 91		2. 25		3. 48		2. 89		1. 11	
9	设备采用台数 N		台	2		3		4		3		2	
10	设备负荷率		%	95		75		87		96		36	

在表 7-5 所列的例子中,主要设备选定为:

35MN 挤压机	2 台
15MN 挤压机	2 台
6MN 立式挤压机	3 台
圆盘锯	3 台
矫直机	1 台

选用立式挤压机,是为了生产同心度好的管材;新型的卧式挤压机由于结构上的改进及安装精度的提高也可达到同样的目的。因此,也可不选用 6MN 立式挤压机,而可通过计算多选 1 ~2 台 15MN 的卧式挤压机取而代之。

表 7-6 列出了一个年产 38000t 产品的轧制车间部分设备负荷计算的例子。

表 7-6 设备负荷计算综合表(实例 2)

序号	计算产品名称、状态	计算产品规格 /mm × mm × mm	计算产品年产量/t	井式均热炉		链式双膛连续电阻加热炉		φ700/1250mm × 2000mm 四辊可逆热轧机		φ500/1250mm × 1700mm 四辊可逆冷轧机	
				生产一吨成品所需台时/台·h	完成年产计划所需台时/台·h	生产一吨成品所需台时/台·h	完成年产计划所需台时/台·h	生产一吨成品所需台时/台·h	完成年产计划所需台时/台·h	生产一吨成品所需台时/台·h	完成年产计划所需台时/台·h
1	1035(O)	1. 0 × 1000 × 3000	4000			0. 102	408	0. 068	272	0. 198	792
2	1200(XH8)	1. 5 × 1200 × 4000	6000			0. 167	1002	0. 058	348	0. 162	972
3	3A21(O)	0. 8 × 1200 × 4000	2000			0. 398	795	0. 065	130	0. 256	512
4	5A02(O)	0. 8 × 1200 × 3000	2000			0. 14	280	0. 073	145	0. 277	554
5	2A11(O)	2. 5 × 1200 × 4000	3000	1. 11	3330	0. 212	636	0. 126	378	0. 16	480
6	2A11(T4)	1. 5 × 1500 × 4000	6000	1. 29	7740	0. 222	1332	0. 106	636	0. 285	1710
7	2A12(O)	0. 8 × 1500 × 4000	3000	1. 13	3390	0. 22	660	0. 106	315	0. 429	1257
8	7A04(T4)	1. 5 × 1200 × 4000	11000	1. 31	14410	0. 226	2486	0. 140	1540	0. 295	3245
9	7A04(T6)	1. 5 × 1000 × 3000	1000	3. 13	3130	0. 242	242	0. 171	171	0. 328	328

续表 7-6

序号	计算产品名称、状态	计算产品规格/mm × mm × mm	计算产品年产量/t	井式均热炉		链式双膛连续电阻加热炉		ϕ700/1250mm × 2000mm 四辊可逆热轧机		ϕ500/1250mm × 1700mm 四辊可逆冷轧机	
				生产一吨成品所需台时/台·h	完成年产计划所需台时/台·h	生产一吨成品所需台时/台·h	完成年产计划所需台时/台·h	生产一吨成品所需台时/台·h	完成年产计划所需台时/台·h	生产一吨成品所需台时/台·h	完成年产计划所需台时/台·h
10	台时总数 u		h	32000		7842		3936		9980	
11	设备制度工作台时总数 E		h	7344		7344		7344		7344	
12	设备利用系数 K_1			0.86		0.83		0.77		0.77	
13	设备年实际工作台时总数 $W = E \times K_1$		h	6315		6095		5655		5655	
14	设备之计算台数 $n = u/W$		台	5.07		1.29		0.70		1.75	
15	设备之采用台数 N		台	7		3		1		2	
16	设备负荷率		%	72.4		43		70		87	

表 7-5 及表 7-6 反映出各台设备间的平衡情况以及每台设备的负荷率是否合理。要求各主要设备之间以及主要设备与辅助设备之间的负荷达到平衡，一般不允许发生设备负荷率偏低的情况，也不允许发生由于辅助设备生产能力跟不上而导致主要设备停工待料，这在经济上是不合理的。

在轧制生产中常常绘制出轧制图表进行分析研究，找出轧制过程中各工序间的薄弱环节，达到合理安排，可以准确的计算轧制时间，交叉时间、节奏时间，从而准确的计算产量；可以校核轧制过程中机架、轧辊强度和主传动电机负荷，以保证设备安全，充分挖掘设备潜力（见本章 7.5 节）。

总之，通过分析研究，对不合理的设计安排、工艺规程、设备选择要进一步加以调整。由此看来，设备负荷计算综合表对设计工作有重要的指导意义，并为编制设备明细表、综合技术经济指标表提供必要的基础资料。

设备明细表（简称设备表）的表格形式参见表 7-7，表中除作业线上的全部设备外，还应包括非作业线上的全部设备。编制设备表是设计工作中一项十分重要的任务，是采购订货（对标准设备而言）、非标准设备设计与制造、运输量估算、运输与安装费用估算及投资费用概算的依据，也为该项目的顺利进行和加强管理工作创造了有利条件。

表 7-7　设备明细表

序号	平面图号	设备名称	型号及主要技术性能	单位/台	数量	重量/t		价格/万元 · 台$^{-1}$	制造单位	备　注
						单重	总重			
1										
2										
3										
⋮										
n										

7.4　提高设备产量的途径

以轧制为例，提高轧机产量的途径主要有以下几点。

A 合理增加锭坯重量

随着锭坯更重，轧机小时产量增加，但是有一定限度，它有一个最佳值。其实质是，随着锭坯重量增加（断面不变，长度由小到大；或长度不变，断面由小到大），改变了轧制总延续时间内纯轧时间与间隙时间的比例关系，纯轧时间所占比例上升，间隙时间所占比例下降，但上升的趋势是愈趋缓和的。此外，锭坯重量的增加，也受工艺和设备条件的制约，如设备强度、炉子宽度、辊道长度等，因此只能合理增加锭坯重量。

B 缩短轧制节奏时间

缩短轧制节奏时间的方法有：

（1）合理分配轧制道次，使机组间各机架负荷均匀而有较短的节奏时间；

（2）提高自动化程度，如实行自动喂料、自动翻钢以缩短轧制节奏时间；

（3）在横列式轧机上轧制型材或线材时，实行交叉轧制，以缩短轧制节奏时间。

C 提高成品率

成品率愈高，轧机小时产量愈大，影响成品率的因素很多，第6章已作介绍。

7.5 轧制图表

轧制图表表示和反映了轧制道次和时间之间的关系，图表主要反映轧制过程的纯轧时间、间隙时间、轧制节奏时间和轧制总延续时间的变化规律。轧制过程的安排是否合理、不仅对产品产量、质量有决定性影响，而且对整个车间生产的各方面有重要影响，几种典型的轧制图表如下所述。

7.5.1 单机可逆式轧机的工作图表

这类轧机的工作图表形式如图7-2所示，其特点为：

$$T = T_z + \Delta t \tag{7-13}$$

式中 T——轧制节奏时间，s；

T_z——一根料的轧制总延续时间（包括各道次的纯轧制时间与道次间隙时间之和），s；

Δt——上根轧完到下根开始轧制的间隙时间，s。

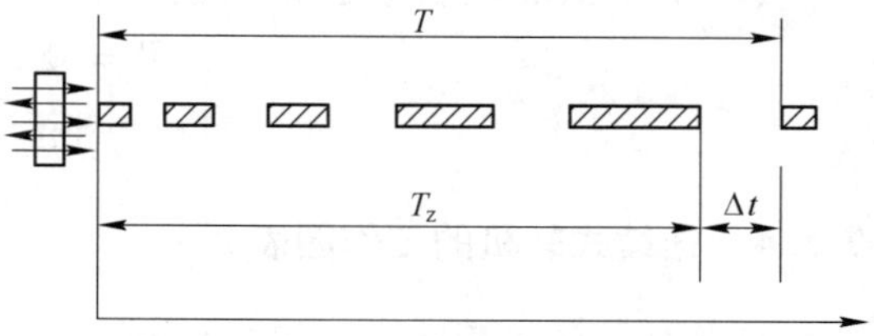

图7-2 单机座可逆式轧机的工作图表

$$T_z = \Sigma t_{zh} + \Sigma t_j \tag{7-14}$$

式中 Σt_{zh}——各道次纯轧时间之和，s；

Σt_j——各道次间的间隙时间之和，s。

7.5.2 横列式轧机的工作图表

这类轧机的工作图表形式如图7-3所示，其特点为：

$$T = T_z - T_{jch} \tag{7-15}$$

式中 T_{jch}——轧制过程中轧件同时轧制的交叉时间，s。

交叉轧制时间是先后两根料在轧制总延续时间中的重叠部分。交叉轧制时间愈长，轧制节奏时间愈短,轧机产量愈高。

横列式轧机上生产断面规格较小的产品时,常采用活套轧制,其轧制图表形式如图 7-4 所示。

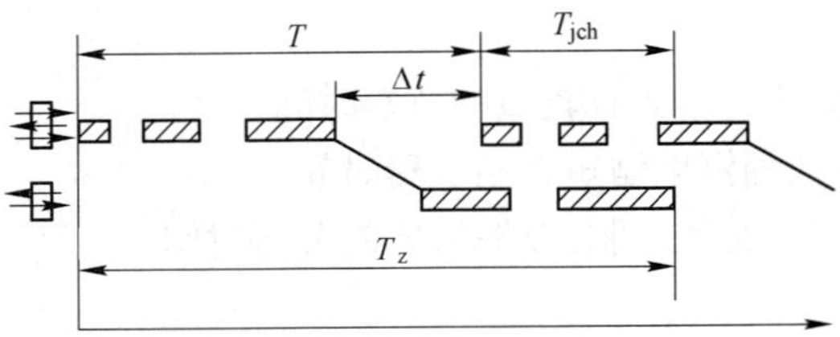

图 7-3 横列式布置的轧机工作图表

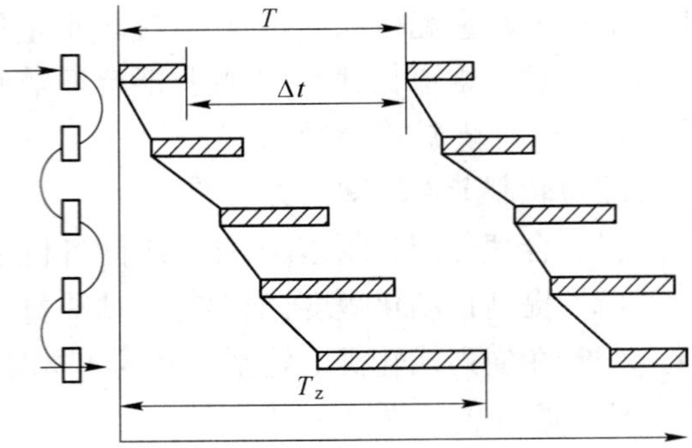

图 7-4 带活套轧制的轧机工作图表

7.5.3 顺列式轧机的工作图表

顺列式布置的轧机每架轧机上只轧一道,这类轧机的轧制图表形式如图 7-5 所示,其特点有以下几点:

(1) 轧制节奏为:

$$T = T_{zh} + \Delta t \tag{7-16}$$

(2) 由于轧制速度可调,故各道次纯轧制时间近于相等。

(3) 通过轧制速度和机架距离调整,可使道次间的间隙时间近似相等;

(4) n 道次的轧制总延续时间:

$$\begin{aligned} T_z &= \Sigma t_{zh} + \Sigma t_j \\ &= nt_{zh} + (n-1)t_j \end{aligned} \tag{7-17}$$

7.5.4 连续式轧机的工作图表

此类轧机的工作图表如图 7-6 所示。其特点为:

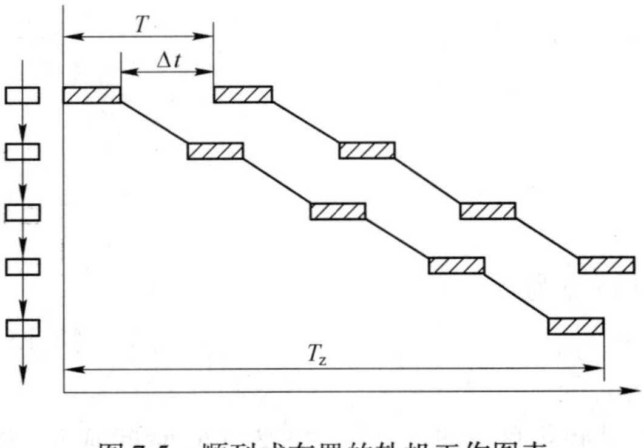

图 7-5 顺列式布置的轧机工作图表

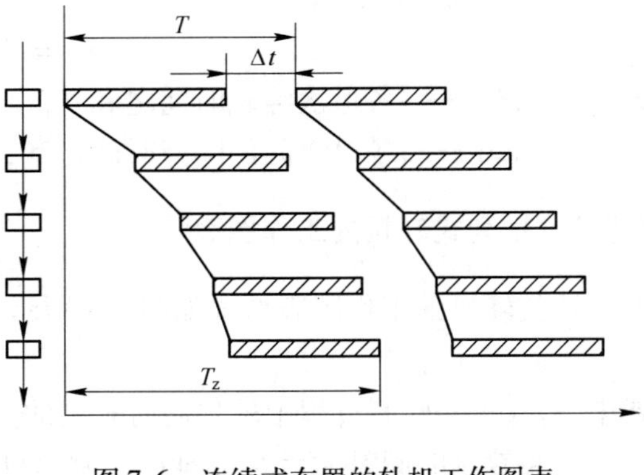

图 7-6 连续式布置的轧机工作图表

（1）通过各机架的金属秒流量相等；

（2）各道次间的间隙时间随各机架轧机轧制速度的提高而递减，即：

$$t_{j1} > t_{j2} > t_{j3} > \cdots > t_{jn} \tag{7-18}$$

（3）轧制节奏为：

$$T = t_{zh} + \Delta t \tag{7-19}$$

（4）轧制总延续时间：

$$T_z = t_{zh} + \sum t_j \tag{7-20}$$

从图表中可见，连续式轧机具有短的总延续时间和轧制节奏时间。

思　考　题

7-1　设备年实际工作台时低于设备年制度工作台时的原因何在？

7-2　编制设备负荷计算表及设备明细表的意义何在？分别说明之。

7-3　试以挤压生产为例，提高挤压机产量的途径主要有哪些？

8 车间平面布置与立面尺寸

8.1 车间平面布置

车间平面布置主要指设备和设施按选定的生产工艺流程确定平面位置，平面布置的合理与否对于设备生产能力的发挥、工人操作安全、生产周期的长短及生产率的高低有着很大的影响，在平面布置时应当从实际出发求得最大合理的布置。

8.1.1 车间平面布置的原则

(1) 应满足生产工艺要求，使生产流水线合理。

(2) 既有利于生产，又使占地面积小，运输线最短，以求缩短周期，提高生产率和单位面积产量。

(3) 保证操作方便，安全生产和工人的健康。

(4) 使人行道与工作线平行，避免金属(原料与成品)流线、金属废料流线以及其他材料的运输线的互相交叉。

(5) 考虑将来的发展，要留有余地。

8.1.2 平面布置的内容

8.1.2.1 金属流程线的布置

金属流程线指生产各类产品由原料到成品的工艺流程线，把所选定的设备与设施布置在相应工序的工艺流程线上，同时要考虑中间的堆料场地以及运输等。

常用的金属流程线如图 8-1 所示。

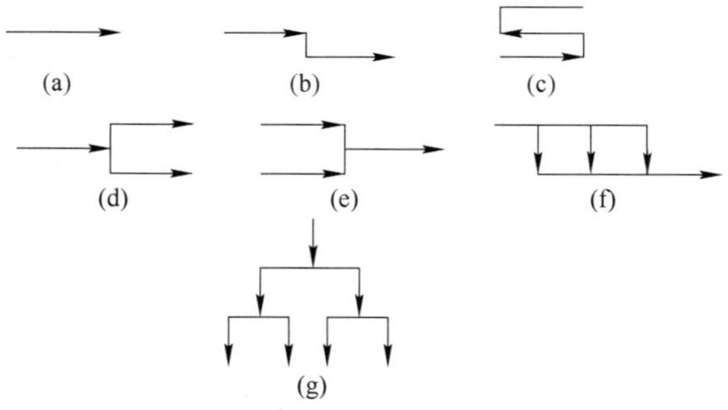

图 8-1 金属流程线

(a) 直线式;(b) 直线横移式;(c) 曲折式;(d) 放射式;(e) 汇集式;(f) 过渡式;(g) 分枝式

(1) 直线式。从生产的连续性及运输等方面看是最合理的，因此，常用于连轧机以及初轧机等。但这种生产流程受到厂房的长度限制，因为厂房愈长所铺设的管道也愈长，故经济上是不合理的，建设投资要大，一般认为厂房最好不超过500m。

（2）直线横移式。这种方式主要用于管材车间，因为管材的横向运输主要靠管材本身的自由滚动，在型材车间中大多数冷床布置也常采用。

（3）曲折式。这种形式节省厂房长度，适合多跨的车间。

（4）放射式。常用于当由一个设备加工后的料进到两个以上相同设备继续加工时的情况，如由一台轧机出来的料进入两个以上平行的机组中继续进行轧制，采用放射式布置。

（5）汇聚式。常用于分别由两台以上相同或不同设备加工后的料进到一台设备加工时的情况。

（6）过渡式。当布置很多相同设备时才采用此种方案，如精整工段常用。

（7）分枝式。在设备数目不多，但产品品种很多的情况下常采用此种布置形式。

实际上，由原料到成品的加工流程很长，工序很多，设备复杂。因此，不可能采用单一的方式，而是几种形式的综合。

产品品种很多，工序又不同时，可以把产品分组，相同或相似的工艺过程组合。如管、棒、型车间可以分管材生产线及型棒材生产线等。

8.1.2.2 生产设备的布置

设计车间平面布置图时，首先要做出包括主要生产工段、辅助生产工段、仓库、实验室、动力系统、生活间及办公室等部分在内的平面布置图，而且同时要做几个方案加以比较分析，最后确定一个较好的方案。生产设备布置没有一定的规定。

在平面布置图上首先根据生产工艺流程的顺序和要求布置各种生产设备。

布置主要设备时，要使产品流线方向最好与厂房纵向一致，尽力避免横向运输，但有些情况是不可避免的。在考虑设备之间相互关系和决定间距时应根据产量大小、产品长度和设备操作条件等因素，在保证满足生产要求的条件下，尽量紧凑，以节约车间面积。

轧机最好能布置在一个顺向的轧制跨间内，电机能放进单设的主电室，一般在另一跨间。挤压机所需要的高压泵站也应放入单独的房间，但不要离挤压机太远，高压泵站最好放在厂房的一侧或端部而不要放在中间。但是，根据车间布置情况有的把水泵站放在车间中间，这对车间生产来说不大方便。

设备彼此间的距离，可根据实际经验按照各工序的实际作业情况来决定。

对轧制车间来说，横列式轧机机列间的距离、顺列式轧机机座间的距离、加热炉与轧机间的距离、轧机前与后辊道长度以及轧机至剪切设备的距离、精整工段各设备之间的距离等均应依据各阶段轧件的长度和同时容纳轧件个数以及某些特殊的工艺要求来加以确定。连轧机各机架间距离主要决定于设备是否放得下，安装、换辊和检修方便，以及其他特殊的工艺要求。

对管棒车间来说，挤压机、拉拔机、冷轧管机及辅助设备的相对位置，也是根据产量、料的长度以及工艺要求加以确定。在布置主要设备时，还必须考虑各工序中设备所必要的再制料堆放场以及安全技术措施的要求。

在布置设备时，设备不能位于吊车工作达不到的范围，离厂房的柱脚边缘必须留出一定距离，如表8-1所示。

表 8-1 设备距厂房边墙应留出的空隙

吊车吨位	空隙值/mm	吊车吨位	空隙值/mm
单钩 5t 吊车	1015	副钩 30t 吊车	2300
单钩 10～15t 吊车	1100	主钩 50t 吊车	1850
主钩 10～15t 吊车	1650	副钩 50t 吊车	2300
主钩 30t 吊车	1750		

在布置主要设备时为了确保人身安全及安装、维修等工作方便，要留有操作面积，其大小视不同的设备以及机械化、自动化程度不同而定。另外，有些设备要留有足够的更换工具或部件的操作面积及操作空间。

下面以横列式轧机为主，确定各设备之间距离的一般原则。

A 加热炉间的距离

主要根据炉子大小、劳动条件以及结合厂房的柱距一并考虑。如中小型轧机配用的加热炉，在加热钢锭或加热长度不超过 8m 的钢坯时，当以煤气或重油为燃料，则加热炉中心距离以 12m 为宜。大中型轧机配用的加热炉，当加热钢坯长度在 5m 以上时，则加热炉中心距离以 15～18m 为宜。

B 加热炉到轧机距离

加热炉有两种布置方案：一种是加热炉中心线和轧机中心线相平行；一种是加热炉中心线和轧机中心线相垂直，如图 8-2 所示。

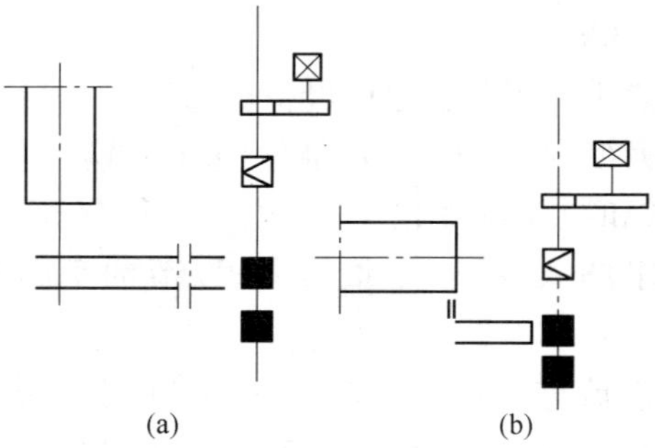

图 8-2 加热炉与轧机布置方式
(a) 平行布置；(b) 垂直布置

当采用平行布置时，若用钢锭为原料，加热炉至转盘的距离为钢锭的 4～5 倍；转盘到轧机的距离则为第一架轧机轧出的轧件最大长度加上 4～5 倍的钢锭长。在满足上述工艺要求的前提下，结合厂房柱距模数确定，根据现场经验此距离如为中型轧机可取 30m。若采用钢坯为原料，加热炉到轧机距离主要考虑第一架轧机轧出的最大轧件长度再加上 2～3 倍的钢坯长度，再结合厂房柱距模数确定。一般此距离在 25～30m 范围内。

垂直布置方案多为把加热炉和轧机布置在同一跨内，同时多为侧出料的方式，用于线材和小型材轧制，由于可以采用活套轧制，因而加热炉到轧机的距离可缩短。但钢坯出炉后要转 90°角，操作不方便，这种方案较少采用。

对顺列式或连续式布置的轧机，由于每架轧机只轧一道，因此加热炉到轧机的距离可大为缩短。一般只考虑留操作条件和维修所需要的位置就可以。

总之，在满足工艺的条件下，尽量减少加热炉到轧机的距离。

C 轧机机列间的距离

根据车间生产需要和建厂的客观条件确定。机列间距与轧机布置形式有关，也与原料种类有关。若采用钢锭为原料，两列式中型轧机，常在一列后二列前的轧制线上设置热剪机。此时第一列轧机到热剪机的距离为升降台的长度与轧机轧出的轧件最大长度之和，再加 2～3m。也可两倍于轧件的最大长度。至于此热剪机到第二列轧机的距离应等于此列第一架轧机轧出的最大轧件长度与剪出净坯的长度之和,再加上3~4m的余地。根据生产经验,二列式中型轧机两列之间的距离应为50~60m。

对于只生产方、圆钢坯的轧机,其二列之间的距离由于可不设置中间剪而大为缩短。其距离可为粗轧机轧出长度与精轧机第一架机前轧出的最大轧件长度之和,再加上一定的余地。

对于二列式小型轧机,它们之间的距离以互不干扰为原则。如采用穿梭轧制方式,两列之间的距离决定的方法与上面讲的大致相同,当为活套轧制时则此距离可大大减短,能保证活套的正常工作即可。

对于顺列式轧机各机座间距离同样可按机列间距离原则确定;而连轧机各机架间距离主要决定于设备是否放得下,安装、换辊和检修方便,以及特殊工艺要求。如图8-3所示。

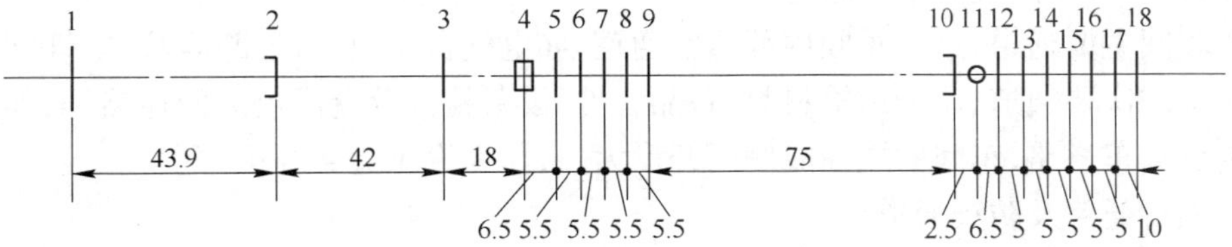

图8-3 1150mm初轧机设备间距

1—初轧机;2—16000kN大剪;3,5~9—第一组连轧;4—90°翻钢机;10—1500kN摆动剪;11—45°翻钢机;12~17—第二组连轧;18—飞剪

轧机机列本身各设备间布置主要应考虑两方面:

(1) 从人字齿轮到轧机机座之间距离主要决定于连接轴的倾角,安装托架与升降台应放得下;

(2) 齿轮机座到减速机和减速机到主电机距离应尽量近一些,但距离大小主要决定于检修和安装方便。

表8-2所列为中小型轧机机架间的横向距离。可作参考。

表8-2 中小型轧机横向间距 (m)

轧机名称	人字齿轮到第一架轧机间距	轧机机架距离	备注
650mm轧机	5.5~6.0	5	设托架
500~550mm轧机	5.0~5.5	4.0~4.5	
400mm轧机	3.6~4.0	3.0~3.5	
300mm轧机	2.4~3.1	2.0~2.2	
250mm轧机	1.8	1.5~2.0	

D 轧机到切断设备的距离

轧制车间轧后切断设备主要有锯机和剪切机两类。轧钢车间轧机到热锯的距离主要决定于锯切方式,如为单座锯,其距离等于轧件最大长度加上安放有关设备和操作所需的长度;如为多台锯工作,其距离可相应缩短些。一般来说,中型轧机至第一台热锯距离以70~80m为好。

轧机至剪切机距离则决定于剪切机能力和轧件长度,当剪切机生产能力很大时,一般轧机到剪切机距离可定为 1.2 ~ 1.5 倍的轧件最大长度；当剪机能力不是很大时应当加长间距，不然当操作稍不协调时在轧机和剪机之间会形成料堵塞。对于钢材初轧机大剪一般应适当加长轧机与大剪的距离，常采用可同时容纳两个轧件。

当用一般剪机不能满足生产要求时，可设飞剪，安装飞剪可大大缩小轧机和剪机的距离。

剪切设备至冷床的距离取决于剪切后轧件的最大长度，一般冷床直接安放在剪切设备之上，而且在冷床能力大于锯切机能力情况下，通常可采用稍大于定尺后轧件最大长度。但当小型型材定尺长度很长时，剪切设备至冷床的距离要小得多，只要很好考虑有足够的操作面积和较好的劳动条件就可以。

8.1.2.3 车间内通道的布置

一般大、中型车间应有下述通道：

（1）车间主要通道，这是车间内部运输通道，如电气台车通道、过跨运输之窄轨小车；

（2）车间次要通道，用于运输材料、备品备件、设备检修及仓库场地的通路等，如车间的成品库内设火车通路、车间的端面或侧面开设大门，作为汽车通路等；

（3）人行通路及防火通道。

车间通路的宽窄对工人操作安全、工作方便以及生产任务的完成有重要的影响。因此，在车间设计时要正确的选择。

设备之间的通路宽度根据运输小车的宽度确定。当小车的宽度为 1200mm 时，单向运输通道的宽度可取 2200mm；双路反向运输通路的宽度可取 4000mm。

人行通路一般可取 1m 宽，当车间的人较多，考虑到非常的情况下需迅速疏散时，则人行通道的宽度可取 2m。

在车间内设有火车路轨时，路轨的中心线至墙或柱的距离应不小于 3.5m。

防火路可与运输通道结合起来统一考虑。

总之，通道的宽窄和多少必须根据具体条件而定，车间的规模不同所需的要求也有所区别。

车间大门可根据通道安排的情况加以确定，在车间端面和侧面开有一定数量的大门，大门的尺寸可根据通行的车辆确定，如：

（1）通行电瓶车大门：2.1m × 2.4m；

（2）通行汽车大门：3.3m × 3.0m；

（3）通行火车大门：4.2m × 5.1m。

8.1.2.4 车间内仓库设施的布置

为了保证生产的连续性，车间内原料与成品的存放、中间料的正常周转，在设计时应留有一定的面积作为原料库、成品库以及中间再制料的堆放场地，还有其他物品的存放处。

A 确定仓库面积的原则

（1）必须保证正常生产，不至于由于某个设备短期停车而造成其他设备的停工待料现象。一般规定出各种不同用途仓库的存放天数。

（2）坯料间应留有进行各种修理、检查、标记、包装等所需之面积，吊车的吊运方式不同而应留的面积以及建筑结构的限制所需的面积，这些面积通常采用利用系数加以考虑。

（3）坯料或半成品堆垛高度应以不超过地坪所允许的负荷为限。

(4) 其他方面的特殊要求及经济核算等。

B 原料仓库面积计算

通常原料仓库面积可用下式计算:

$$F = \frac{24AnK_t}{K_1QH} \tag{8-1}$$

式中 A——设备(轧机和挤压机等)产量,t/h;

n——存放天数,天;

K_t——金属投料量系数;

Q——单位空间所能存放的原料重量,t/m^3;

H——每堆原料的堆放高度,m;

K_1——仓库利用系数。

轧钢车间原料仓库存放天数,一般按轧机7~10天的平均日产量考虑,如原料由外地供应,储存量可按轧机10~20天平均日产量计算。轧钢车间坯料堆放高度及单位面积存放量如表8-3所示。

表8-3 轧钢车间坯料堆放高度及单位面积负荷

堆放坯料名称	每堆高度/m		单位面积负荷/$t \cdot m^{-2}$	堆放坯料名称	每堆高度/m		单位面积负荷/$t \cdot m^{-2}$
	磁力吊车	夹钳吊车			磁力吊车	夹钳吊车	
初轧机用大铸锭	3.0	2.0	7~8	大于4~5m热钢坯	2.5	2.0	12
小钢锭及短钢坯	2.0	2.0	6	宽板锭及宽板坯	2.5	2.0	6
大于4~5m冷钢坯	4.0	2.0	12	圆锭及圆坯	2.0	2.0	4

有色金属锭坯堆放天数为7~10天,面积利用系数为0.4。

C 中间仓库面积计算

确定中间仓库面积首先应该知道产品生产周转时间,然后根据中间仓库应堆放的中间再制料总数来确定。中间仓库堆放再制料总数为:

$$W = ATK \tag{8-2}$$

式中 W——堆放量,t;

A——平均日产量,t/天;

T——生产周期时间,天;

K——轧机或挤压机等主要设备与各精整设备产量上的不平衡系数。

中间仓库的面积为:

$$F = \frac{W}{Q} \tag{8-3}$$

式中 F——中间仓库面积,m^2,

Q——平均单位面积堆放量,t/m^2,一般可按成品仓库有效堆放负荷的一半来考虑。

实际上,中间仓库钢材的储存量可以考虑按轧机3~5天的平均日产量计算。对于合金钢厂可按轧机的8~10天的产量计算。有色金属中间再制料堆放天数为2~3天,面积利用系数为0.4。

D 成品仓库面积确定

成品仓库面积的计算基本上同原料仓库的面积计算。成品库钢材的存放量，当全厂设有总成品库时，可按轧机3~7天的平均日产量计算；当全厂无总成品库时，则应按7~10天的轧机产量考虑。表8-4中所列为各类钢材在成品库中堆放高度和单位面积堆放的负荷量。有色金属成品库料存放天数为15天，面积利用系数为0.35~0.4。有色金属压力加工车间有关地坪的允许负荷、存放高度、面积利用系数等如表8-5所示。

表8-4 各类钢材在成品库堆放高度及单位面积负荷

钢材种类	堆放方法	堆放高度/m	堆放负荷量/$t \cdot m^{-2}$	钢材种类	堆放方法	堆放高度/m	堆放负荷量/$t \cdot m^{-2}$
成品线材	堆于垫木上	1.5~2	1.45~2	槽 钢	堆于垫木上	1.0	3.30
20mm以上散装圆钢	格架中	2.2	3.60	工字钢	堆于垫木上	1.0	2.80
20~50mm圆钢	格架中	2.2	5.30	厚钢板	堆于垫木上	3.0	13.50
50~100mm圆钢	格架中	2.0	5.80	薄钢板	堆于垫木上	2.0	9.00
100~200mm圆钢	格架中	2.2	7.50	钢 管	格架中	1.2	2.00

8.1.2.5 其他设施的布置

A 操纵台位置的确定

操纵台是一部分设备的控制中心，其面积大小和位置主要根据操作人员的工作条件和设备的机械化自动化程度的高低来决定，它的位置确定应考虑下列因素。

(1) 操作台应靠近被控制设备中心，即电力负荷集中处，可以缩短导线长度，并便于操作人员看到所控制的设备与被加工的材料。一般操作人员所在位置到观察地方的距离不应超过15m。

(2) 由许多设备联合组成的共用操纵台时，其位置应处于这些设备的适中地方或处于主要设备附近。对于高度现代化的加工车间，应用电子计算机和工业电视机控制与监视整个生产过程，操作室比较集中，可以设置一个或两个专用操纵控制室。

(3) 操纵台尽量不占车间有效面积，如没有特殊要求，操纵台应尽量布置在柱列之间。对轧制车间主轧机有时采用桥式操纵台，其位置应尽量靠近轧机，使操纵人员能看清轧件出入情况，其一端或两端应留有吊车运行运输通道。

B 主电室布置

主电室布置主要有两种形式：一种是与主跨间隔开的单独布置主电室，自成系统，室内空间大，通风条件良好，电机及控制系统有较好的条件运行，但需设单独的吊车，增加了投资；另一种是主电室置于主跨内，可不用专门设吊车和厂房，节省投资，但工作条件较差。

从实际生产看，大多采用主电室设在单独的一跨内。

C 工具堆放场地

不管是板带车间，还是管棒型线材车间都要留有一定的堆放场地放置工具。对板带车间主要是轧辊的堆放，其面积大小主要取决于轧辊的储存数量、轧辊堆放方式；而车间必备的轧辊储存数量又与车间生产规模大小、轧制品种及轧辊材质有关。

每种产品需要轧辊的数量可按下式计算：

表 8-5 生产操作对地面作用的特征、对地面的要求、仓库面积利用系数、地坪荷载和存放天数

序号	区域	生产操作对地坪作用的特征	地坪荷载/$t \cdot m^{-2}$			建议选用的地坪材料	存放方式及堆放高度	面积利用系数	存放天数
			轻有色金属	重有色金属	稀有色金属				
板带材车间									
1	成品铸锭存放区域	有冲击，载荷较重，轻金属因清洗包铝板有汽油作用	2~7	4~10	1~2	细石混凝土	堆垛高度不大于1.5m	0.4	7
2	铸锭加热炉及热轧机列区	有热作用，有油和乳液的作用	2~7	2~10		铸铁			按八小时考虑
3	热轧后中间仓库区域	有热作用		2~5		铸铁	垛高： 板垛不高于800mm 卷垛不多于3卷	0.35	2~3
4	冷轧机区域	有乳液作用，不起灰，要求防滑	1~3	1~3		设备操作区铺铸铁，其余用细石混凝土	垛高： 板垛不高于800mm 卷垛不多于3卷	0.4	2~3
5	退火、时效炉区域、中间仓库	有热作用	1~3	1~3		设备操作区铺铸铁，其余用细石混凝土	垛高： 板垛不高于800mm 卷垛不多于3卷	0.4	2~3
6	淬火炉区域及中间仓库	有热、酸、碱、盐作用	1~3	1~3		花岗岩石块	垛高： 板垛不高于800mm 卷垛不多于3卷	0.4	2~3
7	酸洗区域及中间仓库	有热、酸、碱的作用	1~3	1~3		局部瓷砖或花岗岩石块	垛高： 板垛不高于800mm 卷垛不多于3卷	0.4	2~3
8	重卷、剪切、矫直、检查、精整区域及中间仓库	不起灰，便于清扫	1~3	1~3		高标号混凝土	垛高： 板垛不高于800mm 卷垛不多于3卷	0.4	2~3
9	成品包装及成品库区域	不起灰，便于清扫	1~3	1~3		高标号混凝土	垛高不大于2m	成品包装0.35 成品存放0.4	15
10	轧辊研磨间	不起灰，有少量乳液	5	5		水磨石或局部铸铁			
11	等待性能检验板片区域		1~3	1~3		水磨石或局部铸铁	垛放	0.4	4

续表 8-5

序号	区　域	生产操作对地坪作用的特征	地坪荷载/$t \cdot m^{-2}$			建议选用的地坪材料	存放方式及堆放高度	面积利用系数	存放天数
			轻有色金属	重有色金属	稀有色金属				
管棒车间									
1	成品铸铁堆放区	有冲击轧碰作用		2~4		铸　铁	装筐或堆放	0.4	7
2	铸锭加热炉及挤压机区域	有冲击，有乳液及油的作用(燃料为重油时)，有热作用		2~4		在设备操作区铺铸铁块	装筐或堆放	0.4	2~3
3	冷轧、冷拉区域	有轻微冲击，有乳液作用，防滑		0.5~3	0.5~3	混凝土(在操作区铺铸铁)	装筐或堆放	0.4	2~3
4	退火、均热区域	有轻微冲击，有热作用		0.5~3	0.5~3	混凝土	装筐或堆放	0.4	2~3
5	酸洗 、碱洗区域	有酸、碱作用		0.5~3	0.5~3	花岗岩块或瓷砖	装筐或堆放	0.4	2~3
6	淬火、时效区域			0.5~3	0.5~3	高标号混凝土	装筐或堆放	0.4	4~5
7	精整及成品检查区域	便于清扫，不起灰尘		0.5~3	0.5~3	高标号混凝土	装筐或堆放	0.4	2~3
8	各中间仓库					高标号混凝土	堆　放	0.4	2~3
9	成品库及包装区域	便于清扫，不起灰尘				高标号混凝土	堆　放	包装区 0.35 堆放区 0.4	15
10	80000~125000kN 挤压机区域	堆放物料区 挤压筒堆放区 挤压轴堆放区	1~3 18 15			混凝土			
11	20000~50000kN 挤压机区域	堆放物料区 挤压筒堆放区 挤压轴堆放区 柱塞堆放区	1~3 6.5~7.7 3.8~5.8 16~18			混凝土			
12	16000kN 以下挤压机区域	堆放物料区 挤压筒堆放区 挤压轴堆放区	1~2.5 3.2~6.4 2~2.8			混凝土			
13	120000~300000kN 挤压机	锻件堆放区 锻模堆放区	0.5~1.5 5~15			混凝土			
14	100000kN 以下挤压机	锻件堆放区 锻模堆放区	0.2~2 1~8			混凝土			
15	高压水泵站					水磨石			

续表 8-5

序号	区　域	生产操作对地坪作用的特征	地坪荷载/t·m^{-2}			建议选用的地坪材料	存放方式及堆放高度	面积利用系数	存放天数
			轻有色金属	重有色金属	稀有色金属				
线材车间									
1	线坯堆放区域	有轻微冲击		0.5～1		高标号混凝土	成卷立放	0.5	7
2	线锭堆放区域	有轻微冲击		3～5		高标号混凝土	垛放，高度不大于1.5m	0.5	7
3	线坯加热炉及线材轧机区域	有轻微冲击		3～5		高标号混凝土	垛放，高度不大于1.5m	0.5	7
4	粗拉区域及中间仓库	有轻微冲击，有乳液作用		0.3～1		高标号混凝土	垛放，高度不大于1.5m	0.5	7
5	中拉区域及中间仓库	有轻微冲击，有乳液作用		0.3～1		高标号混凝土	垛放，高度不大于1.5m	0.5	7
6	细拉区域及中间仓库	有轻微冲击，有乳液作用		0.3～1		高标号混凝土	垛放，高度不大于1.5m	0.5	7
7	退火炉区域及中间仓库	有轻微冲击，有乳液作用，有热作用		0.3～1		高标号混凝土局部铸铁	垛放，高度不大于1.5m	0.5	7
8	酸洗区域	有酸、碱的作用		0.3～1		设备操作区用瓷砖	垛放，高度不大于1.5m	0.5	7
9	微细丝区域	要求清洁，不起灰尘		0.2～1		高标号混凝土压光	成盘平放	0.4	7
10	制、修模间	要求清洁，不起灰尘		0.2～1		高标号混凝土压光			
11	成品库及包装区域	要求清洁，不起灰尘		1～3		高标号混凝土	平放或垛放	0.35	15

$$N = \frac{3AX}{n_1 n_2 W} \tag{8-4}$$

式中 N——每种产品年需要轧辊的数量,套/年;

A——每种产品的年产量,t/年;

X——轧制该品种的轧辊单位消耗量,kg/t;

n_1,n_2——机架数目及每架轧机一套轧辊的个数;

W——每个轧辊的重量,kg。

实际生产中每种产品需要三套轧辊(一套在使用,一套备用、一套在加工),因此实际需要量应乘3,这也只是大概的估算。

轧辊堆放方式主要有:

(1)人字形格架法,这种方法是将轧辊置于人字形格架上,单位面积负荷较小,每平方米可达1~2t,适合于重量较小的轧辊;

(2)U形框架法,这种方法是将轧辊堆置于U字形的框架内,单位面积负荷较大,每平方米可达5~6t,适合于大中型轧机的成套轧辊的堆放;

(3)平放法,这种方法是将轧辊平置于地板上,占地面积大,每个约占1m^{2}左右,主要用于大型轧辊的堆放;

(4)叠放法,这种方法是将轧辊成堆叠放,堆放负荷较大,每平方米可达8~10t,主要适用于重量不太大的毛辊或光辊。

求得轧辊的储存量,选择有关的单位面积负荷即可计算出轧辊堆放场地面积大小。表8-6为中型轧钢车间轧辊堆放场地面积的参考数值。

对于管棒型材生产车间,它的生产工具繁多,但都比较小,根据其特点需要在车间内单独设工具室,各室面积的大小由工具的多少而定。

表8-6 中型轧钢车间轧辊堆放面积 (m^2)

厂 别	合金钢厂	普碳钢厂	
		开坯为主的车间	型材为主的车间
面 积	100~150	200~300	500~800

D 乳液与润滑油站

对大型或中型轧制车间单独设有润滑站和乳液站,为机械设备和生产工艺润滑提供润滑油与乳液。稀油用于润滑各种设备的轴承及转动部分,它是由稠度很小的矿物油配成的,由油泵供给,成为循环系统;干油用于润滑轴承,供给方式可以是自动的,也可以是手工的。工业润滑油及乳液是集中由供油站供给的,乳液与工业润滑油站设在轧机附近地下室内。

E 车间机修室与磨辊间

车间机修室的面积主要取决于机床的形式与数目,同时要考虑机加工的辅助设备所占面积。

磨辊间的面积取决于机加工的设备形式与数目,机加工设备的形式应根据加工的轧辊而定,数目一般可进行计算。

机修室应在车间的端部,靠近轧机等主要设备。磨辊间应靠近轧机。

8.1.2.6　车间内部运输设备的布置

车间内部运输设备有:吊车、电气台车、轨道车、特殊用的起重机、轨道与输送带等。

(1) 桥式吊车,应用较为广泛,吊车的跨距取决于车间的跨度,它们之间的关系如表 8-7 所示。

表 8-7　吊车轨距与厂房跨距的关系

厂房跨距/m	不同吨位吊车之轨距/m		
	15t 以下吊车	20 ~ 75t 的吊车	75t 以上吊车
6	5	—	—
9	8	7.5	—
12	11	10.5	14
15	14	13.5	13
18	17	16.5	16
21	20	19.5	19
24	23	22.5	22
27	26	25.5	25
30	29	28.5	28
33	32	31.5	31

(2) 特殊工艺用的起重机,如均热炉的炉盖用的起重机、加热炉出料用的叉式吊车以及电葫芦起重机等,根据不同的工艺要求进行选择。

(3) 电动轨道车,在车间内的轨道小车视不同的情况选取,用于搬运轧辊过跨以及其他重物过跨有 20 ~60t 的轨道车。在车间布置时要留有过跨道轨通道,其宽度按轨道车的宽度定。

(4) 台车,使用方便灵活,主要搬运锭坯、半成品以及成品运输。

(5) 辊道和输送带,大型机械化、自动化程度很高的车间,连续式流水生产线,采用辊道、输送带、链条式运输设备,如管材、线材大型生产车间,由于采用盘管和线盘的形式生产,运输采用带挂钩链条式运输设备。

8.1.2.7　生活间及办公室

根据国家“标准”规定,考虑到实际工作的需要,确定办公、生活用房的面积。

A　车间办公室与存衣室面积

一般规定每一个办公人员的办公用房面积平均为 4.5 ~5.5m^2,车间办公人员少可取上限。

存衣室(更衣室)面积,加工车间一般属在正常条件下生产,不产生有毒气及粉尘、不污染或轻度污染的等级,每人按 0.4 ~0.5m^2计算。

B　厕所面积

厕所的面积按蹲位数确定。男、女厕所的蹲位数根据车间人数确定:100 人以下的车间男厕所每25人设1个蹲位,女厕所每20人设1个蹲位;若车间100人以上,那么男厕所每增加50人增设1个蹲位,女厕所每增加35人增设1个蹲位。在厕所需加洗污池和洗手槽,男厕所要加设小便池。总之,根据实际情况确定。

C 浴室面积

生产车间需要设置浴室,一般浴室面积按表8-8所示的卫生级别指标计算。

表8-8 浴室面积指标

生产过程卫生特征级别	Ⅰ	Ⅱ	Ⅲ	Ⅳ	备注
每个淋浴器使用人数	3~4	5~8	9~12	13~24	(1) 按在册人数的93%计算; (2) 如果男浴室要设浴池,池面积可按1.5~2个淋浴器相当于1m^{2}浴池面积进行换算; (3) 女浴室不用浴池,但需设厕所

各办公、生活用房面积计算后,要结合整个车间平面组合情况加以决定,在面积上允许稍有出入。生活间及办公室常常布置在车间一端或一侧,有少数房间设在车间内。

8.1.3 车间工艺平面布置图

8.1.3.1 车间平面尺寸

A 车间面积的分类

在车间平面布置的基础上,根据用途作出车间面积分类统计。

(1) 生产面积:是指安放设备进行生产所占面积,包括生产设备本身与设备间隔所占的面积,以及通向生产场地的主要通道和进行生产操作的面积,另外包括半成品及成品仓库所占的面积。

(2) 辅助面积:指车间维修设施所占的面积,如机修室、电修室、磨辊室及其所属的仓库等所占之面积。

(3) 服务面积:指生活间及办公室等非生产用房所占的面积。

车间面积可以按生产面积、辅助面积以及服务面积进行统计。

B 车间平面尺寸确定

跨度是指车间横向上两柱中心线间的距离,实际上是一跨厂房的宽度。跨度又称跨距。工艺设计中可根据生产实际需要选择跨度与跨数。跨度标准详见本书厂房设计一章。

(1) 柱距:指相邻两立柱间的中心距离,常采用标准柱距,当设备放不下或有其他特殊情况时,也可以采用部分特殊的柱距。

(2) 长度:车间的长度决定于全车间的总占地面积,同时考虑全厂的整个布局。车间长度的确定还要考虑工艺的要求。

8.1.3.2 车间工艺平面布置图的绘制

车间工艺平面布置图是施工设计与建筑设计的依据。工艺设计者必须在确定设备平面布置的基础上,绘制出车间工艺平面布置图。

工艺平面布置图的画法如下所述。

A 图纸幅面

图纸规格如表8-9所示。

表 8-9　图纸规格表

<table>
<tr><th rowspan="2">基本幅面代号</th><th colspan="5">图纸规格/mm</th><th rowspan="2">图　　例</th></tr>
<tr><th>0 号</th><th>1 号</th><th>2 号</th><th>3 号</th><th>4 号</th></tr>
<tr><td>B</td><td>841</td><td>594</td><td>420</td><td>397</td><td>210</td><td rowspan="4">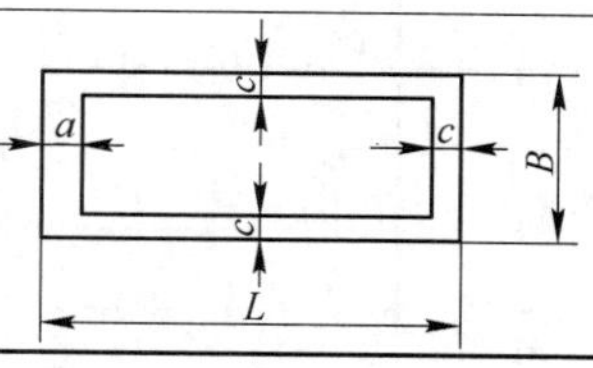</td></tr>
<tr><td>L</td><td>1189</td><td>841</td><td>594</td><td>420</td><td>297</td></tr>
<tr><td>c</td><td>10</td><td>10</td><td>10</td><td>5</td><td>5</td></tr>
<tr><td>a</td><td>25</td><td>25</td><td>25</td><td>25</td><td>25</td></tr>
</table>

当图纸规格需要加宽加长时，允许加长 1 ~ 3 号图纸，0 号图纸只能加长长边。加长部分的尺寸应为边长的 1/8 及其倍数，4 号图纸不得加长。

B　图面的一般规定

(1) 图的比例。高阶段设计（包括初步设计、技术设计）的图纸采用 1∶100、1∶200、1∶300、1∶400、1∶500；施工设计的工艺平面图采用 1∶100、1∶200、1∶400；设备安装图和设备基础条件图采用 1∶10、1∶20、1∶50。

(2) 图标。图标形式如表 8-10 所示。

表 8-10　图标形式

<table>
<tr><td colspan="3" rowspan="2">设 计 单 位</td><td colspan="2">工 程 名 称</td></tr>
<tr><td colspan="2">子 项 名 称</td></tr>
<tr><td></td><td></td><td rowspan="7">图　名</td><td>设计阶段</td><td></td></tr>
<tr><td></td><td></td><td>比　例</td><td></td></tr>
<tr><td></td><td></td><td>图纸规格</td><td></td></tr>
<tr><td>组　长</td><td></td><td>日　期</td><td></td></tr>
<tr><td>审　核</td><td></td><td colspan="2" rowspan="3">（图　号）</td></tr>
<tr><td>设　计</td><td></td></tr>
<tr><td>插　图</td><td></td></tr>
</table>

工程名称区填写的内容对于施工图，横线上填工程名称（如 × × × 轧钢厂）而不填工程代号，横线下填子项名称（如 × × 车间）；对高阶段设计图纸，则只填工程名称，不填子项名称（不画横线）。图名区填写的内容对于施工图，只填图名而冠以子项名称。

对于高阶段设计图纸，由于工程名称区无子项名称，故图名应冠以子项名称。

(3) 设备表。设备表采用连续标号自下而上分类（工艺生产设备、机修设备、台柜、起重运输设备……）填写，如表 8-11 所示。工艺生产设备从标号 1 开始，无分类标题，其余均应有分类标题。起重运输设备的标号用罗马数字另行编号。

试验室的台柜视同仪器、设备归类填写（只适应于内部条件图，成品图设备表中不填台柜表）。

设备在平面布置图中的编号应尽量按工艺流程编号，一般按从左至右，自下而上编号，适当考虑美观。一个机列编一个号，机列组成设备编分号（如 1-1、1-2）。指导线应自设备轮廓线内引出，指引线之间不能交叉，但几个编号可共用一指引线。

表 8-11 设备表

9							
	起重运输设备						
8							
7							
	台 柜						
6							
5							
4							
	机 修 设 备						
3							
2							
1							
标 号	名 称	技术性能	数 量	个重	总重	制造厂或图号	备 注
				重量/kg			

(4) 厂房柱网表示方法:

1) 车间轮廓线用细实线和粗实线之间的线表示;

2) 表示柱号和跨度代号的圆圈直径为 8 ~ 12mm,柱子用实线“ + ”表示;

3) 柱号的标注要从左到右,以阿拉伯数字 1、2、3……排序,并且写在图的下方或左侧;

4) 跨度的标注要从下到上以拼音字母依次表示如 A、B、C……,但 I、O、Z 三个字母不得用作轴线编号,柱列轴线号一般以标注在图的左侧或下方为宜,必要时可上下左右标注;

5) 起重运输设备的轨道一律用单画线表示,柱列轴线、柱子的编号及尺寸的注法,如图 8-4 所示;施工图厂房轮廓应根据土建返回条件画出,以土建为准;

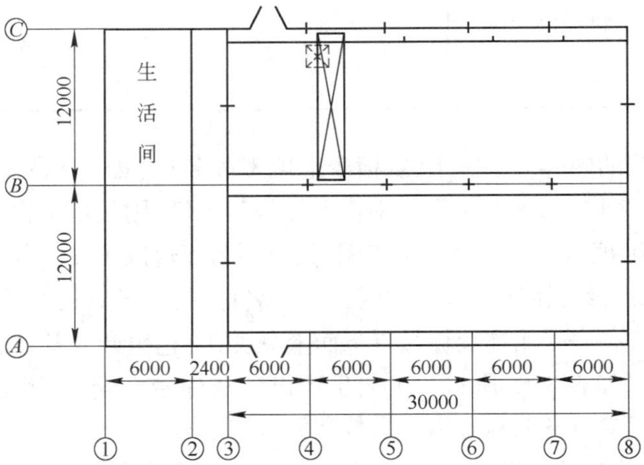

图 8-4 车间轮廓的画法及尺寸的标注

6) 多层厂房的平面布置图。各层平面布置图应尽可能布置在同一张图纸上,并应自下而上布置,柱号只标一层,其余各层不标,如图 8-5 所示;若各层平面布置图以左右布置,则应从左至右按层次布置,且各层均应标出柱号、车间生活间或工艺用房,绘出所用房的楼层平面布置图，否则只绘一层平面；

7）生产设备的画法及尺寸标注：

① 生产设备一律采用准确的形象图表示，设备轮廓要用粗实线画出；

② 固定设备的移动部分，要以双点画线画出其移动范围；

③ 设备坐标尺寸，原则上应以设备中心线进行标注，若中心线不好找出时，允许找一个基准面标注，车床可以用某个地脚螺栓来定位；

④ 设备坐标尺寸若以墙为基准面时，尺寸线要标注在内墙上而不要标注在墙中心；若设备以柱子为基准面标注时，尺寸线标在柱中心线上。

8.1.3.3 施工设计工艺平面布置图规定

初步设计的工艺平面布置图上的设备不标注坐标尺寸，而且不画车间剖面图。其他均按图面的一般规定画，而施工设计工艺平面布置图画法还另有规定。

（1）内部条件用图的厂房轮廓和柱子按一般规定画。

（2）火车、电动平板车、过跨小车等标出中心线与相邻柱列线或柱子中心线的距离，同时还要标出轨道末端与邻近柱子中心线或柱列线的距离。

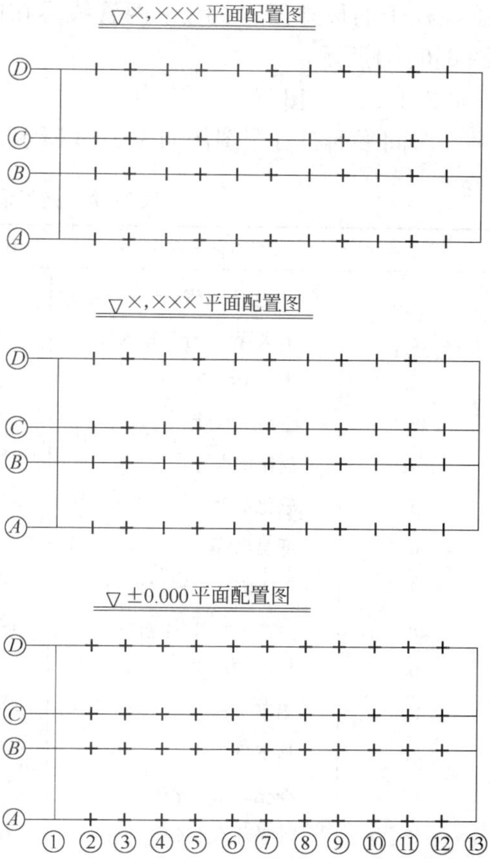

图 8-5 多层厂房的平面布置图

（3）车间内如有特高、特深设备时，应画出车间剖面图，并标明吊车轨顶标高、车间地坪标高、地坑底部标高、炉台操作台标高等。

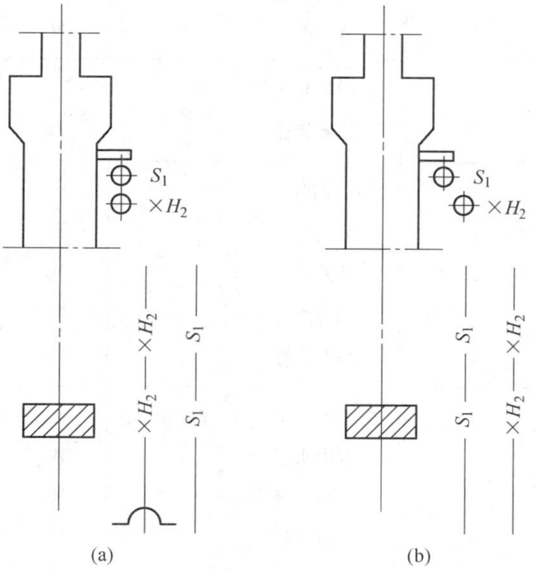

图 8-6 管线表示法

（4）对复杂工程，在施工设计中会提前根据各专业所提条件绘制车间综合管网平面图与必要的剖面图。其表示方法如下：

1）设备、厂房、建筑物等外形轮廓用细线画出（地面以上部分画实线，地面以下部分画虚线），与管网无关的设备、建筑物等可以省略；

2）输送各种液体与气体的主干管路，一律以单线表示，其布置与各专业平面图一致，用粗实线表示；为区别管路种类，在线的中间注上代号，常用管路代号如表 8-12 所示；

3）在同一垂直平面与不同一垂直平面上的管线表示方法，当上、下两管线在同一垂直面上时，如图 8-6（a）所示，下面的管线 $\times H_2$ 画在平面图的比例位置，而上面的管道 S_1 则画在柱子的最外面；当上、下两管线不在同一垂直面上时，则按与柱子的相对位置绘制，如图 8-6(b) 所示。

8.1.3.4 图例

车间平面布置图图例如表 8-13 所示；车间平面布置图举例如图 8-7 ~ 图 8-13 所示。

表 8-12 施工设计综合管网常用管路代号

序 号	管路种类和名称	代号
	（一）上下水管	
1	上水管（不分管型的）	S
2	生产上水管	S_1
3	生活上水管	S_3
4	高压供水管	S_7
5	软化水管	S_8
6	低温水管	S_{10}
7	下水管（不分类型的）	X
8	生产下水管（自流）	X_1
9	生活下水管（自流）	X_3
10	雨下水管	X_{10}
11	地下排水管	X_{11}
12	净循环水上水管	XH_1
13	浊循环水上水管	XH_2
14	净回水管（自流）	XH_3
15	净回水管（压力）	XH_4
16	浊回水管（自流）	XH_5
17	浊回水管（压力）	XH_6
18	再次利用上水管	XH_7
19	循环冷水管（自流）	XH_8
20	循环冷水管（压力）	XH_9
	（二）热水管、凝结水管	
1	生产热水管（循环自流）	R_1
2	生产热水管（循环压力）	R_2
3	生活热水管	R_3
4	热水回水管	R_4
5	采暖温水送水管	R_5
6	采暖温水送回管	R_6
7	凝结水管	N_1
8	凝结回水管（自流）	N_2
	（三）蒸汽管	
1	蒸汽管	Z
	（四）煤气管	
1	发生炉热煤气管	M_3
2	发生炉冷煤气管	M_4
3	混合煤气管	M_7
4	天然煤气管	M_8
	（五）压缩空气管	
1	压缩空气管	YS_1
	（六）保护气体管	
1	氯气管	DQ
2	氢气管	QQ
3	氩气管	YQ
4	氨气管	AQ
5	二氧化碳气管	E
	（七）通风管	
1	通风管	TF
	（八）乳化剂管	
1	乳化剂管	H
	（九）油管	
1	柴油管	Y_6
2	重油管	Y_9
3	润滑油管	Y_{11}
4	润滑油管	Y_{17}
	（十）化工管	
1	含酚水管	H_1
2	含酸水管	H_3
3	含碱水管	H_5
4	含酸碱水管	H_9

表 8-13 一般图例

序 号	名 称	图 例	说 明
1	土 壤	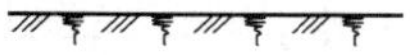	
2	坑 槽	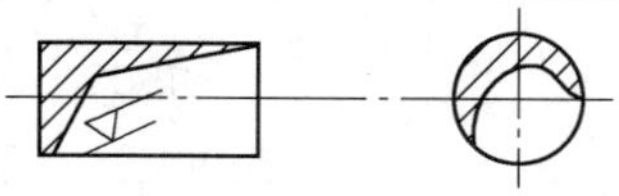	
3	单扇门		
4	双扇门		
5	单扇双面弹簧门	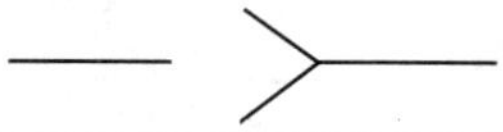	
6	双扇双面弹簧门		
7	轨 道	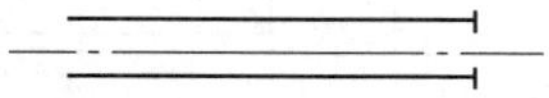	用粗实线表示
8	起重运输机轨道		用单点划线表示
9	露天堆场	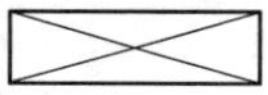	用细实线表示
10	电阻炉 加热炉 退火炉 淬火炉	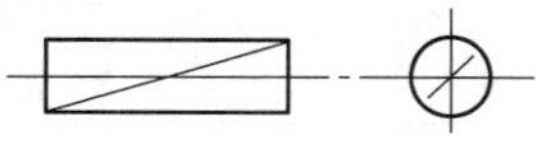	斜线用细实线
11	烟 囱		用细实线表示
12	长坡道	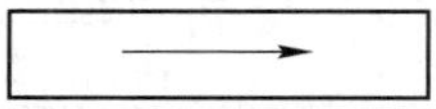	用细实线表示
13	钢筋混凝土		用细实线表示
14	金属栏杆		用细实线表示
15	隔 墙	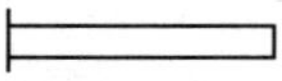	用细实线表示
16	底层楼梯	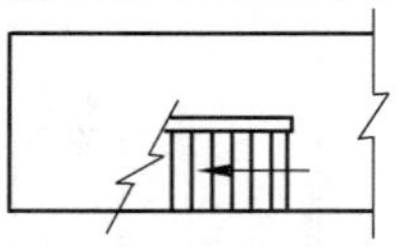	用细实线表示
17	中间层楼梯	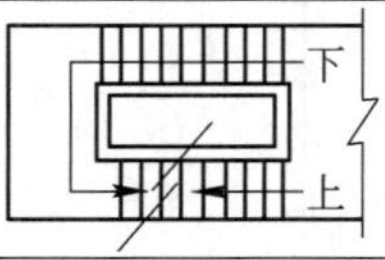	用细实线表示
18	顶层楼梯	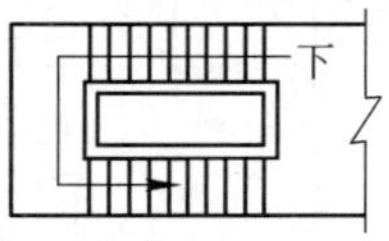	用细实线表示
19	设备编号线	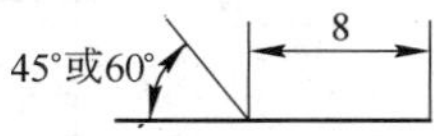	指引线用细实线 标号线用粗实线

续表 8-13

序号	名称	图例	说明
20	相对标高	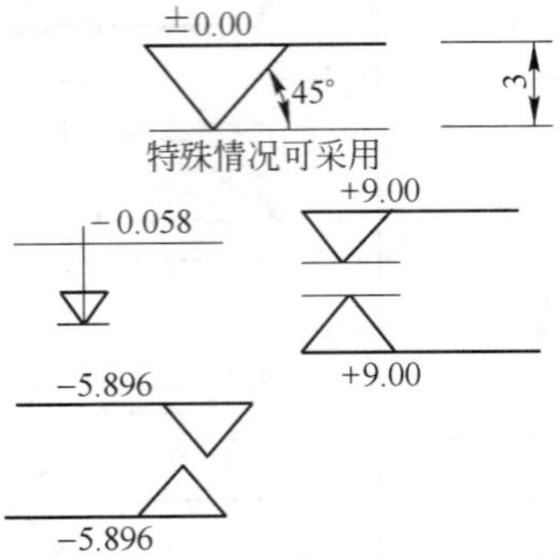	用细实线表示
21	敞　棚	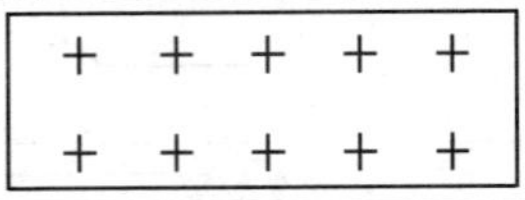	用细实线表示，柱用粗实线表示
22	计划扩建的预留地		用细虚线表示
23	双人钳工台	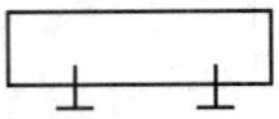	用粗实线表示
24	单人钳工台	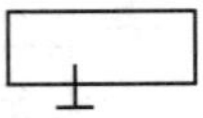	用粗实线表示
25	单相插座		用细实线
26	三相插座		用细实线
27	传递窗口	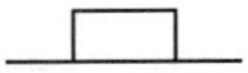	用细实线
28	金属网隔断	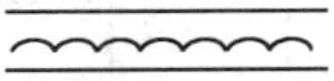	用细实线
29	保留的原有建筑物	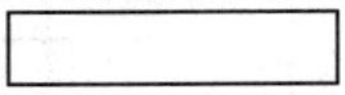	用细实线
30	平面剖示线 剖面表示	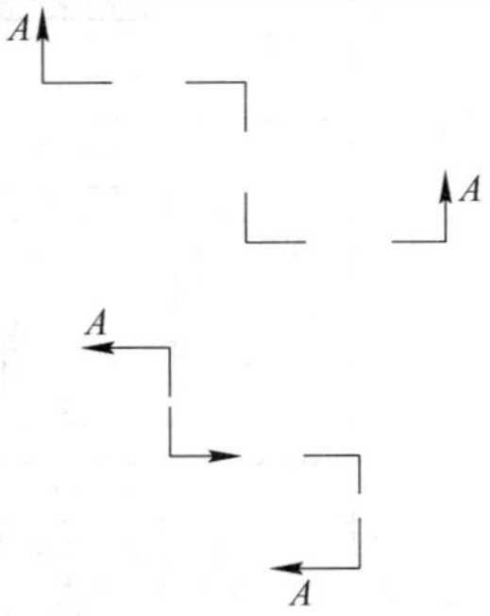 *A*—*A* M 1∶100	剖面代号用拼音字母表示 比例用 M 代替，如 M1∶100 等
31	通风橱	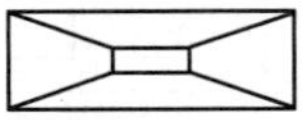	用细实线表示
32	木质工作台	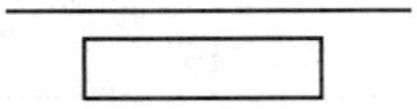	用细实线表示

续表 8-13

序 号	名 称	图 例	说 明
33	水泥工作台	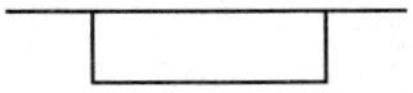	用细实线表示
34	盖 板		
35	入口坡道	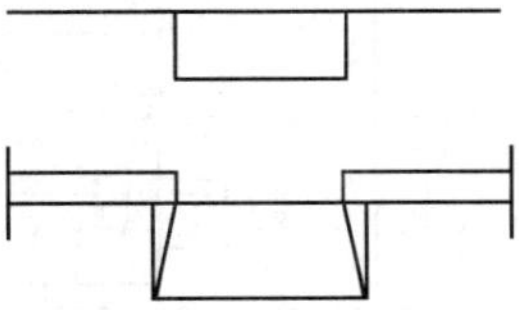	墙用中粗线其余用细线
36	布		用细实线表示
37	单梁吊车	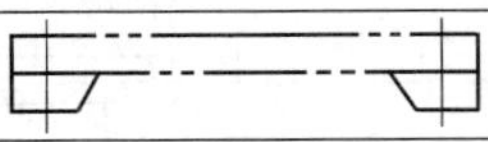	用双点划线表示
38	桥式吊车	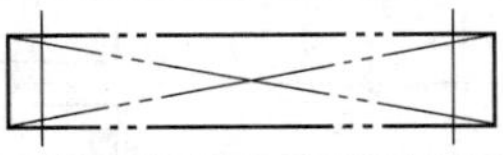	用双点划线表示
39	加料吊车	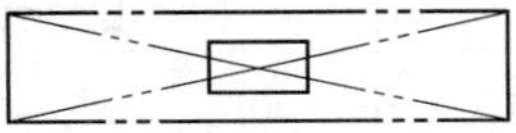	用双点划线表示
40	旋转式吊车	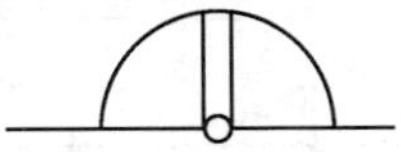	用粗实线表示
41	悬臂吊车	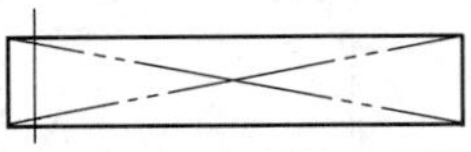	用双点划线表示
42	运输小车 平板车		用粗实线表示
43	封闭式电梯	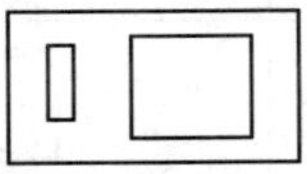	墙用中粗线,电梯用粗实线
44	网封式电梯	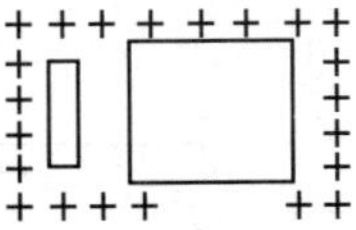	用粗实线表示
45	洗脸盆		水龙头的数量和位置 按实际情况绘制
46	立式洗脸盆	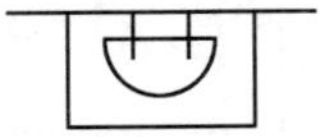	水龙头的数量和位置 按实际情况绘制
47	化验盆 洗涤槽	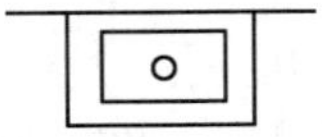	水龙头的数量和位置 按实际情况绘制
48	地 漏		用细实线表示
49	污水池		用细实线表示

续表 8-13

序 号	名 称	图 例	说 明
50	临时冷却用给排水点		用细实线表示
51	通风柜	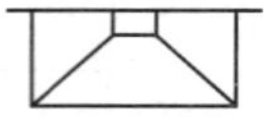	用细实线表示
52	单面化验台	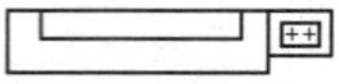	用细实线表示
53	双面化验台	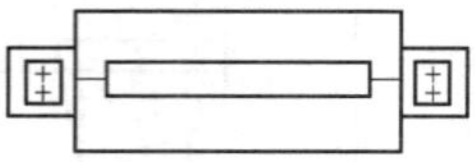	用细实线表示
54	双面化验台(一端靠墙)	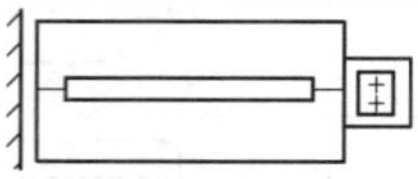	用细实线表示
55	各种工作台	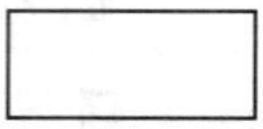	用细实线表示
56	各种柜子	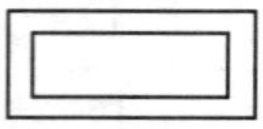	用细实线表示
57	单相备用电源	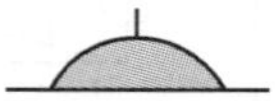	用细实线表示
58	三相备用电源	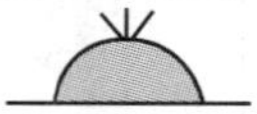	用细实线表示
59	环形加热炉	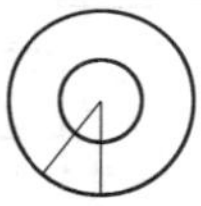	用粗实线表示,供初步设计和内部条件图用
60	车底式退火炉	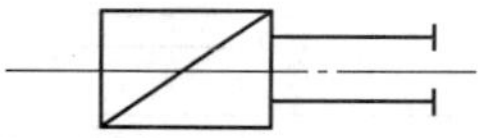	用粗实线表示,供初步设计和内部条件图用
61	升降台	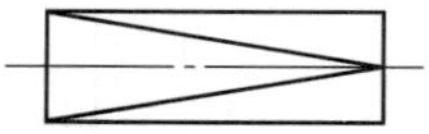	辅助线开口端靠轧机
62	主电机	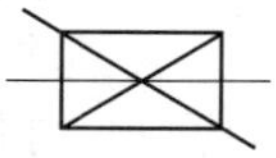	用粗实线表示,供初步设计和内部条件图用
63	侧刀剪	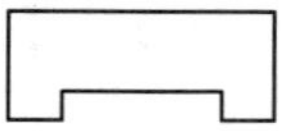	用粗实线表示
64	地 磅	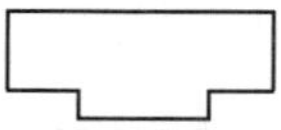	用粗实线表示
65	操纵台	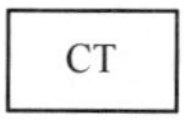	用粗线实表示
66	操作位置		用细实线表示
67	过 桥	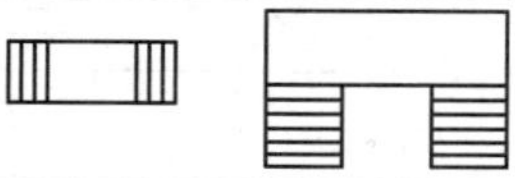	用细实线表示
68	地沟管	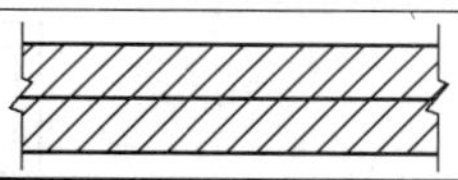	管道用粗实线,地沟用细实线

续表 8-13

序　号	名　称	图　例	说　明
69	埋地管		用中粗虚线表示
70	保温管	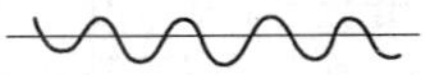	管道用粗实线， 保温层用细实线
71	管路坡度及方向	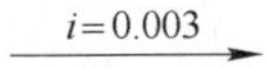	
72	供水点	(S)	圆用细实线表示 字母用$\frac{1}{2}$~$\frac{1}{3}$粗实线表示
73	排水点	(X)	圆用细实线表示 字母用$\frac{1}{2}$~$\frac{1}{3}$粗实线表示
74	用电点	(D)	圆用细实线表示 字母用$\frac{1}{2}$~$\frac{1}{3}$粗实线表示
75	压缩空气点	(YS)	圆用细实线表示 字母用$\frac{1}{2}$~$\frac{1}{3}$粗实线表示
76	燃油点	(Y)	圆用细实线表示 字母用$\frac{1}{2}$~$\frac{1}{3}$粗实线表示
77	煤气点	(M)	圆用细实线表示 字母用$\frac{1}{2}$~$\frac{1}{3}$粗实线表示
78	蒸汽点	(Z)	圆用细实线表示 字母用$\frac{1}{2}$~$\frac{1}{3}$粗实线表示
79	保护性气体	(BQ)	圆用细实线表示 字母用$\frac{1}{2}$~$\frac{1}{3}$粗实线表示
80	氮氯气点	(DL)	圆用细实线表示 字母用$\frac{1}{2}$~$\frac{1}{3}$粗实线表示

8.1.3.5　车间平面布置实例

A　中厚钢板生产车间平面布置

中厚板车间的布置形式有单机座布置、双机座布置和半连续或连续式布置三种。

a　单机座布置的中厚板车间

单机座布置生产是在一架轧机上，由原料一直轧到成品。机座布置的轧机可选用任一种中厚板轧机，目前以四辊可逆式轧机为主，由于粗轧与精轧都在一架轧机上完成，适用于对产量以及表面质量和尺寸精确度要求不高的产品。图 8-7 为单机座 4200mm 厚板车间平面布置简图。

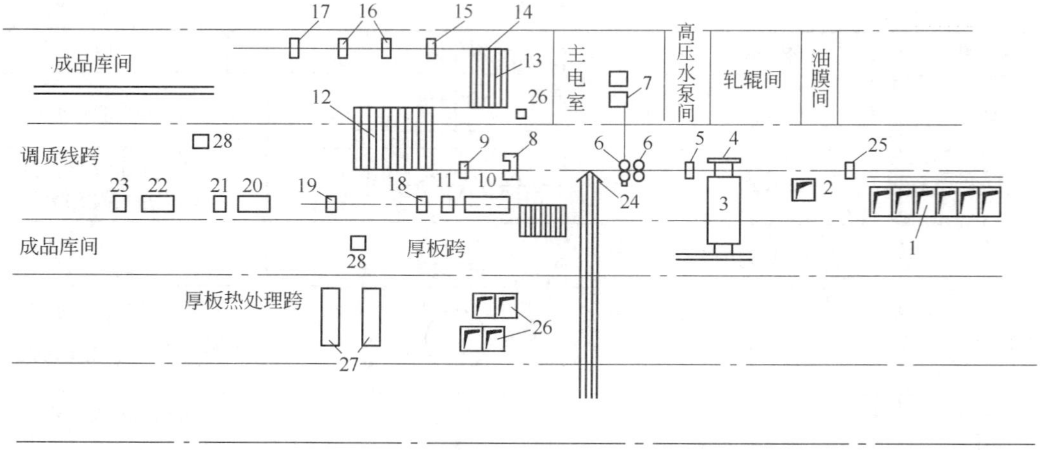

图 8-7 单机厚板车间平面布置简图

1—均热炉;2—车底式炉;3—连续式炉;4—出料机;5—高压除鳞箱;6—万能式钢板轧机;7—发电机-电动机组;8—热剪;9,18—热矫直机;10—常化炉;11—压力淬火机;12—冷床;13—翻板机、检查修磨台;14—辊道;15—双边剪;16—定尺剪;17—打印机;19—冷矫直机;20—淬火炉;21,23—淬火机;22—回火炉;24—收集装置;25—运锭小车;26—缓冷坑;27—外部机械化炉;28—翻板机

b 双机座布置的中厚板车间

双机布置的中厚板车间是把粗轧和精轧分到两个机架上去完成,它不仅产量高,而且产品表面质量、尺寸精度和板形都比较好,还延长了轧辊使用寿命。双机布置中精轧机一律采用四辊轧机以保证产品质量,而粗轧机可分别采用二辊可逆轧机和四辊可逆轧机。

图 8-8 为双机座 2800mm 中厚板车间平面布置图,车间主要生产厚 10 ~ 60mm、宽 1500 ~ 2300mm、长 16m 的碳素钢及合金钢中厚板,年产量 60 万吨。

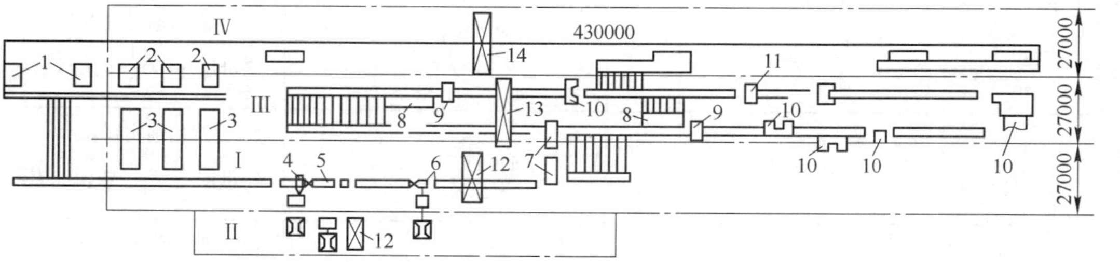

图 8-8 双机座 2800mm 中厚板车间平面布置图

Ⅰ—主跨;Ⅱ—主电室;Ⅲ—精整跨;Ⅳ—成品库;

1—上料装置;2—推钢机;3—加热炉;4—立辊轧机;5—二辊可逆轧机;6—四辊万能轧机;7—矫直机;8—翻板机;9—划线机;10—斜刃剪;11—圆盘剪;12—75/15t 吊车;13—20/15t 吊车;14—15t 吊车

c 连续式、半连续式、3/4 连续式车间布置

连续式是一种多机架布置的生产宽带钢的高效率轧机,也是一种中厚板轧机。因为目前成卷生产的带钢厚度已达 25mm 或以上,这就几乎有中厚钢板可在连轧机上生产,但其宽度一般不大,而且用生产薄规格的昂贵的连轧机生产中厚板是不经济的。一般主要用于宽带钢生产。

B 热带连轧机生产车间平面布置

图 8-9 为 1700mm 热带连轧机生产车间平面布置,用的板坯重量最大为 30t,产品为热轧板卷,其厚度 1.2 ~ 12.7mm,宽度 500 ~ 1350mm。

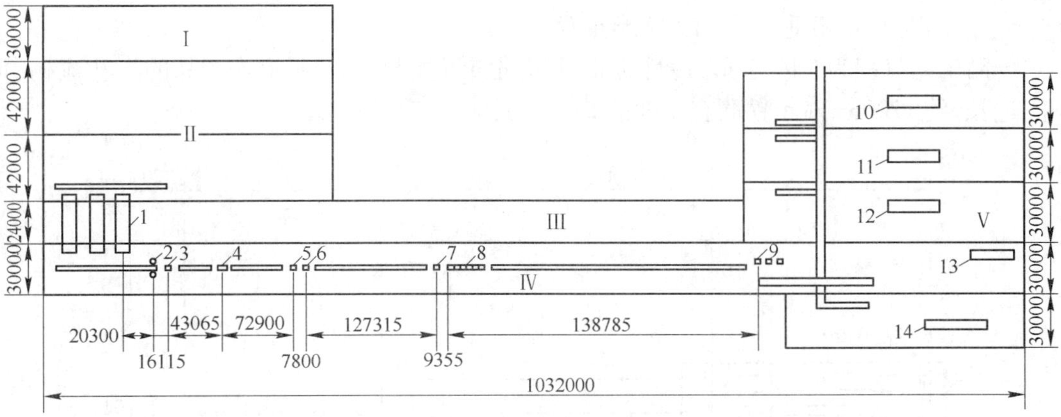

图 8-9　1700 热连轧带钢机组平面布置图

Ⅰ—板坯修磨间；Ⅱ—板坯存放场；Ⅲ—主电室；Ⅳ—主轧跨；Ⅴ—精整车间；

1—加热炉；2—大立辊轧机；3—二辊不可逆式轧机（R_1）；4—四辊可逆式轧机（R_2）；5—四辊轧机（R_2）；

6—四辊轧机（R_4 直流）；7—飞剪；8—精轧机组（$F_1 \sim F_7$）；9—卷取机；10，11，12—横剪机组；

13—平整机；14—纵剪机组

C　冷轧板带钢生产车间平面布置

冷轧板带钢生产的产品品种繁多，工序复杂，因此车间的布置也多种多样，大致可归纳为以下三种。

a　厂房跨间互相平行“Z”字形布置

产品工艺流程呈“Z”字形，冷轧车间的布置如图 8-10 所示，生产过程中，半成品带卷须经专门的过跨设备和经起重机倒吊，增加了运送工作量，且易损伤带卷。

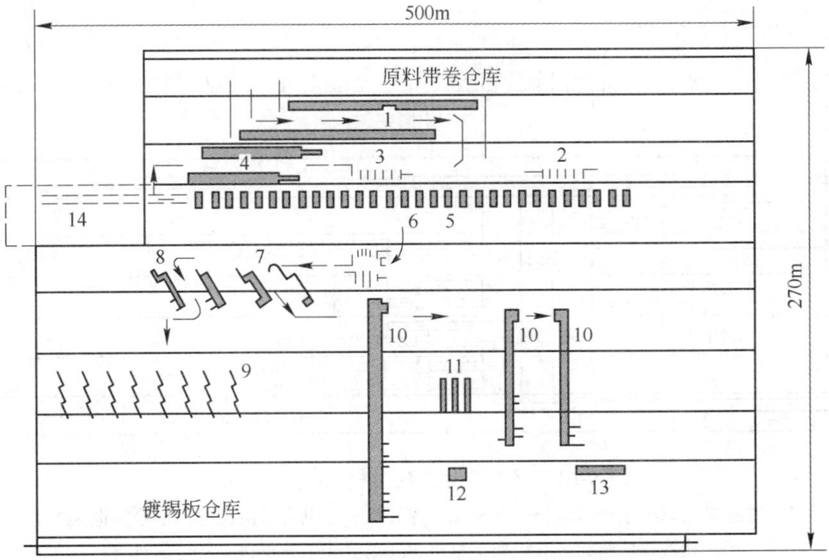

图 8-10　冷轧板带钢生产车间平面布置

1—酸洗机组；2—四机架冷连轧机；3—五机架冷连轧机；4—电解清洗机组；5—罩式退火炉；

6—双机架平整机；7—切边重卷组；8—横切机组；9—热镀锡机组；10—电镀锡机组；

11—薄板检查线；12—翻卷机；13—包装输送机；14—连续退火线

b 厂房跨间互相垂直呈“工”字形布置

产品工艺流程为“工”字形，冷轧板带的车间布置如图 8-11 所示。产品的工艺流畅，但车间过长，约 1200m，对钢铁联合企业的总体不利，所以实例不多。

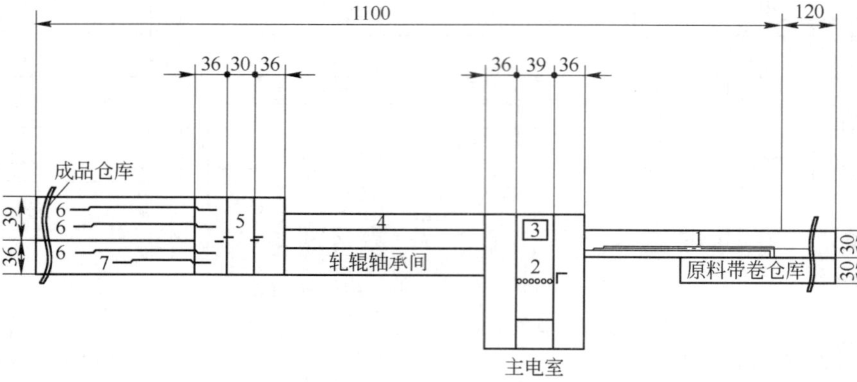

图 8-11 “工”字形工艺流程冷轧车间布置

1—酸洗机组；2—五机架冷连轧机；3—乳化液站；4—罩式退火炉车间；
5—平整机；6—横切机组；7—纵切机组

c 厂房跨间互相垂直“U”字形布置

产品工艺流程为“U”字形，产品生产工艺流程与厂房占地均比较合理，易于做钢铁联合企业的总体布置。图 8-12 为我国武钢冷轧厂的一个布置实例。全连续轧制及连续退火生产线均采用这种形式布置。

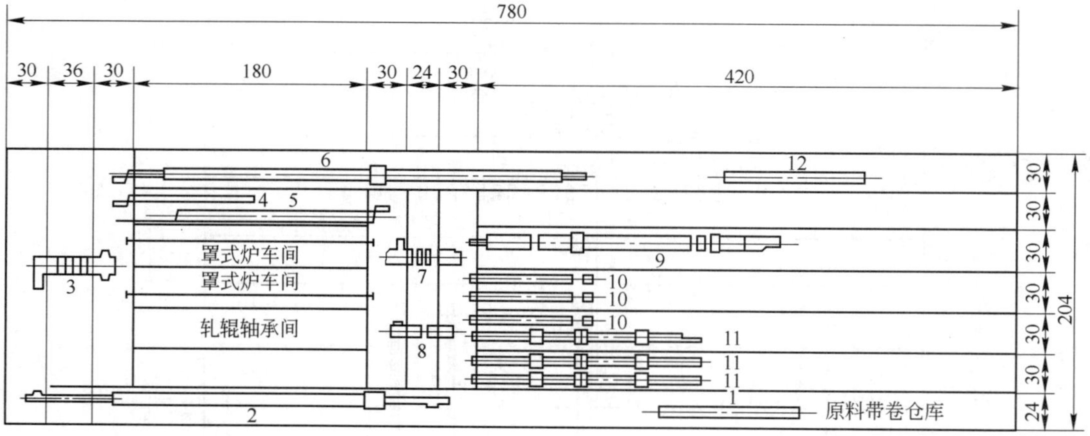

图 8-12 “U”字形工艺流程冷轧车间布置

1—并卷机组；2—酸洗机组；3—五机架冷连轧机；4—电解清洗机组；5—连续退火炉；
6—热镀锌机组；7—双机架平整机；8—单机架平整机；9—电镀锡机组；
10—纵切机组；11—横切机组；12—瓦垄机组

D 钢管、型轧制车间布置

(1) 图 8-13 为 850 二列式轧机生产轨梁钢车间平面布置。

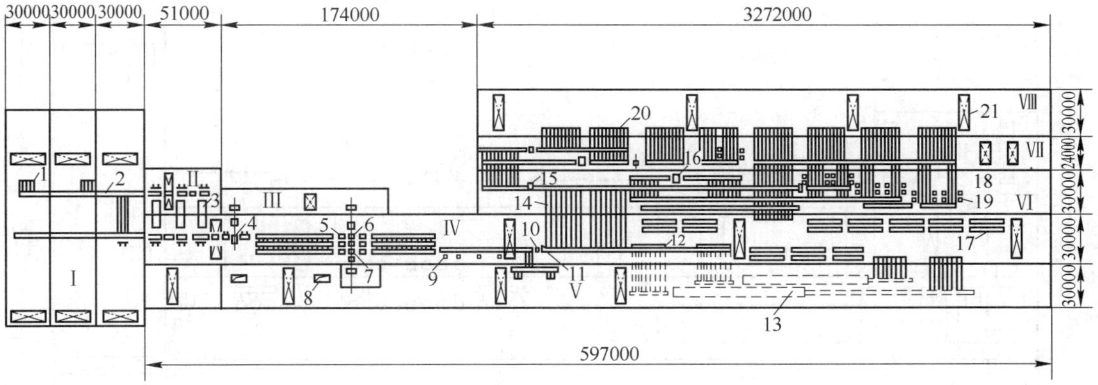

图 8-13　850 二列式轨梁车间平面布置图

Ⅰ—原料跨；Ⅱ—加热炉跨；Ⅲ—主电室；Ⅳ—主轧跨；Ⅴ—方、圆钢跨；Ⅵ—钢轨精轧跨；
Ⅶ—型钢精整跨；Ⅷ—成品库；
1—上料台架；2—运输辊道；3—加热炉；4—粗轧机；5—升降台；6—三辊轧机；7—精轧机；8—铁皮坑；
9—热锯；10—定尺机；11—打印机；12—收集台架；13—热处理炉；14—中央冷却台；15—压力矫直机；
16—辊式矫直机；17—钢轨缓冷机；18—钻眼机；19—铣头机；20—检查台架；21—吊车

（2）图 8-14 为 140 热连轧钢管机组热轧工艺平面布置，该车间主要生产热轧钢管材。

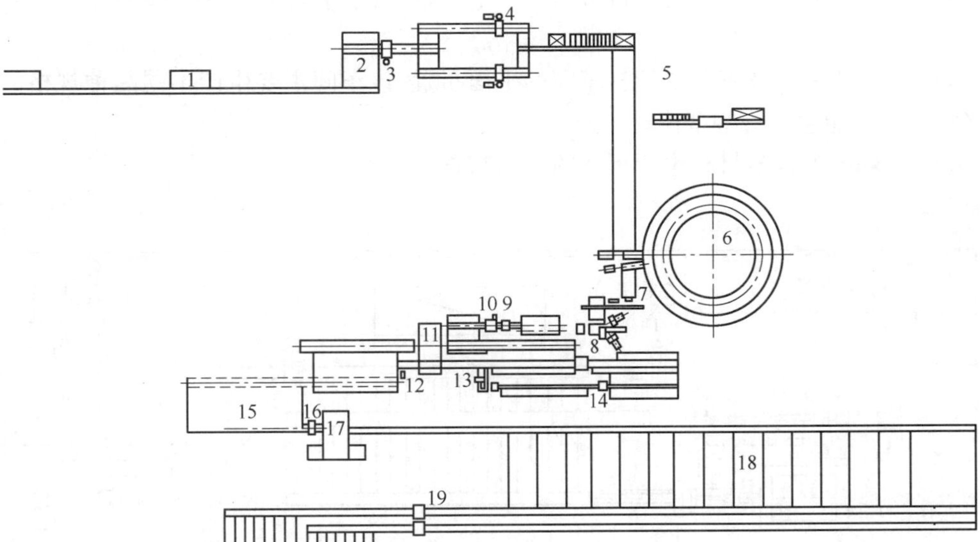

图 8-14　140 热连轧钢管机组热轧工艺平面布置图

1—上料台架；2—磅秤；3—管坯测长装置；4—火焰切割机；5—管坯剥皮机；6—环形加热炉；
7—定心机；8—穿孔机；9—空心坯除鳞装置；10—空心坯减径机；11—连轧管机；
12—荒管切头机；13—脱棒机；14—枕棒机；15—再加热炉；16—张力减径机前除鳞装置；
17—张力减径机；18—冷床；19—冷锯；20—收集柜

（3）图 8-15 为 260 半连式小型轧钢平面布置。

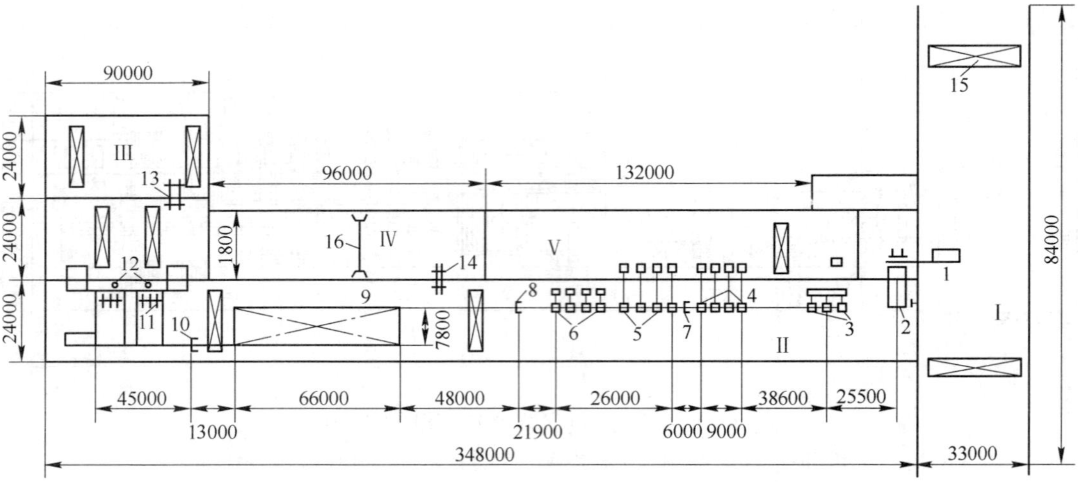

图 8-15 260 半连式小型轧钢平面布置图

Ⅰ—原料跨；Ⅱ—主轧跨；Ⅲ—成品库；Ⅳ—机修间；Ⅴ—主电室；

1—上料台架；2—加热炉；3—精轧机组；4——中轧机组；5—二中轧机组；6—精轧机组；

7—中间剪；8—成品飞剪；9—冷床；10—冷剪；11，12—打包机；

13，14—过跨小车；15—吊车；16—起重机

（4）图 8-16 为铝合金建筑型材挤压车间平面布置，该车间主要生产 6063 铝合金建筑型材。

（5）图 8-17 为铜及铜合金管材车间的平面布置，该车间主要生产不同品种规格的铜及铜合金管材，也能生产一些型棒材。

（6）图 8-18 为合金材料生产车间的平面布置。

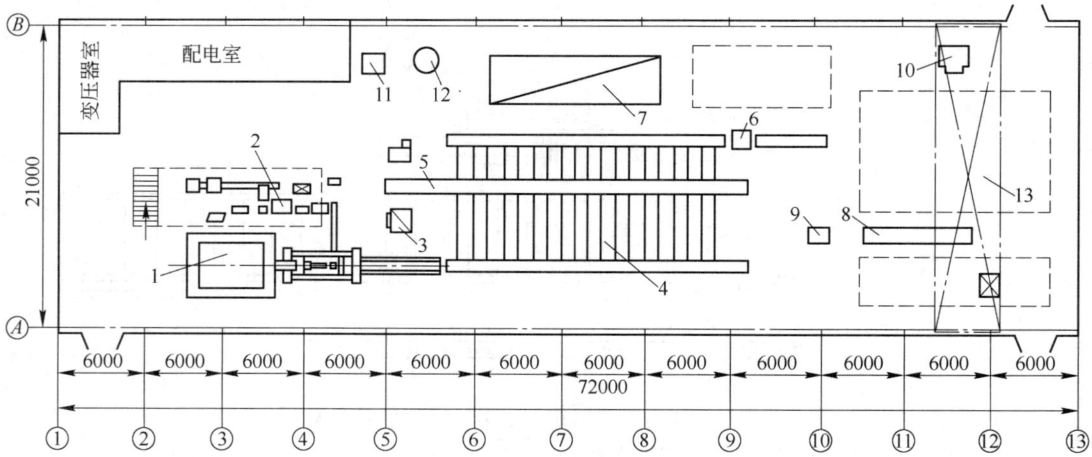

图 8-16 铝合金建筑型材挤压车间平面布置图

1—16000kN 卧式双动油压挤压机；2—500kW 感应加热炉；3—模具加热炉；4—冷床（宽 8m，长 21m）；5—50kN 张力矫直机；6—ϕ350mm 锯；7—人工时效炉；

8—检查平台（800mm×8200mm）；9—ϕ400mm 圆锯；10—地中衡；

11—空气压缩机；12—挤压筒衬套更换台架；13—吊车（50kN）

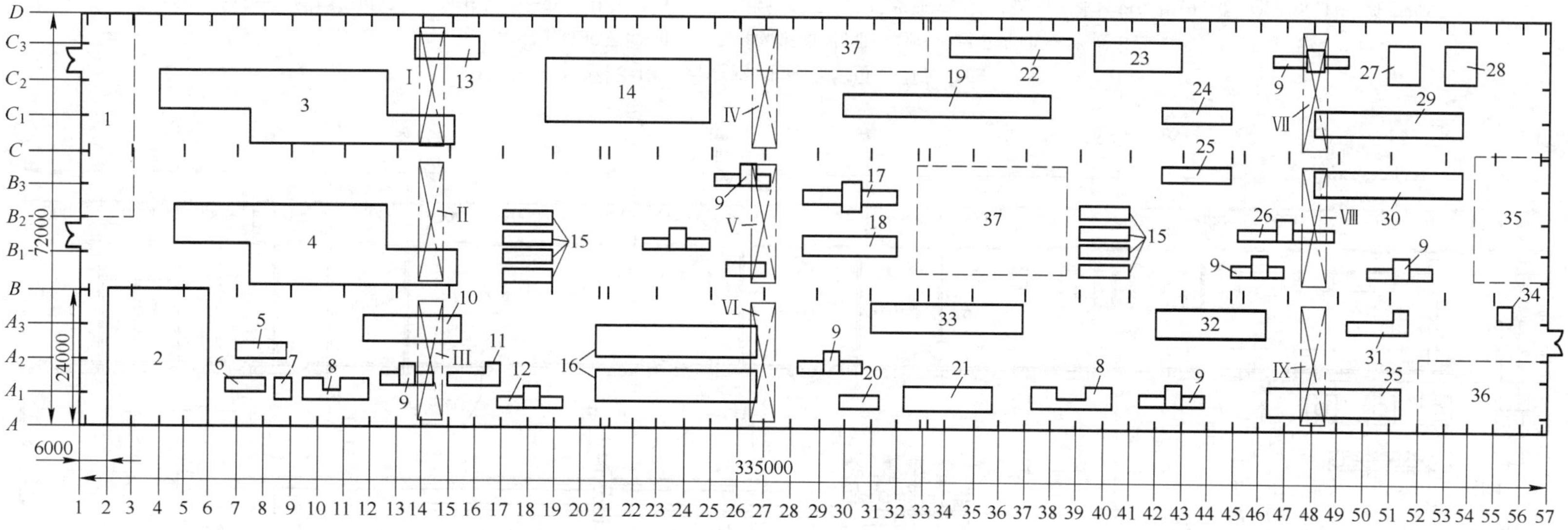

图 8-17　铜及铜合金管材车间的平面布置图

Ⅰ ~ Ⅸ—电动桥式吊车；

1—铸锭存放库；2—高压水泵站；3—31500kN 卧式水压机；4—16000kN 卧式水压机；5—自动车床；6—ϕ710mm 圆盘锯；7—普通车床；8—辊式矫直机；9—ϕ350mm 圆锯床；10—冷轧管机；11—自动切管机；12—圆心磨床；13—辊式矫直机；14—500kN 三线拉管机；15—酸洗装置；16—冷轧管机；17—液压矫直机；18—管材退火炉；19—150kN 三线拉管机；20—管材锻头机；21—30kN 三线拉管机；22—ϕ20 ~ 75mm 管材精整机列；23—ϕ10 ~ 144mm 管材液压试验；24—BCTl/500 卷筒拉拔机；25—DCTl/1000 卷筒拉拔机；26—ϕ5 ~ 20mm 管材液压试验机；27—ϕ30mm 以上管材检查仪；28—ϕ5 ~ 30mm 管材检查区；29—ϕ5 ~ 12mm 管材精整机列；30—ϕ10 ~ 30mm 管材精整机列；31—偏心压力机；32—ϕ5 ~ 30mm 管精整机列；33—ϕ4 ~ 9mm 管材矫直机；34—字盘秤；35—管材检查区；36—成品库；37—中间料场

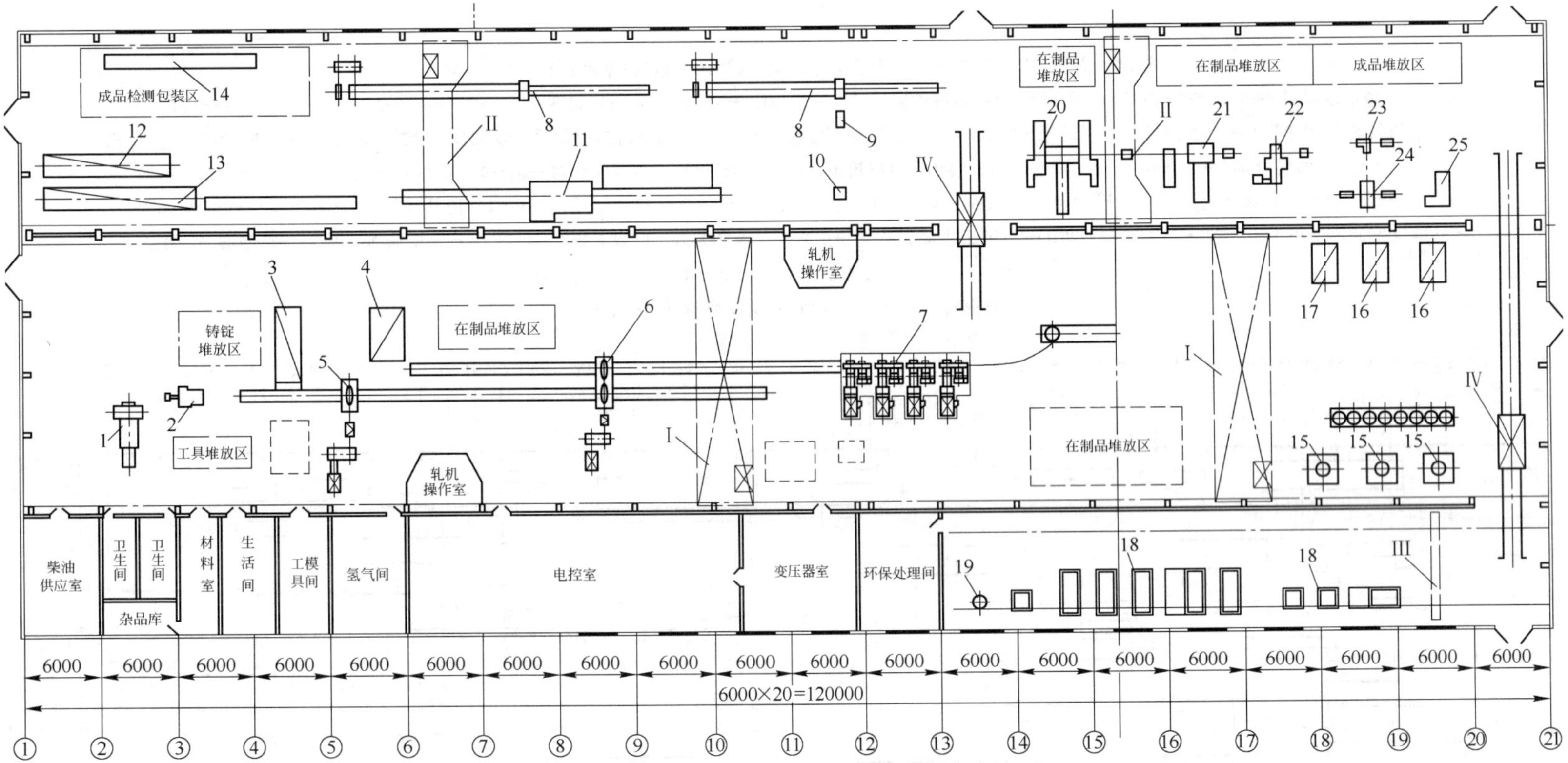

图 8-18　合金材料生产车间平面布置图

Ⅰ—电动双梁桥式吊车；Ⅱ—电动单梁起重机；Ⅲ—悬挂式起重机；Ⅳ—平板车；

1—空气锤；2—无轨操作机；3，4—加热炉；5—热轧开坯机；6—三、二热轧机；7—八机架平立辊连轧机；8—棒材热轧机；9，10—碾头机；11—矫直机；12—时效炉；13—固熔热处理炉；14—超声波探伤水槽；15—井式退火炉；16—箱式退火炉；17—真空炉；18—酸洗槽组；19—碱煮炉；20，21—四辊冷轧机；22—二辊冷轧机；23—大圆盘剪；24—小圆盘剪；25—剪板机

8.2　车间立面尺寸

车间立面布置就是根据生产工艺的要求,确定车间的工艺高度和所有设备工作面的高度,为建筑设计者所进行的厂房剖面、立面设计提供参数。

8.2.1　车间工艺高度的确定

工艺高度(吊车轨面标高)是地面(±0.000)至吊车轨道面的距离。影响工艺高度的因素很多,主要是由设备高度、操作和检修所需的空间、吊车类型及被吊物件尺寸等所决定。

当吊车吊运物件时,需要跨越的最高设备的高度已知时,可按下面的关系式确定工艺高度(图8-19)。

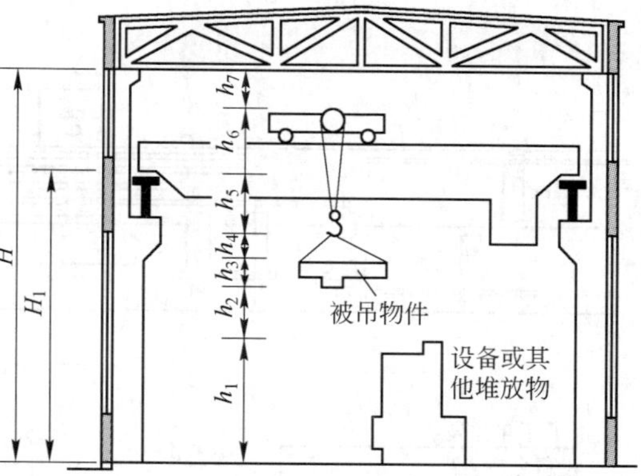

图8-19　厂房剖面高度示意图

$$H_1 = h_1 + h_2 + h_3 + h_4 + h_5 \quad (8\text{-}5)$$

式中　h_1——吊车行走范围内最高设备(或堆放物、分隔墙等)自地坪算起的高度;m;

h_2——被吊物件与其下面最高设备的安全距离,一般可取0.4~0.5m;

h_3——被吊最大物件的高度,m;

h_4——吊运工具高度,m;

h_5——吊钩极限位置至轨面的距离,m。

当车间工艺高度确定后,就可以计算出屋架下弦底面标高即厂房剖面高度

$$H = H_1 + h_6 + h_7 \quad (8\text{-}6)$$

式中　h_6——轨顶面至起重小车最高顶面的尺寸,亦可由吊车规格表中查得,m;

h_7——屋架下弦与起重小车之间考虑受结构挠度及沉降影响的安全间隙,一般为100~300mm。

根据一般厂房设计的经验,在确定厂房剖面高度时,要注意下列几点:

(1) 一般冷加工车间可按式(8-6)计算;

(2) 在热加工车间中,组织自然通风常是考虑厂房剖面高度的重要因素;

(3)"技术先进,经济合理"的原则,对确定厂房剖面高度,同样具有重要意义,因为每减少10mm的高度,都意味着节约建筑材料和劳动力;

(4) 既要满足生产使用要求,力求经济合理;又要考虑改善劳动条件的要求。

按建筑统一的规定来确定压力加工车间工艺高度。轧钢车间中通常是以均热炉跨和厚板车间的轧钢跨的高度为最大,工艺高度可以达到16m以上。初轧车间以及较多的轧钢车间的成品跨间工艺高度一般为12m。中型轧钢车间轨面工艺高度一般为8m,而小型轧钢车间轨面标高可取为6m。有色金属压力加工车间的工艺高度一般为6~10m。

8.2.2　车间设备标高

设备标高是指设备工作面高度,它主要决定于:

(1) 工艺上要求,如无缝管车间,由于靠钢管自由滚动运输,每个设备标高都不相同;

(2) 设备主要部件的维护、检查及检修方便,如辊道一般高出车间地面,这是为了检修方便;

(3) 人身的平均高度,考虑工作人员有良好的工作条件。

图 8-20 为车间设备标高之例。

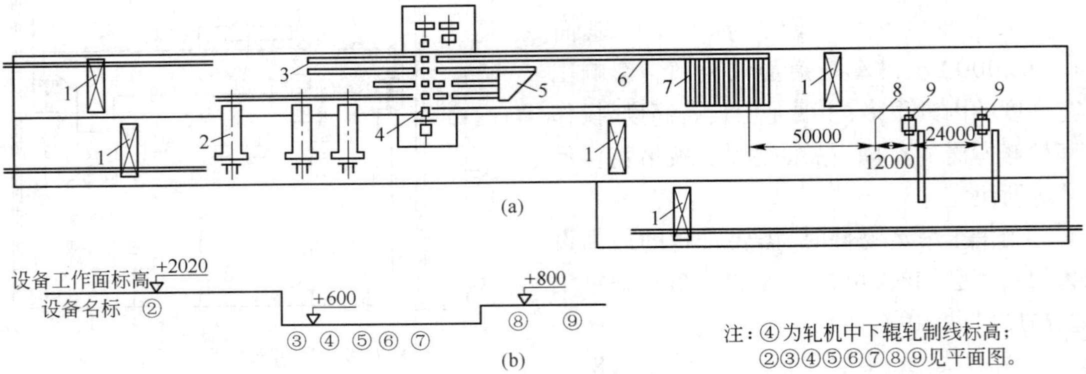

图 8-20 车间设备标高图

(a) 轧钢车间平面布置图;(b) 轧钢车间设备标高图

1—吊车;2—连续式加热炉;3—轧机前后延伸工作辊道;4—φ580mm 轧机;5—升降台;6—热锯机;7—冷床;8—冷剪机;9—辊式矫直机

练 习 题

8-1 叙述车间平面布置的原则,加工车间有几种布置形式。

8-2 车间的跨度为 18m,采用 15t 吊车,那么吊车轨距应选择多大合适?

8-3 操纵台、工艺润滑站、变电站放在车间什么位置合适?

8-4 任选一个车间,画出车间平面布置图。

8-5 车间内最高的设备为 3m,试确定吊车的轨顶标高。

8-6 根据什么原则确定车间设备标高?

9 劳动组织与技术经济指标

9.1 车间劳动组织

车间劳动组织，一般指的是在生产劳动过程中科学地组织人们进行劳动，合理使用劳动力，处理好工人与领导之间、工人与工人之间、工人与劳动对象之间、工人与劳动手段之间的关系，使其成为一个协调的统一整体。加强和改善劳动组织的目的是充分发挥劳动者的积极性，尽可能节约劳动时间，获得较高的劳动生产率，确保生产任务的完成。作好劳动组织工作，涉及的问题很多，但从车间设计工作来说主要是确定劳动定额、劳动定员与设置车间管理组织机构。

9.1.1 劳动定额

劳动定额是指在一定的生产技术和组织条件下，生产一定产品或完成一定工作所规定的劳动量标准，它是车间劳动定员的基础。劳动定额有三种形式：

(1) 工时定额，指完成单位产品所必须消耗的工时；

(2) 产量定额，指工人在单位时间内应完成的产品数量，工时定额与产量定额互为倒数，工时定额是计算基础，产量定额是根据工时定额计算出来的；

(3)看管定额，指一个(或一组)工人，同时看管的设备数量或看管操作岗位的数目。

制订劳动定额的方法有：

(1)统一分析法，在生产同类产品或者大体相同的产品时，参考过去的工时统计资料，分析当前生产条件的变化，结合现实的生产组织制订定额；

(2)经验估算法，按照工艺规程和技术文件的要求，以及考虑所使用的设备、工具和其他生产条件，直接估算出时间消耗量。

9.1.2 车间劳动定员

劳动定员是指根据产品方案和生产规模，规定必须配备具备一定质量(或等级)的各类人员的数量标准。要求在保证生产需要的前提下，合理使用劳动力。

A 车间人员组成

车间工作人员包括：

(1) 生产工人，即直接参加整个生产工艺过程各工序的生产者，如熔铸工、加热工、压延工、剪切工、检验工等；

(2) 辅助工人，即参加辅助工序生产的工人，如乳液工、运输工、修理工、仓库保管工等；

(3) 勤杂工人，如传达室工人、清洁工等；

(4) 行政管理及技术人员。

B 确定各类人员数量的原则

车间人员可分为直接生产人员和非直接生产人员两大类。直接生产人员是指生产工人和直接从事生产技术工作的人员；非直接生产人员是指保证车间生产经营活动正常进行的人员，一般指管理人员和服务人员。

确定各类人员数量的原则是从实际出发，保证正常生产和工作的需要，合理安排生产人员和非直接生产人员的比例关系；对行政管理人员和技术人员要本着精兵简政的原则加以确定。

C 确定各类人员数量的方法

对于车间行政管理及技术人员要按组织机构、职责范围和业务分工，根据生产规模大小定员。

对于车间服务人员（勤杂工）可根据车间职工总数参照同类车间的比例确定。

对于生产工人可按前述定额计算方法采用下列计算公式计算：

$$Q = \frac{W}{T} \tag{9-1}$$

$$A = B \cdot n \cdot Q' \cdot K \tag{9-2}$$

式中 Q——轮班数目的理论计算值；

W——设备完成年计划产量所需的台时数；

T——该组设备按一班工作时的实际工作台时总数；

A——实际需要工人数量；

B——每台设备的看管定额；

n——该组同类设备的数量；

Q'——实际采用的轮班数目；

K——在册人员系数，可取 $K = 1.06$，参见表 9-1。

表 9-1 人员及设备工时平衡表

项 目	日（时）数方案			
	人 员		设 备	
日历日数	365		365	
周休息日①		104（2×52）		104
节假日		11		11
制度工作日	250		250	
病 假	4			
带薪年休假①	10（平均）			
执行国家义务	1			
有效工作日	235		250	
制度工作日之理论工作时数、有效工作时数	250×8＝2000		按三班工作	
	235×8＝1880		250×8×3＝6000	

①参照国务院令第 174 号，第 514 号。

根据表 9-1 的方案可知，按间歇生产的在册人员系数 $K = \frac{250}{235} \approx 1.06$。

最后将车间劳动定员综合于表9-2中。

表9-2　车间劳动定员综合表

人员类别	序号	机组名称或职称	人员定额	该机组用于计划年产量所需的台时	采用生产班数	各班定员数						替休人数		总　计		在册人数
						第一班		第二班		第三班						
						男	女	男	女	男	女	男	女	男	女	
生产工人	1	供锭														
	2	加热														
	3	热轧														
	4	铣面														
	⋮	⋮														
	小计															
辅助工人	1	天车工														
	2	机修														
	3	电工														
	4	仪表工														
	⋮	⋮														
	小计															
技职勤杂人员	1	车间主任														
	2	技术人员														
	3	财会人员														
	4	办事员														
	5	勤杂人员														
	6	…														
	⋮	⋮														
	小计															
合　计																

9.2　车间管理组织机构及其职责

车间的管理组织及其职责如下所述。

(1) 车间检查站。车间检查站直属企业技术检查部门领导,其任务是进行技术监督与质量检查工作,对产品质量起保证和监督作用,保证出厂产品符合技术条件要求。

(2) 车间主任和职能机构。车间主任是车间生产行政工作的负责人,在企业负责人和分管生产技术的企业负责人的领导下,全面指挥车间的生产、技术及经济工作。

车间生产管理的职能机构,是车间主任的参谋及办事机构,作为车间主任全面完成任务之有力助手。生产管理职能机构一般设计划、调拨、设备、工艺以及财务等机构。

(3) 车间安全技术组织。对于现代化的加工车间来说,保证人身安全和设备安全,具有十分重要的意义,也是车间最重要的生产技术问题之一。车间应设安全技术组织,对职工进行经常性的安全教育，树立安全生产的思想，并制定安全技术操作规程及制度，采取各种安全技术措施，以监督、保证安全生产。

9.3　投资概算

投资概算与生产成本概算是设计文件的重要组成部分，是进行技术经济评价工作的基础。投资概算经批准后，是确定基建项目投资额、编制基建年度计划、实行基建大包干、控制基建拨款和施工图预算、考核设计合理性和建设成本的依据。

9.3.1　建设投资概算的构成

建设投资概算由以下五部分构成：

(1) 建设工程费，包括厂房、建筑物、电气、供排水、热力及通风等；

(2) 设备购置费，设备价格应查产品目录，设计中也可按设备重量粗略估算，还应包括设备运杂费在内；

设备运杂费指设备由制造企业仓库或交货地点至施工工地设备堆放地点所开支的运输及杂项费用，国内设备运杂费系根据国内设备原价乘以国内运杂费率定额进行计算；西北、西南地区的建设项目，其设备运杂费较高，按设备原价的8%计算，国内其他地区一般按5%计算；

(3) 设备安装费，可取设备价格的6% ~7%；

(4) 工具、器具购置费，指应配备的达到固定资产标准的各种工具、器具、仪器及生产用具等的购置费；

(5) 其他费用，建设单位管理费、征用土地及迁移补偿费等，此外还有：

1) 试车费——取费标准为：(设备费 + 安装费) ×0.8%；

2) 贷款利息——取费标准为：贷款金额 × 月息；

3) 设计工本费——取总投资的2%左右；

4) 不可预见费——取总投资的10% ~15%；

5) 培训费——国有企业按国务院规定；

6) 科学研究试验费、建设场地清理费、现行房屋拆除费、新建厂区绿化费等，根据主管部门标准确定。

将以上各项列表(参见表9-3)统计，其中设备及工具、器具购置费，不够固定资产标准的，按低值易耗品列入流动资金中。

表9-3　建设费综合表

项　目	单　位	数　量	单价/元	总金额/万元
建设工程费				
设备购置费				
设备安装费				
工、器具购置费				
⋮				
其他费用				
总　计				

9.3.2　编制建设投资概算的主要依据

概算应根据建设项目的初步设计图纸和技术条件，现行的建筑安装工程概算定额、施工管理费和各项独立费标准、材料预算价格、设备价格、设备安装指标及其他工程费用指标进行编制。编制概算的依据是按照国家和各省市、自治区及国务院各有关专业部门规定执行。

9.4　流动资金定额的概算

流动资金是用于购买劳动对象、支付职工工资和产品销售等，为保证生产经营活动所需要的资金。即指包括供、产、销三个环节上所需要的资金，在计算时既要保证生产经营活动能正常进行，又要按最低限度需要量为标准。

流动资金是分别按储备资金、生产资金和成品资金来计算的。储备资金指原料(锭坯)、辅助材料、燃料、备品备件、包装用品等所占用的流动资金。即：

$$\text{某种材料储备资金定额}=\text{某种材料平均每日消耗量}\times\text{计划单价}\times\text{储备定额天数（包括途中及存放天数）}$$

生产资金指从原料投入生产到产品完工入库为止所占用的资金，等于在制品和待摊费用乘以在制品资金定额天数。

$$\text{在制品资金定额天数}=\text{生产周期}\times\text{在制品系数}$$

$$\text{在制品系数}=\frac{\text{在制品的平均成本}}{\text{单位产品成本}}$$

生产周期即指从投料至检验入库的生产过程中的天数。

成品资金指产品检验入库到产品发送并收到贷款为止所占用的资金。即：

$$\text{成品资金定额}=\text{每日平均产量}\times\text{单位产品工厂成本}\times\text{成品资金定额天数}$$

成品资金定额天数主要由出成品库存天数、发送和结算天数构成。

流动资金定额也可按总投资的40%作粗略估算。

9.5　产品成本概算

9.5.1　产品成本概念

产品成本是指工业企业用于生产某种产品所需费用的总和，也就是企业生产产品所耗用的以货币量反映的人力、物力的总和。换言之，产品成本包括生产和销售所耗费掉的物化劳动和活化劳动的货币表现。物化劳动(以 C 表示)指已耗费掉的生产资料转移价值，例如锭坯、各种辅助材料、燃料、动力及固定资产折旧等；活化劳动(以 V 表示)指劳动者为自身创造的价值，它是以工资形式分配给劳动者个人和集体消耗的部分。此外，劳动者为社会及企业创造的价值(以 m 表示)，一部分以税金形式上缴给国家用于社会需要，另一部分则以利润归属企业所有者。以上 $C+V$ 构成产品成本，$C+V+m$ 构成产品价值。以单位计量计算的各种产品成本叫单位产品成本。成本是判定产品价格的重要依据之一，也是衡量、考核企业生产经营管理水平的一项综合性指标。

成本的分类按成本性质可分为实际成本、目标成本、设计成本、质量成本。在车间设计时所涉及的仅是类似设计成本的概算。若按费用发生的地点，产品成本可分为车间成本、工厂成本、经营成本和销售成本等。成本因生产负荷变化而改变的部分叫可变成本，如原料、燃料及各种动力消耗；成本中不随生产负荷改变的部分叫固定成本，如车间及企业管理费、折旧费、工人工资等。

9.5.2 折旧

折旧在成本估算和经济分析中占有很重要的地位。我国一般采用平均折旧法（或直线折旧法、使用年限法）计算折旧。计算方法如下：

对于单个固定资产折旧：

$$\text{年折旧费} = \text{年基本折旧费} + \text{年大修折旧费} \tag{9-3}$$

$$\text{年基本折旧费} = \frac{\text{固定资产原值} + \text{报废时清理费用}}{\text{使用年限}} \tag{9-4}$$

$$\text{年大修折旧费} = \frac{\text{各次大修费用总和}}{\text{使用年限}} \tag{9-5}$$

$$\begin{aligned}\text{年折旧率} &= \frac{\text{年折旧费}}{\text{固定资产原值}} \times 100\% \\ &= \frac{\text{年基本折旧费} + \text{年大修折旧费}}{\text{固定资产原值}} \times 100\% \\ &= \text{年基本折旧率} + \text{年大修折旧率}\end{aligned} \tag{9-6}$$

对于企业综合折旧：

$$\text{年综合折旧率} = \frac{\text{单个固定资产折旧费总和}}{\text{固定资产原值总和}} \times 100\% \tag{9-7}$$

$$\text{月综合折旧率} = \frac{\text{年综合折旧率}}{12} \tag{9-8}$$

$$\text{年折旧费} = \text{固定资产原值总和} \times \text{年综合折旧率} \tag{9-9}$$

由于折旧率与税负相关，通常是由政府部门确定。从会计的角度讲，高折旧率在一定时期内会增加企业运营成本，降低企业利润；但实际上高折旧率能降低企业税负，促进企业技术更新，淘汰落后产能。根据美国 1999 年纳税减免法案，美国的钢铁企业对新建或购入的固定资产可以加速折旧的时间，从以前的 15 年减少至现在的 7 年。日本钢铁企业的固定资产折旧年限也通常在 14 年以内。我国现行的折旧率偏低，但政策正逐步增加工业企业的折旧率。钢铁企业折旧年限在 10～20 年，冶金工业综合折旧率为 7% 左右。

9.5.3 成本构成

产品成本由各种费用构成，而企业中发生的生产费用是多种多样的，生产费用按其用途分类，就是成本项目。设计成本的明细项目无需像实际成本那样详细。冶金产品成本项目的构成如图 9-1 所示。

具体说明如下所述。

（1）原材料。指构成产品实体的原料和主要材料，如锭坯等。生产过程中产生的废次

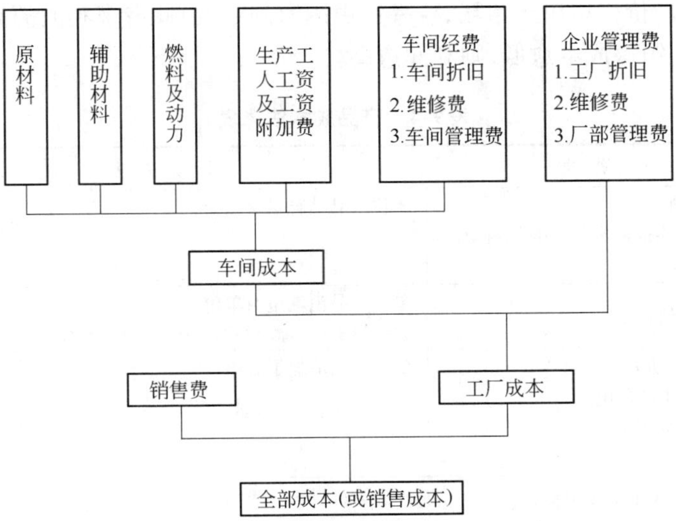

图 9-1　产品成本项目组成图

品及回收品，应作价在本项中扣除。

(2) 辅助材料。指产品加工过程中扣除原材料和主要材料以外所必需的材料和物料，如乳液、润滑油、轧辊及工模具等消耗材料。

(3) 燃料和动力。燃料指直接用于产品生产的外购和自制的为生产提供热能的各种燃料，如焦炭、动力煤、重油、柴油、煤气、天然气等。动力指直接用于产品生产，为生产提供动能的各种动力，如电力、水、蒸汽、压缩空气等。

(4) 生产工人工资及工资附加费：

1) 生产工人工资；

2) 附加费，按工人工资总额和国家规定的比率提取附加费，包括医药费，福利基金，奖励基金，工会基金。

(5)车间经费：

1) 车间固定资产(机器设备、厂房)的折旧费、维修费；

2) 车间管理费，指车间范围内为保证正常生产而支付的各项管理和业务费用，包括除生产工人以外的车间人员的工资及其附加费、劳保费、检验费、生产间接用消耗材料费、生活用水电费、办公费、取暖费、发明革新合理化建议奖励费、停工损失以及其他费用。

(6) 企业管理费。指全厂范围内为管理和组织生产而发生的各项管理费用和业务费用及其他费用。

1) 工厂折旧，指厂管固定资产的折旧费；

2) 维修费；

3) 厂部管理费，包括企业行政管理人员工资及其附加费、办公费、科研经费、利息支出及其他企业费用。

(7) 销售费。指产品在销售过程中所发生的各项费用，如销售人员的工资与附加费、宣传费、广告费、保管费、仓库折旧费、办公费等。

车间产品成本的计算方法列表 9-4 说明(表中的数据只作学习参考，不能作为企业计算的依据）。产品出厂价格取决于市场，税率均由国家规定，由此看来利润的高低，主要取决于销售成本的高低。销售成本愈低，则利润愈高。

表 9-4 产品成本估算表

项号	项目	计算方法	备注
1	原材料 （指扣除返回废料后的原材料净值）	单位产品消耗量×单价	
2	辅助材料	单位产品消耗量×单价 或按第1项（原材料）的8%~12%计算	
3	燃料及动力 其中：生产用电 生产用水 ⋮	单位产品消耗量×单价	
4	生产工人工资及附加费 （1）生产工人工资 （2）附加费	（1）平均月工资×每班人数×班数×12÷年产量 （2）按生产工人工资总额的13%计算	
5	车间折旧	按式（9-4）	
6	维修费	按式（9-5），或车间固定资产原值的3%~6%	
7	车间管理费	（1+2+3+4+5+6）×5%	项号
8	车间成本	1+2+3+4+5+6+7	项号
9	企业管理费 （1）工厂折旧 （2）维修费 （3）厂部管理费	（1）按式（9-4） （2）按式（9-5），或厂管固定资产原值的3%~6%计算 （3）按车间成本的3%~6%计算	
10	工厂成本	8+9	项号
11	销售费	按销售收入的1%~3%计算	
12	经营成本	10−5−9（1）+11	项号
13	销售成本	10+11	项号
14	税金及利润	税率按国家规定执行	
15	商品价格（出厂平均价）	由国家规定 13+14	项号

注：表中数据仅供学生设计计算参考。

表 9-5 车间综合技术经济指标

序号	技术经济指标名称	单位	设计指标
1	车间年产量	t	
2	车间平均成品率	%	
3	职工总数 其中：工人 工程技术人员 管理人员	人	
4	生产总值	元	
5	每吨成品的平均成本	元	
6	车间总面积	m^2	
7	设备总重量	t	

续表 9-5

序　号	技术经济指标名称	单　位	设 计 指 标
8	受电设备容量 其中：电机 炉子	kW	
9	平均每吨成品的电能消耗	kW · h/t	
10	生产用水消耗量	t/h	
11	平均每吨成品的水耗量	t/h	
12	生产用蒸汽消耗量	t/h	
13	平均每吨成品的蒸汽消耗	t/h	
14	生产用压缩空气消耗量	m^3/min	
15	平均每吨成品压缩空气消耗量	m^3/t	
16	生产用煤气消耗量	m^3/h	
17	平均每吨成品的煤气消耗量	m^3/t	
18	生产用重油消耗量	t/h	
19	平均每吨成品的重油消耗量	t/h	
20	平均每吨成品的材料消耗	t/t	
21	平均每吨成品的台时消耗	台时/t	
22	平均每吨成品的人时消耗	人时/t	
23	平均每吨成品的工资消耗	元/t	
24	平均每吨成品的基建费用	元/t	
25	平均每个工人的年产量	t/人	
26	平均每个职工的年产量	t/人	
27	单位生产面积的平均年产量	t/m^2	

9.6　投资回收期估算

自项目正式投产之日起到提供收益总额达到建设投资总额之日所需的时间，称为投资回收期。项目竣工验收前期称为建设期，验收后一般还要经历投产期才到达产期。我国冶金企业投资回收期一般为 5 ~ 6 年，投资回收期愈短，经济效益愈好。

9.7　技术经济效果评论

当车间设计全部结束时，计算各项技术经济指标，列于表 9-5 中，并从以下几个方面加以综合评述：

（1）阐述该项设计方案的优点、缺点；

（2）结合表 9-5 中技术经济指标，对比现场实际情况及有关资料，验证该项设计的正确性、合理性及先进性；

（3）阐述该项设计实施后对发展国民经济所起的作用；

（4）阐述该项设计实施后的经济效益与社会效益；

（5）其他。

由此可以看出，技术经济评论是设计效果的总反映。同时，综合技术经济指标并非消极反映设计的效果，通过它既可表明该项设计的优点，又可进一步找出差距，加以改进。

练 习 题

9-1 什么是劳动定额？什么是劳动定员？怎样才能合理确定车间劳动定员？

9-2 说明产品全部成本的组成及其计算方法？

9-3 编制车间综合技术经济指标表的意义何在？

第三篇　车间厂房与辅助设施设计

10　厂 房 设 计

10.1　厂房建筑类型与建筑材料

10.1.1　厂房建筑类型

在加工厂中,有许多类型的建筑,按其各方面特征,可划分如下类型。

(1) 按建筑用途分。

1) 生产建筑,直接用于产品生产的建筑,一般称之为厂房;

2) 辅助建筑,仓库、运输、动力、卫生工程等用的建筑;

3) 行政管理和生活福利建筑,指办公室、生活室、食堂等用房。

(2) 按建筑的形式分。工厂建筑可分单层的和多层的,加工厂的生产建筑多数是单层的,因为加工车间设有较重型的设备,产品较重,外形轮廓尺寸较大,单层厂房可以使大型设备安装在地面基础上。

(3) 按建筑物的平面布局可分为狭窄的独立式厂房(图 10-1(a))和整片式的联合厂房(图 10-1(f)),按平面形式则有矩形、Π 型、Ш 型的等(图 10-1)。整片的联合式厂房是由几个车间合并组成,节省用地,节约建筑面积,并可使生产过程的联系更加紧密,减少运输;狭窄的独立厂房采光通风好,构造简单,但外墙面积较大,建筑和维护费用一般较高。采用哪种形式和布局,主要根据生产的要求及场地等确定。

从剖面看,可分单跨和多跨的;按屋面形式,可分单坡和多坡的;按跨度大小,可分小跨和大跨的,如图 10-2 所示。

(4) 按建筑物内生产过程的状况可分为热车间和冷车间。前者车间内有大量的热发散,组织自然通风是厂房设计中的主要问题,后者却需考虑防寒保温等问题。

(5) 按建筑物的材料和结构形式可分为砖混结构、钢筋混凝土结构、钢结构、刚架结构、板架合一结构等。

综上所述,建筑物的以上特征是由不同的使用要求、生产工艺特征、建筑的具体条件和采用不同的材料而形成的,加工厂主要车间大多是采用单层厂房,本篇主要对此加以叙述。

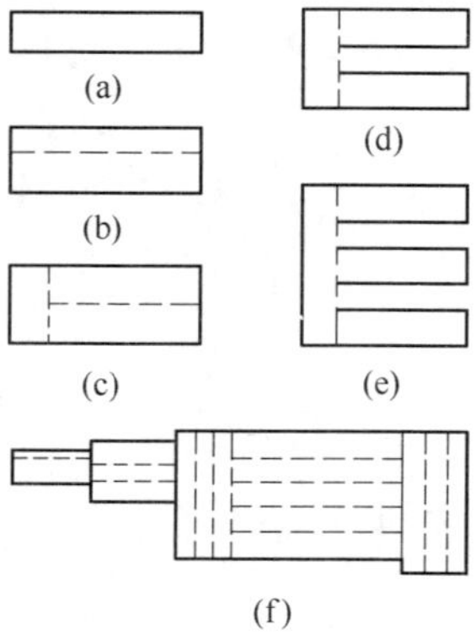

图 10-1　工厂厂房平面形式

(a)单跨矩形平面;(b)双跨的矩形平面;(c)有垂直跨的矩形平面;(d)Π 形平面;(e)Ⅲ 形平面;(f)整片式的联合厂房平面

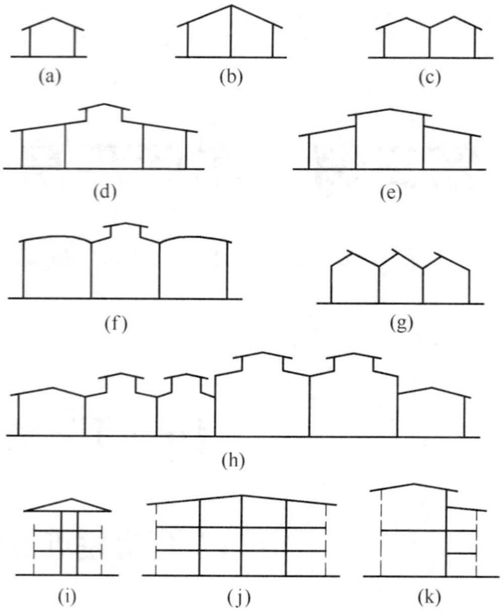

图 10-2　厂房剖面形式

(a)单跨双坡;(b)双跨双坡;(c)双跨多坡;(d)多跨双坡;(e)多跨双坡不等高;(f)多跨多坡;(g)锯齿形屋顶;(h)多跨多坡不等高;(i)三跨多层;(j)多跨多层;(k)混合层厂房剖面

10.1.2　加工车间厂房的要求

加工车间厂房除一般的要求外,还必须根据生产工艺的特点考虑厂房的采暖、通风、采光以及厂房承重,下面主要根据加工车间生产特点,对厂房提出的基本要求。

10.1.2.1　通风和自然采光

加工车间对通风和采光都有比较高的要求,一般除人工采光和人工通风以外,更主要的办法是设计和建造合理的厂房,保证车间有良好的自然通风和采光条件,为了建造出合理的厂房,应注意以下几个方面:

(1) 工艺设计者在作车间平面布置时,保证厂房有良好的通风和采光条件;

(2) 根据加工车间的特点,合理的建造厂房,选择结构,如熔铸车间、热加工跨间及热处理跨间等,生产过程中要向车间散发大量的热,使车间内的温度升高,另外,绝大多数加工厂都是双跨或者多跨车间,为了降低车间温度和改善采光条件,必须开设足够大的天窗;精整工段和酸洗间的温度不高,但精整工段生产条件要求高,而酸洗间有酸气,为了改善环境卫生和采光条件,需开设足够数量的天窗和侧窗;为了保证主电室有良好的工作环境,一般主电室都做成封闭式的;

(3) 车间的位置和方位,一般都沿着与太阳照射方向垂直布置,尤其南方酷热地区更应该考虑太阳照射方向对车间劳动条件的影响。

10.1.2.2　采暖

根据生产过程中散热量的大小和生产的要求,以及车间所在地区的气候条件,合理的选择厂房保温等级。

根据国家规定标准，设置集中采暖的建筑物，当工艺条件对温度无特殊要求时，对生产车间冬季室内温度应符合下列规定：

轻作业时高于或等于16℃；

中作业时高于或等于12℃；

重作业时高于或等于10℃。

当每名工人占用较大面积(50～100m^2)时，轻作业可低于10℃；中作业可低于7℃；重作业可低于5℃。

夏季工作地点的空气温度应符合表10-1所列。

表10-1 夏季工作地点的空气温度 (℃)

夏季通风室外计算温度	工作地点计算温度	夏季通风室外计算温度	工作地点计算温度
<29	≤32	32～33	≤35
30	≤33	34	≤36
31	≤34		

10.1.2.3 防火

加工车间厂房是属于高温性厂房，所以应采用防火性(用钢材或钢筋混凝土建造)建筑。车间都要有防火措施。

加工车间有不同的生产工艺，对建筑设计有不同的要求，这就需要针对不同的情况给予考虑。

10.1.3 厂房建筑材料

工业建筑中主要用材有钢材、水泥、天然石料和砂子、隔水卷材和屋面材料以及砖、木材等。

10.1.3.1 混凝土与钢筋混凝土

(1) 混凝土。将水泥、水和填充料(细砂子、粗的卵石、碎石)混合在一起，变硬后形成的人造石。

混凝土有重混凝土(容重2200～2500kg/m^3)、轻混凝土(容重1200～1800kg/m^3)和特轻混凝土(容重400～800kg/m^3)三种。重混凝土一般多用作地基材料，轻混凝土一般用作屋面材料。

混凝土的强度应根据水泥标号和砂子、卵石的比例来决定。

(2) 钢筋混凝土。它是由抗压性能很强的混凝土和抗拉性能很好的钢筋结合在一起。为了解决钢筋混凝土开裂问题，人们在实践中试验成功预应力钢筋混凝土结构。

预应力钢筋混凝土的原理是将混凝土预先加压，当结构受载荷作用以后，混凝土不会发生或过早发生裂纹。

10.1.3.2 水泥

水泥可分矽酸盐水泥、矿渣矽酸盐水泥、火山灰水泥。

(1) 矽酸盐水泥。水泥含有 $CaCO_3 \cdot 20\% SiO_2 \cdot Al_2O_3 75\% \sim 78\%$，有的还含有小量的石膏和黏土。

(2) 矿渣矽酸盐水泥由矽酸盐水泥、30%～85%的水渣和小量石膏所组成。

（3）火山灰水泥由矽酸盐水泥、含15% ~50%火山灰水泥和小量石膏组成。

10.1.3.3　钢筋、混凝土骨料（石头、砂子）

（1）钢筋。钢筋在钢筋混凝土结构中，主要是承担拉力，当结构件变弯或受到其他荷重作用时，钢筋还要协助混凝土承受压力、温度应力和剪力等。

建筑上经常采用的钢筋有方形、圆形、扁的和螺纹钢筋。

为了增加扎结骨架钢筋的抗拉性能，必须将主受力钢筋弯成钩；直径≤12mm的光面钢筋和轴心受压构件中不论钢筋直径如何可不弯钩。

（2）石料、砂子。一般来说，钢筋混凝土常用属火成岩的卵石，不能用石灰岩的卵石；用于耐热混凝土小的骨料，常用安山岩、玄武岩等耐热骨料。

（3）砂浆。砂浆有水泥砂浆、黏土砂浆和石灰砂浆。水泥砂浆广泛地被用作砌砖和屋面等之黏合剂，水泥砂浆是由水泥、砂、加水搅和而成的。

（4）屋面材料。常用的屋面材料有油毛毡、厚油纸、胶粘油膏和涂抹油膏几种。

10.2　厂房建筑结构及其布置

10.2.1　厂房建筑结构

加工车间厂房由下列各主要部分构成：房顶、梁、柱、天窗、侧窗、门、墙、地坪等。

10.2.1.1　房顶

房顶是防水、防风、防寒及保暖的结构，主要由屋面、屋架、房架支撑系统所组成。

A　屋面

屋面的构造设计主要解决屋面的排水、防水、保温、隔热等问题。不同地区气候条件，不同生产性质的厂房，在使用上有着不同的要求。如在北方要考虑保温，在南方要考虑隔热、散热；热加工车间要求屋面加设通风、排风装置等。

a　屋面排水

排水的方式可分为有组织排水和无组织排水，如设置屋面檐沟及雨水管，屋面雨水由屋面挑檐自由泻落到地面的，称为无组织排水。

b　屋面防水

根据国家规定标准，屋面防水共有Ⅰ~Ⅳ级等级，其中Ⅰ级防水质量最高，Ⅳ级防水质量最差。具体防水类型与相应防水等级如表10-2所示。

表10-2　屋面防水等级与设防要求

项　目	屋面防水等级			
	Ⅰ级	Ⅱ级	Ⅲ级	Ⅳ级
建筑物类别	特别重要或对防水有特殊的建筑	重要的建筑和高层建筑	一般的建筑	非永久性的建筑
防水层合理使用年限	25年	15年	10年	5年
设防要求	三道或三道以上防水设防	二道防水设防	一道防水设防	一道防水设防

续表 10-2

项　目	屋面防水等级			
	Ⅰ级	Ⅱ级	Ⅲ级	Ⅳ级
防水层选用材料	宜选用合成高分子防水卷材、高聚物改性沥青防水卷材、金属板材、合成高分子防水涂料、细石防水混凝土等材料	宜选用高聚物改性沥青防水卷材、合成高分子防水卷材、金属板材、合成高分子防水涂料、高聚物改性沥青防水涂料、细石防水混凝土、平瓦、油毡瓦等材料	宜选用高聚物改性沥青防水卷材、合成高分子防水卷材、三毡四油沥青防水卷材、金属板材、高聚物改性沥青防水涂料、合成高分子防水涂料、细石防水混凝土、平瓦、油毡瓦等材料	可选用二毡三油沥青防水卷材、高聚物改性沥青防水涂料等材料

注：1. 本规范中采用的沥青均指石油沥青，不包括煤沥青和煤焦油等材料；
2. 石油沥青纸胎油毡和沥青复合胎柔性防水卷材，系限制使用材料；
3. 在Ⅰ、Ⅱ级屋面防水设防中，如仅作一道金属板材时，应符合有关技术规定。

（1）构件自防水和刚性屋面防水构造。屋面板均选用自防水预应力混凝土大型屋面板，板缝用200号细石混凝土填缝，以增强屋面的整体性和刚度；其上端应空出20mm厚的空隙，用一种塑性的油膏填嵌，又在油膏上面加一层油纸延伸层，延伸层的一边与屋面板贴牢，另一边则不贴，使其能自由滑动，其作用是增加密封层的延伸度，适应板缝之间的变形，防止拉裂纵向缝；纵向缝与横向缝覆盖防水密封层。例如：纵向缝表面以一毡二油贴缝，横向缝由于板的挠度变形及温度伸缩关系，需增加一层油毡，即以二毡三油贴缝，油毡上再撒约10mm厚绿豆砂防护，如图10-3所示。

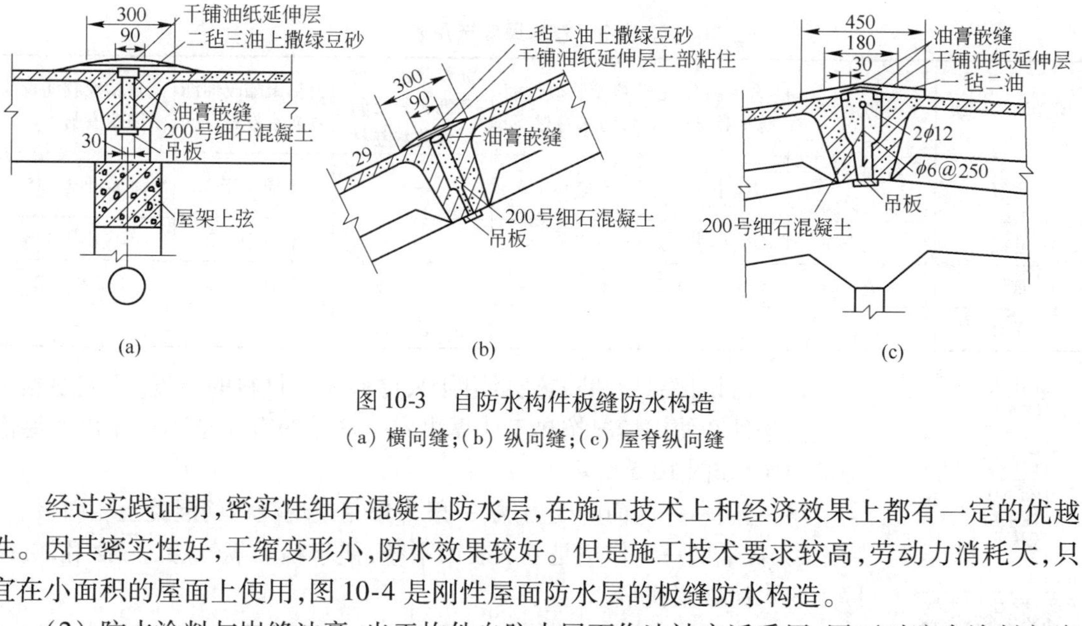

图10-3　自防水构件板缝防水构造

（a）横向缝；（b）纵向缝；（c）屋脊纵向缝

经过实践证明，密实性细石混凝土防水层，在施工技术上和经济效果上都有一定的优越性。因其密实性好，干缩变形小，防水效果较好。但是施工技术要求较高，劳动力消耗大，只宜在小面积的屋面上使用，图10-4是刚性屋面防水层的板缝防水构造。

（2）防水涂料与嵌缝油膏，出于构件自防水屋面作法被广泛采用，因而对防水涂料与嵌缝油膏的研究和应用，也有了很大的发展。

漏水大部分产生于板缝、天沟和板面严重开裂处，因此加强对板缝、天沟、板面开裂的防水措施，主要是在板缝处嵌填油膏和在天沟、板面上刷防水涂料。

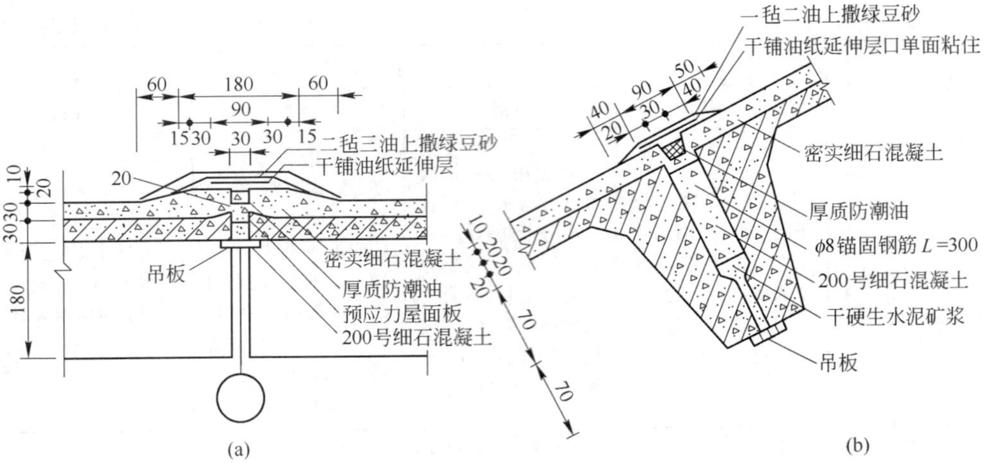

图 10-4 刚性屋面防水层板缝防水构造

（a）横向缝；（b）纵向缝

常用的防水涂料有：沥青防水油膏稀释涂料、防潮油涂料及苯乙烯焦油涂料等。

常用的嵌缝油膏有：上海沥青防水油膏、防潮油嵌缝膏及73号封缝油膏等。

（3）卷材防水层和有保温、隔热的屋面防水构造。

对气温有剧烈变化的地区，或厂房振动影响较大以及生产上有严格要求需有隔热、保温措施的层面，一般需采用卷材防水层，因为它具有适应屋面的一般变形的优点。

目前，常用的卷材防水层有合成高分子卷材、高聚物改性沥青防水卷材、沥青防水卷材、沥青复合胎柔性防水卷材等。它们的防水能力与卷材使用厚度标准在表10-3中详细列出。

表 10-3 卷材厚度选用表

屋面防水等级	设防道数	合成高分子防水卷材/mm	高聚物改性沥青防水卷材/mm	沥青防水卷材和沥青复合胎柔性防水卷材	自粘聚酯改性沥青防水卷材/mm	自粘橡胶沥青防水卷材/mm
Ⅰ级	三道或三道以上设防	不应小于1.5	不应小于3	—	不应小于2	不应小于1.5
Ⅱ级	二道设防	不应小于1.2	不应小于3	—	不应小于2	不应小于1.5
Ⅲ级	一道设防	不应小于1.2	不应小于4	三毡四油	不应小于3	不应小于2
Ⅳ级	一道设防	—	—	二毡三油	—	—

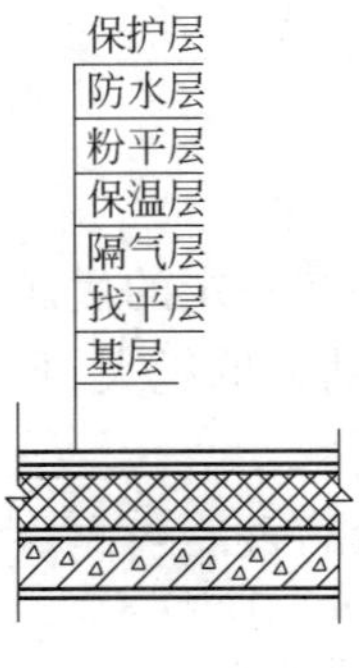

图10-5 有保温隔热作用的屋面

是否需设保温层和隔热层，用什么材料和用材料的厚度，均应根据当地气候条件和使用情况按热工计算决定。常见的有保温隔热作用的屋面构造层次，如图10-5所示。

1）基层——屋面的受力层，一般为预制或现浇钢筋混凝土屋面板。

2）找平层——作用是基层表面平整，便于粘贴隔气层，一般用20mm厚1∶3水泥砂浆找平。

3）隔气层——为了防止由于蒸汽渗透使保温材料受潮而降低材料的保温性能，并防止屋面板底表面产生结露。是否需设隔气层，应根据室内外温差及室内湿度、保温材料及构造方式等因素来决定。一般隔气层设在温度较高一侧，常用一层油毡做隔气层，也有用刷沥青作为隔气层的，在贴油毡之前,需刷冷底子油一道。

4)保温层——主要起防寒作用,应选用保温性能良好的无机材料,常用的保温材料有蛭石混凝土、泡沫混凝土、矿渣等。保温层的厚度应通过建筑热工计算来决定。

5)粉平层——作用是使保温层表面平整,便于铺设油毡,一般都用1:3水泥砂浆做成20~30mm的厚度。

6)防水层——参见表10-3。

7)保护层——在油毡防水层涂最后一层玛碲脂时,及时铺撒10mm厚粗砂或3~5mm粒径的细石子,以阻止玛碲脂的流淌,提高耐热性。

B 屋架

屋架是屋盖结构的主要承重构件,它直接承受屋面荷重,有些厂房的屋架还要承受悬挂吊车、管道或其他工艺设备的荷载。另外,屋架对于保证厂房的刚度起着重要作用,屋架选择得是否合理,对于厂房的安全、耐久性、经济性和施工进度有很大的影响。

目前,常用的屋架有钢筋混凝土和预应力钢筋混凝土屋架、钢结构屋架。

下面主要叙述钢筋混凝土和预应力钢筋混凝土屋架,按其形式可分为屋面梁、两铰(或三铰)拱屋架和桁架式屋架。

a 屋面梁

屋面梁的外形有单坡和双坡两种,梁的截面可做成T形或工字形,T形截面屋面梁由于其腹板薄,下翼缘受拉主筋布置往往集中而过密,不便浇接混凝土,易产生裂缝,故现在都设计成工字形截面。为了提高抗裂性和节约材料,屋面梁以采用预应力的为宜。

屋面梁构造简单,高度小,重心低,侧向刚度好,施工方便,能在工厂预制,但自重大,费材料,跨度较大时显得笨重。有些工程中采用了空腹式屋面梁,自重有所减轻。屋面梁的跨度一般不大于18m。

b 两铰(或三铰)拱屋架

两铰拱的支座节点为铰接,顶节点为刚接;三铰拱的支座节点和顶节点均为铰接。两铰拱的上弦为钢筋混凝土构件,三铰拱的上弦可用钢筋混凝土或预应力混凝土构件。

两铰(或三铰)拱屋架比屋面梁轻,构造也简单,有时可代替屋面梁,其适用跨9~15m。下弦用钢材时,屋架刚度较差,不宜用于重型和振动较大的厂房。

c 桁架式屋架

当厂房跨度较大时,采用桁架式屋架较经济,它在单层厂房中应用非常普通。

桁架式屋架的外形有三角形、梯形、拱形、折线形等几种。

当屋架的跨度更大(如36m以上)时,一般宜采用钢屋架。

10.2.1.2 梁

梁是一种受弯的构件,根据梁的用途可分为托架、吊车梁、墙梁等。由于各梁的应用地点不同,其梁的结构是不同的。

A 托架

当厂房全部或局部柱距为12m或12m以上而屋架间距仍用6m时,需在柱顶设置托架,以支承中间屋架。

12m跨度预应力混凝土托架的形式如图10-6所示,其下弦采用预应力。当预应力筋为粗钢筋时,采用图10-6(a)的形式;当预应力筋为钢丝束时;可用图10-6(b)的形式。

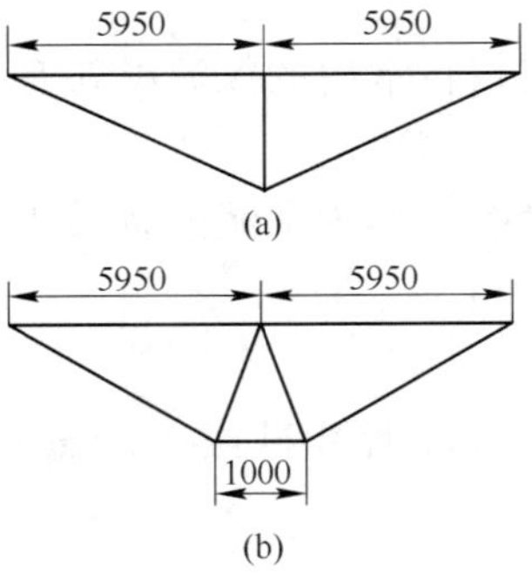

图 10-6　预应力混凝土托架的形式

B　吊车梁

吊车梁直接承受吊车起重、运行，制动时产生的各种往复移动荷载。因此，除了要满足一般梁的强度、抗裂度、刚度等要求外，还要满足疲劳强度的要求。同时，吊车梁还有传递厂房纵向荷载（如山墙上的风荷载），保证厂房纵向刚度等作用。因此，吊车梁是厂房结构中一种重要的构件，对它的选型、设计和施工应加以重视。

吊车梁的形式很多，有以下几种：

（1）钢筋混凝土等截面吊车梁；

（2）预应力混凝土等截面吊车梁；

（3）预应力混凝土鱼腹式吊车梁；

（4）预应力混凝土折线式吊车梁；

（5）轻型桁式吊车梁。

在某些大型、重型、高温厂房中，当吊车吨位大，柱距大时，则宜采用钢吊车梁。

C　墙梁

墙梁是连系梁的一种，设在墙内。墙梁分非承重和承重的两种，非承重墙梁的主要作用是减小砖墙的计算高度以满足其允许高厚比，同时承受墙上的水平风荷载，但它不起将砖墙重量传给柱的作用。承重墙梁除起非承重墙梁的作用外，还将砖墙重量传给柱子，因此它搁置于柱的牛脚上，一般用于高度大，刚度要求高，地基土较差的厂房中。

根据厂房高度、荷载和地基土质等情况应将一道或几道墙梁沿厂房四周兜通，做成圈梁，以增加厂房结构的整体性。抵抗由于地基不均匀变形或较大振动荷载等所引起的内力。布置墙梁时，还应与厂房立面结合起来，尽可能兼做窗过梁用。

10.2.1.3　柱

柱是厂房结构中重要承重构件之一，它主要承受屋盖和吊车梁等竖向荷载、风荷载及吊车产生的纵向和横向水平荷载，有时还承受墙重、管道设备等其他荷载，这些荷载使柱内产生相当大的内力。柱的选择是厂房结构设计的一个重要环节，对厂房的安全、刚度、经济、施工都有很大的影响。柱的材料和结构应根据厂房承载负荷的性质和大小、厂房高度、柱距以及防火要求来选择。

柱的形式很多，基本上可分为单肢柱和双肢柱两大类，常用的钢筋混凝土柱的形式如图 10-7 所示。

矩形柱虽然外形简单，施工方便，但不能充分发挥混凝土的承载能力，自重大，材料费高，它主要用作轴心受压柱、现浇柱和截面较小的偏心受压柱（例如截面高度小于 600mm 的柱）。牛脚以上的上柱，除非其高度相当大，一般均用矩形柱。设有悬臂吊车的柱，为了保证有足够的抗扭刚度，一般也用矩形柱。

工字形柱在材料的使用上比矩形柱合理，它省去了受力较小的腹臂部分的混凝土，而对承载力和刚度几乎没有影响，制作也不复杂。因此，目前在单层厂房中采用最为普遍。

当柱的高度和荷载较大时，采用双肢柱较为经济。双肢柱由两根主要承受轴向力的肢柱用腹杆联系而成。

小型双肢柱实际上是开了空洞的矩形柱，它的腹杆宽度与肢杆宽度相等，制作方便，可

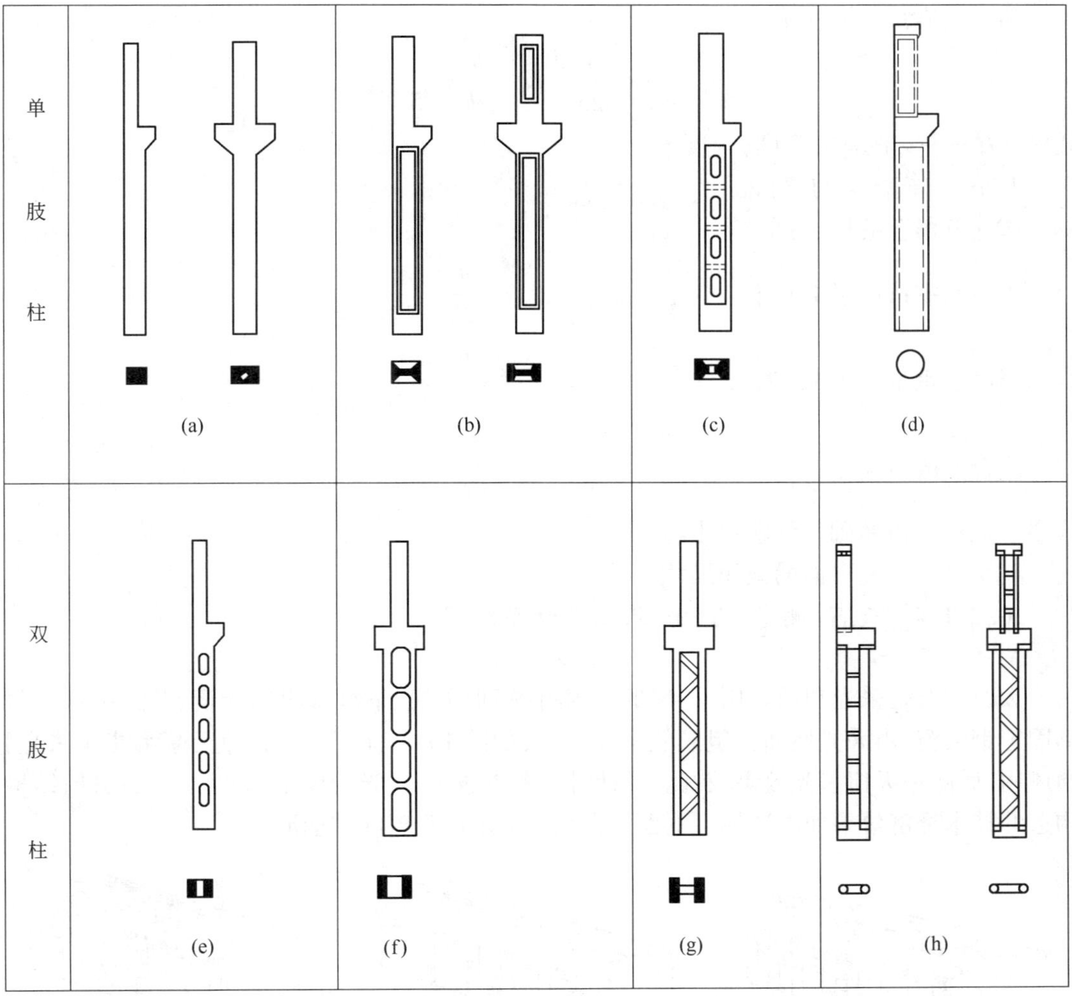

图 10-7 钢筋混凝土柱类形图

(a) 矩形柱;(b) 工字形柱;(c) 预制空腹板工字形柱;(d) 单肢管柱;(e) 小型双肢柱;
(f) 平腹杆双肢柱;(g) 斜腹杆双肢柱;(h) 双肢管柱

以迭浇,当柱的截面高度不太大(一般为 500 ~ 800mm)时可采用。

当柱的截面高度很大(例如大于 1400mm)时,宜采用平腹杆或斜腹杆双肢柱。平腹杆双肢柱比斜腹杆双肢柱构造较简单,制作较方便,腹部整齐的矩形孔洞便于布置工艺管道和工具柜,但受力性能不及斜腹杆双肢柱好,斜腹杆双肢柱呈桁架形式,杆件的内力基本为轴向力,弯矩很小,可以充分利用混凝土的强度,材料较省,但节点多,施工较复杂,它用于吊车起重量大、水平作用力大的厂房中。

在有些地区将混凝土管柱推广应用于厂房结构中,钢筋混凝土圆管在离心制管机上成形。管柱生产机械化,质量好,自重轻,省混凝土。但钢筋一般并不省多少。

在高温,有侵蚀性气体和易受碰撞的厂房中,为了保证安全和耐久性,不宜采用管柱、薄壁的工字形柱和薄壁的双肢柱。

为了保证柱子的足够稳定性,要进行计算,一般按经验确定。

(1) 没有吊车的柱子：

$$\frac{h}{H}=\frac{1}{25} \quad 及 \quad \frac{b}{H}=\frac{1}{25}$$

式中　H——支柱总的高度；

b,h——横截面的宽和高。

(2) 有吊车的柱子：

当吊起重量小于 10t 时 $$\frac{h_h}{H_h}=\frac{1}{12}\sim\frac{1}{14}$$

当吊起重量大于 10t 时 $$\frac{h_h}{H_h}=\frac{1}{10}\sim\frac{1}{12}$$

适合一般情况 $$\frac{b_h}{H_h}=\frac{1}{25}$$

式中　H_h——由基础顶到轨顶距离；

h_h,b_h——支柱下面的截面尺寸。

10.2.1.4　天窗、侧窗、门、墙、基础及地坪

A　天窗

天窗主要是采光和通风用，厂房的天窗有：矩形天窗、下沉式纵向天窗、井式天窗、三角形固定钢天窗、由采光屋面板组成的采光带等，如图 10-8 所示。前三种天窗都能作采光和通风用，后两种天窗采光效果较好。设计时可考虑通风、采光的要求，同时要考虑天窗结构、构造的技术经济效果加以选择。下面只介绍一下矩形天窗的结构形式。

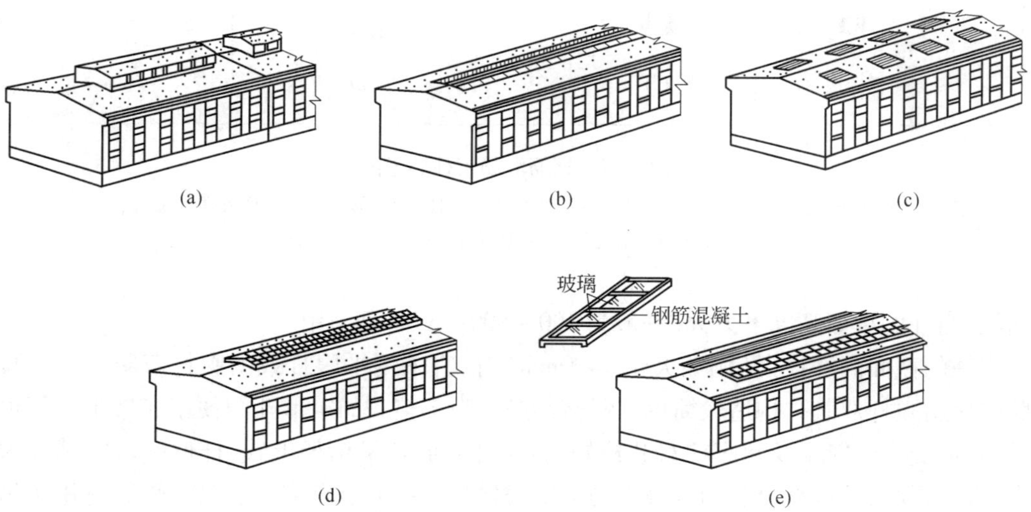

图 10-8　几种天窗形式

(a) 矩形天窗；(b) 下沉式纵向天窗；(c) 井式天窗；
(d) 三角形固定钢天窗；(e) 采光屋面板组成的采光天窗

矩形天窗一般由天窗架、天窗窗扇、天窗屋面、天窗侧板及天窗端壁组成，如图 10-9 所示。矩形天窗结构简单，进入光线较均匀，不渗水性可靠，玻璃上落灰少，维护简单。因此，单跨采用较多。

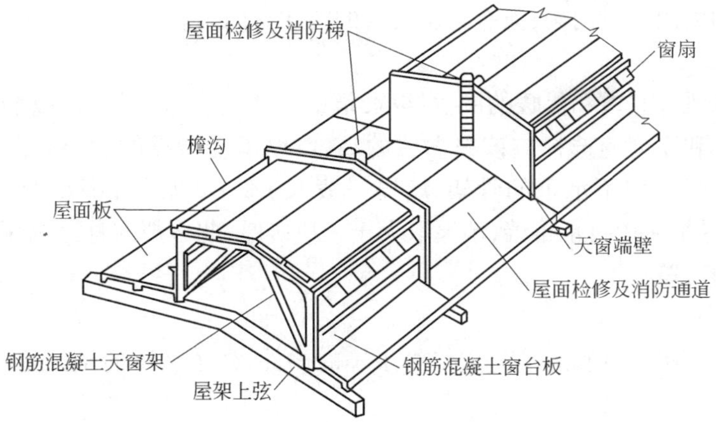

图 10-9 矩形天窗组成

目前,建筑设计中采用标准构件,常用天窗架规格(高度×宽度):(2050mm,2350mm)×6000mm、(2650mm,3250mm,3850mm)×9000mm、(2650mm,4450mm,5050mm)×12000mm。

天窗一般都设有玻璃窗扇,玻璃窗扇有固定式和开启式两种,对于某些仅作采光的天窗可设固定式天窗;要求既采光又起通风作用的天窗应设可开启的窗扇、窗扇形式有中悬式、上悬式、下悬式三种。加工车间多用上悬式和中悬式窗扇,而中悬式开启关闭方便。

熔铸车间一般采用6m宽的矩形天窗。天窗架的跨度应结合屋面板的尺寸来考虑,并尽可能将架脚落在屋架节点上,为厂房跨度的1/3左右。目前在设计中经常采用3m的倍数。当车间跨度为12~18m时,则天窗架宽度常取6m;车间跨度为18~36m,常取9m,天窗架的高度取决于窗扇的高度。

矩形天窗布置方向,应与厂房纵向平行。为了屋顶消防和检修需要在厂房屋面两端各留一个柱距不设天窗,作为屋面检修及消防通道。在设有变形缝的厂房,为了使结构及防水构造易于处理,在变形缝两旁,也各留一个柱距不设天窗,作为中间消防检修通道。每一段天窗均须设置到达天窗屋顶的消防梯。

B 侧窗

主要采光通风用,侧窗的布置和面积的确定应根据工艺生产的要求、墙的结构等来决定,一般加工车间有上下两排窗,上层固定,下层可开闭,下排窗扇一般设离地面1.2m,窗子尺寸已标准化了,常用窗子宽为:1.5m、2m、3m、4m等。亦有沿墙整排开窗的,高度采用600mm的倍数。

窗扇开启方式亦有三种:上悬式、中悬式。下悬式。在北方寒冷地区的常温车间和对通风要求不高的车间用上悬式较合适;中悬式侧窗适用于南方地区的常温车间和通风要求较高而散热较大的车间中。

C 门

供运输和行人之用,大门的位置和数量,根据交通线和行人的需要决定,一般来说,门的高度要比可能运输最大物件高600mm,门的宽度应比车辆或最大物件宽度大600~1000mm。

目前工业建筑门已标准化了。

加工车间的大门不设门扇，只有特殊要求的门才有门扇。

D　墙

墙是厂房挡风、雨、雪和保暖的围护结构，墙的种类有自承重墙、承重墙、骨架墙和隔墙几种。墙的种类和厚度的选择应该根据墙的高度、墙承受荷重的大小以及保温等级选择。一些大型的厂房多采用不承重的骨架，墙厚一般取 1/2 ~ 1 砖厚；中小型厂房墙的高度在 15m 以下时，应尽量采用自承重墙，墙厚取大于一块砖厚；北方严寒地区为了防寒，外墙多采用一砖半甚至两砖厚。

E　基础

基础是承受厂房荷重和运输荷重传给土壤的构件，柱子和墙的基础是厂房中负荷最繁重的结构。

(1) 墙的基础。砖墙基础大部分是带状的，只有当基础砌置在软弱土壤上，或是因为基础深度大于 1.2 ~ 1.4m 时，应采用基础梁。墙基所用材料可根据墙的具体情况采用块石、混凝土和钢筋混凝土。当墙基荷载很大，地基软弱而且不均匀，则应采用钢筋混凝土条形基础。条形墙基多半是单阶式基础，如图 10-10 所示。基础宽度应按墙荷重及土壤许可应力计算；基础的埋设深度应根据基础周围情况（有无地下室、地下交道线及其他）地基的地质水文条件来决定。

(2) 柱基。柱基有条形柱基和单独柱基，厂房绝大多数采用单独柱基。而按柱基的形式可分：杯形基、壳体形基、阶梯形基以及桩基等，如图 10-11 所示。杯形基础施工简便，适于地基土质较均匀、地基承载力较大、荷载不大的一般厂房；壳体基础受力性能比杯形基础好，能充分发挥钢材受拉、混凝土受压的材料性能，用料较省，但施工较复杂；阶梯形柱基有单级、双级、三级三种结构，可根据柱基高度选择其结构；当地基的持力层离地表很深，上部结构的荷载又很大可考虑采用桩基础或锥形基础。

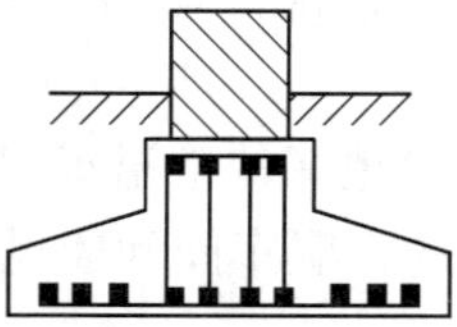

图 10-10　墙基图

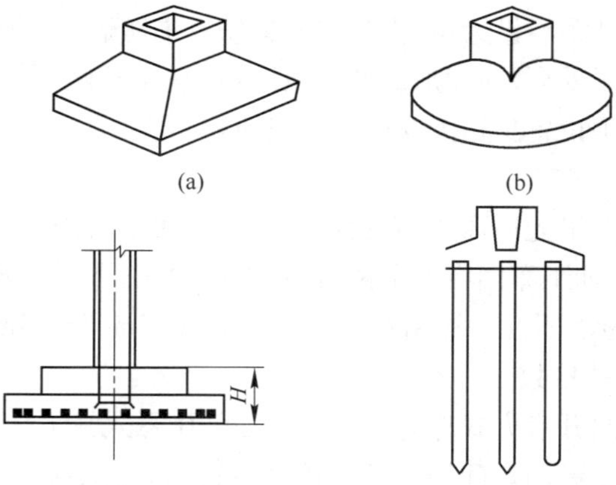

图 10-11　柱基形式示意图
(a) 杯形基础；(b) 壳体形基础；
(c) 阶梯形基础；(d) 桩基础

只有在下列情况下才能采用条形柱基：柱距小载荷大（100t 以上）或柱基下基础弱；单独基础受尺寸限制，如有其他建筑物的基础、地洞等。

F 地坪

地坪主要承受压力、冲击力。

地坪可分整体的(无缝的)和块状的两种,整体地坪有黏土夯实的、碎石的、混凝土的等;块状的有圆石的、块石的、缸砖和砖的、陶土板的、水泥板的、铁皮板的等,应根据工艺要求决定。熔铸和加工车间在轧机、挤压机、拉拔机等周围的地坪都是在原土夯实的基础上铺一层碎石,在碎石上面铺铁板。主电室、变电所要求地坪光亮平滑清洁、一般都是在原土夯实的基础上浇一层混凝土,在混凝土上面铺砂,然后地坪表面铺缸砖或者用混凝土地坪。机修车间常用混凝土地坪。酸洗间用缸砖做防酸地坪或者采用防酸黏土加防酸沥青打结地坪。坯料场、成品库、物料库地坪,原土夯实,铺块石。

10.2.2 建筑结构布置与定位轴线

合理地选定厂房的各种构件后,可着手进行结构布置,建筑结构布置设计时,要考虑排架平面受力状态的问题,又要考虑厂房空间受力状态;既要考虑主要荷载的作用,又要考虑温度变化引起房屋伸缩、地基产生不均匀沉降等情况;既要重视主要承重构件的设计,又要重视支撑、连系梁等构件的布置及结构之间的联结构造处理。为了保证厂房设计得合理、完善,进行加工车间厂房结构布置设计时应注意下列的问题。

10.2.2.1 伸缩缝(温度缝)

当温度变化时,会在厂房各构件中产生附加的内力和变形,而且埋在地下部分与地上部分的伸缩程度是不同的,厂房长度与宽度较大时,构件中将产生较大的内力和变形,严重的可使墙面、屋面以及构件开裂,如图10-12(a)所示。

因此,当厂房的长度很大时,需要将厂房分成几个温度区段,即每隔一定距离设置横向伸缩缝。一般做法是从基础顶面开始,将两个温度区段的上部结构完全分开,伸缩缝处采用双柱、双屋架、纵墙和构件间留一定的孔隙(图10-12(b)),当温度变化时,使上部结构在水平方向可较自由地变形,厂房不致引起开裂。有的工程中也有采用单柱、单屋架的伸缩缝,此时在伸缩缝一边的屋面板、吊车梁等纵向构件应能在水平方向自由变形。

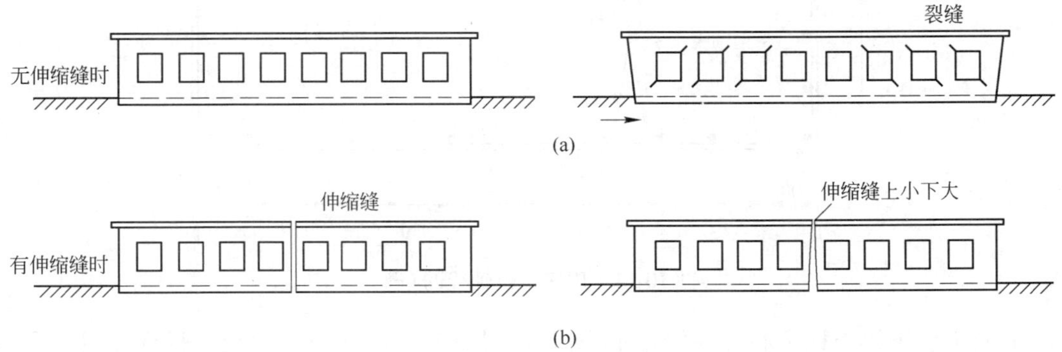

图10-12 墙面因温度变化产生裂缝示意图

多跨厂房中,当厂房宽度很大时,需设置纵向伸缩缝。将伸缩缝一边的屋架用滚轴支座与柱相连,使屋架在水平方向能自由变形(图10-13)。有时也可采用双柱的处理方法。

伸缩缝的最大间距要根据厂房的结构类型和环境决定,详见《钢筋混凝土结构设计规范》。一般来说,钢筋混凝土结构的厂房长度大于60m时应该留一条温度缝。

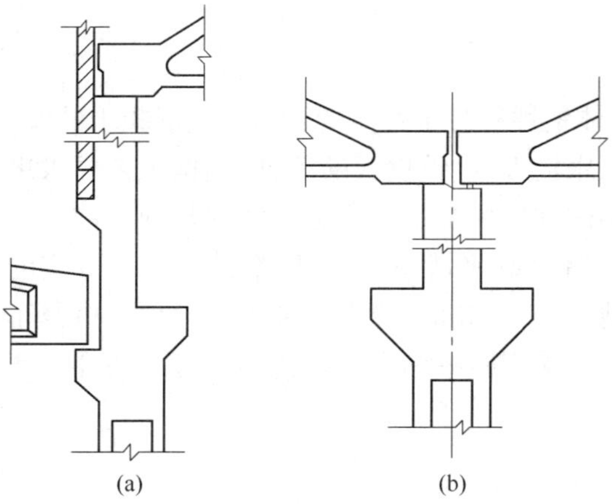

图 10-13 纵向伸缩缝的处理

10.2.2.2 沉降缝

在有些情况下,为避免厂房因基础不均匀沉降而引起开裂、损坏,需在适当部位用沉降缝将厂房划分成若干刚度较好的单元。沉降缝的做法是从基础开始将全部构件分开,沉降缝可兼作伸缩缝用。

房屋的下列部位宜设置沉降缝:

(1) 建筑平面的转折部位;

(2) 高度差异(或荷载差异)处;

(3) 过长的砖石承重结构或钢筋混凝土框架结构的适当部位;

(4) 地基土的压缩性有显著差异处;

(5) 建筑结构(或基础)类型不同处;

(6) 分期建造房屋的交界处。

10.2.2.3 定位轴线

定位轴线与厂房建筑设计和结构布置有着密切的关系。定位轴线一般有横向和纵向之分,与厂房横向排架平面相平行的轴线,称为横向定位轴线;与其垂直的轴线,称为纵向定位轴线,定位轴线表示方法如图 10-14 所示。定位轴线之间的距离是和主要构件的标志尺寸相一致,且符合建筑模数(图 10-15)。

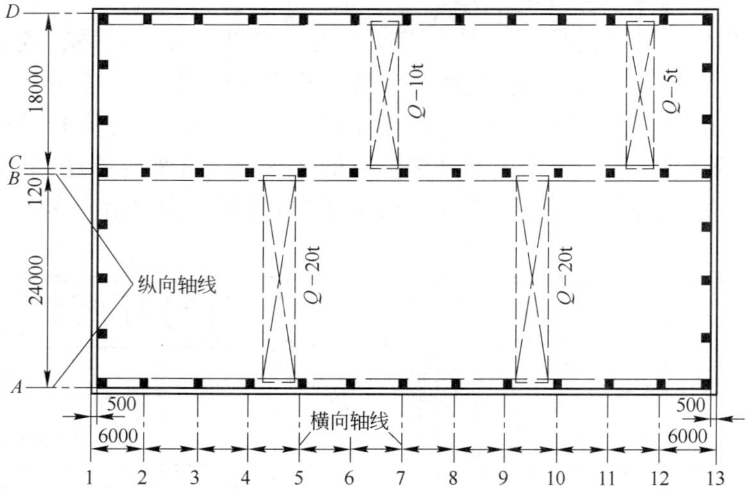

图 10-14 厂房定位轴线的布置

横向定位轴线与柱中心线一般相重合,且通过屋架中心线与屋面板等横向接缝。但在下列情况下例外:

(1) 山墙处端柱中心线需自横向定位轴线内移 500mm;

(2) 双柱伸缩缝处两柱的中心线各离横向定位轴线 500mm,以适应柱子截面的变化;若采用单柱伸缩缝时,柱几何中心线与横向定位轴线仍相重合。

其次要考虑吊车规格,一般来说,吊车和屋架都是标准件,吊车跨度比屋架跨度小 1500mm

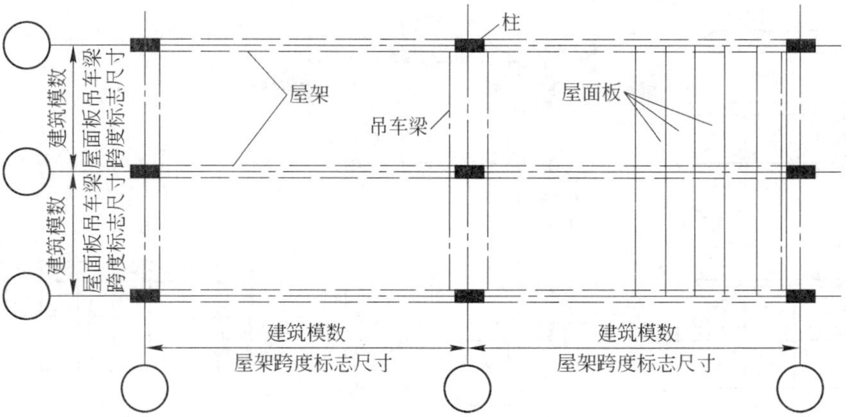

图 10-15　定位轴线布置和主要构件关系

(也有的小 2000mm 或 2500mm 的,视吊车规格定),即吊车轨道中心线各离纵向定位轴线 750mm,以保证吊车两端与上柱内缘有一定的安全空隙,此空隙一般为 80 ~ 100mm。

总之,定位轴线布置的一般原则是:

(1) 处理定位轴线时,要有利于标准件的选用、构造节点的简化和施工方便等;

(2) 凡是承重墙(或自承重墙)、柱都要设置定位轴线,定位轴线之间的尺寸要和主要构件的标志尺寸相一致,且符合建筑模数要求;

(3) 定位轴线的具体位置,总是沿着屋面板的接缝处、屋架的端部外侧设置,或与屋架的侧面中心线重合。对通过墙、柱的轴线位置,需视结构、荷载、构件搭接关系等情况而定。一般说,在横向是与墙、柱中心线重合,在纵向则由墙内缘或柱外缘通过。

10.2.2.4　支撑

在厂房结构设计时为了保证和提高厂房结构的承载力、稳定和刚度,并传递部分水平荷载,必须设置各种支撑构件。支撑有屋面支撑和柱间支撑。

A　屋面支撑

为了保证屋架杆件稳定及传递山墙抗风柱(或天窗端壁)的风力和地震力,一般在伸缩缝区段的两侧和厂房的两端设置支撑构件。通常支撑构件用角钢做成交叉形,并加支撑与屋架上弦或下弦杆共同构成封闭桁架,加在两排屋架(或天窗架)之间如图 10-16(a)所示。在大吨位起重机的高大厂房中,为了加强厂房各排架柱之间的联系和增加屋面整体刚度,应在屋架端部靠柱子部位沿厂房全长或局部设置支撑构件如图 10-16(b)所示。

B　柱间支撑

柱间支撑的作用是将屋面支撑传来的水平载荷、起重机纵向刹车力、纵向地震力传至基础并加强厂房纵向刚度。

柱间支撑分为装在吊车梁之上的上柱支撑和装在吊车梁之下的下柱支撑。上柱支撑设在温度区段的端部(温度区段指厂房内部不设伸缩缝的区间),下柱支撑一般设在温度区段的中部。为了统一柱支撑尺寸,常将上柱支撑移到温度区段的第二柱格内(图 10-17),此时最好也将屋面支撑移在同一柱格内,并在山墙壁柱与屋架连接处增设水平压杆,以传递水平风力。因此,在柱间布置时,需要考虑这一因素。

10.2.2.5　厂房竖向布置

厂房竖向布置的确定应该注意的问题:

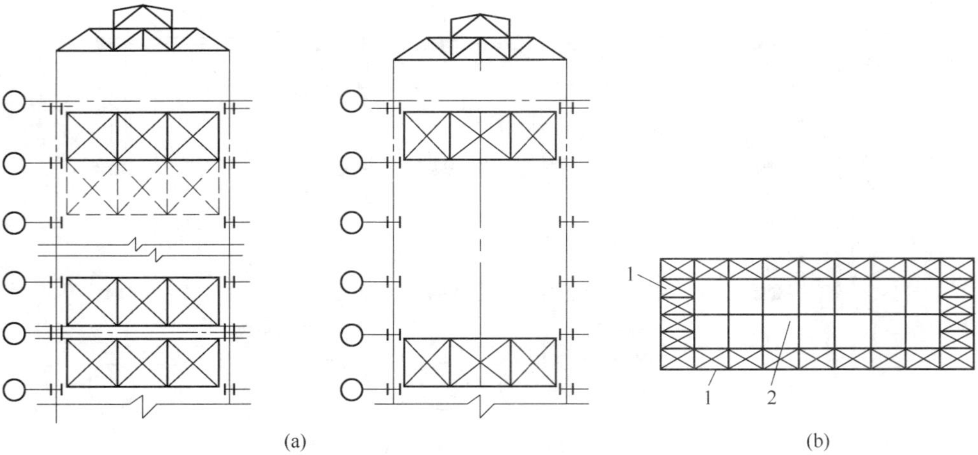

图 10-16 屋面支撑示意图

1—支撑构件;2—连系杆

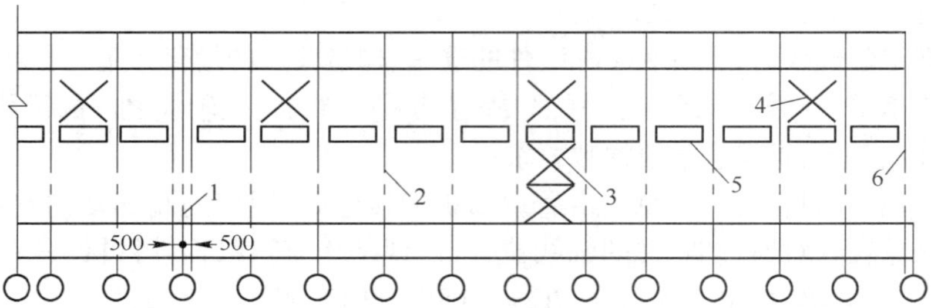

图 10-17 柱间支撑

1—伸缩缝;2—厂房柱;3—下柱支撑;4—上柱支撑;5—起重机梁;6—端柱

(1) 当内落水的多跨单层厂房在同一个方向跨间的高度差为 $4\text{m} \geqslant \Delta h \geqslant 1\text{m}$ 时,并且低跨间厂房面积不超过车间总面积 40% 时不需设计高度差;

(2) 当厂房和厂房的个别部分设有各种吊车,如果跨间高度相同,则所有跨间的柱子轨面标高应按重型吊车所需高度来设计;当设有轻型吊车而标高高于设有重型吊车标高时,应按轻型吊车所需标高来设计;

(3) 大宽度的多跨厂房采用内落水屋面最简单;

(4) 厂房屋顶天窗应沿纵向设施,应尽量不采用横向布置;

(5) 厂房竖向尺寸应采用标准数列。

10.2.3 厂房建筑标准化

从图 10-18 中可以看出,单层厂房的主要构件屋架、屋面板、吊车梁等的尺寸与柱网尺寸密切相关,为了使厂房建筑和构配件逐步达到标准化,国家还颁布了《厂房建筑模数协调标准》(GBJ6—1986)。

所谓模数,是一种基本尺度单位,其分类为基本模数和导出模数。而导出模数又分为分模数和扩大模数。我国以 100mm 作为基本模数,以 M_0 表示,而 $1/10M_0$、$1/5M_0$、$1/2M_0$(即 10、20、50mm)为分模数,以 $3M_0$、$6M_0$、$15M_0$、$30M_0$、$60M_0$(即 300、600、1500、3000、6000mm)为扩大模数。

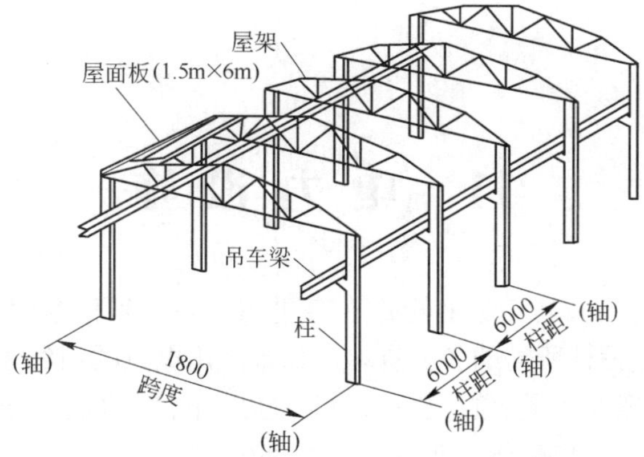

图 10-18 柱网尺寸与构件的关系

建筑的各组成部分、建筑构配件和建筑制品的尺寸，一般都应是 100mm 的倍数或分数，厂房跨度和柱距尺寸则采用扩大模数。例如厂房跨度在 18m 以下时，采用 3m 的倍数；在 18m 以上时，则采用 6m 的倍数，但某些厂房当工艺布置有明显优越性时，也可采用 21m、27m、33m 的跨度。厂房的柱距，则采用 6m 或 6m 的倍数。目前我国普遍使用的屋盖体系中，屋架间距大多为 6m，但对有特殊要求的厂房可采用 9m 柱距，对砖石结构厂房则采用 4m 柱距。厂房的高度，由于各类厂房要求不同、承受的各种荷载较复杂，变化多，所以厂房的柱子多数是非标准构件，除采用预制定型外墙板外，厂房高度可按厂房建筑统一化基本规则进行设计。

总之，厂房建筑设计，一般都是由工艺师和土建设计师共同完成的，工艺师主要的任务是向土建设计师提出厂房平面布置图、厂房的轨顶标高、吊车的起重量和工作制度等，然后建筑师根据工艺师提出的任务书做出厂房建筑设计。

练 习 题

10-1 压力加工车间的厂房属于哪种类型建筑？压力加工车间对厂房建筑的要求是什么？

10-2 厂房由几部分构成？各部分的结构与作用是什么？

10-3 简述有保温、隔热作用的屋面结构层次。

10-4 何谓伸缩缝与沉降缝，它们的作用是什么？

10-5 如何确定厂房的定位轴线？在伸缩缝处，如何确定横向定位轴线？

10-6 在进行厂房建筑设计时工艺工程师的任务是什么？

11　电力设施

车间电气部分的设计由电气专业负责，但工艺设计者必须根据生产工艺的需要，提出正确的、合理的要求，提供设计所需的各种资料。如车间用电点的明细表及用电点的平面布置图，说明各用电点的位置及质量、数量要求，包括电压、电流（直流或交流）、功率、容量、使用性质、固定或移动、电阻或电感、频繁程度以及车间安装总容量（kV · A）等。工艺设计者应具有初步选择电机和进行负荷计算的能力。

11.1　车间照明

良好的照明是保证安全生产、提高产品的质量与劳动生产率、保证视力健康的必要条件。

照明装置的种类可分为工作照明和事故照明两种，事故照明是在工作照明发生故障而中断时使用之，保持不小于工作照明所需照度的百分之十，以供暂时继续工作或排除故障之用，避免造成生产系统紊乱。

现代企业中采用的照明系统有普通照明、局部照明和混合照明三种。加工车间多采用混合照明，即一般采用普通照明，而在一些特殊的地方如轧机、挤压机附近、成品检查台等处再加局部照明。

照明系统的电压一般为380/220V，灯用电压220V，局部照明当采用36V安全供电时可通过220/36V移动式变压器供电。照明与动力既可合用变压器，也可自成独立供电系统。

11.1.1　照度及照明器的选择

照度（Luminosity）指物体被照亮的程度，采用单位面积所接受的光通量来表示，表示单位为勒［克斯］（Lux，lx）。1勒［克斯］等于1流［明］（lumen，lm）的光通量均匀分布于$1m^2$面积上的光照度。照度是以垂直面所接受的光通量为标准，若倾斜照射则照度下降。

照度的选择的原则，应根据车间各工段的工作、生产的特点与性质以及作业对视觉的要求，选择普通照明的最低照度值，参见表11-1、表11-2。

表11-1　轧钢作业场所的最低照度标准

作业场所	混合照明/lx		一般照明/lx	作业场所	混合照明/lx		一般照明/lx
	混合照明	混合照明中一般照明			混合照明	混合照明中一般照明	
坯料仓库			10	剪、锯	500	75	
成品仓库			30	轧辊车间			75
氧化瓶库、电石库等			20	酸洗车间			50
露天料场			5	油　库			30

续表 11-1

作业场所	混合照明/lx		一般照明/lx	作业场所	混合照明/lx		一般照明/lx
	混合照明	混合照明中一般照明			混合照明	混合照明中一般照明	
计器室、控制盘室			200	涂、镀车间			150
站台、码头			5	泵　房			30
锅炉房			30	检查场地			300
氢气站、乙炔站、氮气站等			30	精整、清理车间	1000	75	
				主电室的控制室			200
均热炉、加热炉场地			75	配电室			50
热处理现场			100	变压器室			30
风机室			30	计算机室			150
热处理车间	500	75		车间出入口道路			20
轧制车间	1000	100		车间通道楼梯			50

表 11-2　有色金属压力加工车间照度标准

序　号	车间或工段名称	最低照度/lx		被照面	环境概况
		白炽灯	荧光灯		
（一）熔铸车间					
1	铸锭堆放区	20		离地面 0.8m 平面上	一般
2	熔炼炉操作平台区	40		炉台上	高温、有烟尘
3	铸造机操作区	40		平台或地面上	高温、有烟尘
4	铸锭加工机列区	30		离地面 0.8m 平面上	烟尘、油污等
5	废料堆放区	15		离地面 0.8m 平面上	烟尘、油污等
6	配料区	40		离地面 0.8m 平面上	烟尘、油污
（二）板带生产车间					
1	放锭区	20		—	—
2	均热、加热区、热轧区	40		—	高温、油污
3	锭铣削区	30		离地面 0.8m 平面上	油污
4	冷轧区	40		离地面 0.8m 平面上	油污
5	精整区	40		离地面 0.8m 平面上	一般
6	盐浴炉区	40		离地面 0.8m 平面上	腐蚀性蒸汽
7	油库地下室	20		离地面 0.8m 平面上	油污
8	磨辊间	30		离地面 0.8m 平面上	油污
9	成品库	20		离地面 0.8m 平面上	一般
（三）管棒生产车间					
1	水泵站	40		离地面 0.8m 平面上	一般
2	加热、挤压区	30 ~ 40		离地面 0.8m 平面上	油烟
3	冷轧拉拔区	40		离地面 0.8m 平面上	油污
4	精整区	40		离地面 0.8m 平面上	一般

续表 11-2

序号	车间或工段名称	最低照度/lx		被照面	环境概况
		白炽灯	荧光灯		
5	淬火区	40		离地面 0.8m 平面上	腐蚀性蒸汽
6	成品检查台	30	300	离地面 0.8m 平面上	一般
7	成品库	20			一般
8	修模间	30	100		一般
(四)中心实验室					
1	分析室	30	100	台面上	一般
2	天秤室	40	120~150	台面上	—
3	化验室	40	120~150	—	—
4	摄影室	30	100	—	—

确定照度的依据为：

(1) 识别对象的大小，即作业的精细程度；

(2) 对比度，即识别对象的亮度和所在背景亮度之差异，两者亮度之差越小，则对比度越小，就越难看清楚，因此需要更高照度；

(3) 其他因素，视觉的连续性(长时间观看)、识别速度、识别目标处于静止或运动状态、视距大小、视看者的年龄等。

照明器是灯罩与灯泡的总称，应根据环境条件和满足生产的要求选择，并适当注意外形美观和建筑协调以及经济上合理。

11.1.2 照明用电容量计算

照明用电容量的计算方法，通常有单位容量法、利用系数法和逐点法三种。利用系数法适用于采用反射式照明灯具和均匀布置的普通照明；逐点计算法适用于水平面、垂直面和倾斜面上的照度计算；单位容量法适用于均匀的普通照明的照度计算，方法较简单，生产厂多采用之。其计算式如下：

$$P_y = S \cdot W \tag{11-1}$$

式中 P_y——房间内总照明安装容量，W；

S——房间内面积，m^2；

W——单位面积安装容量，W/m^2，参见表 11-3。

表 11-3 综合建筑物单位面积安装功率

序号	房间名称	电能消耗/$W \cdot m^{-2}$	序号	房间名称	电能消耗/$W \cdot m^{-2}$
1	熔铸车间	8~9	5	煤气站	7
2	加工车间	9~10	6	氢气站	11
3	热处理工段	8	7	压缩空气站	5
4	中心试验室	10	8	泵房	5

续表 11-3

序 号	房间名称	电能消耗/W·m^{-2}	序 号	房间名称	电能消耗/W·m^{-2}
9	总降压变电所	10	13	道路照明	4W/m
10	锅炉房	4	14	住 宅	4
11	各种仓库	5	15	食 堂	4
12	屋外配电装置	1.5	16	浴 室	3

注:此表仅作一般估算用,不能作为施工设计依据。

11.2 车间动力

11.2.1 主传动电机选择

11.2.1.1 主传动电机型式的选择

主传动电机型式必须根据设备的特点和工艺要求综合考虑。例如,对于可逆式热轧机来说,由于轧制负荷冲击性很大而要求电机有足够大的电流过载能力和转矩过载能力;在工艺上要求电机较为频繁的启动、制动和正反转,要求有较短的辅助时间以提高生产率;要求有广泛的调速范围以适应轧机低速咬入、高速轧制等。对于可逆式冷轧来说,在带材轧制中,无论在稳定轧制或在加速减速轧制中,均要在给定的张力下轧制,不仅轧辊速度能广泛而准确的调速,而且卷取机也要求广泛而准确的调速,同时二者既能准确配合,又能单独调整。根据上述特点选用直流电机拖动系统,在生产中具有很大的优越性。但采用直流电机时,增加一套复杂而昂贵的直流供电系统,投资大,技术管理复杂。

对于不要求调速的不可逆轧机,其主传动一般都采用感应电机或同步电机,感应电机比同步电机便宜,初次投资少,但在要求改善功率因数时,采用同步电机,可不加装电容补偿器,究竟采用何种电机,根据具体情况进行技术经济比较后确定。

11.2.1.2 主传动电机容量的确定

主传动电机容量的确定可采用两种方法:

(1) 用对比法和估算法估算电动机容量,对比法是通过对已知的轧机的主传动电机容量的比较,来确定待选择的电动机容量;估算法是在某些轧机上轧制某种产品规格时,根据生产记录所得的单位耗电量(即吨产品耗电量,kW·h/t),来计算与现场实际条件相近似的电动机容量,上述方法虽较简单,但不够精确,适用于初选电动机。

(2) 用计算法确定电动机容量,其步骤是先选择最繁重的轧制规程,计算轧制力矩并换算到电机轴上,求出电动机力矩,确定电动机容量(参见第6章)。

11.2.2 辅助传动电机的选择

电机型式的选择同样是根据工艺要求及设备的工作特点来考虑。从运转方式看有长时工作制、短时工作制及反复短时工作制,它们对电机各有不同的要求;从机械特性方面看也各有不同的要求,如调速、可逆运转等;另外对电机容量大小及其周围环境的要求等都是各不相同。

电机容量的选择根据工作制度的不同采用不同的公式。

（1）对于长时工作制负载恒定的电机，可按

$$P_c \leqslant P_H \tag{11-2}$$

式中 P_c——负载功率；

P_H——电机额定功率。

（2）对于长时工作制负载变化的电机，则应作负载图，求等效力矩 M_e，使

$$M_e \leqslant M_H \tag{11-3}$$

并进行校核过载。

（3）对于短时工作制的电机，可按电动机的允许过载条件来确定：

$$P_H \geqslant \frac{P_c}{0.75K_{允}} \tag{11-4}$$

式中 $K_{允}$——电机允许过载系数；

0.75——考虑电压波动及启动时通风条件恶化而引入的系数。

（4）对于反复短时工作制的电机，则必须从过载、发热两方面来考虑：

$$M_e = \frac{\sqrt{M_q^2 t_q + M_y^2 t_y + M_z^2 t_z}}{0.75(t_q + t_z) + t_y} \leqslant M_H \tag{11-5}$$

$$M_{max} \leqslant 0.9M_H \tag{11-6}$$

式中 M_q, M_y, M_z——相应于电机启动、稳定运转及制动阶段之力矩；

t_q, t_y, t_z——相应于电机启动、稳定运转及制动阶段之时间。

11.3 车间电气动力设备的电气负荷计算

11.3.1 电气负荷计算

用电设备负荷计算是为了确定车间的年耗电量以供选择变电设备、电器、导线截面、分配电能和编写技术经济指标之用。一般都采用经验公式进行计算，当车间安装容量未知时，可利用单位产品耗电量法来估算；当用电设备已知时，可利用需用系数 K_c 较正确的计算车间的负荷。

对于单台电机而言，它的计算容量要大于它的额定功率，即它从电网吸收的功率大于它的轴上的输出功率。因为电机本身有损耗，同时用电设备和电源之间有大量的能量交换，但不参与做功（无功功率）。

有功计算功率 P(kW) 由下式决定：

$$P = P_H + \Delta P = \frac{P_H}{\eta_H} \tag{11-7}$$

式中 ΔP——电机的损耗；

η_H——电机的效率；

P_H——电机额定功率。

电机的无功功率 Q(kW) 由下式决定：

$$Q = P \cdot \tan\varphi = S \cdot \sin\varphi \tag{11-8}$$

则表观功率 S(kV · A):

$$S = \sqrt{P^2 + Q^2} = \frac{P}{\cos\varphi} \tag{11-9}$$

以上各式中的 P_H、η_H、$\cos\varphi$ 可由产品目录中查得。

对于成组用电设备容量的计算,不允许把各个用电设备的计算容量简单地相加,可采用需用系数法计算容量。需用系数 K_c 是考虑该设备组的电气设备不可能同时开动,即使同时开动的电气设备也不可能都是满负荷,此外还考虑到电气设备本身及输电网路的损耗而加的系数。对于一台电机而言,$K_c=1$;对于含有多台电机的用电设备的需用系数 K_c 和 $\cos\varphi$(平均)可查有关设计手册。K_c 是根据经验加以确定的,压力加工车间的 K_c 一般为 0.3 ~ 0.7,参见表 11-4。

表 11-4　举例:车间电能负荷计算总表

序号	设备组名称	设备组总容量/kW		需用系数 K_c	功率因数 $\cos\varphi$	$\tan\varphi$	有功计算功率 P/kW	无功计算功率 Q/kW	总计表观功率 $S_{总}$/kV · A
		直流电	交流电(包括直流换算的)						
1	四重热轧机主传动	3580	4400	0.6	0.8	0.75	2640	1980	
2	四重冷轧机主传动	6040	7852	0.7	0.8	0.75	5496	4122	
3	二重冷轧机主传动	440	570	0.7	0.8	0.75	399	299	
4	车间其他设备用直流电	2916	3800	0.35	0.5	1.73	1330	2301	
5	热轧冷轧润滑系统		214	0.7	0.8	0.75	150	113	
6	均热炉		5275	0.4	0.95	0.35	2110	739	
7	连续式加热炉		6300	0.7	0.95	0.35	4410	1544	
8	立式退火炉		5807	0.4	0.95	0.35	2323	813	
9	盐浴炉		1240	0.5	0.95	0.35	620	217	
10	箱式退火炉及时效炉		511	0.7	0.95	0.35	353	125	
11	车间其他设备用交流电		2076.6	0.35	0.5	1.73	727	1258	
12	吊车及其他辅助设备		1276	0.3	0.5	1.73	382.8	662	
13	磨辊间、机修部		169.3	0.2	0.65	1.16	34	39	
14	照明用电		215	0.8	1	0	172	—	
15	车间总计						$P_{总}$ = 2115.8	$Q_{总}$ = 14212	14368.6

当低压网路个别区段的负载由于设备种类不同,并且它们的功率因数又与平均功率因数相差很大,不能采用平均功率因数计算时,在确定低压方面的计算容量时,可以将全部用电设备分成独立的组,并使同一组中的设备的 $\cos\varphi$ 大致相等,之后根据公式计算出每个设

备组的有功计算功率 P(kW)及无功计算功率 Q(kW)。即

$$P = K_C \cdot \Sigma P_H$$
$$Q = P \cdot \tan\varphi$$

式中　ΣP_H——该设备组的总容量。

第二步将每个设备组的 P 及 Q 相加,求出 $P_{总}$ 及 $Q_{总}$,若共有 x 组,则

$$\begin{aligned} P_{总} &= P_1 + P_2 + P_3 + P_4 + \cdots + P_x \\ &= K_{C_1} \cdot \Sigma P_{H_1} + K_{C_2} \cdot \Sigma P_{H_2} + K_{C_3} \cdot \Sigma P_{H_3} + \cdots + K_{C_x} \cdot \Sigma P_{H_x} \\ &= \Sigma K_{C_x} \cdot P_{H_x} \end{aligned} \tag{11-10}$$

$$\begin{aligned} Q_{总} &= P_1 \cdot \tan\varphi_1 + P_2 \cdot \tan\varphi_2 + \cdots + P_x \cdot \tan\varphi_x \\ &= \Sigma P_x \cdot \tan\varphi_x \end{aligned} \tag{11-11}$$

第三步根据

$$S_{总} = \sqrt{P_{总}^2 + Q_{总}^2} \tag{11-12}$$

求出车间总计表观功率 $S_{总}$(kV·A)。根据 $S_{总}$ 选择变压器,计算方法参见表 11-4。

11.3.2　年耗电量的计算

车间的年耗电量为每台设备(或设备组)年耗电量之和,而

设备的年耗电量 = 设备的平均有功功率($\overline{P}$) × 年实际工作小时

设备的平均有功功率(即平均负荷)要根据实测才能得知,故理论计算一般采用下式:

设备的年耗电量 = 设备的有功计算功率(P) × 有功年最大负荷利用小时数($T_{max \cdot a}$)

$T_{max \cdot a}$ 值可查有关电气设计手册。

最后将车间完成年计划产量总耗电量列于表 11-5 中。

表 11-5　完成年计划产量耗电量表

序　号	设备名称	数量/台	有功计算功率/kW	有功年最大负荷利用小时数/h	年耗电量/kW·h	备　注
1						
2						
⋮						
n						
车间总计年耗电量						

此外当电气设备的平均功率因数值较低时,无功功率则较大,而电业部门要求的功率因数一般在 0.9 ~ 0.95 之间,为此必须采用补偿措施,如安装电力电容补偿器等。

11.4　车间供、配电

加工厂是一个耗电很大的单位,轧制车间一般又是全厂的负荷中心。随着现代设备自

动化程度的提高,电气控制更日趋复杂。对供电线路设计的基本要求是:

(1) 供电的可靠性;

(2) 运行的灵活性,以便于检查和修理;

(3) 最低的运行费用;

(4) 操作安全;

(5) 有进一步发展的可能性。

11.4.1 车间供配电系统

金属压力加工车间的受电设备按用途一般可分为驱动、电热、照明,从供电的性质上说可分为三类:

(1) 高压交流电供电系统(如6000V),电能来自全厂总变电所,分三段母线引向车间变电所和高压受电设备(如6000V电动机),引向车间的高压母线装有油开关分割的联络线,每段可独立工作,当某一段发生故障时,则油开关自动接通使供电继续进行,三段母线互作备用电源;

(2) 低压交流电供电系统,车间各种交流电动机及照明用的电压一般为380/220V,可以分成几个区域,每个区域由一台变压器供电。车间的热处理用炉一般电压为380V,由于工作情况较稳定,可选用几台变压器单独供电。

(3) 低压直流供电系统,车间低压直流电机用的直流电,通常采用可控整流系统供给,电压可由380/220V至数百伏。

11.4.2 供电电源和电压

供电电压的选择应考虑以下要求:

(1) 供电的可靠性;

(2) 有色金属消耗少;

(3) 节约电气器材和节约电耗;

(4) 投资少、运行费用低;

(5) 技术上的可靠性和配电的合理性。

根据加工企业对供电可靠性的要求来看,通常把电力负荷分为两级,第一级负荷为如停电造成人身伤亡危险,损坏设备,产生大量废品,打乱复杂的生产过程,给国民经济带来重大损失者,如熔铸给水系统、全厂给水系统、热力系统及重要加工车间等;第二级负荷为如停电将使工人及机械设备停工,工厂企业内运输停顿,造成重大减产者,如所有的加工车间。因此,加工企业采用两个电源供电较好。全厂设总降压变电所向各车间供电,总降压变电所应靠近全厂负荷中心。向各车间供电的电压常有3、6、10kV三种。

11.4.3 车间变电所

确定车间变电所的位置和数量应考虑下述原则:

(1) 投资少;

(2) 有色金属消耗低;

(3) 年运行费用低;

（4）电能消耗少。

据此，车间变电所应设在（或靠近）车间负荷中心，同时要考虑供电线路的引入和变压器运输的方便。车间变电所一般设置于车间旁侧，并与车间相毗连，当有多台变压器时应沿车间长度方向分散设置。

11.4.4　变压器选择

变压器容量根据车间的用电总容量（$S_{总}$）选择。当采用数台变压器时，应尽量选用相同牌号的。为限制低压侧短路电流，单台变压器的容量以不大于1000kV·A为宜。

11.4.5　供电线路选择

由总降压变电所至车间变电所供电系统一般有三类：

（1）放射式供电系统，电能由总降压变电所引出单独线路直接至车间变电所，其优点是运用和维护简单，实现保护和自动化方便，供电可靠，缺点是基建投资大；

（2）干线式供电系统，由总降压变电所引出之每条线路分支分别供给几个变电所（变压器），接在一条干线上的变压器通常不超过4~5台，且每台容量不大于1000kV·A；

其优点是投资少，不要很多的高压电器；缺点是供电可靠性差，网路的运用及维护较复杂，发生故障时难以确定损坏地点；

（3）混合式供电系统，上述两种方式的结合运用。

练　习　题

11-1　如何计算车间照明用电容量及车间年耗电量？

11-2　如何计算车间变压器容量？在选择车间变压器时，应注意哪些问题？

11-3　怎样选择好主传动电机并确定其容量？

11-4　何谓放射式供电系统？何谓干线式供电系统？并比较二者的优缺点。

12 车间供水与排水

12.1 供　　水

金属材料加工厂是一个比较大的用水户。各车间对水质、水压、水温及用水制度等要求不同,还必须考虑专门的水力设施来保证生产的需要。如水塔、高位水池、泵站等。

此外,根据地区条件,车间规模和生产工艺过程的不同,车间的供水系统也有所不同。

供水系统是指从水源取水,经过加压,在必要时,经过净化后输送到用水地点的整套构筑物和机械设备。

12.1.1 供水系统分类

轧钢厂和有色金属加工厂所采用的供水系统种类较多,大致可分为直流供水系统、循环供水系统以及连续供水系统等。

12.1.1.1 直流供水系统

直流供水系统所用水量都是从水源直接吸取,将其使用完后的废水全部排往下水道或江河中去的供水系统。直流供水系统的最大优点是它所采用的构筑物少,建造费用低,管理上也很简单,特别适合小用户。对作为冷却系统用水来说,供水温度低。存在的缺点是耗水量大,与循环供水系统比较,缺点是没有预备水量,没有安全供水的可靠保证。直流供水系统只有在水源极端丰富的条件下才能大量地采用。

12.1.1.2 循环供水系统

循环供水系统将使用过的水经过沉淀或冷却处理后重新供应用水处使用。因此,凡是采用循环供水系统就不需要再从水源吸取大量的新水了,只需要吸取少量的新水以补充循环供水系统中不可避免的水量损失。

当水源的水量不足时,循环供水系统是唯一最适用的一种供水系统,特别是当工厂所需的水压很高,水源与厂区相距愈远,则采用循环供水系统更有利。

但是,循环供水也有缺点,它需要一些设备与设施,如水泵、蓄水池或喷水冷却池等;水温较高,这会使生产条件恶化或冷却效果降低,甚至影响产品的质量。

12.1.1.3 连续供水系统

连续供水系统是指将第一个用户使用完后的水,不经沉淀或其他处理直接送往某些车间去再次使用,将用后废水排往下水道或再送给第三个用户。

这种系统的优点是第一个用户使用过后送给第二个用户,可以不必再从水源取水,因而用水量与直流系统相比是较少的,另外可以减少部分供水设施,节约了一部分投资及管理费用。

综上所述,一个工厂采用哪种供水系统,可根据各车间的具体要求而决定。一般来说都是采用混合式供水方式,即有直流系统,也有循环系统,或者直流系统和连续系统的联合。

12.1.2　水质

根据水的用途不同,对于水的性质亦提出不同的要求。

在自然界中,化学纯水是不存在的,无论是地面水和地下水中,均含有不同的杂质。按杂质在水中存在状态,可分为悬浮物、胶体物及溶解物。按杂质来源,可分为有机物、无机物及微生物。为了进行水质净化,使其达到用户对水质的要求,必须对水源、水质作出详细的分析和评价。

水的性质依照夹杂物质的特点不同而改变。

水的物理性质包括混浊度、色度、臭味以及温度。

水的化学性质包括硬度、所溶解盐类的种类和数量。

另外对饮用水来说,需测定水的生物特征即含有植物或动物有机体的数量;水的细菌性质即主要是指致病菌的种类及数量。

水中如含有数量过多的铁、锰及石灰等,如不加以净化处理,必然影响生产和生活上的使用。铁质过多,使水呈褐色,会使水管上的龙头阻塞;含钙盐和镁盐过多,则会使水变为硬水,这种水往往不适于工厂生产用。

有关水质问题包括工业用水的种类、水的硬度、pH 值、悬浮物的含量、机械夹杂物的粒度以及其他有害成分含量等内容,下面分别加以叙述。

A　工业用水的种类

(1) 新水。从地下取出的水温不超过 20 ~ 26℃,水的暂时硬度不超过 8 ~ 10 度(德国度),一般常用压力为 0.25 ~ 0.3MPa。低温新水可用作轧机主电机轴承冷却或轴承空气冷却器、操作室和主电室通风机冷却。

从地表取出的新水,水温为 25 ~ 40℃,水中有机械夹杂物,常用压力为 0.25 ~ 0.3MPa,这种水可用作轧机轴承、热锯锯片、连续加热炉、通风机等冷却水和酸洗用水。

(2) 净环水。指使用未被污染的水,一般水温为 30 ~ 33℃以下,常用压力为 0.25 ~ 0.3MPa,净环水可用于加热炉冷却、轧机轴承冷却、电机轴承冷却、酸洗间生产用水等。

(3) 浊环水。经使用后落入地沟,再经沉淀后循环使用的水。一般水温为 33 ~ 35℃,常用水压为 0.25 ~ 0.3MPa。浊环水可用于熔铸车间设备冷却水等对水质要求不严的用户。

(4) 软水。凡硬度小于 8 度的水称软水,常用于配制轧机、拉拔机和水压机上用的乳液以及电炉感应线圈的冷却等。

(5) 软化水。指将水中的硬度降低至一定程度的水,水软化过程使硬度降低,一般为 0.1 ~ 5 度,而总含盐量不变,可供车间钟罩炉、工频感应炉冷却用水。

(6) 脱盐水。将水中易于去除的强电介质降低至一定程度的水,其含盐量一般为 1 ~ 5mg/L,电阻率(0.1 ~ 1.0) $\times 10^4 \Omega \cdot m$(25℃)。

(7) 纯水。又称去离子水或深度脱盐水,即除去易于去除的强电介质与难去除的硅酸和二氧化碳等强电介质,含盐量为 1mg/L。

(8) 高纯水。指完全去除水中的导电介质,同时去除胶体物质、气体及有机物等的水,含盐量 0.1mg/L。

B　水的硬度

溶有较多钙盐或镁盐的天然水叫硬水,只含有少量或完全不含钙盐和镁盐的水叫做软水。

由钙或镁的碳酸氢盐的存在而引起的硬水叫暂时硬度。当有碳酸氢钙 $Ca(HCO)_2$ 存在时，则当水加热到 50～60℃时，酸式碳酸钙即分解成碳酸钙而沉淀，并附着在冷凝器壁上。

假如水中含有在煮沸时也不生成沉淀的钙或镁的硫酸盐、硝酸盐及氯化物，这种硬度叫永久硬度。

水的硬度分类：8 度以下为软水；8～16 度为稍硬水；16～18 度为硬水，工厂不适宜用硬水。

C　浑浊度

浑浊度间接表示水中所含机械杂质的含量，就是 1L 水中含有 1mg 白陶土（或高岭土）时所产生的浑浊程度为一个单位。

D　悬浮物

悬浮物主要指水蒸干后的淤泥、黏土、有机物、微生物等悬浮物质。

E　水的 pH 值

pH 值是氢离子浓度的指数。

12.1.3　水源

12.1.3.1　地下水

采用地下水可设置钻井，用水泵将水抽出，供工厂用水。有时在低洼之处，可能遇到含水层封闭在不透水地层之间的情况，在这种情况下，水由于处在高压作用之下，形成泉水由钻孔喷出，这种喷泉就是自流井。

12.1.3.2　露天水源

露天水源指江、河、湖、海、水库而言，对含有夹杂物质的水，要加以净化、沉淀、过滤或化学处理。

选择水源时，要做周密的调查研究，并详细比较各种水源在技术要求上的可能性及经济上的合理性。

地下水一般具有水质好、水温低、投资少、建设快、供水安全的优点，故应考虑采用，尤其生活用水采用地下水更为适宜。生产用水根据其对水量、水质的要求，也应首先考虑用地下水。当地下水不足时，可以采用地面水补充。

12.1.4　供水管网

水沿供水管网线路送到各用户处。对于用水量大的加工厂，通常需要修建两条供水管网系统，一条是满足生活用水；另一条供应生产用水。消防用水可以与其中任一条合并。

为了保证在发生事故时仍能不断供水，输水管常常敷设两条或两条以上的平行管道，在平行管道的一定距离设连接横管。

外部供水管网通常是做成环形，因为在这种情况下，当任何一段管道发生破坏时，水可以不间断地进入管网的其他各段。图 12-1（a）所示为工厂的环形供水管网图，这种布置方案是将生活、生产与消防水道联合在一起，图 12-1（b）为饮用水管网由钻井取地下水，而生产和消防用水取河中水。

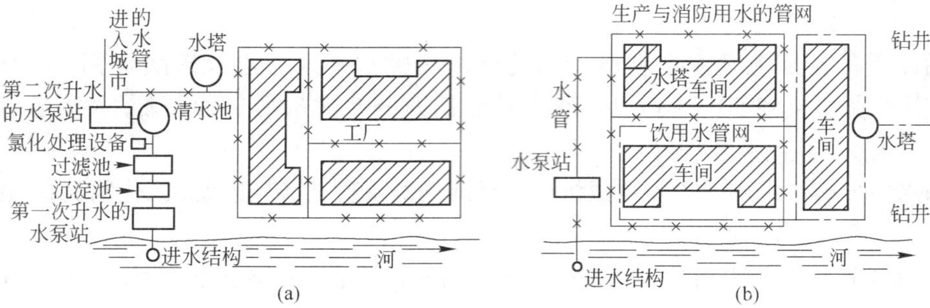

图 12-1 供水管网示意图

（a）环形供水管网；（b）生产、消防供水管网与生活给水管网

在向生产机组或设备供水时，如其内可能产生水压高于室内管网的水压，应在引向它们的支管上安设逆止阀，必要时应设安全阀。

车间外部水管网主要是采用铸铁管或钢管。

车间内部的管网的水管材料应根据安装的条件和供水要求选择。生产与消防上水管可采用铸铁管，生产上水管有特殊要求时也可以采用镀锌铁管，生活用水管网应采用镀锌铁管和铸铁管，埋设于地下时最好采用镀锌管。

车间内部上水管道敷设，应根据厂房结构形式、生产条件、检修条件等确定，一般最好明配，在条件许可时可以直接埋在地下，也可敷设于其他用途的地沟内，在有足够的理由时，可建专用地沟。但是，上水管不允许敷设在排水沟、烟道或通风道中。

为了便于排泄管网中的水，上水管的水平管段应敷设成有 0.002 ~ 0.005 的坡度。当上水管道与热力管一起敷设时，应把上下水管道设在热力管之下。为了防止供水管网冻结，通常将配水管网敷设在地下冰冻线以下 0.3m 处；只有当土壤温度不至于达到零下的南方地区，以及管子不致受机械力损坏的条件下，其埋置深度可以小于 1m。在进行平管线布置时，生活饮用供水管，应尽可能高于污水管、排水管和煤气管。否则，必须加套管保护。供水管与建筑物的距离，应保持 3 ~ 5m；与铁路中心线的距离为 3.75m；距离公路边缘为 1 ~ 2m。

12.2 排　　水

对工厂的一切生产与生活污水，要及时的排出或者进行处理，处理后的水继续循环使用，而污物可综合利用。

收集和排除污水的方法，是用排水系统排出。

12.2.1 排水系统

根据污水的来源，污水可分为生活粪便污水、生产污水、天然污水。

排水系统按其用途可以分为：

（1）合流系统，合流系统是将各种污水共同用一个系统排出处理；

（2）分流系统，分流系统是将不同的污水以不同的管道排出并分别处理。

采用合流系统，使生活污水和生产污水，都经过净化处理，是比较合理的。但是，这种系统需要处理的水量很多，因而影响其修建费用和维护费用，比分流系统高。因此，在每一种情况下，对于排水系统的选择，必须根据污水的水质、水量及废水利用的价值等因素，进行技术和经济的分析比较。

排水系统是由废水收集设备（卫生用具、生产设备、雨水漏斗）、排水管网（室内、室外）、污水处理构筑物和增压设备（泵站）等几部分组成。

12.2.2　排水管网

排水管网分为车间内部的、厂内的和外部的三种。

要制定车间内部的排水设计，必须具备下列一些基本资料：

（1）排除污水的设备在每班中的工作时数；

（2）最大班的污水排除量（中等的和最大的）；

（3）污水排出的状况（连续不断的或定期的）；

（4）污水的鉴定，其中指明污水的温度和所含的污物——含有细菌的、能溶解的和不能溶解的污物。

为了选择设备、管道和集流管的材料，以及污水的净化方法，在污水分析中，应详细地反映出其中是否含有酸类、碱类、盐类、脂肪、油类、树脂以及有毒物质等。

在个别情况下，有些污水必须经过预先加热处理，然后才能容许将其直接排入排水管网。生产污水的预先处理，常常在车间内部的局部设备（格栅、筛子、聚沙池、中和池和稀释池等）中进行。

车间内部的油脂回收池，只当车间已采取了防止气体渗入的措施后才可以设置；通过油脂回收池的管道，应装置可以经常用热水或蒸汽洗涤的设备。车间内部的易燃液体（石油、润滑油）回收池，只准许设置在地下或耐火的房屋中。汽油、煤油的回收池，必须设置在车间外面。

为了缩短内部排水管的长度，所有排出生活粪便污水的用具，如便池、洗脸盆、澡盆和地漏等都尽可能成组地配置，同时在不同的楼层这些用具的位置应该上下相对。

为了保证污水能以自流式流动，排水管网的最小允许坡度为1/100。排水管网的敷设深度、当管径小于600mm时，可敷设在地下冻结深度以下0.3m；当管径大于600mm时，敷设深度可以在冻结深度线以下0.5m，排水管与建筑物的距离为3m；与铁路中心线的距离为3.75m；与公路边缘距离为1.5～2m。

12.2.3　污水净化

污水根据其来源，可以分下列三类：

（1）含矿物质或无机物污水，主要含有沙、泥土、盐、酸和碱的溶液、矿物油以及许多其他物质；

（2）含有机物的污水，有机物本身又可分为植物性有机物和动物性有机物，其主要化学元素是氮；

（3）含细菌类污水，生活粪便污水中含这种污物最多。

这些污水只有根据污水的性质，采取不同的处理，然后才可以排出或综合利用。

污水的净化方法一般有机械净化法、生物净化法和化学净化法三种。图12-2为净化站构筑物示意图。

机械净化法可以除去污水中非溶解状态的(悬浮的)废物,为此应使污水通过拦污栅、沉沙池、沉淀池等。拦污栅主要拦住较大的污物;沉沙池可除去污水中夹带的砂粒。

沉沙池是一个立式或卧式的水池,污水以缓慢的速度流过,则沙和其他较重颗粒即沉于池底。而沉淀池是除去污水中细小的颗粒。机械净化后,污水中仍留有小粒污物,尤其是还留有溶解状态的污物和细菌。特别危险的是有机物质。如果在机械净化以后,容许将污水泄入排水系统或用于综合利用,则污水应以氮化消毒后即可泄出。

生物净化法处理污水,是在污水通过沉淀池后,再通过生物过滤池或曝气池,加以净化。生物过滤池内装满各种大小的碎石、炉渣,下面颗粒较大,而上面较小。污水由池子的上方放入,通过整个炉渣层,在炉渣表面形成一层薄膜,其中含有大量的细菌。细菌产生生化作用,即能净化薄膜面上黏附的有机物质。净化站构筑物示意图如图12-2所示。

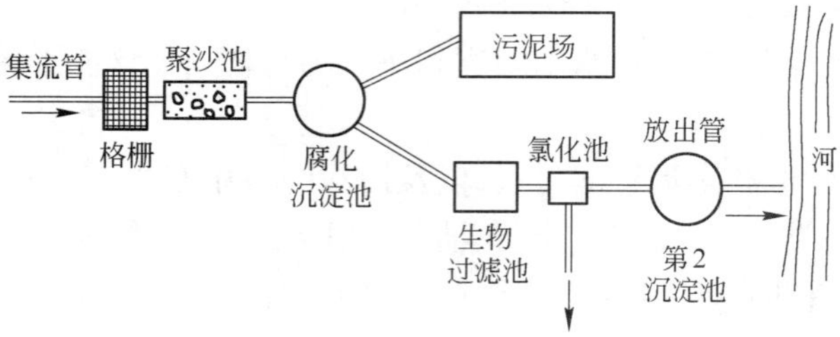

图12-2 净化站构筑物示意图

由于污水净化后还不能清除全部细菌,其中尚可能含有致病菌,所以污水在泄入排水系统前还要经过氯化消毒。

化学净化法主要是用来净化含有有害物质(酸、碱)的生产污水。化学净化法是根据污水的性质进行处理,如凝聚、中和、电解及物理、化学方法(结晶法、蒸发法、提取法、空气氧化法及吸附法)等。

练 习 题

12-1 金属压力加工车间用水有几种?采用何种供水方式?

12-2 供水管网如何敷设?

12-3 金属压力加工车间排水系统有几种?

12-4 污水净化有几种方式?针对金属压力加工车间排出的污水应采用哪种最佳?

13 供热与供气

13.1 供 热

生产和生活的供热包括采暖和热水供应两个方面，根据地区气象条件，生产工艺的特点以及建筑等级等因素决定。一般在我国北方有采暖设施。

13.1.1 采暖的分类

采暖系统由产热设备（如锅炉）、输热设备（如管路）和散热设备（如暖气片）组成。

采暖系统主要分为局部采暖系统和集中采暖系统两大类。

加工车间一般不采用局部采暖系统，而是采用集中采暖系统。集中采暖系统根据带热体的性质不同可分为：热水采暖系统、蒸汽采暖系统和热风采暖系统。

13.1.1.1 热水采暖系统

热水采暖有双管式系统如图13-1(a)、(b)所示和单管式系统如图13-1(c)、(d)所示。双管式系统按水的循环方式又分自然循环式和强制循环式。自然循环式热水采暖系统的工作原理是水在锅炉中加热时则体积增大，密度减小，被加热的水便顺着主要供水干管上升，并进入配水干管，热水由配水管顺着立管流入散热器，通过散热器将热放给采暖房间，于是热水变冷，则水的密度增大，便通过回水立管流入集水（回水）干管，已经变得比较冷的水再回到锅炉重新加热。由于冷热水之间的压力差，使水在系统中保持循环，而形成水的连续流动。冷热水的温差愈大，以及锅炉上方散热器的位置愈高，则压头也就愈大，水的循环也就更正常。

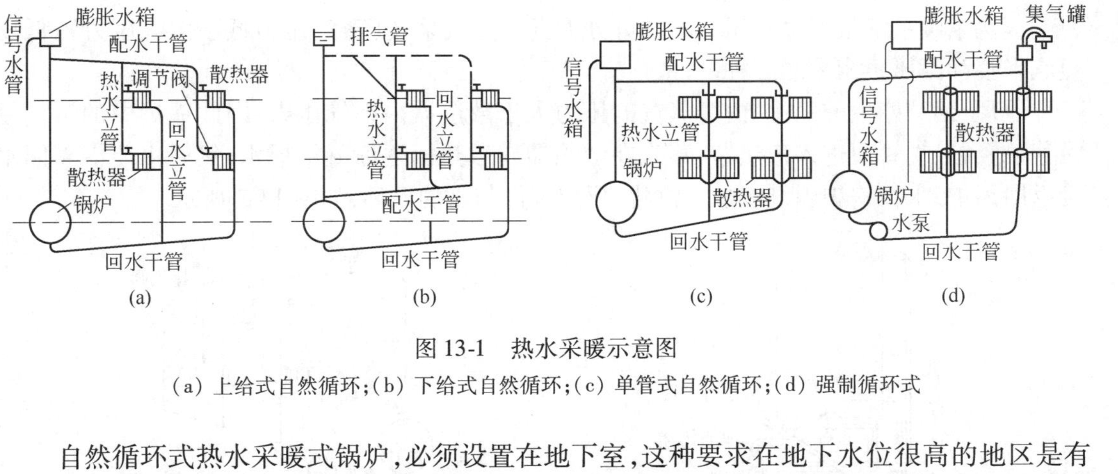

图13-1 热水采暖示意图

(a) 上给式自然循环；(b) 下给式自然循环；(c) 单管式自然循环；(d) 强制循环式

自然循环式热水采暖式锅炉，必须设置在地下室，这种要求在地下水位很高的地区是有一定困难的，而且自然循环式采暖系统的水头，常常又不能满足大面积采暖房间的要求，因为管道的水平长度很长，在水管及其他配件中产生很大的水头损失。为了减少采暖系统中的阻力，保持一定的水头，只有加大水管的直径，这在经济上是不合算的。在这种情况下，采用强制式循环采暖系统是比较合适的，就是在回水管上加水泵使水循环。水泵是将水压入锅炉，水在锅炉内加热后便从锅炉进入配水干管、立管和散热器。为了保持该系统的工作正常，必须装置一个泄气器，在系统内充满水，使管中的空气及水在加热时自水中分离出来的空气能很方便的从泄气器的自动开启小孔排出。

强制式热水循环采暖系统具有下列优点：

(1) 采暖系统的水平管的长度，可以按照需要加长，且能满足水头要求；

(2) 锅炉的位置可以不低于散热器；

(3) 由于采暖系统中水的流速较大，所以管道的直径可以比自然循环式的小。

这种采暖系统的缺点是需要耗费水泵运转的电力，而且维修工作也较复杂。

双管式系统按主干管的配管方式可分为上给式热水采暖系统和下给式热水采暖系统。上给式采暖系统一般适于在无地下室的建筑物内采用，它的配水干管安装在屋盖的下方，热损失大。下给式采暖系统的配水管设置在地下室，底层的地板下面或底层的地沟中，此外为了排出采暖系统中的空气，必须在管网的上部敷设专门的管道通向膨胀水箱，或在散热器上安置专门的排气阀。

单管系统热水采暖比双管系统具有许多优点。在单管系统中，热水由锅炉顺着主要立管上升而进入配水干管，从配水干管分配到各个立管，在散热器与立管连接处，水流分为两股：一股进入上层的散热器，而另一股则顺着立管而下降。通过散热器并使其中部分的冷却水，与顺着立管向下流的热水相汇合。然后，水进入下层楼和其他更低层的散热器，已冷却的水由立管进入回水干管，然后进入锅炉。这种系统安装费用低，工程简化，效果与双管系统差不多。

膨胀水箱是热水采暖系统中的一个重要组成部分(图 13-2)，它安装在系统的最高点，可容纳加热后的膨胀水，并补充系统中缺少的水。当系统上水时，系统中原有的空气上升到膨胀水箱，然后从溢流管排入大气中。

热水采暖系统由于具有保持室内温度均匀，散热器表面温度不高；卫生条件好，无噪声，热容量大等优点，应用较广泛。

13.1.1.2 *蒸汽采暖系统*

蒸汽采暖系统根据蒸汽压力不同可分为真空蒸汽采暖(蒸汽压力低于大气压力)、低压蒸汽采暖和高压蒸汽采暖三种。

原理：锅炉产生的蒸汽，由于蒸汽的压力大于散热器内空气压力，因此锅炉中的蒸汽便沿着总竖管、支管而进入散热器，蒸汽在散热器内散热而逐渐凝结成水，然后水便沿着回水管返回锅炉，水在锅炉内继续加热汽化，形成蒸汽与水的循环，如图 13-3 所示。

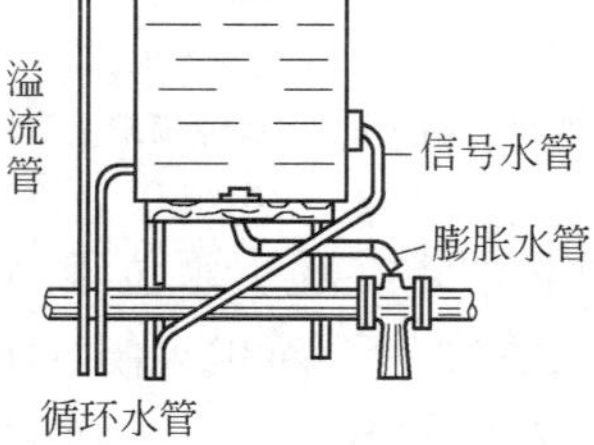

图 13-2 膨胀水箱图

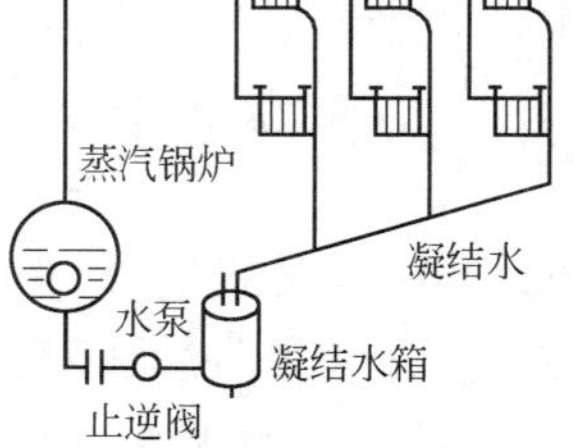

图 13-3 蒸汽采暖示意图

低压蒸汽采暖系统可分为单管式与双管式、干回水管式与湿回水管式；回水方法有重力回水式和强制回水式。双管式系统是一个管道系统送蒸汽，而另一个管道系统送回散热后的凝结水，当采暖系统里不再送蒸汽时，总的回水全部流回锅炉。因此称为干回水管式，如图 13-4 所示。如果回水总管还有凝结水，就称湿回水管式(图 13-5)。

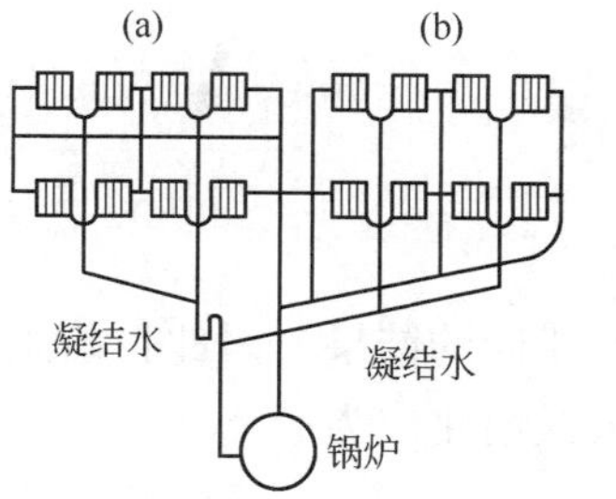

图 13-4 双管干回水管式采暖示意图

(a) 中给水式；(b) 下给水式

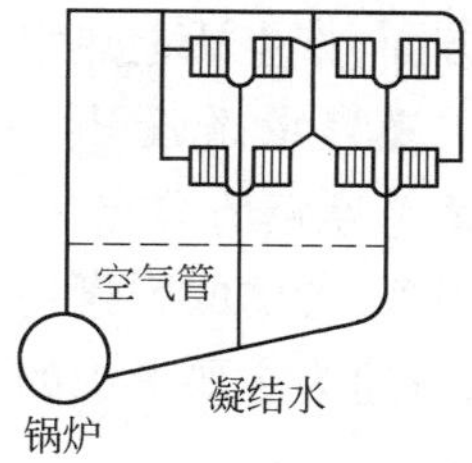

图 13-5 双管湿回水管式采暖示意图

低压蒸汽采暖系统一般采取中给式或下给式布置方式，很少采用上给式系统布置方式。

低压蒸汽采暖优点是温度高、热惰性小、设备费用较低等；缺点是散热器表面温度高、室内温度波动大，冷热不均。因此，不适合用在室内卫生要求较高的建筑物。

高压蒸汽采暖的压力大，能克服长距离的管路压力损失，但温度高，不适合卫生要求，容易引发烫伤；而且压力大，容易损坏零件以及发生爆炸事故。因此，只能在人停留时间短及卫生条件要求不高的建筑物或者在生产工艺需要的生产厂房中采用。

13.1.1.3 热风采暖系统

热风采暖系统主要供体积大的房间采暖用。

热风采暖系统是通风机吸入的空气，经加热器(热风机)加热后，通过热风管道送入采暖房间，冷却后的空气再从排风管道返回加热器再加热。如果房间需要不断送进新鲜空气来更换脏空气，则热风采暖同时又起通风的作用，这种采暖通风系统在生产厂房中应用得较广泛。

13.1.2 热水供应

热水是为了满足工厂生产和生活间的使用要求。

热水供应也是由锅炉、热水管、回水管等设备组成系统。水在加热器内加热，然后顺着总管送到用水处，如果没有被使用掉，过一定时间冷却后，水的密度增加，便顺回水管回到热水锅炉中重新被加热。

13.1.3 暖气管道的安装

暖气管道的埋置深度：在地沟内敷设时为 0.5m，无地沟敷设时为 0.6m，暖气管道与建筑物之间的距离应保持在 2～3m，与铁路中心线的距离为 3.76～6m，距公路边缘为 1.5～2m。

13.2 供　　气

13.2.1 蒸汽供应

加工车间所用的蒸汽均为低压(4～8 绝对大气压)的饱和蒸汽，这是由加工工艺的具体要求所决定的。

加工车间使用蒸汽有如下几个方面：

(1) 作为加热用；

(2) 作为车间采暖、保温用；

(3) 生产操作用；

(4) 其他方面，如生活上热水供应、浴池等。

13.2.1.1　蒸汽管道设计

A　蒸汽管道管径的确定

计算公式很多，考虑的因素也多，很难得出一个正确的结果。因此目前采用的计算法均以蒸汽的流量、流速为主要考虑的因素，并将计算公式简化成为：

$$D = \sqrt{\frac{4GC}{3600\pi v}} \tag{13-1}$$

式中　D——蒸汽管道的内径，m；

C——蒸汽的比容，m^3/kg；

G——蒸汽的流量，kg/h；

v——蒸汽的流速，m/s。

当蒸汽的比容和流量为已知时，介质的流速与管径的关系可依据表13-1来决定。

表13-1　蒸汽管道中介质允许的速度

蒸汽种类	管道种类	允许速度/$m \cdot s^{-1}$
过热蒸汽管道	主　管	40～60
	支　管	35～40
饱和蒸汽管道	主　管	30～40
	支　管	20～30
废气管道		30～100

B　蒸汽管材选择

由于输送蒸汽的管道是有一定温度（150～180℃）和压力的热力管道，因此在选择管道材质时，应尽量使热损失及阻力损失少些。一般选用铸铁管、无缝钢管和焊接钢管作为蒸汽的输送管道。

C　蒸汽管道保温设施

保温结构主要作用是减少载热体的热能损耗及减少表面或近表面处的温降。

保温材料一般热介质在500℃以下时使用泡沫混凝土，硅藻土、矿渣棉等也较好，这种材料保温效率高而且价格低。保温层厚度的选择如表13-2所示。注意管道的热膨胀，应选择膨胀器。

表13-2　保温层厚度的选择

保温材料的热传导系数	蒸汽温度/℃	<ϕ50mm	ϕ(60～100)mm	ϕ(125～200)mm	ϕ(225～300)mm	ϕ(325～400)mm
		保温层厚度/mm				
0.075	100	40	50	60	70	70
0.08	200	50	60	70	80	80
0.09	300	60	70	80	90	90
0.10	400	70	80	90	100	100

13.2.1.2 蒸汽管网敷设

一般输热管线敷设方法有:敷设于不通行地沟中、敷设于通行地沟中、架空敷设、建筑物或地下室内敷设、无地沟敷设等。加工车间通常采用架空敷设法。架空敷设主要优点在于建造投资费用低,维护修理方便;缺点是输送管道愈长,则需要进行大量的弯曲,热损失大,当沿着车间的墙和柱子架设时,难以找到可靠的建筑方法加以固定。

架空敷设的管线最好靠近柱子或墙壁,应尽量和其他管道共用支架。

管网架设高度(自地面算起),当经过门时则应从门架上过,无门时,对通行火车的地区高度应为5.5m以上;对通行汽车的不应低于4.5m。

13.2.2 压缩空气供应

A 加工车间对压缩空气的要求

(1) 压缩空气应尽可能的干燥,要求压缩空气中的水分要少,含油量要少,以免损坏机器;

(2) 供气压力为6~7绝对大气压,不能太小,否则影响设备行程速度;

(3) 为了工作可靠性必须设有备用机组。

车间的压缩空气,由压缩空气站供应。一般压缩空气站为了节省管道投资,应尽量靠近用户,但当用户较多,且分散,可分散配置。

B 空压站的组成

(1) 空气过滤器;

(2) 进气管,进气管长度一般应小于10~12m(往复),在进气管附近不允许设有空气管道与蒸汽管路及其他散热装置;

(3) 后冷却器为了分离压缩空气中的水蒸气和油而设置的,一般都把后冷却器安放在高压气缸和空气罐之间;

(4) 空气罐主要用来稳定空气管路中的压力,减少由于往复式压缩机工作时引起的周期性的脉动,以及再一次分离空气中的水汽和油。

每个空气罐的引入管都应装设油水分离器,另外,空气罐应装有安全阀、清扫孔等。

在往复式空气压缩机内,空气流通顺序:空气过滤器-进气管-空气压缩机-后冷却器-油水分离器-止回阀-空气罐-闸板阀-空气输送总管。空气压缩机站的管道系统如图13-6所示。

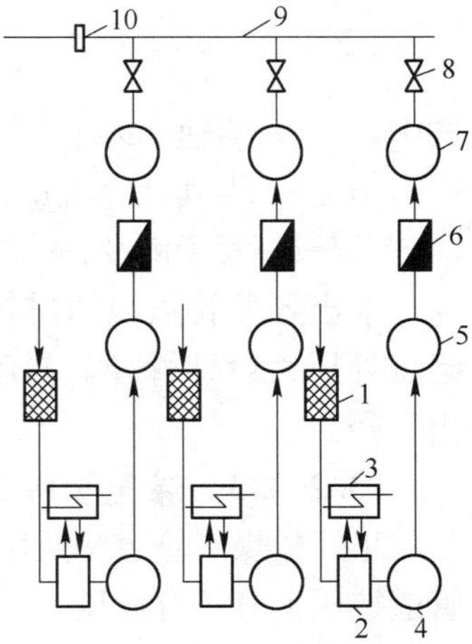

图13-6 空气压缩机站的管道系统图

1—空气过滤器;2—往复式空气压缩机;3—中间冷却器;4—集气罐;5—后冷却器;6—止回阀;7—空气储热罐;8—闸板阀;9—压缩空气主管;10—流量测定隔板

13.2.3 供煤气

13.2.3.1 煤气发生站

煤气发生站是由数个煤气发生炉及其辅助设备所组成。发生煤气是以煤或者焦炭作为原料,用蒸汽-空气混合鼓风(其压力约为200~500mm水柱,温度为40~75℃)使原料气化和水煤气化而制成混合发生炉煤气。煤气压力波动在30~100mm水柱,温度波动在350~650℃。

制造发生炉煤气的主要化学过程如下:

$$2C + O_2 + 3.76N_2 \rightleftharpoons 2CO\uparrow + 3.76N_2 + 246034.8J$$

$$C + H_2O \rightleftharpoons CO + H_2 - 118628.4J$$

发生炉煤气在加工车间中主要用来作加热设备或热处理设备的燃料。在加工厂是否建煤气发生站要根据产品生产的工艺要求和供煤气的条件加以确定。

13.2.3.2　煤气管道的管径确定

煤气管道管径主要依据用户点使用量和由煤气压力算出的流量而定。

当供应两个以上用户时,煤气管道以主管的最大小时消耗量和其余用户的平均小时消耗量作为计算流量的依据,流量求出后,同时考虑了用户对煤气压力的要求就可计算出管径。依据经验在煤气管道内允许的流速列于表13-3中。

表13-3　煤气管道内允许的流速

煤气管道的直径/mm	流速/$m \cdot s^{-1}$	煤气管道的直径/mm	流速/$m \cdot s^{-1}$
200~400	2~4	1000	10~12
400~600	4~6	1200	12~14
600	6~8	>1200	~14
800	8~10	>2000	20~22

当压力较大时应提高流速,可使用小直径管道。对于发生炉煤气的管道流速一般取2~3m/s(金属管道)或0.5~1m/s(砌砖管道)。

煤气计算流量、流速及管径的关系由下式确定:

$$v = \frac{4Q}{3600\pi d^2} \tag{13-2}$$

式中　v——流速,m/s;

Q——煤气计算流量,m^3/h;

d——管子内径,m。

求出各段管道内的煤气计算流量,又知道煤气用户接点处的压力,就可根据煤气来源起点处压力设计管径。然后计算各管段的阻力损失,再根据阻力损失调整管径,最后确定出管径。

13.2.3.3　煤气管网系统

工厂的煤气管道按照用途分类有厂区煤气管道、车间煤气管道及炉前煤气管道。煤气管道按压力分类有低压、中压和高压之分,加工厂的煤气管道大部分属于中压。

对煤气管道的要求,应具有足够的机械强度和不透气性。

煤气管道安装时,应有不小于20%的坡度,以便使煤气中所析出的水排出。在煤气管道直线段上一般每隔500~600m装一气水分离器,以收集煤气中析出的水。

工厂的架空煤气管道,与建筑物的距离不应小于5m,距熔化的金属或矿渣的出口以及发热炉口不少于10m。

敷设地下煤气管道时,要埋设在土壤冻结深度以下(不少于1m),并离开建筑物2~5m,以免在管道漏气时,煤气侵入车间内部。

练 习 题

13-1 压力加工车间采用哪种采暖方式？厂房内温度控制在什么范围？

13-2 在压力加工车间所供应的蒸汽、煤气、压缩空气作何用？供气管道的管径如何计算？管道如何敷设？需注意哪些问题？

14 环境保护与劳动安全

14.1 环保对车间设计的要求

金属材料加工厂既是产品的生产场所,又是大量烟尘、废水等有害物质的发生地。对这些有害物质的有效处理与控制,并加以综合利用,即保护好环境卫生,又有利于生产,保证人民的身心健康。

环境保护是关系到子孙后代的千年万年大计。因此,工业发达的国家把环境保护和综合利用放在非常重要的位置,在这方面的投资日益增加。一个工厂能不能建设与生产,首先要有环保措施,否则就不能建厂与生产。

对一个企业的要求不仅是绿化周围环境,而且对烟尘、污水、各种发生物及噪声等要采取有效的控制和综合利用的措施。

目前对环保问题,我国非常重视,有专门环保机构,建立了环保的监测系统,负责环保管理工作。

金属材料加工厂环保的内容,在于对生产过程中产生的各种有毒、有害物质采取措施,加以控制和利用,使其控制在规定的标准范围内。

在车间设计时应注意以下几点:

(1) 在厂房建筑和总图布置时要留有绿化区;

(2) 保证车间内有良好的通风,注意车间厂房纵轴布置成东西向,厂房主要迎风面一般应与夏季主导风向成60°~90°,放散热量大的设备应放在下风位置或采取通风措施;

(3) 污水要处理后排放或循环使用;

(4) 有毒、有害物质应回收,有回收设施,不允许外排;

(5) 粉尘应有集尘设施、集中处理;

(6) 尽量实现工艺过程机械化、自动化。

车间设计时一定要注意改善劳动条件,保障环境卫生。

14.2 环保的内容与对策

环境保护工作是以空气、水质环境的保护为中心,实行有力的措施,不断的开发新的环保设备与技术。

14.2.1 绿化

在厂区进行绿化,可防风、防尘、防噪声以及吸收某些有害气体和美化环境。

绿化是保护环境的重要措施,森林每天可吸收大量的 CO_2 和大气中的灰尘,绿化林带还可降低噪声。

对新建的企业，厂内要求设绿化林带，空地和道路两侧均种植树木，在车间四周种灌木和花草，土地不裸露，形成绿化环境，对整个企业环境有很好的保护功能。

14.2.2 水质的处理

有关水质的要求与处理在第12章中已叙述。

含有各种杂质和有害物质的大量工业废水是造成环境污染的重要原因，因此，根据《工业污水综合排放标准》(GB8978)各有关地区与部门都结合本地区企业的规模与性质及接纳水等实际情况，制订了本地区的工业排水的标准及采取的措施。按标准进行排水，以保障环境的安全与卫生，人民的健康。例如某省直接排放的水污染物最高允许排放浓度如表14-1所示。

表14-1 直接排放的水污染物最高允许排放浓度

序 号	污染物或项目名称	最高允许排放浓度 $/mg \cdot L^{-1}$	序 号	污染物或项目名称	最高允许排放浓度 $/mg \cdot L^{-1}$
1	色度(稀释倍数)	30	14	硼	2.0
2	悬浮物(SS)	20	15	总钼(按Mo计)	1.5
3	五日生化需氧量(BOD_5)	10	16	总钒	1.0
4	化学需氧量(COD_{Cr})	50	17	总钴	0.5
5	总氮	15	18	苯乙烯	0.2
6	氨氮	8(10)①	19	乙腈	2.0
7	磷酸盐(以P计)	0.5	20	甲醇	3.0
8	石油类	3.0	21	水合肼	0.2
9	挥发酚	0.3	22	丙烯醛	0.5
10	硫化物	0.5	23	吡啶	0.5
11	总氰化物(按CN^-计)	0.2	24	二硫化碳	1.0
12	总有机碳(TOC)	20	25	丁基黄原酸盐	0.1
13	氯化物(以氯离子计)②	400			

① 括号外数值为水温>12℃时的控制指标，括号内数值为水温≤12℃时的控制指标；
② 氯化物(按氯离子计)只针对排放于淡水水域，海域不受限制，排水用于农田灌溉的排放标准为250mg/L。

有关水质的保护与排放有三个方面，在车间设计时给以充分注意：

(1) 为了高度利用水资源，尽量减少废水排出，工厂可设置回水设备，循环使用，保护水的资源；

(2) 设置含油排水处理设备以及适应各个生产设备和排出水质的处理设备，加强对排水的管理；

(3) 为工业企业设计时依据国家标准，结合本地区的实际制定企业的排污标准。排污标准在各地区、各企业确定排污类别上是有所区别，而随着工业的发展，标准也在不断地调整。

14.2.3 噪声的防治

噪声是影响环境卫生、造成环境污染的重要因素，若人们长期处于高噪声环境下，会对人造成许多危害,如表 14-2 所示。

表 14-2 噪声的危害

影响方面	内容
影响正常生活	使人们没有一个安静的环境休息和学习,吵闹的噪声使人惶惶不安、烦恼异常、妨碍休息、睡眠,干扰谈话,影响听广播、打电话、上课和开会等
对人体听觉的损伤	长年累月在强噪声(>90dB)下工作,将导致暂时性听阈偏移,久而久之会转变成永久性听阈偏移
引起多种疾病	1. 噪声作用于人的中枢神经系统,使人的基本生理过程失调,引起神经衰弱症; 2. 噪声对心血管系统的影响,将引起血管痉挛或血管紧张度降低,血压改变,心律不齐等; 3. 使人们的消化机能衰弱,胃功能紊乱,消化不良,食欲不振,体质减弱; 4. 其他
影响安全生产和降低劳动生产力	1. 在嘈杂环境里工作,人们心情烦躁,容易疲乏,反应迟钝,注意力不集中,影响工作进度和质量,也容易引起工伤事故; 2. 由于噪声的掩蔽效应,使人听不到事故的前兆和各种警戒信号,更容易发生事故

金属材料加工厂的噪声也是比较严重的,主要来自车间的设备。目前在噪声的防止方面采取的主要措施有:尽量选用低噪声的设备;采取防振和隔音措施;安放隔音罩,建造隔音建筑物;装设消音器;改变设备操作规程等。对噪声大的设备一定要采取措施,国内外许多研究单位和生产单位都把消音作为环保的重要研究课题。

为了防止和减少噪声污染,各国都规定了防噪声标准,各工业发达国家根据接触噪声时间不同,允许噪声标准控制在 85 ~90dB(A)。我国制订了《工业企业噪声标准》(GB2348)。表 14-3 列出工业企业噪声标准,供设计时参考。若进行新车间设计时,可根据国家标准结合生产条件制订本车间的噪声允许标准,保障职工的健康。

表 14-3 工业企业噪声标准

接触噪声时间 /h·天$^{-1}$	新建企业允许噪声标准/dB(A)	现有企业允许噪声标准/dB(A)	接触噪声时间 /h·天$^{-1}$	新建企业允许噪声标准/dB(A)	现有企业允许噪声标准/dB(A)
8	85	90	1/2	97	102
4	88	93	1/4	100	105
2	91	96	1/8	103	108
1	94	99	1/16	106	111

注:最高噪声标准不得超过 115dB(A)。

14.2.4 大气污染的防治

14.2.4.1 硫氧化物(SO_x)的控制

大气中硫氧化物对人体危害很大,各国都注意把对硫氧化物的控制作为环保的重要内容。硫氧化物的来源主要是重油的燃烧、煤气燃烧等产生的。因此,为了防止硫氧化物的生成,要采取以下几点措施:

(1) 燃料的低硫化;

(2) 对煤气进行脱硫;

(3) 设置排烟脱硫装置。

14.2.4.2 氮氧化物(NO_x)的控制

氮氧化物是在高温下燃料的燃烧或者空气中的氮发生氧化而产生的。对氮氧化物的控制技术比较困难。

目前,有的工厂采用对加热炉和锅炉等改善燃烧设备来控制氮氧化物的产生。

14.2.4.3 油雾的控制

轧制过程采用乳液或全油润滑时,散发油雾。热轧机和粗轧机通常采用乳液作为冷却润滑剂,热轧时向轧辊和板材表面喷射乳液时,产生大量的水蒸气及微量的油雾,因而排出的烟气主要成分为水蒸气,并含有少量油雾。中、精轧机一般采用矿物油作为冷却润滑剂,冷却润滑剂的主要成分为机油,轧制过程中产生油雾。

目前,轧机油雾净化主要采用油雾净化器,对油雾进行拦截、过滤、净化等。油雾净化器主要有波纹挡板式、填料式、丝网过滤式和立、卧组合式几种。

14.2.4.4 酸雾的控制

硫酸雾沸点高,形成的雾滴粒径大,且较为稳定,易于达到控制及净化要求。硝酸雾实际上是以氮氧化物的形式存在,对于它们的控制和净化较为复杂。

酸雾净化方法:物理法包括吸附-解吸法、离心法、过滤法等;化学法包括燃烧法、氧化法、还原法、催化法、中和法、水解法等。常见的酸雾净化方法如表 14-4 所示。

表 14-4 酸雾净化方法

酸雾种类	净化方法	净化机理
硫酸雾	丝网过滤法(干式)	拦截、碰撞、吸附、凝聚、静电
	碱液洗涤法(湿式)	酸碱中和
	水洗涤法(湿式)	利用酸雾的水溶性
硝酸雾	催化还原法(干式)	催化剂作用使 NO_x 还原为 N_2
	碳质固体还原法(干式)	无催化剂作用,C 将 NO_x 还原为 N_2
	吸附法(干式)	利用吸附材料的高吸附能力
	电子束法(干式)	
	碱液洗涤法(湿式)	酸碱中和
	稀硝酸吸收法(湿式)	酸雾的溶解性
	硝酸液吸收法(湿式)	酸雾的溶解性
	氧化-吸收法(湿式)	提高氧化度,增加吸收能力
	吸收-还原法(湿式)	使 NO_x 还原为 N_2

铜加工厂对硫酸雾、硝酸雾一般采用碱液洗涤法,采用 2% ~6% NaOH 溶液做吸收液,对硫酸雾的去除率一般为 90% ~98%,对硝酸雾的去除率为 89% ~94%。净化设备主要为酸雾洗涤塔,根据车间生产的产品可选择成套设备。

14.2.4.5 粉尘防止

消烟除尘是环境保护的重点,特别是熔铸车间在熔炼过程中有大量的烟尘放出,在设计时要采取消烟除尘措施,改善生产条件,防止烟尘的发生。另外比较有效的措施就是在烟尘发生处设置高性能的集尘装置,对烟尘进行处理,除尘方法及设备如表 14-5 所示。

表 14-5 除尘方法及设备

除尘方法	除尘原理	可净化污染物	除尘设备
机械力除尘	利用粉尘的重力、惯性力和离心力，粉尘从气体中分离出来	≥10μm 烟尘	重力沉降室 惯性除尘器 旋风除尘器
湿式除尘	利用向含尘气体喷淋液体，以便液滴、液膜或鼓泡通过液层等方式进行洗涤，使粉尘从废气中分离	5μm 烟尘	泡沫、水膜除尘器 水浴除尘器 文氏管除尘器 喷淋式除尘器
过滤除尘	利用含尘气体通过滤料，使粉尘与废气分离的过程	≥0.1μm 烟尘	袋式除尘器 颗粒层除尘器
静电除尘	利用静电力的作用，使粉尘从气体中分离的过程	≥0.1μm 烟尘	电除尘器

我国有关空气中含有有害物质的最高允许浓度和有害气体的排放标准是《大气污染物综合排放标准》(GB16297)。表 14-6 为企业规定的车间空气中含有害物质的最高允许浓度，表 14-7 为冶金企业 SO_2，Cl_2、CO、HCl 及氟化物排放标准。进行新车间设计时，可根据国家标准结合生产条件制订本车间的空气中含有害物质的最高允许浓度，保障职工的健康。

表 14-6 车间空气中含有害物质的最高允许浓度

物质名称	最高允许浓度/$mg \cdot m^{-3}$	物质名称	最高允许浓度/$mg \cdot m^{-3}$
一氧化碳	30	其他粉尘	10
二氧化碳	15	硫酸及三氧化硫	2
二硫化碳	10	氰化氢及氢氰酸盐类	0.3
三氧化铬	0.05	铅及其化合物	
五氧化二磷	1	铅 烟	0.03
汞及其化合物	17	铅 尘	0.05
苛性碱	0.5	硫化铅	0.5
氟化氢	1	锰及其化合物	0.2
氢氟酸盐类	1	氯	1
氨	30	氯化氢盐酸	15
臭 氧	0.3	四氯化碳	25
氧化氮	5	含 10% 以上游离二氧化矽粉尘	2
氧化锌	5	含 10% 以下游离二氧化矽滑石粉尘	4
硫化氢	10	含 10% 以下游离二氧化矽水泥粉尘	6
玻璃棉及矿渣棉粉尘	5	含有 10% 以下游离二氧化矽煤尘	10

表 14-7 冶金企业 SO_2, Cl_2、CO、HCl 及氟化物排放标准 (kg/h)

排气筒高度/m	SO_2	Cl_2	CO	HCl	氟化物(以 F 计)
20		2.8		1.4	
30	52	5.1	160	2.5	
45	91				
50		12	620	5.9	
60	140				
80	230	27		14	
100	450	41	1700	20	
120	670				24

14.2.5 有害废弃物的处理

在生产过程中还有些生成物如熔铸的炉灰渣、含油的尘泥、垃圾等，对这些物质的处理也是环保的主要内容。对这些有害废弃物采取的措施，一般是综合利用，对有用的物质回收，而对确定无用的废弃物埋掉。

以上是对车间设计时环保问题作的简短的叙述，以便引起人们的重视。

14.3 劳动安全

金属材料加工车间设计要以人为本，保证劳动安全和职工的身心健康，造福于职工。

14.3.1 设计依据

依据劳动部建设项目(工程)劳动安全卫生监察规定、国家工业企业设计卫生标准，对照明、防水、防雷、采暖通风及洁净厂房等一系列设计进行规范，保证劳动安全。

14.3.2 设计原则

(1) 在保障经济利益的前提下，尽量不采用或少采用危害安全与卫生的工艺、技术、设备和材料，减轻工人劳动强度，改善工人劳动条件和作业环境。

(2) 严格按照国家有关安全与卫生设计标准规范进行设计，以防为主，尽量把不安全事故隐患消灭在设计过程中，从根本上保障工人的健康和安全。

14.3.3 影响劳动安全因素

车间设计时要注意主要生产过程中产生的危害与自然因素形成的危害因素：

(1) 自然因素形成的危害或不利影响，一般包括地震、不良地质、暑热、寒冻、雷击、洪水等因素；

(2) 生产过程中产生的危害，包括火灾爆炸事故、机械伤害、噪声振动、触电事故、坠落及碰撞等各种因素。

A 自然危害因素分析

(1) 地震。地震是一种能产生巨大破坏作用的自然现象，它尤其对建筑物的破坏作用明显，作用范围大，进而威胁设备和人员的安全，建筑物设防烈度和建筑抗震设防类别按国家规定标准。

(2) 不良地质。不良地质对建筑物的破坏作用较大，甚至影响人员安全。建设场地的地基承载能力要满足建筑物基础的要求。

(3) 雷击。雷击能破坏建筑物和设备，并可能导致火灾和爆炸事故的发生，其出现的机会不大，作用时间短暂。

(4) 气温。人体有最适宜的环境温度，当环境温度超过一定范围时，会产生不舒服感。气温对人作用广泛，作用时间长，但其危害后果较轻，当环境温度降低到一定范围时，还会使设备发生各种事故，影响设备正常运行。

(5) 其他。本地区的降水量很小，场地所在区域不受洪水和内涝影响，风向对有害物质的输送作用明显，人员处于危害源的下风向则极为不利。

B 生产危害因素分析

生产过程中产生的危害，包括火灾爆炸事故、机械伤害、触电事故、坠落及碰撞等各种因素。

(1) 火灾爆炸。火灾是一种燃烧现象，当燃烧失去控制进度，便形成火灾事故，火灾事故能造成较大的人员及财产损失。物质发生变化的速度不断急剧增大，并在极短时间内释放出大量能量的现象称为爆炸。爆炸如同火灾一样，能造成较大的人员伤亡及财产损失。

(2) 其他安全事故。各种机械可能危及人体安全，此外，触电、碰撞、坠落、机械伤害等事故均对人体形成伤害，严重时可造成人员的死亡。停电事故影响生产，甚至损坏设备，造成有害物外逸，危及人身安全。

14.3.4 防范措施

A 自然危害因素防范措施

a 防暑防寒

为了防暑热，拟在生产厂房内采取通风换气措施，在工段内部设置工人休息室、操作室、控制室等，并在室内设置必要的风扇和空调等装置。

b 防雷

对生产厂房建筑物均采取避雷带防直击雷措施，避雷引下线不应少于两根，并沿建筑物四周均匀或对称布置，其间距不大于 18m，每根引下线的冲击接地电阻不大于 10Ω；防感应雷的措施是为建筑物内的设备管道构架等主要金属物，就近接至防雷接地装置。

在爆炸和火灾危险环境中做静电接地设计，对于建筑物内的设备的防静电接地，利用电气的保护接地装置。户外装置也要有防静电接地措施。

c 抗震

在车间厂房设计中，要进行准确的抗震验算，并根据《建筑抗震设计规范》和《建筑物抗震设计规范》的规定，对建筑物设防。

在电气设计中，将变压器滚轮拆下，按防震要求固定于轨道上，防止变压器受损。在工艺设备设计中，采用必要的耐震措施。

d 其他

为了及时排出雨水，避免积水，毁坏设备，在厂区内设相应的场地雨水排除系统。

主要车间尽量采用好自然通风，高质量的采光条件，保证工作人员的视觉需求得到满足。

B 生产危害因素防范措施

a 减振与降噪

在满足工艺设计的前提下，尽量选用低噪声型号的设备，对噪声与振动大的采取减振降噪措施。

b 防火防爆

厂房采用钢混结构，根据《建筑设计防火规范要求》车间内装设室内消火栓，同时设置足够的灭火器。

c 其他安全措施

为了防止触电事故并保证检修安全，两处及多处操作的设备在机旁设事故开关；电气设备的外露导电部分应按系统的接地形式通过保护线（PE 线）或保护中性线（PEN 线）接地，有些设备必要时设置漏电保护。

为了防止机械伤害及坠落事故的发生，生产场所的梯子、平台及高处通道均设置安全栏杆；设备的可动部件设置必要的安全防护网、罩；地沟、水井设置盖板；有危险的吊装口、安装孔等处则设安全围栏；在有危险性的场所设置相应的安全标志及事故照明设施。

安全卫生保护方面要严格按国家有关规定执行，落实各种劳动保护措施，良好的卫生条件。

d 消防

消防设计依据《中华人民共和国消防法》、《建筑工程消防监督审核管理规定》进行，生产厂房、库房、原料堆场、办公楼等火灾危险性场所都要考虑消防，确定建筑防火等级。

各车间之间的间距均大于10m，建筑物四周均设置大于6m宽的环形通道，通道设消火栓。

加工车间内设大于3m宽的纵向通道，大于2.5m的横向通道，将工艺流程布置既符合有关防火规范要求，又保证生产不占用疏散通道。厂房内按要求配置必要的消防器材。各设备所在生产区域严格按操作规程进行生产，生产区域内严禁烟火。

生产厂房出入口的设置满足疏散距离要求。

电气消防应设置备用发电装置，消防水泵采用单独回路供电。使用电器应选用防爆型，注意电气线路采用金属管铺设。

满足消防给水，保障消防时有足够供应。

综上所述，车间设计一定要保护环境，消除公害，安全生产，保护职工的身心健康，为国家创造更大更多财富，振兴中华。

练 习 题

14-1 环保对车间设计的要求是什么？

14-2 环保的内容与对策是什么？

14-3 针对我国目前加工厂环保的现状，你认为应该采取哪些有力措施，消除公害，保护好环境，造福于人类？

14-4 在劳动安全方面的防范措施？

参考文献

[1] 温景林．金属压力加工车间设计[M]．北京:冶金工业出版社,1992.
[2] 北京钢铁学院压力加工教研组．轧钢车间设计[M]．北京:中国工业出版社,1961.
[3] 袁康．轧钢车间设计基础[M]．北京:冶金工业出版社,1986.
[4] 同济大学．单层厂房设计与施工[M]．上海:上海科学技术出版社,1982.
[5] 王廷溥．轧钢工艺学[M]．北京:冶金工业出版社,1980.
[6] 李生智．金属压力加工概论[M]．北京:冶金工业出版社,1983.
[7] 杨守山,等．有色金属塑性加工学[M]．北京:冶金工业出版社,1982.
[8] Н. М. Федосов,. проектирование прокатних цехов,издательство《металургия》. 1983.
[9] 重有色金属材料加工手册[M]．北京:冶金工业出版社,1980.
[10] 轻金属材料加工手册[M]．北京:冶金工业出版社,1980.
[11] 稀有金属材料加工手册[M]．北京:冶金工业出版社,1984.
[12] 有色金属及合金加工手册[M]．北京:中国工业出版社,1965.
[13] 马怀宪．金属塑性加工学[M]．北京:冶金工业出版社,1991.
[14] 何光鉴．有色金属塑性加工设备[M]．北京:科学技术文献出版社,1985.
[15] 机械工业部．机械产品目录[M]．北京:机械工业出版社,1985.
[16] 中国有色金属加工工业协会重有色金属分会．铜加工专集[G]. 1986.
[17] 魏军．有色金属挤压车间机械设备[M]．北京:冶金工业出版社,1988.
[18] 邹家祥．轧钢机械(修订版)[M]．北京:冶金工业出版社,1989.
[19] 王祝堂．铝合金及其加工手册[M]．长沙:中南工业大学出版社,1989.
[20] 杨如柏．连续挤压译文集[M]．长沙:中南工业大学出版社,1989.
[21] 西安冶金学院建筑系工业建筑设计教研室．冶金工厂建筑概论[M]．西安:西安冶金建筑学院,1962.
[22] 化工咨询服务公司．工业项目可行性研究[M]．北京:化学工业出版社,1982.
[23] 有色金属工业设计总设计师手册[M]．北京:冶金工业出版社,1988.
[24] АМГАЛКИН. 铜和铜合金管材与棒材车间设计[J]．铜加工,1989(3~4);1990(1).
[25] 日本材料学会．塑性加工学[M]．北京:机械工业出版社,1983.
[26] И. Л. Перлин,等．Теория прессования металлов,《металургия》,1984.
[27] В. В. щолобов,等．прессование металлов,《металургия》,1971.
[28] И. Л. Перлин,等．Теория вологения,《металургия》,1971.
[29] 衫村义夫,评松忠彦．新的连续挤压加工[J]．李成綱译．国外科技,1982(19),32~39.
[30] 王跃祖译．"Comform"——一种新的金属连续挤压成形方法[J]．国外科技,1982(19),1~11.
[31] 温景林,等．连续铸挤技术及其发展[G]．铝型材技术(国际)论坛,2004.
[32] 温景林,吴庆龄,李体彬,等．铝材连续铸挤工艺的研究[J]．东北大学学报,1992,13(5).
[33] 曹富荣,温景林,等．铝钛硼线材连续铸挤的分区与显微组织的研究[J]．轻金属,1995(6).
[34] 曹富荣,温景林,等．连续铸挤力的分析与实验研究[J]．东北大学学报,1994,15(4).
[35] 赵志业．金属塑性加工力学[M]．北京:冶金工业出版社,1980.
[36] [日]铃木弘．塑性加工．日本:裳华房发行,1980.
[37] 马锡良．铝带坯连续铸轧生产[M]．长沙:中南工业大学出版社,1992.
[38] 杨守山．金属压力加工特殊方法[M]．西安:西安冶金建筑学院,1983.
[39] 洪伟．有色金属连铸设备[M]．北京:冶金工业出版社,1987.
[40] 张小平,梁爱生．近终形连铸技术[M]．北京:冶金工业出版社,2001.
[41] [日]河合望．应用塑性加工学[M]．赖耿阳译．日本:复汉出版社,1980.

[42] 朱泉,左铁镛. 中国冶金百科全书·塑性加工卷. 北京:冶金工业出版社,2000.
[43] 潘复生,张丁非,等. 铝合金及其应用[M]. 北京:化学工业出版社,2006.
[44] 陈家民. 塑性加工力学[M]. 沈阳:东北大学出版社,2006.
[45] 钟卫佳,马可定,吴维治. 铜加工技术实用手册[M]. 北京:冶金工业出版社,2007.
[46] 王廷溥. 板带生产原理与工艺[M]. 北京:冶金工业出版社,1995.
[47] 钟毅. 连续挤压技术及其应用[M]. 北京:冶金工业出版社,2004.
[48] 于九明,庞维成. 材料成形机械设备[M]. 沈阳:东北大学出版社,2002.
[49] 王廷溥,齐克敏. 金属塑性加工学——轧制理论与工艺[M]. 北京:冶金工业出版社,2007.
[50] 齐克敏,丁桦. 材料成形工艺学[M]. 北京:冶金工业出版社,2006.
[51] 王邦文. 新型轧机[M]. 北京:冶金工业出版社,1994.
[52] 马宏声. 有色金属锭坯生产[M]. 北京:化学工业出版社,2007.
[53] 谢水生,刘静安,黄国杰. 铝加工生产技术500问[M]. 北京:化学工业出版社,2006.
[54] 温景林,丁桦,曹富荣,等,有色金属挤压与拉拔技术[M]. 北京:化学工业出版社,2007.
[55] 陈梅,李胜祗,阎军,孙中建,陈大宏. 薄带拉伸弯曲矫直技术研究进展[J]. 安徽工业大学学报,2006,21(1).
[56] 五弓勇雄. 金属塑性加工[M]. 陈天忠,张荣国译. 北京:冶金工业出版社,1987.
[57] 司乃潮,傅明喜. 有色金属材料及制备[M]. 北京:化学工业出版社,2006.
[58] 谢建新,刘静安. 金属挤压理论与技术[M]. 北京:冶金工业出版社,2001.
[59] 王祝堂. 世纪回首铝带坯连铸连轧技术[J]. 轻合金加工技术,2001,29(5).
[60] 章四琪,黄劲松. 有色金属熔炼与铸锭[M]. 北京:化学工业出版社,2006.
[61] 刘静安,邵莲芬. 铝合金挤压工模具典型图册[M]. 北京:化学工业出版社,2008.
[62] 王真伟,王祖唐. 有色金属连续铸挤新工艺的研究[J]. 轻合金加工技术,1991(1).
[63] 田乃媛. 薄板坯连铸连轧[M]. 北京:冶金工业出版社,2004.
[64] 谢建新. 材料加工新技术与新工艺[M]. 北京:冶金工业出版社,2006.
[65] 钟卫佳,等. 铜加工技术实用手册[M]. 北京:冶金工业出版社,2009.

冶金工业出版社部分图书推荐

书　　名	作　者	定价(元)
轧钢车间设计基础	袁　康	20.00
金属塑性加工学——轧制理论与工艺(第3版)	王廷溥	48.00
轧制工艺参数测试技术(第3版)	黎景全	30.00
金属压力加工原理	魏立群	26.00
金属压力加工概论（第2版）	李生智	29.00
轧制过程自动化(第3版)	丁修堃	59.00
冶金过程废气污染控制与资源化	唐　平	40.00
冶金过程废水处理与利用	钱小青	30.00
冶金过程固体废物处理与资源化	李鸿江	39.00
绿色冶金与清洁生产	马建立	49.80
冶金企业污染土壤和地下水整治与修复	孙英杰	29.00
冶金企业废弃生产设备设施处理与利用	宋立杰	36.00
电磁冶金技术及装备500问	韩至成	58.00
电磁冶金技术及装备	韩至成	76.00
钒冶金	杨守志	45.00
湿法冶金原理	马荣骏	160.00